高职高专规划教材

# 机 械 制 造 技 术

主 编 郭彩芬 王伟麟

副主编 易 飚 唐建林

参 编 万婷婷 杜 洁 董 志

机械工业出版社

本书层次结构新颖,从制造企业的生产过程入手,对机械制造工艺系统的刀具、机床、夹具、工件四个方面的知识进行了系统而详细的阐述。本书紧密服务制造工艺这条主线,围绕机械加工工艺过程卡片和工序卡片的制订问题,详细介绍了加工方法的选择、加工阶段的划分、定位基准选择、工艺路线拟定、加工余量选取及工序尺寸确定等内容。本书图例、示例典型,内容充实,文字精炼,强调学生实践能力和动手能力的培养,削减了过多的理论分析内容。本书内容广博,既系统增添了数控机床、数控刀具系统、数控加工工艺等方面的知识,又有特种加工技术、制造业信息化、现代制造系统技术及安全文明生产、"5S 管理"等方面的内容。

本书为高职高专院校机械工程类(机械设计与制造、机械制造与自动化、数控技术、模具设计与制造等)专业用教材,也可作为中等专业学校、职工大学和成人教育相关专业的试用教材和工厂技术人员的参考书。

本教材配有电子教案和习题解答,可登录机械工业出版社教材服务网www.cmpedu.com 下载,或发送电子邮件至 cmpgaozhi@ sina.com 索取。咨询电话:010-88379375

**图书在版编目(CIP)数据**

机械制造技术/郭彩芬,王伟麟主编. —北京:机械工业出版社,2009.6(2016.1 重印)

高职高专规划教材

ISBN 978-7-111-27114-7

Ⅰ. 机… Ⅱ.①郭… ②王… Ⅲ. 机械制造工艺 Ⅳ. TH16

中国版本图书馆 CIP 数据核字(2009)第 072344 号

机械工业出版社(北京市百万庄大街 22 号 邮政编码 100037)
策划编辑:王海峰 责任编辑:王海峰 章承林
版式设计:霍永明 责任校对:陈延翔
封面设计:陈 沛 责任印制:乔 宇
北京铭成印刷有限公司印刷
2016 年 1 月第 1 版第 8 次印刷
184mm × 260mm · 23.5 印张 · 579 千字
22001—25000 册
标准书号:ISBN 978-7-111-27114-7
定价:48.00 元

# 前　　言

为了适应科学技术的迅猛发展，配合高职高专院校的课程改革及整合需求，我们组织编写了本教材。该书将原来机械工程类学生要学习的四门必修课（"金属切削原理与刀具"、"金属加工机床"、"机械制造工艺学"和"机床夹具设计"）的教学内容进行了有机的整合。教材内容按照机械制造工艺系统的组成，即刀具→机床→夹具→工件的顺序展开，并紧紧围绕并服务于制造工艺这条主线，层次分明，重点突出，体现了教材的综合性；紧扣钳工、车工和数控工等国家职业标准的要求，强调学生实践能力和动手能力的培养，削减了过多的理论分析内容，增补了机床动态特性及精度检验、零件精度检验、质量管理等方面的内容，进一步拓宽了学生的知识广度，体现了该书的实用性；紧紧围绕先进制造技术的内涵，详细介绍了数控机床、数控刀具系统、数控加工工艺等方面的知识，增加了特种加工技术、制造业信息化、现代制造系统技术等方面的内容，有助于学生了解机械制造技术的发展方向和趋势，体现了教材的先进性；全书的编写强调安全生产、文明操作、"5S 管理"等思想，体现了教材以人为本的理念。

本书绪论、第 1 章、第 6 章由昆山登云科技职业学院王伟麟编写；第 2 章由昆山登云科技职业学院唐建林编写；第 3 章由昆山登云科技职业学院万婷婷编写；第 4 章和第 8 章由苏州市职业大学易飚编写；第 5 章、第 7 章、第 9 章由苏州市职业大学郭彩芬编写。全书由郭彩芬和王伟麟统稿，由郭彩芬定稿。苏州市职业大学杜洁和董志参与了本书部分图表的绘制及书稿的校订工作。

在编写过程中，南京航空航天大学陈富林教授对教材的层次和内容提出了很多宝贵的建议，苏州市职业大学机电工程系领导及多位教师对教材的编写工作给予了大力的支持与帮助，在此一并表示衷心的感谢。

由于编者水平所限及时间仓促，书中错误和不妥之处在所难免，肯请广大读者批评指正，联系邮箱：guocf@ jssvc. edu. cn，联系人：郭彩芬。

编　者

# 目　　录

目　录　　　Ⅴ

# 绪　　论

## 0.1　机械制造技术及其在国民经济中的作用

制造技术是各种用于生产、装配和制成产品的工业企业中的技术，是将有关资源（物料、能量、资金、人力资源、信息等）按照社会的需求，经济合理地转化为新的、有更高实用价值的产品和技术服务的行为方法和过程。根据我国统计的划分，工业企业由制造、采掘、电力、煤气和水供应等企业构成。制造业可分为机电设备制造、金属冶炼与加工、非金属矿物制品、石油加工、化学制品制造、纺织与服装制造、食品加工与制造、木材及有关产品制造、纸及有关产品制造等企业。由此可以看出，社会是离不开制造业的，它是国民经济的主要支柱。

机械制造技术主要是用于制造机械产品的技术。与其他制造技术一样，机械制造技术的内涵也是随着社会的发展而深化和扩展的。最初的机械制造活动是采用简单工具进行手工制造。随着社会生产力的发展，机械制造活动成为采用机器作为工具的机器制造，并出现了机械化流水线、自动线制造。今天又出现了数控制造、柔性制造、集成制造、智能制造等先进制造技术。

制造是人类生存发展的基础。制造技术是社会谋求发展的一个永恒主题，被各国列入常抓不懈的关键技术。机械制造技术的发展对经济、社会以至文化诸方面的影响是十分巨大和非常深刻的。机械制造业为各行各业提供先进的技术装备，是制造技术中的排头兵。机械制造是拉动国民经济快速增长、促进工业由大变强的发动机；是推进社会主义新农村建设、加强农业基础地位的物质保障；是支持现代服务业顺利发展的物质条件；是加快农业劳动力转移、统筹城乡发展和促进就业的重要途径；是提高人民消费水平、建设小康社会的重要物质基础；是实现国防和军事现代化的基本条件；是创新、设想、科学技术物化的基础和手段；也是加速发展科教、文化、卫生事业的重要物质支撑。

## 0.2　机械制造技术的现状与发展

### 0.2.1　机械制造技术的现状

继中国实行改革开放政策，尤其是加入世界贸易组织后，世界制造业的重心正在向中国转移，中国已成为制造大国，并逐步从制造大国发展成制造强国。尤其是最近几年，我国机械制造业对国民经济生产总值的贡献率不断提高，为各行业提供设备的比重日益增多，具有自主创新、自主知识产权的机械产品不断涌现。但我们必须清醒地认识到，虽然我国是世界制造大国，但还不是制造强国。中国的制造技术基础较弱，产品仍以低端为主，制造过程的资源消耗较大、污染较严重。"天下兴亡，匹夫有责"，我们要认清发展形势，努力提升我国制造业的技术水平，为全面建设小康社会提供有力的技术和装备支撑，为在 21 世纪中叶成为世界科技强国奠定基础。

## 0.2.2　机械制造技术的发展

制造技术的发展日新月异，制造技术与信息技术、计算机技术、微电子技术、光伏技术、材料技术、控制技术、传感技术、现代管理技术的交叉、融合与发展，逐步形成了先进制造技术的框架。制造技术不仅仅是一门技术、一门科学，而且还是一种艺术、一种文化。

先进制造技术广泛融合了各种高新技术，正朝着信息化、极限化、绿色化的方向发展。它的发展以及由它生产的产品将体现出以下特点：

1）极端化。在极端条件或极端环境下，制造出极大或极小的极端尺寸、极快或极慢的极端速度、极强或极弱的极端功能的产品。如超高速切削、超精密制造、微纳制造、巨系统制造、强场制造、微机电系统产品等。

2）集成化。利用系统集成、协同技术，将多种学科、技术进行渗透、融通、集成和整合，其科技含量高，涉及的领域广，拥有的功能多。如集驱动、传感、控制、执行等功能于一体的机敏结构系统、机电一体化产品、生物芯片等。

3）数字化。数字技术具有精确稳定、易复制、处理方便等优点。数字化是将信息化与工业化融合，用计算机信息技术改造传统技术和产业的先进手段；数字制造已成为推动 21 世纪制造业向前发展的强大动力。

4）高效化。效率优先是社会生存的法则，先进制造技术也追求在单位时间内具有较高的效率。如产品设计制造中施行的并行工程、敏捷制造、快速成形技术、高速机床等。

5）自动化。它在运行过程中，不需要人们过多的参与，能根据预先设定好的程序，自动地完成预定的任务，如半自动机床、自动机床、自动生产线等。

6）柔性化。其自身适应性强，变换灵活，能迅速满足外界变化要求，如柔性夹具、柔性基础、柔性制造系统。

7）智能化。它又称傻瓜式，具有一定的"思维"能力，在场境、条件、参数变化时，能模仿人脑功能，自我分析、判断、学习，并能协调和处理发生的问题，自动适应变化，自律运动，因此它对操作人员的要求较低，如智能导航仪、智能机器人等。

8）小型化。在实现同样功能条件下，小型化的产品一般具有精度高、重量轻、材料省、能耗低、节省资源、占有空间小、隐蔽性强、携带运输方便等优点，如微机电系统、纳米卫星等。

9）模块化。它综合了功能分割技术、接口技术和可重构技术，科学地将系列产品划分成模块，再选用相应的模块，迅速地重构成能满足用户不同需求的产品。模块化能较好解决多品种、低成本、短周期之间的矛盾；也是在"小批量、多品种"要求下，组织集约型生产的有效途径。

10）网络化。利用信息网络技术平台，进行异地信息联网，实现资源共享。充分调动各自的积极因素，优势互补，并行作业，远程调控，发挥个体在群体中的协同作用。

11）个性化。社会市场正从大众化市场向小众化市场发展，因此产品也必须根据不同的市场和用户需求，敏捷地生产出贴合用户要求、富有个性化的产品，满足用户对产品求新求异的心理。

12）人性化。人性化的产品应是技术和艺术、文化的高度完美统一，实现人机和谐。它使用安全、卫生、可靠、舒适、得心应手，能满足人们日益增长的生活、消费和审美情趣的要求。

13）绿色环保化。产品具有绿色、环保、清洁、节能和可持续发展的理念，它在生产、使用阶段，以及寿命周期后的处理，都突出低污染、低消耗、减量化、再利用、再循环等特点，如资源循环型制造、再制造技术等。

## 0.3　机械制造技术的学习内容及方法

机械制造技术主要是研究采用机械制造的手段生产产品的制造原理、制造方法和制造过程的工程技术。本课程结合发达地区的一些成果，紧紧围绕机械制造技术，介绍了机械制造工艺基础概念；从机械加工工艺系统入手，深入分析组成机械加工工艺系统的工具（刀具等）、机床设备、夹具和工件等系统要素；根据企业工艺工作的实际情况，围绕设计机械加工工艺规程、机械装配工艺规程的核心，阐明了相关的实用知识和技能；提出了成为机械制造企业员工，必须具备的安全文明生产等职业素质要求；最后介绍了特种加工技术、制造业信息化及现代制造系统技术等先进制造技术。

通过对本课程的学习，要求：

1）了解企业的生产过程及机械制造方法。

2）掌握机械加工工艺系统及组成系统要素的工具（刀具等）、机床设备、夹具、工件等相关方面知识，并能运用这些知识，分析、处理和解决一般技术问题。

3）掌握机械制造工艺规程的基础知识，能够设计中等复杂程度的机械加工工艺规程和机械装配工艺规程。

4）了解机械制造企业的安全文明生产和操作守则，注意培养职业素质。

5）拓宽机械制造技术知识空间，吸收先进制造技术知识。

机械制造技术是实践性、实用性、综合性、经验性、专业性、工程性很强的学科。因此，在注意掌握基本概念和基本方法的同时，要注重联系实际，注重积累实际经验和知识；做到学、想、练、做结合，在学习机械制造专业知识、专业技能和职业素质中，不断提升分析、处理、解决实际问题的能力。

# 第1章 机械制造工艺基础

机械制造技术是一个永恒的主题，是各种创新思想物化的基础和手段，是国家综合实力的体现。工艺技术是制造技术的重要组成部分，是制造技术的核心、灵魂和关键，是生产中最具活力的因素。因此，应该重视学习和掌握工艺技术。

## 1.1 机械制造企业的生产过程

机械制造技术是企业采用机械制造手段，生产产品的技术。了解企业的产品形成过程和生产过程，有助于熟悉企业，有助于全面了解机械制造技术在生产过程中的作用和地位；能帮助我们迅速进入工作角色，清楚生产过程内容和重点，互相主动配合、协调工作，出色完成生产任务。

### 1.1.1 企业产品形成过程

#### 1. 产品形成过程

产品是劳动的产物，它分为有形的产品和无形的产品（服务）。产品通过市场活动，实现其使用价值。机械制造企业生产的产品是有形的产品，一般会经过"产品研发→产品制造→产品销售"的形成过程。

（1）产品研发　产品研发从调研及分析入手。在了解用户的需要、要求和愿望时，常用情境分析法（情节设想和分析法），对社会趋势（S）、经济力量（E）、技术进步（T）三种因素进行描述分析，得到有高研发价值的产品概念。

接着对准备研发的产品，进行可行性分析和决策。有些按特殊订单直接供货给用户的产品，产品订单和产品技术协议书，则是决策的重要依据。

经过决策批准后，就可对产品进行设计。产品的设计过程一般要经历由方案设计（初步设计）、技术设计、施工设计（工作图设计）依次组成的三个阶段，因此称"三段设计"。有些企业则将产品设计划分为功能设计、形态设计（工业设计）、结构设计三个阶段。对某些产品可借助数学建模、正交试验等，进行由系统设计、参数设计、公差设计依次组成的新产品设计。

信息技术、互联网技术、数值分析技术、数控技术等的迅猛发展，推动了数字化设计技术在大型机电产品如汽车、飞机等方面的应用，并取得了巨大的效益。

如美国波音-西科斯基公司，在设计制造 RAH—66 直升机时，使用了全任务仿真的方法进行设计和验证，通过使用数字样机和多种仿真技术，花费 4590h 仿真测试时间，却省去了 11590h 的飞行时间，节约经费总计 6.73 亿美元，获得了巨大收益。同时，数字式设计使得所需的人力减到最少。在 CH—53E 型直升机设计中，38 名绘图员花费 6 个月绘制飞机外形生产轮廓图，而在 RAH—66 直升机设计中，1 名工程师用 1 个月就完成了。

因此，未来机械产品设计领域的目标是实现产品 100% 数字化定义、100% 数字化预装配、基本取消实物样机。

（2）产品制造　产品制造一般分为工艺设计和加工制造两个阶段。

工艺设计是依据产品图样、技术条件、技术标准，根据企业生产条件、批量、生产周期等，确定工艺方案、工艺路线、设计工艺规程和工艺装备、编制工艺定额等方面的工作。

加工制造是制造企业最基本的职能。它是根据产品图样、工艺文件、技术标准、生产纲领，编制计划、组织生产（准备原材料和毛坯等），进而采用规定的工艺手段，把原材料、半成品转变成产品。

（3）产品销售　产品销售是联系企业生产制造与社会需要的纽带，是提高企业经济效益的直接手段。企业通过一系列营销手段，向消费者提供"有用的、好用的、并且希望拥有的产品"，实现产品的价值和使用价值。

应引起注意的是，现代制造企业的价值链呈现为两端（研发、销售）的附加价值高，中间（制造）的附加值低的弧形"微笑曲线"。著名经济学家吴敬琏指出："所谓先进制造业，就是在微笑曲线中包括很多两端业务的制造业。"

**2. 机械制造企业是个变换器**

产品生产过程是运用六大要素（人、资金、能量、信息、材料、机械），从原材料进厂开始到成品出厂的全部劳动过程。若从加工制造的视角，系统考察机械制造企业，企业也就成了将原材料转变成成品的"变换器"，如图1-1所示。

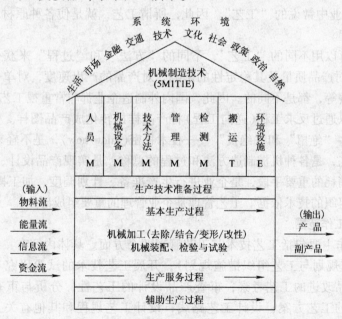

图 1-1　机械制造企业是个"变换器"

要形成一个制造企业，它必须拥有人员（Man）、机器设备（Machine）、技术方法（Method）、管理（Management）、检测（Measurement）、搬运（Transport）和环境设施（Environment）（包括厂房）（5M1T1E）七大必备要素。它的输入就是所谓的物料流（原材料、外购件、辅助材料等）、能量流（电力、煤、油、气、水等）、信息流（市场、订单、用户、技术、协作、管理等信息）、资金流（启动资金、销售产品后回馈的增值资金、信贷资金、社会融资等）。企业的输出是指企业生产的产品(成品)和副产品(延伸品、专利技术、产品服务、报表及企业信息、企业品牌、工业废品等)。此外,企业必须在合适的环境(生活、市场、金融、交通、文化、技术、政治、政策、社会、自然等)条件下才能正常运作。

机械制造企业的生产过程,包括产品设计、工艺设计、工艺装备(专用刀具、夹具、模具、量具、检具、辅具、钳工工具和工位器具)设计、设备调整、劳动组织安排、新产品试制与鉴定、编制工艺定额等生产技术准备过程;包括工件的机械加工(去除加工、结合加工、变形加工和改性加工)、机械装配、检验与试验等基本生产过程;包括原材料及半成品的供应搬运和存贮、产品包装和配送等生产服务过程;还包括加工设备的维修、专用夹具与工艺装备制造,以及动力(电力、煤、油、煤气、压缩空气、乙炔、工业用氧、蒸汽、水等)供应等辅助生产过程。

## 1.1.2 机械制造工艺

机械制造企业是主要用机械制造工艺手段生产产品的企业。机械制造工艺工作是企业产品制造过程中的中心工作,整个生产过程中始终贯穿着工艺活动。

**1. 机械制造工艺的含义**

做事情,就是利用相应的"资源",采用相应的"方法",使"事情"从先期状态,在"事情"、"方法"和"资源"特定的互动"过程"中,转变成另一种期望的状态。做事情的"做",就是企业中常说的"工艺"。因此,所谓工艺,就是使各种原材料、半成品成为成品的方法和过程。

同一产品,可以用不同的"工艺",不同的"方法"和"过程"来获得。但这些"方法"和"过程"对产品质量及其稳定性的影响,对产品的产出速度,对单个产品消耗资源总量、成本和效益等,都是不同的。因此,国内外制造企业都非常重视工艺工作。产品的样机可以引进,可以通过反求工程(逆向工程)将产品样机转化成产品图样。但是制造产品的工艺,尤其是一些"绝招"和"绝技"——技术秘密(know-how),是不轻易传授的。

机械制造工艺,是各种机械制造方法和过程的总称,是实现产品设计、保证产品质量、节约能源、降低消耗的重要手段,是企业进行生产准备、计划调度、加工操作、安全生产、技术检查和劳动组织的技术依据。工艺管理是企业管理的重要组成部分。

**2. 企业工艺工作范围**

企业工艺工作主要包括工艺技术与工艺管理两个方面。具体内容有:编制工艺发展规划(工艺技术措施规划与工艺组织措施规划);开展工艺技术的试验研究和开发;组织新产品开发与老产品改进的工艺考察;审查产品设计的工艺性,分析与审查产品结构工艺性;制订新产品的工艺方案;设计工艺路线;设计工艺规程和其他有关工艺文件;进行生产现场工艺管理,管理和贯彻工艺文件(包括工艺规程等工艺文件);编制工艺定额(材料定额与劳动定额);设计制造专用工艺装备;参与新产品试制;验证工艺和工艺装备;工艺总结与工艺整顿;制订明确各类工艺人员的职责与权限的各种工艺管理制度和工艺纪律,进行工艺纪律管理;贯彻与制订工艺标准,开展工艺标准化工作;制订工艺技术改造方案,组织开展工艺方面的技术创新、合理化建议、新技术推广与交流、工艺情报管理、工艺信息管理等工作。

企业工艺工作的基本目标是以可靠、先进、合理、绿色环保的制造工艺,保证及时、稳定地生产出质优、低耗的产品。

### 3. 工艺方案与工艺路线

（1）工艺方案　工艺方案又称工艺过程方案，它是根据产品设计要求、生产类型和企业的生产能力，提出工艺技术准备工作具体任务和措施的指导性文件。工艺方案是工艺准备工作的总纲，它指出产品试制中的技术关键及解决方法；规定各项具体工艺工作应遵循的基本原则，应达到的各项先进合理的技术经济指标。

在工艺方案中，它要根据产品性质（创新、仿制、基型、变型），规定试制和生产中达到的质量指标；根据生产类型，确定产品的生产组织形式和工艺路线安排原则；根据产量多少，确定产品专用工艺装备系数（产品专用工艺装备与产品专用件种数的比值）；根据生产方式（连续、轮番、长期、临时），确定生产周期和投料方式；提出工艺规程编制原则；提出对毛坯加工的要求，确定材料利用率指标；提出在加工技术（切削加工、机械装配、工艺装备设计等）上，应遵循的原则。

（2）工艺路线　工艺路线是产品除外购件以外的全部零（部）件，在由毛坯准备到成品包装入库的生产过程中，所经过的各有关部门（科室、车间、工段、小组或工种）或工序的先后顺序。工艺路线常以表格形式出现。一般它分为经过企业有关生产部门（车间）的"工艺路线表"，或经过各相关加工工序的"工艺路线表"。

工艺路线是确定工艺过程、编制工艺规程和分车间加工的依据，供工艺部门、生产计划调度部门使用。在国家机械行业标准 JB/T 9165.3—1998《管理用工艺文件格式》中，规定了工艺路线表的格式及填写规则。

## 1.2　工艺过程及其组成

机械加工工艺过程是用机械加工方法来改变生产对象的形状、尺寸、相对位置和性质等，使其成为成品或半成品的过程。一个零件、一件产品往往要经过不同的工艺阶段（毛坯准备、粗加工、半精加工、精加工、精整加工和光整加工、机械装配、包装储运），使用不同工艺方法和设备，经过若干位工人的通力协作才能制成。为了便于组织和管理，企业将工艺过程分解为若干个顺序排列的工序（见图1-2）。

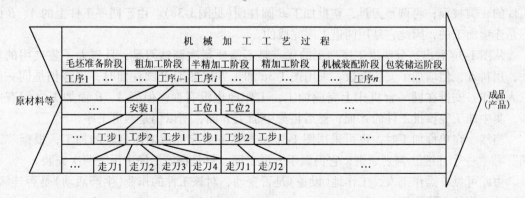

图 1-2　机械加工工艺过程

## 1. 2. 1　工序

### 1. 工序及其划分

图 1-2 中反映了工艺过程与工序之间的关系。工艺过程是所需工序有序的集合；工序是组成工艺过程的基本单位，每道工序对应一种特定的工艺方法。工艺过程与工序之间的关系也可用下式表达：

$$工艺过程 = \sum_{i=1}^{n} \overrightarrow{工序_i}$$

式中，工艺过程是由 $n$ 道工序集合组成，各工序的先后次序必须按照该工艺过程规定的顺序排列，上式"工序$_i$"上面的"$\longrightarrow$"符号，就是强调工序间的有序性。

工序，是一个（或一组）工人，在一个工作地，对同一个（或同时对几个）工件（或部件）所连续完成的那一部分工艺过程（生产活动）。

如何判别工艺过程是否属于同一个工序，主要是考察这部分工艺过程是否满足"三同"和"一个连续"。

所谓"三同"，就是指：①同一个（或同一组）工人：指同一技术等级的工人；②同一工作地点：指同一台机床（或同一精度等级的同类型机床）、同一个钳工台或同一个装配地点；③同一个工件（劳动对象）：同一零件代号的工件（或部件）。

所谓"一个连续"，就是指同样的加工必须是连续进行，中间没有插入另一个工件的加工；如果其中有中断，则不能作为一个工序。

同一零件，同样的加工内容，可以有不同的工序安排。工序安排与工序数目的确定，与零件的数量、技术要求、现有加工条件、经验和习惯等有关。单件小批生产时常用连续加工，工序数目较少；大批量生产时会安排成不连续加工，工序数目较多；采用数控机床加工时，工序数目也会安排得少些。

例如，加工具有 $A$、$B$ 两个不同直径尺寸的阶梯轴（见图 1-3a），不同生产批量，会有不同的工序安排。单件生产时（见图 1-3b），将工件先加工出 $A$ 圆柱面，再加工出 $B$ 圆柱面；它在一次安装中可加工完成，但需重新对刀。大批量生产时，若采用高效率的专用机床夹具，将会大大缩短工件装夹时间，造成调整刀具时间超过装夹时间。这时，可先加工出整批工件的 $A$ 圆柱面；再调整刀具，整批加工 $B$ 圆柱面（见图 1-3c）。由于同一工件上的 $A$、$B$ 面不是连续加工的，因此它是用两道工序完成的。

从图 1-3c 看出，分两道工序加工的优点是不需要每次调整刀具，且省去了装夹用的料头，用料省，但增加了安装次数。采用图 1-3c 加工方式加工 $B$ 圆柱面时，也许仍是同一位工人操作，安排在同一台机床上完成加工，工作地也没有变，但因 $A$、$B$ 面加工之间有中断，集中加工完该批工件的 $A$ 面，然后再集中加工 $B$ 面，所以仍是两道工序。

当然，在单件加工时，也可采用图 1-3c 分两次安装来完成对阶梯轴的加工；根据"三同"和"一个连续"判别原则，它仍属于一道工序，只是在该工序中用了两次安装。

由此可见，操作工人、工作地（设备）是否变动，对该工件的作业（生产活动）是否连续，是区分工序的主要依据。

由此可知，在工艺过程中，采用一种方法，就需安排一道工序。企业为此要留出一定的作业空间，配备一种加工设备，安排一个（或一组）工人去操作。只有一一确定了工件加工

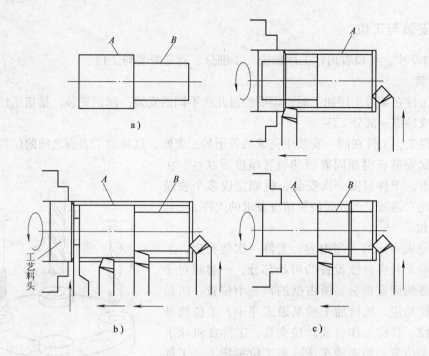

图 1-3 阶梯轴加工

a) 阶梯轴 b) 一次安装完成的单件加工 c) 多工序大批量加工

工序, 才能估算出各工序所需要的时间(工时), 估算出产品的生产周期等。因此, 工序不仅是组成工艺过程的基本单位, 也是生产计划的基本单元。正确地划分工序, 是合理安排工艺路线的重要条件, 也是配置设备、定置设备位置、划分作业区、配备工人、制定劳动定额、计算劳动量、测算成本、编制生产作业计划、安排质量控制点的重要依据。

**2. 工序的分类**

在机械加工工艺过程中, 按工序的性质, 工序可分为:

1) 工艺工序。它是工人利用劳动工具改变劳动对象的物理和化学性质, 使之成为产品的工序。根据相关的过程参数对最终产品的影响程度的大小, 可分为一般工序、重要工序和关键工序。关键工序是那些对产品质量起决定性作用的, 直接明显影响最终产品质量的工序。根据工艺工序对劳动对象作用的主次程度, 又可分为主体工序(如冲压、车削、铣削)和辅助工序(如去毛刺、除锈)。

2) 检验工序。对原材料、半成品和成品等进行质量控制(检验/评估)的工序。检验工序不仅能区分出合格件与不合格件, 实现不合格的原材料不投产, 不合格的工件不转工序, 不合格的产品不出厂, 将不合格品隔离在生产线之外, 还能收集生产线的质量信息, 为测定和分析工序能力, 监督工艺过程, 改进工艺质量提供可信依据。

3) 运输工序。在工艺工序之间、工艺工序和检验工序之间, 搬运输送原材料、半成品和成品的工序。把原材料、半成品制造成产品, 一般不可能用一道工艺工序就能完成。因此, 运输工序是实现工艺流程, 联系前后工序的纽带, 能使前工序的"使用价值", 在后工序中得到体现, 是保障工艺过程顺利连续完成的必要手段。

## 1.2.2 安装与工位

在图 1-2 中，可以看出，工序的进一步细分，就是安装与工位。

### 1. 安装

有些工件在某道工序加工时，需要经过几次不同的安装。所谓安装，是指工件经一次装夹后所完成的那一部分工序。

一般说来，工件在同一安装中完成的若干加工表面，这些加工表面之间的位置精度，相对于用多次安装获得相同表面的位置精度要高些。在加工中心上，工件只要一次安装，就能完成多个表面加工，因此它能加工出较高位置精度要求的工件。

### 2. 工位

为了完成一定的工序内容，工件一次装夹后，工件或装配单元与夹具或设备的可动部分，一起相对于夹具或设备的固定部分，所占据的每一个位置，叫做工位。也就是说，机械加工的某道工序中，工位就是借助于转位、移位工作台或转位夹具，工件在机床上占据的每个位置。如多轴车床、多工位机床上，工件在机床上需要经过好几个工作位置进行加工，它的每一个位置都是一个工位。图 1-4 是多工位加工的实例。工件装夹在转位工作台上，分别在 1、2、3、4 四个工位上完成装卸工件、钻孔、扩孔、铰孔工作。一般说来，工位多，相应安装次数就少，生产率就高。

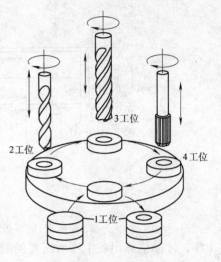

图 1-4 四工位加工
1 工位—装卸工件 2 工位—钻孔
3 工位—扩孔 4 工位—铰孔

## 1.2.3 工步与工作行程

### 1. 工步

在一道工序中，往往需要使用不同的刀具和选用不同的切削用量，对不同的表面进行加工。为了便于对较复杂的工序进行研究，便于在相邻工序间通过合并和分解，重新组成工序，就需要将工序细分为工步。

工步是在加工表面(或装配时的连接表面)和加工(或装配)工具不变的情况下，所连续完成的那一部分工序。

构成工步的任何一个因素(加工表面、切削刀具)改变后，便成为另一个新的工步。如果工步中须停机重新调整切削用量，它就破坏了"所连续完成的那一部分工序"，因此就分成了两个工步。

若用几把刀具同时分别加工几个表面，这种工步称为复合工步。在图 1-5 所示复合工步中，将六把铣刀组合起来，对

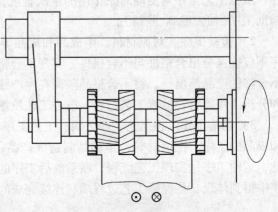

图 1-5 采用组合铣刀的复合工步

工件的矩形导轨表面同时进行铣削加工。采用复合工步，使多个加工表面的切削用基本时间重叠在一起，缩短作业时间，提高生产效率。

**2. 工作行程**（走刀）

工作行程，也称走刀，它是切削工具以加工进给速度，相对工件所完成一次进给运动的工步部分。当工件表面的加工余量较大，不可能一次工作行程就能完成，这时就要分几次工作行程（走刀）。工作行程的次数也称行程次数。

刀具以非加工进给速度相对工件所完成一次进给运动的工步部分，称作"空行程"。空行程能检查刀具相对工件的运动轨迹。

# 1.3 生产纲领与生产类型

坚持以需定产是企业生产管理原则之一。企业根据市场经济的客观需求和发展规律，根据企业生产技术条件，来安排生产计划。企业的生产计划，具体规定了计划期内应生产产品的品种、质量、数量、产值、出产期限、生产能力的利用程度等。它不仅规定了企业内部各车间的生产任务和生产进度，还规定了和其他企业之间的生产协作任务。因此，生产计划是企业年度综合计划的主体，是编制其他各项计划的主要依据，是企业的纲领性生产文件。

## 1.3.1 生产纲领

在计划期内应当生产的产品产量和进度的生产计划，称作生产纲领。为便于年度结算，对生产计划期限确定为一年。年度生产计划也称作年生产纲领。

年生产纲领中确定了某产品的年出产量后，接着就要根据年生产纲领去组织生产，确定组成该产品各零件的年投产数量。

生产过程是很复杂的过程，它还有一定的不确定因素，如产生废次品的风险等。为了争取主动，确保生产纲领的完成，在确定零件的年投产数量时，要留有余地——考虑装配过程中可能发生的意外和产品售后服务的需求（用户维修该产品所需预备的零件），适当增加备品零件数量；同时还要考虑生产过程中产生废次品的概率。因此，零件的年投产数量 $N$ 应为

$$N = Qk(1 + i_1)(1 + i_2)$$

式中　$N$——零件的年投产数量（件/年）；

　　　$Q$——产品的年产量（台/年）；

　　　$k$——每台产品中该零件的数量（件/台）；

　　　$i_1$——备品率；

　　　$i_2$——废品率。

在实际安排生产确定零件投产数量时，还需要考虑零件现有库存量等其他影响因素。

## 1.3.2 生产类型

生产类型是企业根据产品的性质、结构、工艺特点，产品品种的多少，品种变化的程度，同种产品的产量等，对企业及其生产环节（车间、工段、班组、工作地）进行的分类。

通过划分生产类型，能掌握不同生产规模、不同生产条件下的生产组织管理和工艺特

点，如专业化程度、生产方法、设备条件、人员要求等。生产类型对企业的生产组织、工艺过程及合理选择工艺方法、设备和工艺装备等，均有很大影响。同一种产品，由于生产量不同，可能有完全不同的工艺过程。表 1-1 介绍了机械产品的生产类型和划分方法。

表 1-1　机械产品的生产类型和划分方法

| 划 分 方 法 | 生 产 类 型 |
|---|---|
| 按一定时间内产品产量的连续程度和工作地专业化程度划分 | 1. 单件生产<br>2. 成批生产<br>3. 大量（连续）生产 |
| 按产品品种和产量关系划分 | 1. 多品种小批量生产<br>2. 中品种中批量生产<br>3. 少品种大批量生产 |
| 按产品销售方式划分 | 1. 订货生产<br>2. 存货生产 |
| 按生产系统和产品生命周期的关系划分 | 1. 项目型生产<br>2. 非流水线生产<br>3. 间隙生产<br>4. 装配线生产和流水线生产 |

从表 1-1 可以看出，若按一定时间内产品产量的连续程度和工作地专业化程度划分，生产类型一般可分为单件生产、成批生产（小批生产、中批生产、大批生产）和大量（连续）生产等多种类型。这些生产类型可按工作地所担负的工序数来判别，也可按生产产品的年产量来判别，还可按零件大小和年产量来判别（见表 1-2）。目前，常以生产过程中企业（或车间、工段、班组、工作地）的专业化程度为标志来划分生产类型。工作地担负的工序数目越少，其专业化程度就越高。

表 1-2　生产类型划分

| 生产类型 | | 按专业化程度划分 | 按年产量划分 | | | |
|---|---|---|---|---|---|---|
| | | 工作地每月担负的工序数 | 产品的年产量/（台/年） | 同类零件的年产量/（件/年） | | |
| | | | | 重型零件（>2000kg） | 中型零件（>100~2000kg） | 轻型零件≤100kg |
| 单件生产 | | 不作规定 | 1~10 | ≤5 | ≤10 | ≤100 |
| 成批生产 | 小批生产 | >20~40 | >10~150 | >5~100 | >10~200 | >100~500 |
| | 中批生产 | >10~20 | >150~500 | >100~300 | >200~500 | >500~5000 |
| | 大批生产 | >1~10 | >500~5000 | >300~1000 | >500~5000 | >5000~50000 |
| 大量（连续）生产 | | 1 | >5000 | >1000 | >5000 | >50000 |

注：表中生产类型的产品年产量，应根据各企业产品具体情况而定。

不同的生产类型有不同的工艺特征。表 1-3 列出了单件、批量、大量（连续）生产类型的工艺特征。了解不同生产类型的工艺特征，就能根据产品产量和产品图样，制定工艺方案，编制计划，筹措资金，增添或改造设备，招聘和培训员工，合理做好生产技术准备工作。

### 表1-3 各种生产类型的工艺特征

| 工 艺 特 征 | 生 产 类 型 | | |
| --- | --- | --- | --- |
| | 单 件 生 产 | 批 量 生 产 | 大 量 (连续) 生 产 |
| 生产对象 | 变换频繁, 品种繁多, 很少重复 | 重复、轮番生产, 品种较多, 产品数量不等 | 固定不变, 品种少, 产量大 |
| 生产条件 | 很不稳定, 工作地专业化程度很低, 担负的工序很多; 采用工艺专业化的生产组织形式, 在制品移动路线长而复杂, 生产过程连续性很低, 定额与计划粗略 | 较稳定, 工作地担负较多工序, 部分专业化; 一批更换到另一批时, 设备和工装需要调整; 劳动定额和计划编制不十分精确和细致 | 稳定, 工作地完成一道或几道工序, 专业化程度高, 工序划分细, 单工序的劳动量少; 劳动定额和计划编制很准确, 节奏生产 |
| 毛坯成形 | 型材用锯床、热切割下料; 木模手工砂型铸造; 自由锻造; 焊条电弧焊; 冷作等。毛坯精度低, 加工余量大 | 锯、剪等方式型材下料; 砂型机器铸造; 模锻; 冲压; 专机弧焊、钎焊; 粉末冶金压制 | 型材剪切下料; 机器造型生产线; 压铸; 热模锻生产线; 多工位冲压、冲压生产线; 压焊、弧焊自动线。毛坯精度高, 加工余量少 |
| 机械加工设备及布置 | 通用工艺设备, 普通机床、数控机床、加工中心; 按机群方式排列 | 通用和专用机床, 高效数控机床, 成组加工; 多品种小批量生产采用柔性制造系统; 按工件类别分工段排列 | 组合机床刚性自动线; 多品种大量生产采用柔性自动线; 按工艺路线布置成流水线或自动线 |
| 工艺装备与尺寸精度保证 | 采用万能夹具、组合夹具及少量专用夹具; 采用通用刀具、量具; 按划线找正装夹, 试切法 | 广泛采用可调夹具、专用夹具; 较多采用专用刀具和量具; 定程调整法, 小部分采用试切、找正 | 广泛采用高效专用夹具; 广泛采用高效专用刀具、量具和自动检测装置; 调整法自动化加工 |
| 热处理设备 | 周期式热处理炉, 如密封箱式多用炉; 用于中小件的盐浴炉; 用于细长件的井式炉 | 真空热处理炉; 密封箱式多用炉; 感应热处理设备 | 连续式渗碳炉, 多用炉生产线; 网带炉、铸链炉、棍棒式炉、滚筒式炉; 感应热处理设备 |
| 装配方式 | 以修配法和调整法为主; 固定式装配或固定式流水装配 | 以互换法为主, 调整法、修配法为辅; 流水装配或固定式流水装配 | 互换法装配; 流水装配线、自动装配或自动装配线 |
| 涂装 | 喷漆室; 搓涂、刷漆 | 混流涂装生产线; 喷漆室 | 静电喷涂、电泳喷涂等涂装生产线 |
| 物流设备 | 叉车、行车、手推车 | 叉车、各种运输机 | 各种运输机、搬运机器人、自动化立体仓库 |
| 工人技术水平 | 高, 工人要掌握广泛的知识和技能 | 中等, 工人要掌握较广泛的知识、技能, 操作熟练程度较低 | 低, 工人的操作简易, 技术熟练, 但需要技术水平高、熟练程度高的调整工 |
| 工艺文件 | 简单, 工艺过程卡 | 中等, 工艺过程卡、工序卡 | 详细, 工序卡、调整卡、操作指导卡、检验卡 |

(续)

| 工 艺 特 征 | 生 产 类 型 | | |
|---|---|---|---|
| | 单 件 生 产 | 批 量 生 产 | 大量(连续)生产 |
| 生产成本 | 较高 | 中 | 低 |
| 生产效率 | 低，用数控机床则较高 | 中 | 高 |
| 典型产品实例 | 重型机床、重型机器、大型内燃机、汽轮机、大型锅炉、机修配件 | 机床、机车车辆、工程机械、起重机、液压件、水泵、阀门、风机、中小锅炉 | 汽车、拖拉机、摩托车、自行车、内燃机、手表、电气开关、滚动轴承 |

## 1.4　机械制造方法

　　机械制造工艺是各种机械制造方法和过程的总称。因此，掌握机械制造技术的一个重要方面就是必须熟悉机械制造方法。熟悉了各种制造方法，在工艺设计时，才有可能列出更多种机械制造方法的方案，在更广范围内进行选优；在遇到工艺难题时，才有可能较快提出试用其他机械制造方法的建议。

　　机械制造方法就是制造机械产品的各种方法。它包括毛坯件成形方法、机械加工方法、材料改性与处理方法、机械装配方法、检验与试验方法、储运与包装方法等。在JB/T 5992—1992《机械制造工艺方法分类与代码》中，将制造产品的机械制造工艺方法划分为铸造、压力加工、焊接、切削加工、特种加工、热处理、覆盖层、装配与包装、其他加工等工艺方法。

　　传统的机械加工方法，把改变生产对象的形状、尺寸、相对位置和性质的机械加工方法——毛坯件成形方法、机械加工方法、材料改性与处理方法，综合为"热加工"和"冷加工"两大类。随着新技术的不断涌现和互相渗透，对方法也有深层次的本质理解；现在已提升到从材料成形和材料功能的高度去认识机械加工方法。机械加工方法可归结为去除加工、结合加工、变形加工和改性加工四大类。

### 1.4.1　去除加工

　　去除加工，又称分离加工、分离成形，它是从工件表面去除(分离)部分材料而成形。去除加工使工件的质量(重量)由大变小，外形、体积都随之发生变化。这种加工方法将工件上多余的材料，像做"减法"一样去除掉。因此，损耗原材料是去除加工的固有弱点。但是它加工精度高、较稳定、容易控制，一直受到机械制造企业的推崇。

　　去除加工的加工方法很多。切削加工，特种加工中的电火花加工、电子束加工、离子束加工、等离子加工、激光加工、超声加工、电解加工、化学铣削、电解磨削、加热机械切割、振动切削、超声研磨、超声电火花加工、高压水切割、爆炸索切割等，都属于去除加工。各种去除加工方法的特点和适用范围见表1-4。

**表 1-4　各种去除加工方法的特点和适用范围**

| 去除加工方式 | | 特　点 | 加 工 范 围 | 机 床 设 备 |
|---|---|---|---|---|
| 切削加工 | 车削 | 工件旋转作主运动、刀具作进给运动 | 内、外圆车削；平面加工；钻、扩、铰孔；螺纹加工；各种成形面加工；滚花、滚压等 | 车床、车削中心 |
| | 铣削 | 铣刀旋转作主运动，工件或铣刀作进给运动。铣削加工是多刃断续切削，冲击大，但生产率高 | 各种平面、球面、成形面、凸轮、圆弧面、各种沟槽、切断、模具的特殊形面等 | 铣床、加工中心、组合机床 |
| **刀具切削** | 刨削 | 刨刀在水平方向上的往复直线运动为主运动，工作台或刀架作间隙进给运动 | 各种平面、斜面、导轨面等狭长工件的加工 | 牛头刨床、龙门刨床 |
| | 插削 | 插刀在垂直方向上，相对工件作往复直线运动 | 内孔键槽、异形孔、不通孔、台阶孔；齿轮加工 | 插床 |
| | 钻削 | 钻头旋转为主运动，进给运动可由钻头或工件或二者共同完成 | 钻孔、扩孔、铰孔；套、攻螺纹等 | 钻床 |
| | 镗削 | 镗刀旋转作主运动，工件（或刀具）作进给运动 | 孔的精加工，镗槽、镗螺纹 | 镗床、加工中心、组合机床 |
| | 拉削 | 拉刀相对工件作直线移动，加工余量由拉刀上逐齿递增的刀齿依次切除，通常一次成形，效率高，用于大批量生产 | 平面拉削、拉孔、拉槽、拉花键、拉齿轮等 | 拉床 |
| | 锯切 | 带锯齿的刀具将工件或材料切出窄槽或进行分割（下料） | 棒料或板料的槽加工或下料 | 锯床 |
| 磨削加工（淬硬表面的精加工） | 砂轮磨削 | 高速旋转的砂轮作主运动，砂轮和工件（或工作台）作进给运动 | 各种平面、外圆、内孔、形面、螺纹、齿轮等的精加工 | 磨床 |
| | 砂带磨削 | 布满磨粒的带状柔软纱布贴合于工件表面的高效磨削工艺 | 各种平面、外圆、形面的精加工 | 砂带磨床 |
| | 珩磨 | 用油石或珩磨轮对精加工表面进行的光整加工 | 各种平面、外圆、齿轮的光整加工 | 珩磨机 |
| | 研磨 | 在一定压力下，在有一定刚性的涂敷或压嵌游离磨粒的软质研具上，与工件相对滑动而进行的光整加工 | 各种平面、外圆、孔、锥面、成形面、齿形等的光整加工 | 研磨机或手工研磨 |
| | 超精加工 | 用安装在振动头上的细粒度油石，以振频 5～50Hz、振幅 1～6mm，沿加工面切向振动，并施以一定压力对微小余量表面进行的光整加工 | 各种平面、外圆、孔、锥面、成形面等的光整加工 | 超精加工机床 |
| 钳加工 | | 划线、刮削、研磨、机械装配等手工操作，经济实用，是机械设备不可全部替代的基本技术 | | |
| 其他去除加工 | | 包括气体火焰切割、气体放电切割等，主要用于切割金属和各种非金属材料 | | |

（续）

| 去除加工方式 | 特　　点 | 加工范围 | 机床设备 |
|---|---|---|---|
| 特种加工 | 直接利用电能、热能、声能、光能和电化学能，有时也结合机械能对工件进行加工的方法。它主要包括电火花加工、电子束加工、电化学加工、化学加工等方法<br><br>特种加工方法适合于难加工材料、异形面的加工，易于实现自动控制，但大多数方法加工效率较低 | | |

## 1.4.2　结合加工

结合加工，是利用物理和化学方法，像做"加法"一样累加成形，将相同材料或不同材料结合在一起的累加成形制造方法。结合加工过程中，工件外形体积由小变大。

根据结合机理，结合加工的加工类型有：

1）两种相同或不同材料通过物理或化学方法连接在一起的连接（接合）加工，如焊接、铆接、胶接（粘结）、快速成形制造等。

2）在工件表面覆盖一层材料的附着（沉积）加工，如电镀、电铸、喷镀、涂装、搪瓷等。另外，"晶体生长"也属于结合加工，它主要是半导体制造技术的工艺方法。

常用结合加工方法的特点和适用范围见表1-5。

表1-5　常用结合加工方法的特点和适用范围

| 结合加工类型 | | 加工特点 | 适用范围 |
|---|---|---|---|
| 焊接、铆接与胶接 | 焊接 | 焊接是通过加热或加压，或两者并用，使两金属工件产生原子间结合的工艺方法。如焊条电弧焊、埋弧焊、等离子弧焊、点焊、氧乙炔焊等。焊接时可以填充或不填充材料 | 金属件或塑料件的固定、不可拆的连接 |
| | 铆接 | 铆接是用铆钉将连接件连成一体，形成的不可拆连接。适用于严重冲击或振动载荷的金属结构（如桥梁、飞机机翼）连接。有冷铆和热铆两种方式 | 板材或型材金属结构件的连接 |
| | 胶接 | 胶接是利用有机或无机胶粘剂，在结合面上产生的机械结合力、物理吸附力和化学键结合力，使两个胶接件连接起来的方法。胶接不易变形，接头应力分布均匀，密封性、绝缘性、耐蚀性都很好 | 适用于同种或异种材料的连接 |
| 附着结合加工 | 涂覆 | 在工件基体表面附着覆盖一层材料的加工。常见的方法有涂覆、电镀、化学镀、刷镀、气相沉积、热浸涂、热喷涂、涂装等 | 零件表面保护层的加工与处理 |
| | 电铸 | 电铸是电镀的特殊应用，是利用金属的电解沉积原理来精确复制某些复杂的或特殊形状制品的工艺方法。原模为阴极，电铸材料为阳极，一同放入与阳极材料相同的金属盐溶液中，通以直流电进行加工 | 制造精密复杂件、复制品、薄壁零件、模具零件等 |
| 快速成形制造 | | 是一种基于离散堆积思想的数字化成形技术。先由CAD软件设计所需的三维曲面或实体模型；并按工艺要求分层，把三维信息变成二维截面信息；经处理产生数控代码；在计算机控制下，进行有序的二维薄片层的制造与叠加成形。主要方法有选择性液体固化、选择性层片粘结、实体磨削固化等 | 特种性能金属材料关键件的加工、铸件加工、隐形牙畸正领域、生物材料快速制造等 |

### 1.4.3　变形加工

变形加工是利用力、热、分子运动等手段，使工件材料产生变形，改变其形状、尺寸和性能。它是使工件外形产生变化，但体积不变的"等量"加工。变形加工是典型的"少无切屑加工"，包括聚集成形和转移成形。

**1. 聚集成形**

聚集成形是把分散的原材料通过相应的手段聚集而获得所需要的形状。这种成形常伴随着改变化学成分。聚集成形有利于材料的循环利用，它在加工过程中材料不损失或损失很少。聚集成形主要有铸造、粉末冶金、非金属材料(塑料、橡胶、玻璃、复合材料)成形等。

**2. 转移成形**

转移成形是利用固态材料本身的质点相对位移，通过相应的工艺手段获得所需形状的工艺方法。这种成形方法的特点是材料损失少，有改性效果。在原材料和能源日益短缺的时期，转移成形是一种节省能量和材料的加工方法。转移成形方法主要有压力加工(包括锻造、轧制、冲压、挤压、旋压、拉拔等)、冷作(又称钣金,包括变形、收缩、整形等)、表面喷砂粗化与光整(包括作表面预处理的表面喷砂粗化、作表面强化处理的滚光、挤光等)、缠绕和编织(如弹簧缠绕加工、筛网编织等)等。铸-轧连续成形是聚集成形与转移成形的结合，连续流出的钢液→凝结成高温的连续钢料→利用钢料余热连续热轧/冷轧成型材。铸-轧连续成形是节约能源、节省空间、减少运量的现代加工方法。

### 1.4.4　改性加工

改性加工是工件外形不变，工件体积不变，但其力学、物理或化学特性(形态、化学成分、组织结构、应力状态等)发生改变的加工方法。改性加工有整体改性加工和表面改性加工，一般常采用表面改性加工。机械产品的主要失效形式是断裂、磨损和腐蚀，它们都是从零件的表面开始的。零件的力学性能、物理或化学特性在很大程度上取决于零件材料表面或亚表面的性能。因此对零件表面的改性加工，可以在降低成本的同时，获得高性能的零件。

机械制造方法中的改性加工主要有热处理(包括整体热处理、表面热处理、化学热处理)、化学转化膜(包括发蓝膜、磷化膜、草酸盐膜、铝阳极氧化膜等)、表面强化(包括喷丸强化、挤压强化、离子注入等)等。工件在磁力夹具上卸下后，进行的"退磁"，也属于"改性加工"。

### 1.4.5　技术检验与产品试验

**1. 技术检验**

技术检验是根据规定的质量标准、工艺规程和检验规范，对加工生产的对象(原材料、外购件、外协件、在制品和成品)进行测量，并将测出的特性值与规定值进行比较，加以判断和评价，以确定被测对象的处理措施和方法。

技术检验包括工序检验、成品检验、全部检验、抽样检验、入厂检验、出厂检验等。技术检验的对象通常是加工生产的对象，但有时也可以是检查直接影响产品质量的工艺参数，这种检验称为工艺检查。

不同检验项目，应当采用不同的检验手段和工具，检验的名称也有所不同。例如，使用力学、光学或电子量仪测量工件，并取得有量值检验结果时，通常称为测量或检测；采用化学或物理试验方法检验时，称为分析；靠人的视觉、听觉、触觉和感觉器官检查，只能做出"可"与"否"的判断，而无量值概念时，称为检查；对产品（或系统）综合性能的评价，称为测试或鉴定。

**2. 产品试验**

为使新产品开发能取得预期成功，在开发过程中，企业会进行不同目的和内容的产品试验。例如先行试验、定型试验、性能试验、可靠性试验、寿命试验、型式试验、出厂试验等。

这些产品试验，是根据行业规定或用户提出的技术检验规范、质量标准，或者为取得开发新品时需事先掌握的性能参数，设计出专用装备，组成测试系统，通过模拟使用环境和工作条件，取得产品的功能特性、可靠性、稳定性、工作寿命和环境适应性等内在质量参数。用虚拟原型代替物理原型的计算机仿真试验，是数字制造的重要内容之一。它大大节约了人力、物力、财力，是产品试验的发展方向。

（1）型式试验　型式试验是为了全面考核产品质量，对新试制的产品或作重大改进的产品进行的全面试验。型式试验是考核设计及制造能否满足用户要求，是否符合有关标准和技术文件的规定，以评价产品的技术水平的一种试验方法。

型式试验的内容有：

1）外观质量检验。检验产品的布局和造型，检验产品的外观质量。

2）参数的检验。检验产品参数和连接部位尺寸是否符合相应行业参数标准、连接尺寸标准和设计文件规定。

3）产品空运转试验。各运动机构从最低速起，依次运转，并检验各机构的运转状态、温度变化，功率消耗，操作机构动作的灵活性、平稳性、可靠性、安全性；检验各种运动速度的正确性，进行温升试验，动作试验，噪声试验，安全防护装置和保险装置的检验，空运转功率试验，以及电气系统、液压、气动、冷却、润滑系统的检验，测量装置检验等。

4）产品负荷试验。它包括承载工件最大重量的运转试验、扭转试验、切削抗力试验、最大功率试验、抗振性切削试验和传动效率试验。

5）产品精度试验。它包括几何精度检验、传动精度检验、运动的不均匀性检验、振动试验、刚度试验、热变形试验、工作精度检验等。

6）产品工作试验。检验在各种可能情况下工作时，产品的工作状况。

7）产品寿命试验。检查对重要及易磨损部位的耐磨措施，易被尘屑磨损部位的防护装置，该产品在用户处的大修周期等。

8）附件和工具的检验。检验附件和工具是否具备保证基本的性能，保证连接部位的互换性和使用性能。

（2）出厂试验　出厂试验是为了考核正常生产的产品制造质量是否符合有关标准和技术文件的规定，以及产品质量是否稳定所进行的检验。

# 1.5　机械制造工艺系统

从上面介绍的机械制造企业的生产过程和机械制造方法中可知，机械制造技术所涉及的范围十分广泛、包含内容十分丰富，已经显现出它的综合性特征，也即机械制造技术又一重要特征，就是它的系统性。

所谓系统，就是指在某种运行环境下，由若干个互相关联（互相联系、互相作用）的要素（部分），为了实现某些目标组合而成的有机整体。

机械制造系统是在特定的环境下（见图1-6），依托物料流、能量流、信息流和资金流，由"人"、"机"、"料"、"法"、"环"、"测"、"运"、"管"等软件硬件要素组成的，采用机械制造工艺，制造能增益的、社会需求的产品的有机整体。

根据机械制造系统的结构、功能和层次，机械制造系统可分解为产品研发分系统、产品生产分系统和产品销售分系统（见图1-6）。对产品生产分系统进行进一步分解，就可得到机械制造工艺子系统、生产服务保障子系统等。关于柔性制造系统、集成制造系统、智能制造系统等现代机械制造系统，将在本书最后章节中进行介绍。

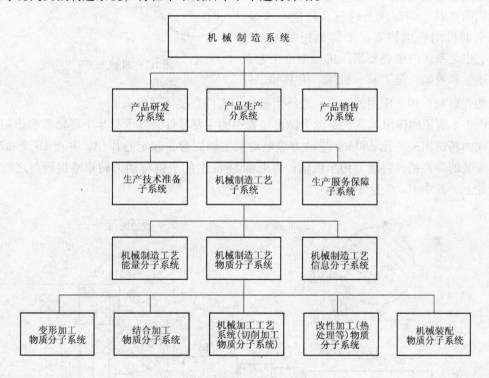

图 1-6　机械制造系统

机械制造工艺子系统的目标是：要求在规定的时限内，在保证数量、降低成本和满足安全环保要求的前提下，制造出合乎质量要求的零部件或产品。机械制造工艺子系统通常又可以分解为信息分子系统、能量分子系统和物质分子系统。

机械制造工艺子系统的信息分子系统，是指制造用的图样、工艺文件、技术标准、工艺定额等各种有关的控制信息，和在工艺过程中获取的质量信息等各种反馈信息所构成的系统。

机械制造工艺子系统的能量分子系统，是指使机械制造工艺子系统正常运作的各种动力和能量（如电力、压缩空气等）所构成的系统。

机械制造工艺子系统的物质分子系统，对不同的工序（制造方法），它们的系统目标、要素、结构也是不同的。例如，热处理物质分子系统与机械切削加工物质分子系统的系统目标、系统要素和系统结构等，存在较大差别。机械切削加工物质分子系统，是指在机械切削加工中由工具(刀具)、机床、夹具和工件这四种要素所组成的统一体。为了便于叙述，将该系统称为"机械加工工艺系统"，如图 1-7 所示。

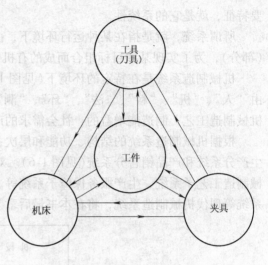

在图 1-7 中，工具是指各种刀具、磨具、模具、检具，如车刀、铣刀、钻头、砂轮等；机床是指加工设备，如车床、铣床、钻床、镗床、磨床等，也包括钳工台等钳工设备；夹具是指机床夹具，如车床上的三爪自定心卡盘、铣床上的机用台虎钳等；工件是指被加工对象，它也是系统的中心要素。机械制造工艺系统的质量和效能，是工具、机床、夹具和工件

图 1-7　机械加工工艺系统

之间相互影响、相互作用的结果，最终由被加工工件直接体现出来。

图 1-8 所示的输出轴，它是动力输出装置中的主要零件，既承担半个联轴器的作用，又要将动力转送出去。孔 φ80mm 与动力源电动机主轴配合，起定心作用，并由 10 个 φ20mm 孔中安装的弹性销，将动力传至该轴；再由 φ55mm 上的平键将动力转矩输出到与之配合的小带轮上。其中 B、C 为支承轴颈。

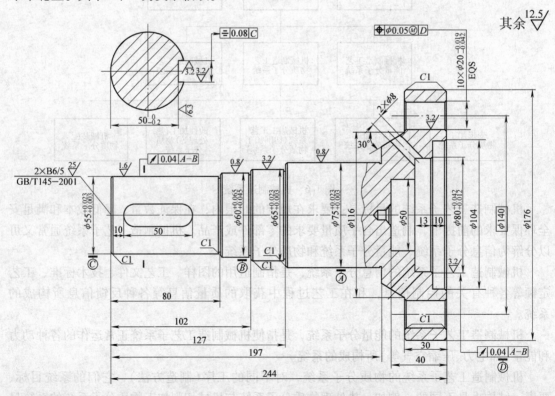

图 1-8　输出轴

表1-6 中列出了输出轴加工的工艺过程。

表1-6 输出轴加工的工艺过程

| 工艺阶段 | 序号 | 工序名称 | 机械加工工艺系统 | | | | | 注 |
|---|---|---|---|---|---|---|---|---|
| | | | 工 件 | | 刀具 | 夹具 | 机床 | |
| | | | 工序目标 | 工序内容 | | | | |
| 毛坯准备 | 10 | 模锻 | 工件毛坯 | 下料、加热、锻造、切边、冲连皮 | | (模具)等 | 锻压机 | 根据生产批量，毛坯选用45钢模锻件 |
| | 20 | 热处理 | 毛坯正火 | 按正火热处理规范进行 | | | | |
| 粗加工 | 30 | 车 | 粗车大端 | 夹小端车大端，粗车大端外圆、车大端各内孔，留加工余量 | 端面、强力外圆、内孔车刀，中心钻 | 三爪自定心卡盘、顶尖 | 卧式车床 | 夹小车大，先面后孔，基准优先 |
| | | | 粗车小端 | 夹大端车小端，车小端端面，钻中心孔 | | | | |
| | | | | 一夹一顶，粗车各外圆，留加工余量 | | | | |
| | 40 | 热处理 | 调质T235 | 按调质热处理规范进行 | | | | |
| 半精加工 | 50 | 车 | 修整中心孔，精车小端各外圆 | 修整中心孔，一夹一顶，精车各外圆，留磨加工余量 | 中心钻，端面、外圆、内孔精车刀，倒角车刀 | 三爪自定心卡盘、顶尖 | 卧式车床 | 基准优先，基准统一，注意及时倒角 |
| | | | | 车30°斜面至图样要求 | | | | |
| | | | 精车大端外圆及内孔 | 夹小端车大端，精车φ176mm外圆、φ50mm内孔和φ104mm内孔至图样尺寸，φ80mm留余量 | | | | |
| | | | | 钻顶尖孔 | | | | |
| | | | | 车φ80mm至图样要求 | | | | 基准重合 |
| | 60 | 钻 | 钻10×φ19mm | 钻10×φ20mm至φ19mm，留1mm余量，孔口倒角 | 麻花钻、倒角钻 | 专用分度钻夹具 | 钻床 | |
| | 70 | 镗 | 镗10×φ20mm | 镗10×φ20mm至图样尺寸 | 镗刀 | 专用镗模 | 钻床 | |
| | 80 | 铣 | 铣键槽 | 先钻工艺孔，再铣键槽至尺寸 | 钻头、立铣刀 | 铣夹具 | 立式铣床 | |
| | 90 | 钻 | 钻φ8mm斜孔 | 钻斜孔2×φ8mm | 麻花钻 | 钻模 | 钻床 | |
| 精加工 | 100 | 磨 | 磨小端各外圆 | 磨小端各外圆至图样尺寸 | 砂轮 | 顶尖、鸡心夹头 | 外圆磨床 | 基准统一 |
| | 110 | 检验 | 按图检验 | 按图检验，剔除不良品 | | | | 零件终检 |

（续）

| 工艺阶段 | 序号 | 工序名称 | 机械加工工艺系统 | | 刀具 | 夹具 | 机床 | 注 |
|---|---|---|---|---|---|---|---|---|
| | | | 工件 | | | | | |
| | | | 工序目标 | 工序内容 | | | | |
| 装配 | 120 | 钳 | 配作 | 装配时小带轮轴向位置根据螺孔配作 $\phi$8mm 定位孔 | 麻花钻 | | 手电钻 | 零件转入装配工序 |

从表 1-6 中不难看出，不论是车、钻和镗工序，还是铣、磨等切削加工工序，都是在由相应的工具、夹具、机床和工件所组合成的统一体中，它们既分工、又配合，通过互相直接、有效的作用，将前道工序留下的余量不断去除，使工件的形状、尺寸不断地逼近零件的形状、尺寸。这些由工具、夹具、机床、工件所组成的"统一体"，就是所谓的"机械加工工艺系统"。如图 1-9 所示，每道机械切削加工工序，都是一个机械加工工艺系统。从工件的毛坯开始，经过一道又一道工序有序地转移，最后获得符合质量要求的成品零件。与此同时，系统还须满足数量、成本、安全和环保等目标要求。

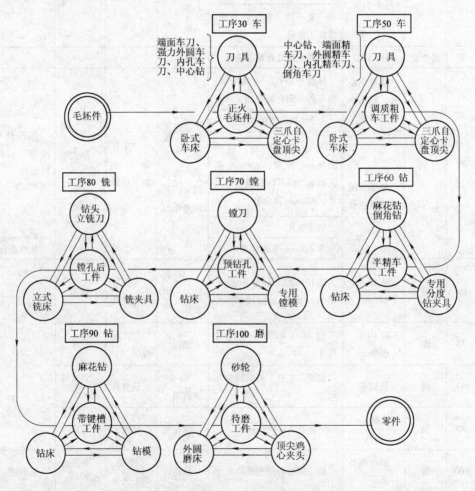

图 1-9　输出轴机械加工工艺系统

通过上面的分析看出，这些机械切削加工工序，都有一个共同的特点——它们都是由工具、机床、夹具和工件组成的机械加工工艺系统。因此，首先必须学习和掌握机械加工工艺系统中的工具、机床、夹具和工件等系统要素，为编制机械加工工艺规程奠定扎实基础。

## 习　题

1-1　产品在方案设计、技术设计和施工设计阶段，设计人员主要应完成哪些工作？

1-2　工艺装备简称工装，它是产品制造过程中所用的各种工具总称。你能否具体指明有哪些类别的工具属于机械制造的工装？

1-3　什么叫工艺？请从现实生活中找出几个例子，来解释工艺是什么。

1-4　什么叫工序？企业为什么重视正确划分工序？

1-5　在机械加工工艺过程中，怎样判别工人所做的工作是否属于同一工序？

1-6　工序中的"安装"与"工位"有些什么区别？确定"工步"与选择"切削用量"，两者之间有哪些联系？

1-7　机床厂生产某型号卧式车床的年生产纲领 1200 台，市场需要车床方刀架部件的备品 40 套，试问方刀架上的压刀螺栓零件应投产多少（废品率按 0.8% 计算）？

1-8　了解了各种生产类型的分类后，你有何思考？

1-9　找 3~5 个用不同机械制造方法加工的零件，分析它们在制造过程中，采用了哪些机械制造方法。

1-10　车床上可用滚花刀对工件表面进行滚花加工，试问这是属于哪一类的加工？

1-11　为什么说钳加工仍是广泛应用的基本技术？

1-12　比一比谁能更多说出加工花键孔的方法。

1-13　什么是涂装？为什么说涂装是"工业的盔甲"、"工业的外衣"？

1-14　机械制造系统与机械加工工艺系统有些什么不同？

1-15　组成机械加工工艺系统的四个系统要素中，为什么常把工件放在中心要素的地位？

# 第 2 章　工艺系统中的工具

工艺系统中的工具要素主要包括刀具、磨具、模具、检具、辅具等。本章主要讨论刀具与砂轮。

切削加工是用刀具切削刃从待加工工件（包括毛坯件）上切除多余的材料，获得所需形状、尺寸、精度和表面粗糙度的零件的加工方法。机器上的零件，除了极少数采用精密铸造、精密锻造等无屑加工方法外，绝大多数零件都是靠切削加工获得的。因此，刀具是保证切削加工质量的重要因素。

作为工件精加工特别是淬硬工件精加工的一种主要方式，磨削加工一直备受关注，其中砂轮的特性与选择是保证磨削加工质量的关键环节。

## 2.1　工件的加工表面、切削运动与切削参数

### 2.1.1　工件的加工表面与切削运动

#### 1. 工件的加工表面及其形成方法

（1）工件的加工表面　在切削过程中，刀具将工件上的加工余量不断切除，由此形成三个不断变化的表面，即待加工表面、过渡表面和已加工表面。

1）待加工表面。工件上待切除的表面。

2）过渡表面。工件上由刀具切削刃正在切削的表面，即由待加工表面向已加工表面过渡的表面。

3）已加工表面。工件上经刀具切除加工余量后的表面。

以上三种表面的定义，如图 2-1 所示。

（2）工件表面形成方法　工件上常见的表面有平面、回转表面、螺纹、齿轮轮齿成形面等，这些都是线性表面，即都可以通过一条母线沿另一条导线运动后而获得，如图 2-2 所示。

机床加工机械零件的过程，其实质是形成零件上各个工作表面的过程，也就是借助于一定形状的切削刃以及切削刃与被加工表面之间按一定规律的相对运动，形成所需的母线和导线。由于加工方法、刀具结构和切削刃的形状不同，所以，形成母线和导线的方法及所需的运动也不相同，概括起来包括：

1）轨迹法。用尖头车刀、刨刀等刀具切削时，切削刃与被加工表面为点接触，如图 2-3a 所示。刨刀沿箭头 $A_1$ 方向作直线运动，形成直线型母线；沿箭头 $A_2$ 方向所指的曲线，即曲线型的导线。通过母线沿导线的运动，形成被加工表面。

2）成形法。将切削刀具的切削刃制成与所需形成的母线完全吻合。加工时，无需任何运动来形成这一母线。刀具只需作沿箭头 $A_1$ 方向的直线运动就能形成被加工表面，如图 2-3b 所示。

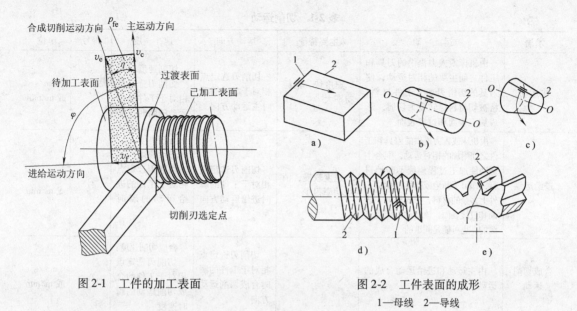

图 2-1　工件的加工表面　　　　图 2-2　工件表面的成形
1—母线　2—导线

3）相切法。它是利用刀具边旋转边作轨迹运动来对工件进行加工的方法。如图 2-3c 所示，刀具作旋转运动 $B_1$，刀具圆柱面与被加工表面相切的直线就是母线。刀具沿 $A_2$ 作曲线运动，形成导线。两个运动的叠加，形成加工表面。相切法也称包络线法。

4）展成法。用插齿刀、齿轮滚刀等加工工件时，切削刃是一条与需要形成的发生线共轭的切削线。如图 2-3d、e 所示，用齿条插齿刀加工圆柱齿轮，插齿刀沿箭头 $A_1$ 方向作直线运动，形成了直线形母线，而工件的旋转运动 $B_{21}$ 和直线运动 $A_{22}$ 使插齿刀能不断地对工件进行切削。其直线型切削刃的一系列瞬时位置的包络线，便是所需的渐开线型导线。必须指出的是，形成的渐开线型导线是由 $A_{22}$ 和 $B_{21}$ 组合而成的，这两个运动必须保持严格的运动关系，彼此不能独立，它们复合形成的运动称为展成运动。

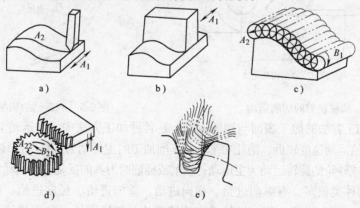

图 2-3　形成发生线的方法

**2. 切削运动**

（1）切削运动的定义　切削运动是指切削过程中刀具相对于工件的运动。切削运动的类型有两类，即主运动和进给运动。两者又可以进一步形成一个合成切削运动。各种切削运动的定义见表 2-1。外圆车刀、圆柱铣刀和麻花钻的切削运动示意图如图 2-1、图 2-4 和图 2-5所示。表 2-1 中的定义不仅适用于以上三种刀具，而且适用于所有其他刀具。

表 2-1　切削运动

| 术语 | 运动 | 主要特征 | 运动方向 | 速度 | 符号 | 单位 |
|---|---|---|---|---|---|---|
| 主运动 | 由机床或人力提供的刀具和工件之间主要的相对运动,使刀具的切削刃切入工件材料,将被切材料层转变为切屑,形成加工表面和过渡表面 | 速度快,消耗功率大 | 切削刃选定点相对于工件的瞬时主运动方向 | 切削速度:切削刃选定点相对于工件的主运动的瞬时速度 | $v_c$ | mm/s 或 m/min |
| 进给运动 | 由机床或人力提供的刀具和工件之间附加的相对运动,配合主运动使加工过程连续不断地进行,即可不断地或连续地切除工件上多余的材料,形成已加工表面和过渡表面,该运动可能是连续的,也可能是间歇的 | 速度较慢,消耗功率很少 | 切削刃选定点相对于工件的瞬时进给运动方向 | 进给速度:切削刃选定点相对于工件的进给运动的瞬时速度 | $v_f$ | mm/s 或 m/min |
| 合成切削运动 | 由主运动和进给运动合成的运动 | | 切削刃选定点相对于工件的瞬时合成切削运动方向 | 合成切削速度:切削刃选定点相对于工件的合成切削运动的瞬时速度 | $v_e$ | mm/s 或 m/min |

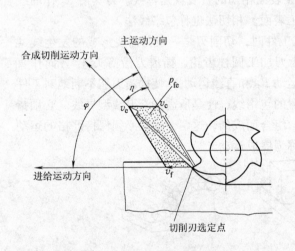

图 2-4　圆柱铣刀的切削运动

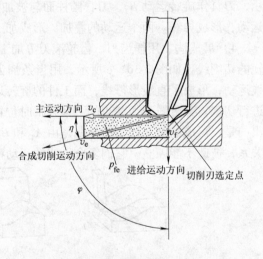

图 2-5　麻花钻的切削运动

（2）典型加工方法的加工表面与切削运动　在各种加工方法中,主运动消耗的功率最大、速度较高,而进给运动速度较低、消耗功率小。车削加工的主运动为工件的回转运动;钻削、铣削、磨削时刀具或砂轮的旋转运动为主运动;刨削或插削时刀具的反复直线运动为主运动。

进给运动的种类很多,有纵向进给、横向进给、垂向进给、径向进给、切向进给、轴向进给、单向进给、双向进给、复合进给,有连续进给、断续进给、分度进给、圆周进给、周期进给、摆动进给,有手动进给、机动进给、自动进给、点动进给,有微量进给、伺服进给、脉冲进给、附加进给、定压进给等。

一台机床上进给运动的种类、数量,是根据机床的加工方式、操作要求、控制要求、传动特征等因素确定的。如车床、钻床一般采用连续进给,刨床、插床采用断续进给。

各种典型切削加工的加工表面和切削运动如图 2-6 所示。

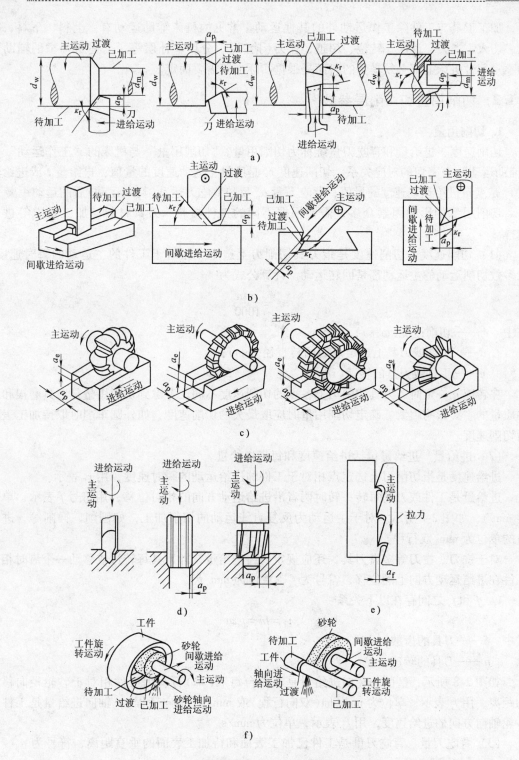

图 2-6　典型切削加工的加工表面和切削运动

a) 车削加工　b) 刨削加工　c) 铣削加工　d) 孔加工　e) 拉削加工　f) 磨削加工

（3）辅助运动　机床上除工作运动外，还需要辅助运动。辅助运动是机床在加工过程中，加工工具与工件除工作运动外的其他运动。常见的机床辅助运动有：上料、下料、趋近、切入、退刀、返回、转位、超越、让刀（抬刀）、分度、补偿等。上述所列举的辅助运动不是每台机床上都必须具备的，而是根据实际加工需要而定。

### 2.1.2　切削用量和切削层参数

#### 1. 切削用量

切削速度、进给量和背吃刀量统称为切削用量。"切削用量"与机床的"工作运动"和"辅助运动"有密切的对应关系。切削速度 $v_c$ 是度量主运动速度的量值；进给量 $f$ 或进给速度 $v_f$ 是度量进给运动速度的量值；背吃刀量 $a_p$ 反映背吃刀运动（切入运动）后的运动距离。

切削用量的影响因素众多，需要根据不同的工件材料、刀具材料、加工要求等进行选择。

（1）切削速度　切削速度是指刀具切削刃上选定点相对于工件的主运动的瞬时速度。大多数切削运动的主运动都是回转运动。计算公式为

$$v_c = \frac{\pi d n}{1000}$$

式中　$v_c$——切削速度（m/s）；

　　　$d$——工件或刀具上选定点的回转直径（mm）；

　　　$n$——工件或刀具的转速（r/s）。

在转速 $n$ 一定时，刀具切削刃上各点的切削速度不同。考虑到切削用量是刀具磨损和工件质量的主要影响因素，确定切削用量时应取最大的切削速度，如外圆车削时取待加工表面的切削速度。

（2）进给量　进给量包括进给速度和每齿进给量。

进给速度是指切削刃上选定点相对于工件的进给运动的瞬时速度，用 $v_f$ 表示。

进给量是工件或刀具每转一转时两者沿进给运动方向的相对位移，用符号 $f$ 表示，单位为 mm/r，如图 2-7 所示。对于主运动为反复直线运动的切削加工，如刨削、插削等，进给量的单位为 mm/双行程。

对于铣刀、拉刀等多齿刀具，还应规定每齿进给量，即刀具每转过或移动一个齿时相对工件在进给运动方向上的位移，符号为 $f_z$，单位为 mm/齿。

$v_f$、$f$ 和 $f_z$ 之间存在以下关系：

$$v_f = fn = f_z z n$$

式中　$z$——刀具的齿数；

　　　$n$——刀具的转速。

如图 2-8 所示，磨削的径向进给量是工作台每双（单）行程内工件相对于砂轮径向移动的距离，用 $f_r$ 表示，单位为 mm/dst（双向行程）或 mm/st（单向行程）；轴向进给量是工件沿砂轮轴向方向的进给速度，用 $f_a$ 表示，单位为 mm/s。

（3）背吃刀量　背吃刀量是工件已加工表面和待加工表面的垂直距离，符号为 $a_p$，单位为 mm，如图 2-7 所示。

1）外圆车削的背吃刀量为

$$a_p = \frac{d_w - d_m}{2}$$

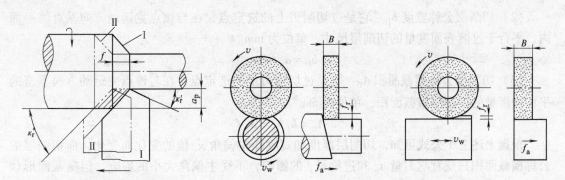

图 2-7　进给量与背吃刀量　　　　　图 2-8　磨削的径向进给量和轴向进给量

式中　$d_w$——工件待加工表面的直径(mm)；

　　　$d_m$——工件已加工表面的直径

　　　　　　(mm)。

2）钻孔加工的背吃刀量为

$$a_p = \frac{d_0}{2}$$

式中　$d_0$——钻孔的直径(mm)。

3）铣削深度和铣削宽度。铣削深度是平行于铣刀轴线度量的铣刀与被切削层的啮合量，用 $a_p$ 表示；铣削宽度是垂直于铣刀轴线并垂直于进给方向度量的铣刀与被切削层的啮合量，用 $a_e$ 表示。

端面铣刀与圆柱铣刀铣削时铣削深度与铣削宽度的定义如图 2-9 所示。

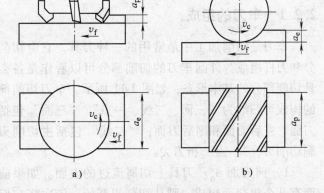

图 2-9　铣削深度与铣削宽度

a）端面铣刀　b）圆柱铣刀

**2. 切削层参数**

切削时，切削刃沿着进给运动方向移动一个进给量所切下的金属层称为切削层。切削层参数是在垂直于选定点主运动速度的平面中度量的切削层截面尺寸。

如图 2-10 所示，当主、副切削刃为直线，且刃倾角 $\lambda_s = 0°$，副偏角 $\kappa_r' = 0°$ 时，切削层横截面 ABCD 为平行四边形。

切削层的参数包括：

（1）切削层公称厚度 $h_D$　它是过切削刃上的选定点，在与该点主运动方向垂直的平面内，垂直于过渡表面度量的切削层尺寸，单位为 mm。

$$h_D = f\sin\kappa_r$$

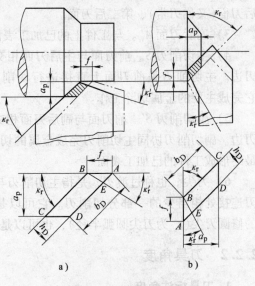

图 2-10　切削层参数

a）车外圆　b）车端面

（2）切削层公称宽度 $b_D$　它是过切削刃上的选定点，在与该点主运动方向垂直的平面内，平行于过渡表面度量的切削层尺寸，单位为 mm。

$$b_D = a_p / \sin\kappa_r$$

（3）切削层公称横截面积 $A_D$　它是过切削刃上的选定点，在与该点主运动方向垂直的平面内度量的切削层横截面积，单位为 $mm^2$。

$$A_D = h_D b_D = a_p f$$

根据上述三个公式可知，切削层厚度和宽度随主偏角 $\kappa_r$ 值的变化而变化，而切削层的公称横截面积只受背吃刀量 $a_p$ 和进给量 $f$ 的影响，不受主偏角大小的影响，但横截面形状与主偏角、刀尖圆弧半径的大小有关。

## 2.2　刀具几何参数

### 2.2.1　车刀的组成

车刀是切削加工中最常用的一种刀具，它由切削部分和刀杆组成。外圆车刀的切削部分可以看作是各类刀具切削部分的基本形态，如图 2-11 所示。车刀切削部分的构成可归纳为"三面、二线、一点"。"三面"包括前刀面、主后刀面和副后刀面；"二线"包括主切削刃和副切削刃；"一点"指刀尖。

1）前刀面 $A_\gamma$。刀具上切屑流过的表面。如果前刀面有几个相交面组成，则从切削刃开始，依次将它们称为第一前刀面、第二前刀面等。

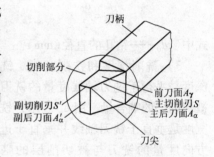

图 2-11　车刀切削部分组成

2）主后刀面 $A_\alpha$。与工件上切削中产生的过渡表面相对的刀具表面。同样也可分为第一后刀面（又称刃带）、第二后刀面。

3）副后刀面 $A_\alpha'$。与工件上的已加工表面相对的刀具表面。

4）主切削刃 $S$。前刀面与主后刀面相交得到的刃边。主切削刃是前刀面上直接进行切削的锋刃，它完成主要的金属切除工作。

5）副切削刃 $S'$。前刀面与副后刀面相交得到的刃边。副切削刃协同主切削刃完成金属的切除工作，最终形成工件的已加工表面。

6）刀尖。也称过渡刃，是指主切削刃与副切削刃连接处相当少的一部分切削刃。它可以是圆弧状的修圆刀尖（$r_\varepsilon$ 为刀尖圆弧半径），也可以是直线状的点状刀尖或倒角刀尖，如图 2-12 所示。

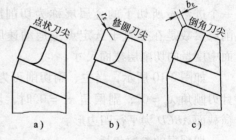

图 2-12　刀尖形状

### 2.2.2　刀具角度

#### 1. 刀具标注角度

刀具标注角度参考系是在假定没有进给运动和假定的刀具安装条件下（刀尖在工件

的中心高上,且刀具定位平面或轴线,如车刀底面、钻头轴线等,与参考系的坐标平面垂直或平行),用于定义刀具在设计、制造、刃磨和测量时刀具几何参数的参考系。常用的刀具标注角度参考系有正交平面参考系、法剖面参考系、假定工作平面-背剖面参考系等。

刀具标注角度(静止角度)是在刀具标注角度参考系(静止参考系)内确定的刀具角度。刀具设计图样上所标注的刀具角度就是刀具标注角度。

(1) 正交平面参考系

1) 正交平面参考系的定义。正交平面参考系(主剖面参考系)是由基面 $p_r$、切削平面 $p_s$ 和正交平面 $p_o$ 这三个参考平面组成的正交参考系(见图 2-13a)。

① 基面 $p_r$。过切削刃选定点,且垂直于假定的主运动方向的平面。通常,基面平行或垂直于刀具在制造、刃磨及测量时适合于安装或定位的一个平面或轴线。

② 切削平面 $p_s$。过切削刃选定点,与切削刃相切并垂直于基面的平面。

③ 正交平面 $p_o$。过切削刃选定点,同时垂直于基面和切削平面的平面。

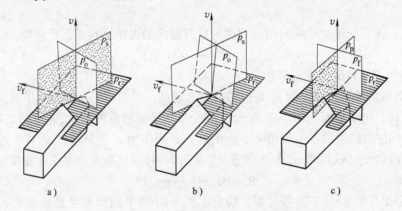

a)　　　　　　　　b)　　　　　　　　c)

图 2-13　刀具标注角度的参考系

a) 正交平面参考系　b) 法剖面参考系　c) 假定工作平面-背剖面参考系

2) 在正交平面参考系中标注的角度。把置于正交平面参考系中的刀具,分别向这三个参考平面投影,在各参考平面中便可得到相应的刀具角度(见图 2-14)。

① 在基面中测量的刀具角度。在基面中测量的刀具角度有主偏角 $\kappa_r$、副偏角 $\kappa_r'$、刀尖角 $\varepsilon_r$。

主偏角 $\kappa_r$:在基面内,主切削刃的投影线与假定进给运动方向的夹角。

副偏角 $\kappa_r'$:在基面内,副切削刃的投影线与假定进给运动方向的夹角。

刀尖角 $\varepsilon_r$:在基面内,主切削刃的投影线和副切削刃的投影线夹角,它是派生角度。

$$\varepsilon_r = 180° - (\kappa_r + \kappa_r')$$

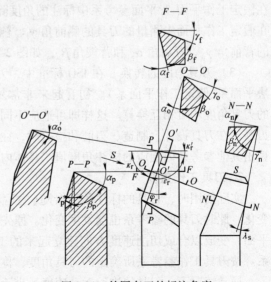

图 2-14　外圆车刀的标注角度

上式是标注角度是否正确的验证公式之一。

② 在切削平面中测量的刀具角度。在切削平面中测量的刀具角度只有刃倾角 $\lambda_s$。

刃倾角 $\lambda_s$ 定义为在切削平面内，主切削刃与基面的夹角。刃倾角有正负之分，当刀尖相对基面处于主切削刃上的最高点时，刃倾角为正值；反之，刃倾角为负值；主切削刃与基面平行(或重合)时，刃倾角为零度。

③ 在正交平面中测量的刀具角度。在正交平面中测量的刀具角度有前角 $\gamma_o$、后角 $\alpha_o$ 和楔角 $\beta_o$。

前角 $\gamma_o$：在正交平面中测量的前刀面与基面间的夹角。前角有正负之分：当前刀面与正交平面的交线向里收缩(楔角变小)时，前角为正；当前刀面与正交平面的交线向外扩张(楔角变大)时，前角为负；当前刀面与正交平面的交线，与基面重合时，前角为零。

后角 $\alpha_o$：在正交平面中测量的后刀面与切削平面间的夹角。后角也有正负之分：当主后刀面与正交平面的交线向里收缩(楔角变小)时，后角为正；当主后刀面与正交平面的交线向外扩张(楔角变大)时，后角为负；当主后刀面与正交平面的交线与主切削平面重合时，后角为零。

楔角 $\beta_o$：在正交平面中测量的前刀面与后刀面间的夹角，它是派生角度。

$$\beta_o = 90° - (\gamma_o + \alpha_o)$$

（2）其他刀具角度标注参考系

1）法剖面参考系。法平面 $p_n$ 是过切削刃选定点，并垂直于切削刃的平面。法剖面参考系是由基面 $p_r$、切削平面 $p_s$ 和法平面 $p_n$ 这三个参考平面组成的参考系(见图2-13)。在法剖面参考系中标注的角度除了主偏角 $\kappa_r$、副偏角 $\kappa_r'$、刀尖角 $\varepsilon_r$、刃倾角 $\lambda_s$ 外，还有在法平面中测量的法前角 $\gamma_n$、法后角 $\alpha_n$ 和法楔角 $\beta_n$(见图2-14)。法楔角也是派生角度。

$$\beta_n = 90° - (\gamma_n + \alpha_n)$$

2）假定工作平面-背平面参考系。假定工作平面-背平面参考系是由基面 $p_r$、假定工作平面 $p_f$(过切削刃选定点，垂直于基面，且平行于假定进给运动方向的平面)和背平面 $p_p$(过切削刃选定点，垂直于基面和假定工作平面的平面)这三个参考平面组成的参考系(见图2-13)。在假定工作平面-背平面参考系中标注的角度除了主偏角 $\kappa_r$、副偏角 $\kappa_r'$、刀尖角 $\varepsilon_r$ 外，还有在假定工作平面中测量的刀具的侧前角 $\gamma_f$、侧后角 $\alpha_f$ 和侧楔角 $\beta_f$；在背平面中测量的刀具的背前角 $\gamma_p$、背后角 $\alpha_p$ 和背楔角 $\beta_p$，如图2-14所示。

（3）刀具角度的转换　在ISO标准中，刀具标注角度参考系有多种(正交平面参考系、法平面系、假定工作平面系)。初看起来非常复杂，但其本质却有内在规律，各参考系之间的刀具角度均可相互换算。这样即可适应不同国家和地区，又可适应不同种类刀具的设计和刃磨。在刀具设计、制造、刃磨和检验时，往往需要根据正交平面参考系的标注角度值，换算出其他参考系内相应的标注角度值。具体内容可参考相关资料。

**2. 刀具工作角度**

实际使用时，刀具的标注角度会随(主运动与进给运动)合成切削运动和安装情况发生变化，此时刀具的参考系也会发生变化。原先以假定的主运动方向建立起来的标注角度参考平面，变成以合成切削速度方向建立起来的工作角度参考平面，由此建立起刀具工作参考系。按刀具工作参考系所确定的刀具角度，称为刀具工作角度。

通常情况下，刀具的进给运动速度远小于主运动速度，因此，刀具的工作角度近似地等于标注角度，故大多数情况下不需考虑刀具的工作角度，只有在角度变化较大时才需要计算刀具的工作角度。

（1）横向进给运动对刀具工作角度的影响 如图 2-15 所示，在车床上切断和切槽时，刀具沿横向进给，合成运动方向与主运动方向的夹角为 $\mu$，这时工作基面 $p_{re}$ 和工作切削平面 $p_{se}$ 分别相对于基面 $p_r$、切削平面 $p_s$ 转过 $\mu$ 角。刀具的工作前角 $\gamma_{oe}$ 和工作后角 $\alpha_{oe}$ 分别为

$$\gamma_{oe} = \gamma_o + \mu$$

$$\alpha_{oe} = \alpha_o - \mu$$

$$\tan\mu = \frac{v_f}{v_c} = \frac{f}{\pi d}$$

式中　$f$——工件每转一周刀具的横向进给量（mm/r）；

　　　$d$——工件加工直径，即刀具上切削刃选定点处的瞬时位置相对于工件中心的直径（mm）。

显然，随着工件加工直径的不断缩小，刀具的工作前角会不断增大，工作后角不断减小。切断车刀逼近工件中心，在工作后角 $\alpha_{oe} \leq 0°$ 时，就不能实现切削；最后出现工件被刀具后刀面撞断的现象。因而，在横向车削时，适当增大 $\alpha_o$，可补偿横向进给速度的影响。

（2）刀尖安装高低对工作角度的影响 以车刀车外圆为例（见图 2-16），若不考虑进给运动，并假设 $\lambda_s = 0$，则当切削刃高于工件中心时，工作基面和工作切削平面将转过 $\theta$ 角，从而使工作前角和工作后角变化为

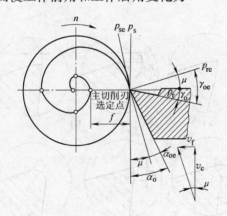

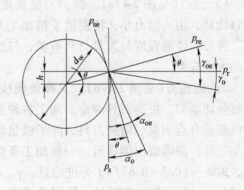

图 2-15　横向进给运动对刀具工作角度的影响　　　　图 2-16　刀具安装高低的影响

$$\gamma_{oe} = \gamma_o + \theta$$

$$\alpha_{oe} = \alpha_o - \theta$$

$$\tan\theta = \frac{2h}{d_w}$$

式中　$h$——切削刃高于工件中心的数值（mm）；

　　　$d_w$——工件待加工表面直径（mm）。

当切削刃低于工件中心时，上述角度的变化与切削刃高于工件中心时相反；镗孔时，工作角度的变化与车外圆相反。

# 2.3　刀具几何参数的合理选择

刀具几何参数主要包括刃形、刀面形式、刃口形式和刀具角度等。刀具合理几何参数是指在保证加工质量和刀具寿命的前提下，能达到提高生产效率，降低制造、刃磨和使用成本的刀具几何参数。

## 2.3.1　刃形、刀面形式与刃口形式

### 1. 刃形与刀面形式

刃形是指切削刃的形状，有直线刃和空间曲线刃等刃形。合理的刃形能强化切削刃、刀尖，减小单位刃长上的切削负荷，降低切削热，提高抗振性，提高刀具寿命，改变切屑形态，方便排屑，改善加工表面质量等。

刀面形式主要是前刀面上的断屑槽、卷屑槽等。

### 2. 刃口形式

刃口形式是切削刃的剖面形式。刀具或刀片在精磨之后，有时需对刃口进行钝化，以获得好的刃口形式，经钝化后的刀具能有效提高刃口强度、提高刀具寿命和切削过程的稳定性。有一个好的刃口形式和刃口钝化质量是刀具优质高效地进行切削加工的前提之一。从国外引进数控机床和生产线所用刀具，其刃口已全部经钝化处理。研究表明，刀具刃口钝化可有效延长刀具寿命200%或更多，大大降低刀具成本，给用户带来巨大的经济效益。图2-17为几种常用的刃口形式。

1) 锋刃（见图2-17a）。锋刃刃磨简便、刃口锋利、切入阻力小，特别适于精加工刀具。锋刃的锋利程度与刀具材料有关，与楔角的大小有关。

2) 倒棱刃（见图2-17b）。又称负倒棱，能增强切削刃，提高刀具寿命。加工各种钢材的硬质合金刀具、陶瓷刀具，除了微量切削加工外，都需磨出倒棱刃。一般加工条件下，取 $b_r = (0.3 \sim 0.8)f$，$f$ 为进给量；$\gamma_{o1} = -10° \sim -15°$；粗加工锻件、铸钢件或断续切削时，$b_r = (1.3 \sim 2)f$，$\gamma_{o1} = -10° \sim -15°$。

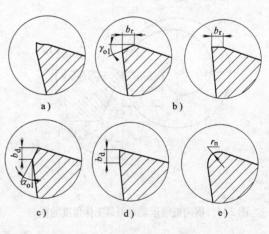

图 2-17　常用的几种刃口形式
a) 锋刃　b) 倒棱刃　c) 消振棱刃　d) 白刃　e) 倒圆刃

3) 消振棱刃（见图2-17c）。消振棱刃能产生与振动位移方向相反的摩擦阻尼作用力，有助于消除切削低频振动。常用于切断刀、高速螺纹车刀、梯形螺纹精车刀以及熨压车刀的副切削刃上。常取 $b_d = 0.1 \sim 1.3\text{mm}$，$\alpha_{o1} = -5° \sim -20°$。

4) 白刃（见图2-17d）。又称刃带。铰刀、拉刀、浮动镗刀、铣刀等，为了便于控制外径尺寸，保持尺寸精度，并有利于支承、导向、稳定、消振及熨压作用，常采用白刃的刃区形式。常取 $b_d = 0.02 \sim 0.3\text{mm}$，$\alpha_{o1} = 0°$。

5）倒圆刃（见图 2-17e）。能增强切削刃，具有消振熨压作用。常取 $\gamma_n = 1/3f$ 或 $\gamma_n = 0.02 \sim 0.05mm$。

根据不同的加工条件，合理选择刃口形式与刃口形状的参数，实际上就是正确处理好刀具"锐"与"固"的关系。"锐"是刀具切削加工必须具备的特征，同时考虑刃口的"固"也是为了更有效地进行切削加工，提高刀具寿命，减少刀具的消耗费用。刀具刃口钝化就是通过合理选择刃口形式与刃口形状的参数以达"锐固共存"的目的。精加工时刀具刃口"锐"一些，其钝化参数取小值；粗加工时刀具刃口钝一些，其钝化参数取大值。

## 2.3.2　刀具角度的选择

刀具几何角度对刀具的使用寿命、加工质量有重要的影响。不同的刀具角度（如前角、后角），对切削加工的影响不同，选择原则也不同，见表 2-2。

表 2-2　刀具几何角度的选用原则

| 角度名称 | 作　用 | 选　择　原　则 |
|---|---|---|
| 前角 $\gamma_o$ | 前角大，刃口锋利，切削层的塑性变形和摩擦阻力小，切削力和切削热降低。但前角过大将使切削刃强度降低，散热条件变坏，刀具寿命下降，甚至会造成崩刃 | 主要根据工件材料，其次考虑刀具材料和加工条件选择：<br>1）工件材料的强度、硬度低、塑性好，应取较大的前角；加工脆性材料（如铸铁）应取较小的前角；加工淬硬的材料（如淬硬钢、冷硬铸铁等），应取较小的前角，甚至负前角<br>2）刀具材料的抗弯强度和韧度高时，可取较大的前角<br>3）断续切削或粗加工有硬皮的锻、铸件时，应取较小的前角<br>4）工艺系统刚性差或机床功率不足时应取较大的前角<br>5）成形刀具或齿轮刀具等为防止产生齿形误差常取较小的前角，甚至成零度的前角 |
| 后角 $\alpha_o$ | 后角的作用是减小刀具后刀面与工件之间的摩擦。但后角过大会降低切削刃强度，并使散热条件变差，从而降低刀具寿命 | 1）精加工刀具及切削厚度较小的刀具（如多刃刀具），磨损主要发生在后刀面上，为降低磨损，应采用较大的后角。粗加工刀具要求切削刃坚固，应采取较小的后角<br>2）工件强度、硬度较高时，为保证刃口强度，宜取较小的后角；工件材料软、粘时，后刀面磨损严重，应采用较大的后角；加工脆性材料时，载荷集中在切削刃处，为提高切削刃强度，宜取较小的后角<br>3）定尺寸刀具，如拉刀和铰刀等，为避免重磨后刀具尺寸变化过大，应取较小的后角<br>4）工艺系统刚性差（如切细长轴）时，宜取较小的后角，以增大后刀面与工件的接触面积，减小振动 |
| 主偏角 $\kappa_r$ | 主偏角的大小影响背向力 $F_p$ 和进给力 $F_f$ 的比例，主偏角增大时，$F_p$ 减小，$F_f$ 增大<br>主偏角的大小还影响参与切削的切削刃长度，当背吃刀量 $a_p$ 和进给量 $f$ 相同时，主偏角减小则参与切削的切削刃长度长，单位刃长上的载荷小，可使刀具寿命提高，主偏减小，刀尖强度大 | 1）工艺系统刚度允许的条件下，应采取较小的主偏角，以提高刀具的寿命。加工细长轴应用较大的主偏角<br>2）加工很硬的材料，为减轻单位切削刃上的载荷，宜取较小的主偏角<br>3）在切削过程中，刀具需作中间切入时，应取较大的主偏角<br>4）主偏角的大小还应与工件的形状相适应，如切阶梯轴可取主偏角为 90° |

（续）

| 角度名称 | 作　用 | 选 择 原 则 |
|---|---|---|
| 负偏角 $\kappa'_r$ | 副偏角的作用是减小副切削刃与工件已加工表面之间的摩擦<br>一般取较小的副偏角，可减少工件表面的残留面积。但过小的副偏角会使径向切削力增大，在工艺系统刚度不足时引起振动 | 1）在不引起振动的条件下，一般取较小的副偏角。精加工刀具必要时可以磨出一段 $\kappa'_r = 0°$ 的修光刃，以加强副切削刃对已加工表面的修光作用<br>2）系统刚度差时，应取较大的副偏角<br>3）为保证重磨刀具尺寸变化量小，切断、切槽刀及孔加工刀具的副偏角只能取很小值（如 $\kappa'_r = 1° \sim 2°$） |
| 刃倾角 $\lambda_s$ | 1）刃倾角影响切屑流出方向，$\lambda_s < 0$ 使切屑偏向已加工表面，$\lambda_s \geqslant 0$ 使切屑偏向待加工表面<br>2）单刃刀具采用较大的刃倾角可使远离刀尖的切削刃首先接触工件，使刀尖免受冲击<br>3）对于回转的多刃刀具，如柱形铣刀等，螺旋角就是刃倾角，此角可使切削刃逐渐切入和切出，使铣削过程平稳<br>4）可增大实际工作前角，使切削轻快 | 1）加工硬材料或刀具承受冲击载荷时，应取较大的负刃倾角，以保护刀尖<br>2）精加工宜取正刃倾角，使切屑流向待加工表面，并可使刃口锋利<br>3）内孔加工刀具（如铰刀、丝锥等）的刃倾角方向应根据孔的性质决定。左旋槽（$\lambda_s < 0$）可使切屑向前排出，适用于通孔，右旋槽适用于不通孔 |

# 2.4　切削刀具材料

刀具寿命、刀具消耗、工件加工精度、表面质量和加工成本等，在很大程度上取决于刀具材料。刀具材料的开发、推广和正确选用是推动机械制造技术发展进步的重要动力，也是提高产品质量、降低加工成本和提高生产率的重要手段。

## 2.4.1　对刀具切削部分材料的基本要求

切削加工时，机床主电动机运作时所做的功，除了少量被传动系统消耗外，绝大部分都在切削刃附近被转化成切削热。金属切削时产生的较大切削力，只作用在米粒大小面积的刀面上，使刀面上承受很高的压力。刀具在高温、高压下进行切削工作，同时还要承受剧烈的摩擦、切削冲击和振动。为了使刀具能在十分恶劣的工况下顺利工作，刀具切削部分的材料应具备以下基本特性：

1）高硬度。刀具材料硬度必须高于工件材料硬度，常温硬度必须在62HRC以上，并要求保持较高的高温硬度（热硬性）。

2）高耐磨性。耐磨性表示刀具材料抵抗机械磨损、粘结磨损、扩散磨损、氧化磨损、相变磨损和热电偶磨损的能力，它是刀具材料力学性能、组织结构和化学性能的综合反映。

3）足够的强度和韧性。为了承受切削力、冲击和振动，刀具材料应具有足够的强度和韧性，使刀具不易破损。

4）良好的导热性。刀具热导率越大，则传出的热量越多，有利于降低切削区温度，提高耐热冲击性能和提高刀具使用寿命。

5）良好的工艺性与经济性。为了便于制造，要求刀具材料有较好的可加工性，包括锻、轧、焊接、切削加工和可磨锐性、热处理特性等。刀具材料分摊到每个加工工件上的成本低，材料符合本国资源国情，推广容易。

## 2.4.2 常用刀具材料

我国目前应用最多的刀具材料是高速钢和硬质合金，其次是陶瓷刀具材料和超硬材料；碳素工具钢、合金工具钢则主要用在低速手动切削刀具领域。随着材料技术研究的不断深入，国内外新开发的刀具材料也在不断增加，但大多是在高速钢、硬质合金和陶瓷刀具材料基础上的改进。

### 1. 高速钢

高速钢是一种含钨（W）、钼（Mo）、铬（Cr）、钒（V）等合金元素的高合金工具钢。高速钢的强度、硬度、耐热性、韧性、耐磨性和工艺性均较好。它刃磨后锋利，故又称"锋钢"；它在冷风中也会相变淬硬，也称风钢；它有银白的色泽，俗称白钢条。

（1）普通高速钢　普通高速钢典型牌号有 W18Cr4V（简称 W18）、W6Mo5Cr4V2（简称 M2）和 W9Mo3Cr4V（简称 W9）。其中，W18Cr4V 的综合性能较好，常温硬度达 62～66HRC，在 600℃时的高温硬度为 48.5HRC，强度和韧性略低，适宜制作麻花钻、铣刀、成形车刀、螺纹刀具、拉刀、齿轮刀具等，加工软或中等硬度的材料，但不适于制作大截面的刀具。W6Mo5Cr4V2 的力学性能较好，抗弯强度比 W18Cr4V 高 10%～15%，韧性高 50%～60%，其热塑性和磨削加工性也十分良好。

普通高速钢适合于制作较大截面和承受冲击力较大的刀具（插齿刀）、轧制或扭制的钻头等热成形刀具、刚性欠佳工艺系统中的刀具。

（2）高性能高速钢　高性能高速钢是在普通高速钢的基础上通过添加碳、钒、钴、铝等合金元素得到的新钢种，其使用寿命约为普通高速钢的 1.5～3 倍。目前常用的主要有钴高速钢和铝高速钢两种。钴高速钢的典型牌号是 W2Mo9Cr4VCo8，简称 M42，其常温硬度达 67～70HRC，600℃时的高温硬度为 55HRC，适合于加工耐热金属和不锈钢等。铝高速钢的典型牌号是 W6Mo5Cr4V2Al，简称 501，是我国研发的一种含铝的无钴高性能高速钢，其总体综合性能与 M42 相当；但该钢种不含钴，因而成本较 M42 钢低。

（3）粉末冶金高速钢　粉末冶金高速钢（PM HSS）是采用高压惰性气体（如氩气或纯氮气）将高频感应炉熔融的高速钢钢液雾化得到细小的高速钢粉末，再经高温高压压制成形并锻轧成坯而成。粉末冶金高速钢的材料利用率高，可选择添加的化学元素种类多，且无结晶偏析现象，材质均匀，碳化物晶粒极细，韧性与硬度较高，可磨削性能显著改善，热处理变形小，质量稳定可靠。粉末冶金高速钢除成本略高外，在切削性能方面和工艺性能方面均明显优于熔炼高速钢，其强度和韧性比熔炼高速钢高 2～3 倍，硬度也达到了 68～70HRC。

粉末冶金高速钢适合于制造切削难加工材料的刀具及大尺寸复杂刀具如滚刀、插齿刀等，也适合于制造精密刀具、形状复杂的刀具和断续切削的刀具等。

## 2. 硬质合金

硬质合金是由高硬度、难熔金属化合物粉末（如 WC、TiC、TaC、NbC 等高温碳化物）和金属粘结剂（Co、Mo、Ni 等）烧结而成的粉末冶金制品。由于硬质合金成分中含有大量熔点高、硬度高、化学稳定性和热稳定性好的碳化物，因此，硬质合金的硬度、耐磨性和耐热性都很高。硬质合金的常温硬度一般为 89～93HRA，相当于 78～82HRC，允许的切削温度高达 800～1000℃，即使在 540℃ 时，其硬度仍保持在 77～85HRA，相当于高速钢的常温硬度。因此，硬质合金的切削性能比高速钢高得多，在相同刀具使用寿命要求下，硬质合金允许的切削速度比高速钢高 4～10 倍；在相同切削条件下，刀具使用寿命提高 5～80 倍；硬质合金刀具可以切削高速钢刀具无法切削的各类难加工材料（如淬硬钢等）。但其抗弯强度较低（为高速钢的 1/2～1/3）、冲击韧性低（为高速钢的 1/8～1/30）和工艺性稍差。

（1）硬质合金的种类牌号

1）按 ISO 标准的硬质合金种类牌号。ISO 规定了硬质合金刀具材料分类、牌号及应用范围。ISO 513—1975（E）规定将硬质合金按用途分为 P、K、M 三类。

P 类主要加工钢件，包括铸钢；K 类主要加工铸铁、有色金属和非金属材料；M 类主要用于加工钢（包括奥氏体钢、锰钢等）及铸铁、有色金属等。

在现代的被加工材料中，90%～95% 的材料可使用 P 和 K 类硬质合金加工，其余 5%～10% 的材料可用 M 类硬质合金加工。

ISO 分类的各类硬质合金的牌号及使用条件可参考有关的工艺手册。

2）我国硬质合金刀具材料的种类牌号。我国常用硬质合金有以下几类：

① 钨钴类（WC-Co）硬质合金，代号 YG：这类硬质合金的硬质相为 WC，粘结相是 Co，相当于 ISO 标准的 K 类。此类硬质合金代号后面的数字代表 Co 含量的质量百分数。

② 钨钛钴类硬质合金，代号为 YT：这类硬质合金的硬质相除 WC 外，还加上 TiC，粘结相也是 Co，相当于 ISO 标准的 P 类。此类硬质合金代号后面的数字代表 TiC 的质量百分数。

③ 钨钛钽（铌）钴类[WC-TiC-TaC（NbC）-Co]硬质合金，代号为 YW：相当于 ISO 标准的 M 类。

④ TiC 基硬质合金，代号为 YN：是以 TiC 为主要硬质相，以镍（Ni）和钼（Mo）为粘结相的硬质合金。

⑤ 钢结硬质合金，代号为 YE：这种硬质合金的硬质相仍为 WC 或 TiC，但粘结相为高速钢。

除此之外，还有超细粒硬质合金（碳化物平均晶粒尺寸平均 1μm 以下）、表面涂层硬质合金等。

（2）硬质合金的应用　硬质合金主要用于制作各类刀具的刀片、整体麻花钻、扁钻、扩孔钻、铰刀、丝锥、石油管螺纹用梳刀、铣刀、小模数齿轮滚刀等。常用硬质合金的牌号、成分、力学性能及用途见表 2-3。

表 2-3　常用硬质合金的牌号、成分、力学性能及用途

| 类别 | 牌号 | 化学成分 $w_i$(%) | | | | 力学性能 | | 用　途 |
| | | WC | TiC | TaC (NbC) | Co | $R_m \geq$ /$10^3$MPa | HRA $\geq$ | |
|---|---|---|---|---|---|---|---|---|
| 钨钴类 | YG3 | 97 | — | — | 3 | 1.08 | 91 | 铸铁、有色金属及其合金的精加工和半精加工 |
| | YG6 | 94 | — | — | 6 | 1.37 | 89.5 | 铸铁、有色金属及其合金的半精加工和粗加工 |
| | YG8 | 92 | — | — | 8 | 1.47 | 89 | 铸铁、有色金属及其合金的粗加工，也可用于断续切削 |
| | YG3X | 97 | — | — | 3 | 0.981 | 92 | 铸铁、有色金属及其合金的精加工，也可用于合金钢、淬火钢的精加工 |
| | YG6X | 94 | — | — | 6 | 1.32 | 91 | 冷硬铸铁、耐热合金的精加工和半精加工，也可用于普通铸铁的精加工 |
| 钨钛钴类 | YT5 | 85 | 5 | — | 10 | 1.28 | 89.5 | 碳素钢、合金钢的粗加工，也可用于断续切削 |
| | YT14 | 78 | 14 | — | 8 | 1.18 | 90.5 | 碳素钢、合金钢连续切削时的粗加工、半精加工，断续切削时的精加工 |
| | YT15 | 79 | 15 | — | 6 | 1.13 | 91 | |
| | YT30 | 66 | 30 | — | 4 | 0.883 | 92.5 | 碳素钢、合金钢的精加工 |
| 通用硬质合金 | YW1 | 84 | 6 | 4 | 6 | 1.23 | 91.5 | 用于耐热钢、高锰钢、不锈钢等难加工材料及普通钢、铸铁、有色金属及其合金的半精加工和精加工 |
| | YW2 | 82 | 6 | 4 | 8 | 1.47 | 90.5 | 用于上述材料的精加工和半精加工 |

### 3. 陶瓷

陶瓷主要有结构陶瓷、电子陶瓷、生物陶瓷等。陶瓷刀具属于结构陶瓷。20 世纪 90 年代前主要是氧化铝硼化钛（$Al_2O_3/TiB_2$）陶瓷刀具、氮化硅基（$Si_3N_4/TiC$）陶瓷刀具及相变增韧（$Al_2O_3/ZrO_2$）陶瓷刀具材料；20 世纪 90 年代后，主要在发展晶须增韧陶瓷刀具材料。

陶瓷刀具是将氧化铝（$Al_2O_3$）等相关原材料粉末在超过 280MPa 的压强、1649℃ 温度下烧结形成。陶瓷刀具材料具有很高的硬度、高温硬度、耐磨性和化学稳定性以及低摩擦因数，且价格低廉。硬度达 91~95HRA，高于硬质合金刀具材料，其高温硬度在 1200℃ 时仍能保持 80HRA。耐磨性一般为硬质合金材料的 5 倍。

陶瓷刀具与加工金属的亲合力低，不易粘刀和产生积屑瘤，是精加工和高速加工中的佼佼者。

必须注意的是，因氧化物材料较脆，故要求机床、陶瓷刀具等组成的工艺系统的刚性要高且不能产生振动。

目前我国对陶瓷刀具材料的应用还仅限于制造简单刃形的陶瓷刀片上，如机夹可转位陶瓷车刀、端铣刀和部分孔加工刀具等。

**4. 金刚石**

金刚石具有极高的硬度、耐磨性、热导率以及较低的热膨胀系数和摩擦因数，是目前已知硬度最高的材料，其硬度高达 10000HV（硬质合金的硬度仅为 1300 ~ 1800HV），刀具使用寿命比硬质合金高几倍至百倍，热导率为硬质合金和陶瓷的几倍至几十倍，而热膨胀系数只有硬质合金的 1/11 和陶瓷的 1/8。金刚石的这些性质使得金刚石刀具的切削刃钝圆半径可以磨得非常小，刀具表面粗糙度数值可以很低，切削刃非常锋利且不易产生积屑瘤。因此，金刚石是高速、精密和超精密刀具最理想的材料（据报道，日本大阪大学磨制的金刚石刀具其刃口圆角半径可达几纳米，可切下一纳米的连续切屑），用金刚石刀具可以实现镜面加工。

金刚石分为天然和人造两种，其代号分别用 JT 和 JR 表示，都是碳的同素异形体。天然金刚石大多属于单晶金刚石，可用于有色金属及非金属的超精密加工。由于价格十分昂贵，使用较少。人造金刚石可分为单晶金刚石和聚晶金刚石（包括聚晶金刚石复合刀片），可用静压熔媒法或动态爆炸法由纯碳转化而来。

使用金刚石刀具加工有色金属时，应选用相对较低的进给量和很高的切削速度（610 ~ 762m/min），获得满意的表面粗糙度。金刚石刀具的耐磨能力是硬质合金刀片的 20 倍，烧结多晶金刚石刀具用于加工磨削类材料和难加工材料。

金刚石刀具可以用于加工硬质合金、陶瓷、高硅铝合金及耐磨塑料等高硬度、高耐磨的难加工材料以及有色金属及其合金。但它不适于加工铁族材料，因为金刚石中的碳和铁有很强的化学亲和力，高温时金刚石中的碳元素会很快扩散到铁中而失去其切削能力。还须注意的是，金刚石热稳定性差，在切削温度达到 700 ~ 800℃时即完全失去其硬度。

**5. 立方氮化硼**（CBN，Cubic Boron Nitride）

立方氮化硼的合成类似人造金刚石的合成方法。热压成形后的氮化硼 BN 制品易于进行机械加工，且加工精度可高达 0.01mm，可制成形状复杂而尺寸精度要求较高的零件。通过触媒的作用，在 1500℃以上温度和 6 ~ 8 万大气压的高温高压下，六方晶体氮化硼转化为立方氮化硼 CBN。CBN 的硬度仅次于金刚石，可达 8000 ~ 9000HV。用 CBN 制成的刀具适于切削既硬又韧的钢材。立方氮化硼刀片是由硬质合金基体加上一层立方氮化硼涂层形成的一个整体刀具，其使用寿命、加工精度、抗裂纹能力、抗磨损能力都要优于硬质合金刀具和陶瓷刀具。

**6. 涂层刀具**

涂层刀具是在高速钢刀具基体上利用物理气相沉积法（PVD），或在韧性较好的硬质合金基体上利用化学气相沉积法（CVD），涂覆一薄层（厚 2 ~ 6μm）的难熔金属化合物而成。常用的涂层材料有金属化合物 TiN、TiC、$Al_2O_3$ 等。涂层材料不仅硬度高（维氏硬度达 2000 ~ 4000HV）、耐磨性极高、热稳定性好、摩擦因数小、导热性能好，而且涂层刀具的基体韧性又好，因此它能将刀具使用寿命提高 2 ~ 10 倍，日益受到机械制造业的推崇。

## 2.4.3　高速切削刀具材料的合理选择

高速切削是 20 世纪 90 年代迅速崛起的先进加工技术。按照目前的生产和技术水平，高速切削通常指机床（立铣）主轴转速为 15000 ~ 50000r/min 范围内的切削加工（主轴转速 8000 ~ 12000r/min，为准高速切削；主轴转速大于 50000r/min，为超高速切削）。它在模具加工、汽车零件加工、精密零件加工以及航空航天等领域得到广泛应用。高速切削刀具是满足高速切削加工的关键技术之一。高速切削刀具与普通加工刀具在结构上、材料上都有差异。目前，在高速切削中使用的刀具材料有涂层硬质合金、陶瓷、聚晶立方氮化硼、聚晶金刚石等。实际加工中，应根据不同的工件材料选择合适的刀具材料(见表 2-4)。

**表 2-4 高速切削刀具材料的选择**

| 工件材料<br>刀具材料 | 铸铁 | 碳钢 | 高硬钢 | 耐热合金 | 镍基高温<br>合金 | 钛合金 | 高硅<br>铝合金 | FRP 复合<br>材料 |
|---|---|---|---|---|---|---|---|---|
| 涂层硬质合金 | ★ | ★ | ● | ▲ | ▲ | ★ | ▲ | ▲ |
| TiC(Ni)基金属陶瓷 | ★ | ▲ | ▲ | × | × | × | × | × |
| 陶瓷刀具 | ★ | ▲ | ▲ | ★ | ★ | × | × | × |
| PCBN<br>立方碳化硼 | ● | ● | ★ | ★ | ★ | ● | ▲ | ▲ |
| PCD 聚晶金刚石 | × | × | × | × | × | ★ | ★ | ★ |

注：★—很好，●—好，▲—尚可，×—不适宜。

## 2.5 金属切削过程的基本规律

金属切削加工是制造高精度、高表面质量零件的最基本、最经济的方法。它的劳动总量占机械制造总量的 30%~40%，因此各国都十分重视研究金属切削基本规律。

### 2.5.1 金属切削变形

当切削刃切入工件时，切削层材料会产生弹性变形和塑性变形，最后形成切屑从工件上分离出去。根据切削刃附近工件材料塑性变形情况，可划分为三个切削变形区，如图 2-18 所示。

切削层材料在第Ⅰ变形区内会产生强烈的剪切滑移变形，同时出现加工硬化。第Ⅰ变形区的宽度仅为 0.02~0.2mm，切削速度越高，宽度越窄。经过第Ⅰ变形区的这种变形后，被切除材料层变成切屑，从刀具前刀面上流出。

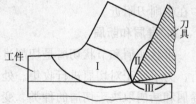

图 2-18 三个切削变形区示意图

切屑从前刀面上流过时，在刀、屑界面上又受到严重挤压、摩擦和塑性变形。这里就是第Ⅱ变形区。第Ⅱ变形区内的挤压、摩擦、变形及其温升，对刀具前刀面磨损影响很大。

已加工表面受到刀刃钝圆部分和后刀面的挤压、摩擦，也会产生显著变形和纤维化。该变形区称为第Ⅲ变形区。第Ⅲ变形区直接影响加工表面质量和刀具后刀面磨损。

这三个切削变形区无严格的界限划分，它们是相互关联的。例如，当刀具前角变小，第Ⅱ变形区的前刀面上变形阻力增大时，摩擦阻力也会增大；切屑排除不畅，挤压变形加剧，也会使第Ⅰ变形区的变形增大。

## 2.5.2　切屑的种类及其控制

### 1. 切屑的种类

由于工件材料、刀具的几何角度、切削用量等条件的不同，切削时形成的切屑形状也就不同，常见的切屑种类可归纳为带状切屑、节状切屑、粒状切屑和崩碎切屑四种类型，如图2-19所示。

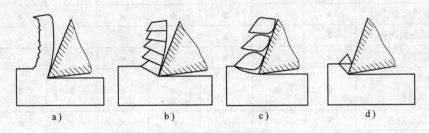

图2-19　切屑类型

a）带状切屑　b）节状切屑　c）粒状切屑　d）崩碎切屑

（1）带状切屑　带状切屑是在加工塑性金属、切削速度高、切削厚度较小、刀具前角较大时常见的切屑。出现这种切屑时，切削过程最平稳，已加工表面粗糙度数值最低。但若不经处理，它容易缠绕在工件、刀具和机床上，划伤工件、机床设备，打坏切削刃，甚至伤人。

（2）节状切屑　节状切屑又称挤裂切屑，其外表面呈锯齿形，内表面基本上仍相联，有时出现裂纹。当切削速度较低和切削厚度较大时易得到此种切屑。

（3）粒状切屑　粒状切屑又称单元切屑，呈梯形的粒状。出现这种切屑时，切削力波动大，切削过程不平稳。

（4）崩碎切屑　崩碎切屑是用较大切削厚度，切削脆性金属时，容易产生的一种形状不规则的碎块状切屑。出现这种切屑时，切削过程很不平稳，加工表面凹凸不平，切削力集中在切削刃附近。

### 2. 卷屑和断屑

带状切屑和节状切屑是切削过程中遇到最多的切屑。为了生产安全和生产过程的正常进行，为了便于对切屑进行收集、处理、运输，还需要对前刀面流出的切屑进行卷屑和断屑。卷屑和断屑取决于切屑的种类、变形的大小、材料性质等。

在刀具上的断屑措施主要有：减小前角、开设断屑槽、增设断屑台等。硬质合金刀片上开设好各种形式的断屑槽，可供用户选择使用。断屑台是在机夹车刀的压板前端附一块硬质合金。切削刃到断屑台的距离，可根据工件材料和切削用量进行调整，断屑范围较广。

### 3. 切屑方向的控制

合理选择车刀的刃倾角和前刀面的形状，能控制切屑的流出方向，如图2-20所示。取0°刃倾角时，切屑流向前刀面上方，适于切断车刀、切槽车刀和成形车刀，如图2-20a所示；取负刃倾角时，切屑流向已加工表面，如图2-20b所示，适于粗加工(粗车、粗镗时$\lambda_s = -4°$)；若车刀上取正刃倾角，车削时切屑流向待加工表面，如图2-20c所示，适于精加工

（精车、精镗时 $\lambda_s = +4°$）。

### 2.5.3　积屑瘤及其预防

**1. 产生与作用**

用较低的切削速度切削一般钢材、球墨铸铁、铝合金或其他加工硬化倾向强的塑性金属材料，且能形成带状切屑时，切削底层的金属会一层层粘结在切削刃附近的刀面上，形成冷焊的硬块，其硬度为工件材料的 $2 \sim 3.5$ 倍，因而可代替切削刃进行切削。这种包围在切削刃附近的小硬块，称为积屑瘤，如图 2-21 所示。当切削区温度太低，或温度太高（超过工件材料的再结晶温度）时都不会产生积屑瘤。

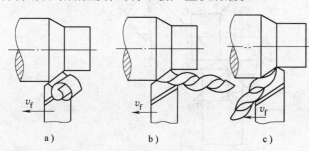

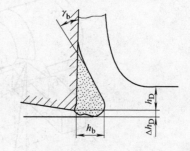

图 2-20　刃倾角对切屑流向的影响
a) $\lambda_s = 0$ 　b) $\lambda_s < 0$ 　c) $\lambda_s > 0$

图 2-21　积屑瘤

积屑瘤的增大，能保护切削刃和刀面，减少刀具磨损；使工作前角增大，切削力降低。因此，粗加工时是允许积屑瘤存在的。但是积屑瘤能使背吃刀量增大，影响加工尺寸。圆钝不规则的积屑瘤会使已加工表面塑性变形增加，表面粗糙度恶化。积屑瘤的周期性破碎、脱落，使切削力不稳定，加工尺寸精度不稳定；嵌入切削表面，使加工表面质量变坏。它还会把刀具上的硬质颗粒粘走，产生粘结磨损，降低刀具使用寿命。

**2. 抑制或消除积屑瘤的措施**

为了避免精加工时积屑瘤的负面作用，就必须抑制或消除积屑瘤。其措施有：

1）提高硬质合金刀具的切削速度，使切削温度大于工件材料的再结晶温度（500℃）。

2）采用高温切削（人工加热切削区到 500℃ 以上）。

3）减少进给量，采用高速铣削，使切削区温度升不上去。

4）电解刃磨刀具，减小前刀面的表面粗糙度值，刀面不易粘刀。

5）采用含 TiC 的硬质合金，或刀具表面涂覆 TiN、TiC，使"刀-屑面"之间摩擦因数降低，粘结现象消失。

6）高速钢刀具精加工时，合理使用切削液，利用切削液的冷却和润滑作用，降低切削区温度和"刀-屑面"之间的摩擦。

7）加大高速钢刀具的前角，使 $\gamma_o = 35°$，减小切削变形，降低"刀-屑面"的压力。

8）对合金钢材料进行调质处理，提高工件硬度，降低材料塑性，减小加工硬化倾向。

9）采用振动切削，使切屑材料不能在切削刃附近滞留。

### 2.5.4　切削力和切削功率

#### 1. 切削力

（1）切削力的来源　切削力的来源有两个：一是切削层金属、切屑和工件表层金属的弹塑性变形所产生的抗力；二是刀具与切屑、工件表面间的摩擦阻力。

（2）切削力的分解　车削外圆时，工件作用在刀具上的切削合力 $F$，可以分解为三个相互垂直的分力，如图 2-22 所示。

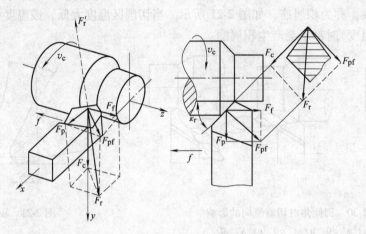

图 2-22　外圆车削时切削合力与分力

1）主切削力（切向力）$F_c$。它垂直于基面，与切削速度 $v_c$ 的方向一致，是计算切削功率和设计机床的主要依据。

2）背向力 $F_p$。它在基面内，并与进给方向相垂直，其数值与刀具主偏角的余弦函数成正比，为主切削力的 0.15~0.7 倍。它是造成工件变形或引起振动的主要因素。

3）进给力 $F_f$。它在基面内，并与进给方向相平行，其数值与刀具主偏角的正弦函数成正比，为主切削力的 0.1~0.6 倍。它是设计进给机构的主要依据。

关于切削力的具体计算，可参考有关的教材或手册。

#### 2. 切削功率

在车削外圆时，背向力 $F_p$ 方向没有发生位移，不做功；只有主切削力 $F_c$ 和进给力 $F_f$ 做功。

由于 $F_f \ll F_c$，沿进给力 $F_f$ 方向的进给速度又相对很小，因此进给力 $F_f$ 所消耗的功率很小，可以忽略不计。一般切削功率按下式计算：

$$P_c = F_c v_c \times 10^{-3}$$

式中　$P_c$——切削功率（kW）；

　　　$F_c$——主切削力（N）；

　　　$v_c$——切削速度（m/s）。

### 2.5.5　切削热、切削温度和切削液

#### 1. 切削热和切削温度 $\theta$

由切削过程中外力产生的材料弹性、塑性变形所做的功，切屑与前刀面和工件与后刀面

之间的摩擦力所做的功,绝大多数转换为热量,这种热量称作切削热。它使切削区温度升高,影响切削过程。

切削温度 $\theta$ 会影响积屑瘤的生存和消失,因而能影响工作前角 $\gamma_{oe}$ 的大小;能影响切屑与前刀面和工件与后刀面上的平均摩擦因数值的大小(切削温度的升高,会使工件材料抗拉强度下降,因而使平均摩擦因数变小);能影响刀具的磨损速度,切削温度的升高会加速扩散磨损、粘结磨损、热电磨损、相变磨损(刀具中的马氏体在相变温度下转换成硬度较低的贝氏体组织,使刀具硬度下降)、氧化磨损以及热应力增加而出现的刀具破损。

影响切削温度的主要因素有:

1)切削用量。实验表明,切削温度 $\theta$ 与切削用量有如下关系:

$$\theta = C_{\theta} v_c^X f^Y a_p^Z$$

式中  $X$、$Y$、$Z$——相应的指数,其中 $X = 0.26 \sim 0.41$, $Y = 0.14$, $Z = 0.04$。

分析这些指数值后可得出:在合理选择切削用量以降低切削温度、提高刀具寿命和提高生产率时,应当优先选择大的背吃刀量 $a_p$,然后根据加工条件(机床动力和刚性限制条件)和加工要求(已加工表面粗糙度的规定),选取允许的最大进给量 $f$,最后在刀具寿命和机床功率的限制条件下,选用允许的最大切削速度 $v_c$。

2)刀具几何参数。如前角、影响刀尖处散热条件的主偏角、负倒棱和刀尖圆弧半径等。

3)刀具磨损。它是使切削温度升高的一个重要因素。刃口变钝,使刃区前方挤压作用增强,金属塑性变形加剧;后刀面磨损,后角变小,后刀面与工件表面摩擦加剧。

4)工件材料。工件材料的强度、硬度、脆性、热导率等,对切削温度有影响。

5)切削液。使用切削液能降低摩擦,减少热量的产生;并通过热交换、热传导等形式带走一部分热量,使切削温度下降。

**2. 切削液**

切削液又称冷却润滑液,是为了提高金属切削加工效果而在加工过程中注入工件与刀具或磨具之间的液体。尽管近几年干切削(磨)技术发展很快,但目前仍将切削液的使用作为提高刀具切削效能的重要方法。

(1)切削液的作用

1)冷却作用。切削液能吸收切削热,降低切削温度。在刀具材料的耐磨性较差、工件材料的热膨胀系数较大以及两者的导热性较差的情况下,切削液的冷却作用尤为重要。增加切削液的流量和流速、消除切削液中的泡沫、降低切削液自身的温度,能进一步发挥它的冷却作用。

2)润滑作用。切削液能在切屑、工件与刀具界面之间形成边界润滑膜。它分为低温(200℃左右)低压的物理吸附膜和高温(能在1000℃高温下,仍能保持润滑性能)高压的化学吸附膜(极压润滑)。切削液形成的边界润滑膜能降低摩擦因数和切削力,提高刀具寿命,改善已加工表面质量。

3)浸润作用。切削液的浸润作用能有效降低切削脆性材料时的切削力。金刚石刀具切割脆性材料玻璃时,切削液煤油的浸润作用,能使玻璃容易被切断。

4)清洗作用。把切屑或磨屑等冲走。利用 1~10MPa、12.5L/s 工作条件下的切削液,可进行深孔加工时的排屑。清洗性能的好坏取决于切削液的渗透性、流动性和压力。水溶液或乳化液中加入剂量较大的活性剂和少量矿物油，可改善切削液的清洗性能。

5）防锈作用。减小工件、机床、夹具、刀具被周围介质（水、空气等）的腐蚀。防锈作用的好坏取决于切削液本身的性能和加入的防锈剂。

6）除尘作用。在进行磨削时切削能湿润磨削粉尘，降低环境中的含尘量。

7）热力作用。切削液在高热的切削区受热膨胀产生的热力，进一步"炸开"晶界中的裂纹，使切削过程省力，获得能量再利用。

8）吸振作用。切削液尤其是切削油的阻尼性能，具有良好的吸振作用，使加工表面光洁。

（2）切削液的种类

1）水溶液（合成切削液）。它的主要成分是水，并根据需要加入一定量的水溶性防锈添加剂、表面活性剂、油性添加剂、极压添加剂。水溶液的冷却性能最好，又有一定的防锈性能和润滑性能，呈透明状，便于操作者观察。

2）乳化液。它是以水为主（占95%～98%）加入适量的乳化油（矿物油＋乳化剂）而成的乳白色或半透明的乳化液。若再加入一定量的油性添加剂、极压添加剂和防锈添加剂，可配成极压乳化液或防锈乳化液。

3）切削油。其主要成分是矿物油，少数采用植物油或复合油。由动植物油脂组成的油性添加剂形成的是物理吸附膜，其润滑膜强度低。由氯化石蜡（或硫、磷）等极压添加剂形成的是化学吸附膜，其润滑膜强度高。

（3）切削液的选用

1）与刀具材料有关。高速钢刀具粗加工时，应选用以冷却为主的切削液来降低切削温度；中、低速精加工时（铰削、拉削、螺纹加工、剃齿等），应选用润滑性能好的极压切削油或高浓度的极压乳化液。硬质合金刀具粗加工时，可以不用切削液，必要时采用低浓度的乳化液和水溶液，但必须连续充分地浇注；精加工时采用的切削液与粗加工时基本相同，但应适当提高其润滑性能。

2）与工件材料有关。切削高强度钢、高温合金等难加工材料时，对冷却和润滑都要求较高，应采用极压切削油或极压乳化液。精刨铸铁导轨时采用煤油，可以得到表明粗糙度为 $R_a 1.6 \sim 0.8 \mu m$ 的加工表面。加工铜、铝及其合金时，不能用含硫的切削液。

3）与切削速度有关。高速切削时不用切削液。

4）对人体健康的影响。切削液中都含有有机物，有机物在高温条件下会产生有害健康的物质。同时，切削液的应用不可避免地带来资源和能源的消耗以及对环境的污染。因此，切削液减量化技术（采用可编程最小油量加工系统，将微量的切削液精准地喷注到切削区）、切削过程中不使用切削液的干切削（磨）技术等，成了绿色加工技术的主要研究方向。

## 2.5.6　刀具磨损和刀具寿命

### 1. 刀具磨损

刀具磨损有正常磨损与非正常磨损之分。刀具在连续切削时逐渐被磨耗，称作刀具正常磨损。切削刃出现塑性流动、崩刃、碎裂、断裂、剥落、裂纹等破坏失效，称作刀具非正常磨损，即破损。

当刀具磨损到一定程度或出现破损后，会使切削力急剧上升，切削温度急剧升高，伴有切削振动，加工质量下降。

刀具正常磨损有后刀面磨损、前刀面磨损(月牙洼磨损)、刀尖磨损、切削刃磨钝(钝圆半径加大)、边界磨损等形式。图 2-23 中介绍了刀具的几种磨损形式。考虑便于测量等因素，规定把刀具后刀面磨损带的中间平均磨损量 $VB$ 所允许达到的最大磨损尺寸，作为刀具磨钝标准。

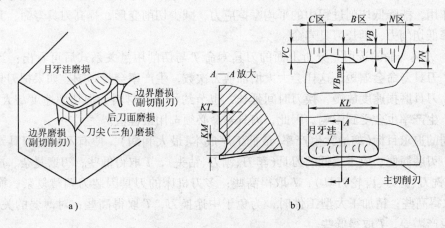

图 2-23  车刀典型磨损形式

刀具磨钝标准是随加工条件不同而有所变动的：粗加工时要求充分发挥刀具的切削性能，常选用较大的 $VB$ 值；在工艺系统刚度较差，加工高温合金、不锈钢等难加工材料，工件材料硬度大、强度高，精加工工件等加工条件时，磨钝标准 $VB$ 值就应相对小一些。

**2. 刀具寿命**

刀具刃磨后，从开始切削，到后刀面磨损达到规定的磨钝标准为止，所经过的总切削时间 $T$，称作刀具寿命。

(1) 影响刀具寿命的主要因素

1) 切削用量。实验得出刀具寿命与切削用量的关系为

$$T = \frac{C_T}{v_c^m f^{\frac{1}{n}} a_p^{\frac{1}{p}}}$$

式中  $C_T$——与工件材料、刀具材料、切削条件等有关的常数；

$m$、$n$、$p$——反映 $v_c$、$f$、$a_p$ 对刀具寿命 $T$ 影响程度的指数。

当用硬质合金车削抗拉强度 $R_m = 0.75\text{GPa}$ 的碳钢时，上式中 $1/m = 5$，$1/n = 2.25$，$1/p = 0.75$。

由此看出，切削速度 $v_c$ 对刀具寿命 $T$ 影响最大，背吃刀量 $a_p$ 对刀具寿命 $T$ 影响最小。

2) 刀具材料。在高速切削领域内，立方氮化硼刀具寿命最长，其次是陶瓷刀具，再次是硬质合金刀具，刀具寿命最低的是高速工具钢刀具。

3) 刀具几何参数。前角增大，切削变形减小，刀尖温度下降，刀具寿命提高(前角过

大,又会使强度下降、散热困难,降低刀具寿命);主偏角变小,有效切削刃长度增大,使切削刃单位长度上的负荷减少,刀具寿命提高;刀尖圆弧半径增大,有利于刀尖散热,刀尖处应力集中减少,刀具寿命提高(刀尖圆弧半径过大,会引起振动)。

4)工件材料。材料微观硬质点多,刀具容易磨损,刀具寿命下降;材料硬度高、强度大,切削能耗大,切削温度高,刀具寿命下降;材料延展性好,切屑不易从工件上分离,切削变形增大,切削温度上升,刀具寿命下降。

5)切削液。其冷却作用,能降低切削温度,提高刀具寿命(对高速钢刀具尤为明显);其润滑作用,能降低切削过程中的平均摩擦应力,减少切削变形,提高刀具寿命;其浸润作用,能降低切削力,延长刀具寿命。

(2)刀具寿命的选用　分析上面的刀具寿命 $T$ 与切削用量关系式后可看出:当切削速度过高,刀具寿命会缩短,这样会大大增加换刀次数,生产率会受影响。如果把刀具寿命定得过长,刀具磨损速度放慢,换刀时间延长,也节约了刀具材料,但切削速度却大大降低,这样做,生产率也会受到影响。因此,刀具寿命必须选用最佳值。

不同的追求目标(如最大生产率、最低工序成本、最大利润),便有不同的刀具寿命。一般说来,刃磨简便、成本较低的刀具(车刀、刨刀、钻头), $T$ 取得低些;刃磨复杂、成本较高的刀具(铣刀、拉刀、齿轮刀具), $T$ 取得高些;多刀机床的刀具因装刀调整复杂,换刀时间长, $T$ 取得高些;精加工大型工件时,为免于中途换刀, $T$ 取得高些;对薄弱的关键工序,为平衡生产需要, $T$ 取得低些。

根据调查,我国目前生产中采用的刀具寿命 $T$ ,都比发达国家的大。例如,车、刨、镗刀的刀具寿命 $T = 60\text{min}$ (国外为 $20 \sim 30\text{min}$ );钻头的刀具寿命 $T = 80 \sim 120\text{min}$ (国外为 $40 \sim 60\text{min}$ );齿轮刀具的刀具寿命 $T = 200 \sim 300\text{min}$ (国外为 $40 \sim 120\text{min}$ )。造成这样差异的原因是我国企业中过分考虑了刀具购置费用,而忽视了提高生产率带来的经济效益。

(3)刀具破损及防止　刀具破损的形式有塑性破损和脆性破损。塑性破损是由于高切削热造成切削刃处塑性流动而失效,多见于高速钢刀具。脆性破损分为早期脆性破损和后期脆性破损。早期脆性破损主要是因切削时的机械冲击力超出刀具材料强度极限;后期脆性破损多半是由机械疲劳和热疲劳造成的。

实践生产中,硬质合金刀具有 $50\% \sim 60\%$ 是因为破损而不能正常进行切削工作。因此,防止刀具破损具有积极意义。防止刀具破损的措施主要有:

1)合理选用刀具材料。粗加工、断续切削工件时,选用韧性高的刀具材料;高速切削工件时,选用热稳定性好的刀具材料。

2)合理选择刀具几何参数。调整前角(减小或采用负前角)、主偏角(减小主偏角)、刃倾角(取负刃倾角)、刀尖圆弧(采用过渡刃,提高刀尖强度),采用负刀棱,使刀具切削部分压应力区加大。

3)提高刀具刃磨质量。刃磨的纹理方向应与切屑在刀面上流动方向一致。刃磨后应进一步研磨抛光。采用电解磨削,它能消除刃磨应力,去除微裂纹,不产生磨削软化,没有毛刺,表面很光滑,增强了锐度、张力强度和刚性刃口的弹性,因此可显著延长刀具寿命( $1 \sim 5$ 倍)。

4)合理选择切削用量。若选用较小的背吃刀量,切削冲击载荷也小,应力集中在切削刃附近，主要是压应力；若选用较大的背吃刀量，则切削冲击载荷也会增大，同时会使刀具上的拉应力区扩大，拉应力值也会加大。

5）正确使用刀具。不受意外冲击、振动的影响。

## 2.6　常用切削刀具

### 2.6.1　车刀

#### 1. 普通焊接式车刀

车刀是结构简单，应用最广泛的一种刀具。车刀种类很多，按用途的不同，可分为外圆、内孔、台肩、端面、切槽、切断、螺纹和成形车刀等。车刀在结构上，可分为整体式、焊接式和机械夹固式，图 2-24 所示为焊接式车刀种类。

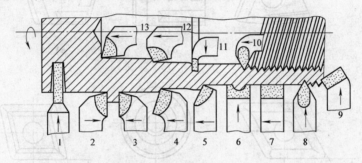

图 2-24　焊接式车刀种类

1—切断刀　2—90°左偏刀　3—90°右偏刀　4—弯头车刀
5—直头车刀　6—成形车刀　7—宽刃精车刀　8—外螺纹车刀
9—端面车刀　10—内螺纹车刀　11—内槽车刀　12—通孔车刀　13—不通孔车刀

#### 2. 机夹可转位车刀

机夹可转位车刀是使用可转位刀片的机夹车刀，它与普通机夹车刀的不同点在于刀片为多边形，每一边都可作切削刃，用钝后只需将刀片转位，即可使新的切削刃投入工作，当几个切削刃都用钝后，即可更换新刀片。可转位车刀由刀杆、刀片、硬质合金刀垫和机械夹固元件组成，如图 2-25 所示。常见的刀片形状如图 2-26所示。

（1）刀片代码　可转位车刀不需重磨，具有先进合理的几何参数和断屑槽形式，可节省大量的磨刀、换刀和对刀的时间，因此特别适用于要求工作稳定、刀具位置准确的自动机床、自动线和加工中心。

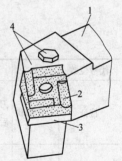

图 2-25　机夹可转位
车刀的组成

1—刀杆　2—刀片
3—刀垫　4—夹紧元件

可转位车刀的型号可查 GB/T 2076—2007，该标准适用于硬质合金、陶瓷可转位刀片。可转位刀片的型号由按一定位置顺序排列的、代表一定意义的一组字母和数字组成。车削用可转位刀片 10 个代号表示的特征见表 2-5。

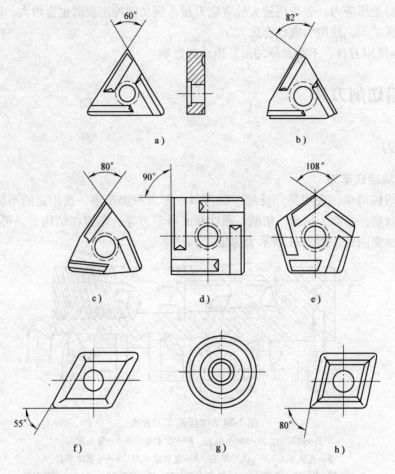

图 2-26　常见可转位车刀刀片

a）T 形　b）F 形　c）W 形　d）S 形
e）P 形　f）D 形　g）R 形　h）C 形

表 2-5　可转位刀片 10 个代号表示的特征

| 代号位数 | 1 | 2 | 3 | 4 | 5 | 6 | 7 | 8 | 9 | 10 |
|---|---|---|---|---|---|---|---|---|---|---|
| 特征 | 刀片形状 | 刀片法向后角大小 | 刀片精度等级 | 刀片有无断屑槽和固定孔 | 刀片长度 | 刀片厚度 | 刀尖圆弧半径 | 切削刃形状 | 切削方向 | 断屑槽形式及宽度 |
| 刀片型号举例 | S（正方形） | N（$\alpha_n = 0°$） | M（中等） | M（一面有断屑槽，有孔） | 15（整数部分为 15mm） | 06（整数部分为 6mm） | 12（1.2mm） | E（倒圆刃） | R（右切） | A2（开式直槽，宽度 2mm） |

可转位刀片的形式已标准化，可参照 GB/T 5343.1—2007、GB/T 5343.2—2007 及 GB/T 14297—1993 或有关厂家的样本选购。

（2）可转位刀片的选择

1）刀片材料的选择。车刀刀片材料有高速钢、硬质合金、陶瓷、立方氮化硼、金刚石。选择刀片材料的主要依据包括被加工工件材料及性能(金属、非金属、硬度、耐磨性、韧性等)、加工类型(粗加工、半精加工、精加工、超精加工等)、切削负荷大小及冲击振动(操作间断或突然中断等)。

2) 刀片尺寸选择。刀片尺寸取决于必要的有效切削刃长度 $L$，它与背吃刀量 $a_p$、主偏角 $\kappa_r$ 有关，$L \geqslant a_p(1/\sin\kappa_r)$。选用时应查相关手册或样本确定。

3) 刀片形状选择。刀片形状主要依据被加工工件表面几何形状(外圆表面上的角度、成形面、端面的形状角度等)、切削方法、刀具寿命、刀片转位次数进行选择。当切削刃强度增强时，振动会加大；当通用性增强时(如从圆形转为方形、平行四边形、三角形、菱形)，其所需功率就减小。

4) 刀尖圆弧半径选择。刀尖圆弧半径的大小直接影响刀尖的强度、被加工零件的表面粗糙度、刀具寿命。刀尖圆弧半径一般选为进给量的 2 ~ 3 倍。通常对于背吃刀量 $a_p$ 较小的精加工、细长轴加工或机床刚度较差时，刀尖圆弧半径较小些(0.2mm、0.4mm、0.8mm、1.2mm)；对需要切削刃强度高、工件直径大的粗加工，则刀尖圆弧半径可选大一些(1.6mm、2.0mm、2.4mm、3.2mm)。

(3) 机夹可转位车刀的典型夹固结构　图 2-27 为几种典型的机夹外圆车刀的夹固形式。图 2-27a 为上压式，利用螺钉、压板将刀片压紧在刀槽中，压板上可装挡屑块以控制断屑；图 2-27b 为靠切削力夹紧的自锁式，它是利用切削合力将刀片夹紧在 1∶30 的斜槽中；图 2-27d 为立装刀片斜楔测压式，它适合重切削；图 2-27e 是利用削扁销将刀片固紧；图 2-27c、f 是利用刀柄上开的弹性槽夹紧刀片，使刀片装卸调整方便。

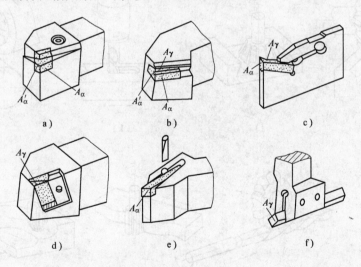

图 2-27　机夹车刀的夹固形式

## 2.6.2　铣刀

铣刀是用于铣削加工、具有一个或多个刀齿的旋转刀具。工作时，各刀齿依次间歇地切除工件上的余量。它一般安装在铣床上或车削中心(车铣中心)上，用于加工各种平面(水平面、垂直面与倾斜面)、成形面、各种沟槽(键槽、T 形槽、刀具容屑槽和齿轮)和模具的特殊型面等，如图 2-28 所示。

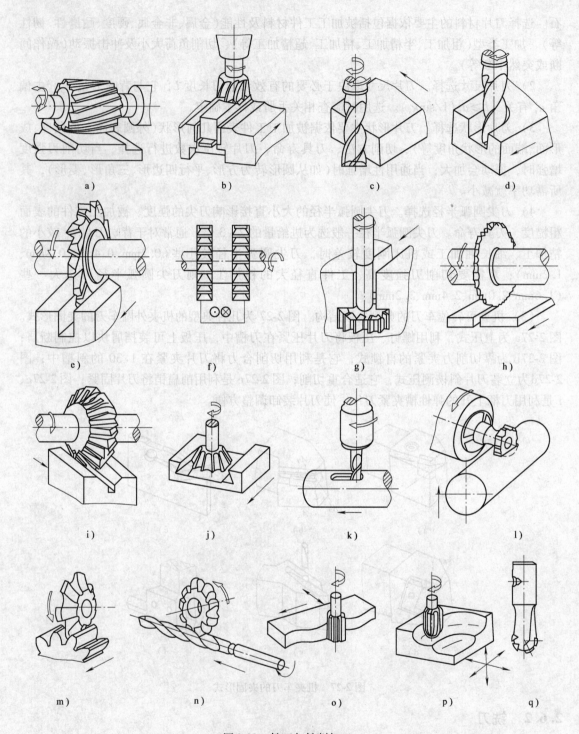

图 2-28　铣刀与铣削加工

a)、b)、c) 铣平面　d)、e) 铣沟槽　f) 铣台阶　g) 铣 T 形槽　h) 切断　i)、j) 铣角度槽
k)、l) 铣键槽　m) 铣齿形　n) 铣螺旋槽　o) 铣曲面　p) 铣立体曲面　q) 球头铣刀

## 1. 铣刀的类型

铣刀的种类很多，主要分类方法有：

（1）按铣刀的用途分

1）圆柱形铣刀（见图2-28a）。刀齿分布在铣刀的圆周上，齿形分为直齿和铣削较平稳的螺旋齿两种，齿数有粗齿和细齿之分。螺旋齿粗齿铣刀的齿数少，刀齿强度大，容屑空间大，适用于在卧式铣床上粗加工平面。细齿铣刀适用于精加工。

2）面铣刀（见图2-28b）。面铣刀在圆周及端面上均有刀齿，刀齿有粗、细齿之分。其结构有整体式、镶齿式和可转位式三种。它主要用于立式铣床、端面铣床或龙门铣床上加工平面。

3）三面刃铣刀（见图2-28e、f）。三面刃铣刀在两侧和圆周上都有刀齿；用于加工各种沟槽和台阶面。T形槽铣刀（见图2-28g）是用于加工T形槽的三面刃铣刀。

4）锯片铣刀（见图2-28h）。在它的圆周上有较多刀齿，为减少铣切时的摩擦，刀齿两侧有15′~1°的副偏角。锯片铣刀主要用于加工深槽和切断工件。

5）立铣刀（见图2-28c、d）。立铣刀的刀齿分布在圆周和端面上，工作时不能沿轴向进给。当立铣刀上有到达旋转中心的端齿时，方可轴向进给。立铣刀主要用于加工沟槽和台阶面等。键槽铣刀（见图2-28k）是其中的一种。

6）模具铣刀（见图2-28o、p、q）。它和立铣刀相似，既具有立铣刀的功能，用于铣削平面、沟槽等，又可作轴向进给，可用于钻孔、扩孔、铣斜面、仿形铣削，特别适用于加工各种模具型腔和型面。

7）角度铣刀（见图2-28i、j）。它有单角铣刀和双角铣刀两种，用于铣削有一定角度要求的沟槽。燕尾槽铣刀（见图2-28j）是用于加工燕尾槽的专用铣刀。

8）成形铣刀（见图2-28m、n）。成形铣刀是为铣削一定形状要求而制造的特殊用途的铣刀。图2-28m是盘状齿轮铣刀；图2-28n是麻花钻螺旋槽铣刀。

9）组合铣刀。它是由多个标准或非标准带孔铣刀串装在同一心轴上组合而成，用于一次铣削完成某种复杂型面或一个宽平面的加工。

（2）按铣刀结构分

1）整体式。刀体和刀齿制成一体。

2）整体焊齿式。刀齿用硬质合金或其他耐磨合金材料制成，并钎焊在刀体上。

3）镶齿式。刀齿用机械夹固的方法紧固在刀体上。这种可换的刀齿可以是整体刀具材料的刀头，也可以为焊接刀具材料的刀头。刀头装在刀体上刃磨的铣刀称为体内刃磨式铣刀，刀头在夹具上单独刃磨的铣刀称为体外刃磨式铣刀。

4）可转位式。它是将能转位使用的多边形刀片用机械方法夹固在铣刀体上的铣刀。这种结构已广泛应用于面铣刀、立铣刀、三面刃铣刀、槽铣刀、成形铣刀等。可转位式硬质合金铣刀的应用现在已越来越普及。

（3）按齿背的加工形式分

1）尖齿铣刀。在切削刃后面上磨出一条窄的刃带以形成后角，由于切削角度合理，其寿命较长。尖齿铣刀的齿背有直线、曲线和折线三种形式，如图2-29所示。直线齿背常用于细齿的精加工铣刀；曲线和折线齿背的刀齿强度较高，能承受较重的切削负荷，常用于粗齿铣刀。

2）铲齿铣刀。切削刃的后面是用铲削方法加工成阿基

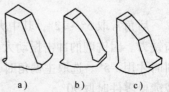

图2-29 铣刀齿背形式
a）直线齿背 b）曲线齿背
c）折线齿背

米德螺旋线的齿背，铣刀用钝后只须重磨前面，仍能保持原有齿形不变。它主要用于制造盘状齿轮铣刀等各种成形铣刀。

（4）按铣刀装夹方式分　它可分为带孔铣刀和带柄铣刀。

（5）按铣刀材料分

1）高速钢铣刀。它的通用性好，用于铣削结构钢、合金钢、铸铁及非铁金属。

2）硬质合金铣刀。用于在功率及刚性都足够的机床上高效铣削各种钢、铸铁及非铁金属。

3）陶瓷铣刀。可精铣淬硬钢及铸铁。

4）金刚石铣刀。用于铣削铝、铜等非铁金属、复合材料及塑料。

5）立方氮化硼铣刀。用于半精铣及精铣淬硬钢。其加工表面质量好，能够实施高速铣削，以铣代磨。

**2. 铣刀的选择及装夹**

（1）铣刀直径及齿数的选择　铣刀直径应根据铣削宽度和深度选择，铣削宽度和深度越大、越深，铣刀直径也应越大。铣刀齿数应根据工件材料和加工要求选择，铣削塑性材料或粗加工时，一般选用粗齿铣刀；铣削脆性材料或半精加工、精加工时，选用中、细齿铣刀。

（2）铣刀类型的选择　铣刀的类型应与被加工工件尺寸、表面形状相适应。加工较大平面，用面铣刀；加工凸台、凹槽及平面零件轮廓，用立铣刀；加工毛坯表面或粗加工孔，用镶嵌硬质合金的玉米铣刀；加工曲面，用球头铣刀；加工曲面较平坦部分，用环形铣刀；加工空间曲面、模具型腔、型面，用模具铣刀；加工封闭的键槽，用键槽铣刀；加工类似飞机上的变斜角零件的变斜角面，用鼓形铣刀、锥形铣刀。

（3）常用的可转位面铣刀主要参数的选择　刀具直径在 16～630mm 范围内，粗铣时直径宜小；精铣时宜大，且尽量包容工件整个加工宽度。因铣削加工时冲击力较大，故前角应小些，硬质合金的刀具前角应更小。铣削强度和硬度高的工件材料宜用负前角；后角宜大些（面铣刀磨损主要发生在后刀面上）。根据工件材料、刀具材料及加工性质确定面铣刀几何参数。面铣刀前角可从表 2-6 中选取。

表 2-6　面铣刀前角选取

| 工件材料<br>刀具材料 | 钢 | 铸铁 | 黄铜、青铜 | 铝合金 |
| --- | --- | --- | --- | --- |
| 高速钢 | 15°～20° | 5°～15° | 10° | 25°～30° |
| 硬质合金 | -15°～15° | -5°～5° | 4°～6° | 15° |

后角常取 5°～12°，其中大值用于软的工件材料，细齿铣刀；小值用于硬工件材料，粗齿铣刀。因铣削的冲击振动大，为保护刀尖，刃倾角常取 -5°～-15°，只有在铣低强度材料时才用 -5°。选取主偏角时，加工铸铁材料取 45°，加工钢材取 75°，铣削带凸肩的平面或薄壁零件时取 90°。

（4）常用立铣刀主要参数的选择　常用立铣刀的前角、后角与铣刀直径等主要参数的选取见表 2-7。

表 2-7 常用立铣刀主要参数选取

| 工件材料 | 铣刀直径/mm | 前 角 | 后 角 |
|---|---|---|---|
| 钢 | <10 | 10°~20° | 25° |
| 铸铁 | 10~20 | 10°~15° | 20° |
| | >20 | | 16° |

（5）铣刀的装夹 卧式铣床上装夹铣刀时，在不影响加工的情况下，尽量使铣刀靠近主轴，支架靠近铣刀。若铣刀离主轴较远处铣削时，应在主轴与铣刀间装上一个辅助支架。若同时用两把圆柱形铣刀铣宽平面时，应选螺旋方向相反的两把铣刀。

立式铣床上装夹铣刀时，在不影响铣削的情况下，尽量选用短刀杆。

铣刀装夹好后，必要时应当用百分表检查铣刀的径向圆跳动和端面圆跳动两参数。

## 2.6.3 钻头

钻头是孔加工的刀具。从实体上加工出孔的钻头有麻花钻、扁钻、深孔钻及中心钻等。从已有孔上进行再加工的钻头有扩孔钻、锪孔钻、铰刀等。其中麻花钻是用得最广的孔加工刀具。

### 1. 麻花钻的结构

麻花钻通常用高速钢制成，现在也有整体硬质合金麻花钻。标准麻花钻由柄部、颈部和工作部分三部分组成，如图 2-30a、b 所示。

柄部是钻头的夹持部分，用来传递钻孔时所需要的转矩。钻柄有锥柄（见图 2-30a）和直柄（见图 2-30b）两种形式。锥柄一般采用莫氏 1~6 号锥度，它可直接插入钻床主轴的锥孔内或辅具变径套内。锥柄钻头的扁尾可增加传递的转矩，避免钻头在主轴孔或变径套中转动。另外，还可通过扁尾来拆卸钻头。

颈部位于工作部分和柄部之间，它是为磨削钻柄而设的砂轮越程槽。钻头的规格和厂标常刻在颈部。

工作部分是钻头的主体，它由切削部分和导向部分组成。切削部分包括两个主切削刃、两个副切削刃和一个横刃（见图 2-30c）。钻头的螺旋槽表面是前刀面（切屑流经的面）；顶端两曲面是主后面，它们面对工件的加工表面（孔底）。与工件的已加工表面（孔壁）相对应的棱带（刃带）是副后面。两个主后面的交线是横刃。横刃是在刃磨两个主后面时形成的，用来切削孔的中心部分。

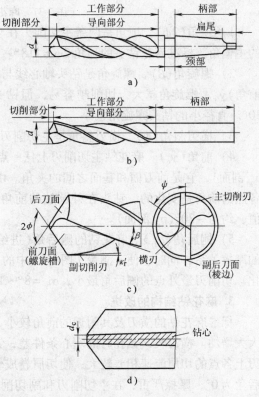

图 2-30 标准高速钢麻花钻

导向部分也是切削部分的后备部分，它包括螺旋槽和两条狭长的螺旋棱带。螺旋槽形成了前角和切削刃，并可排屑和输送切削液。螺旋棱带能引导钻头切削和修光孔壁。为了减少钻头与孔壁的摩擦，棱带做成$(0.03 \sim 0.12):100$ 向尾部收缩的倒锥。

**2. 麻花钻的几何角度**

麻花钻切削部分的几何参数主要有外径 $d$、顶角 $2\phi$、螺旋角 $\beta$、横刃斜角 $\psi$（见图 2-30c）、前角 $\gamma_o$、侧后角（进给后角，在 $y$ 点测量）$\alpha_{fy}$ 等（见图 2-31）。

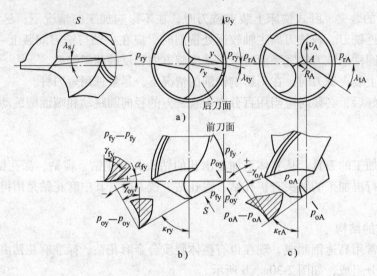

图 2-31　麻花钻的前角、后角

1）顶角（$2\phi$）。顶角是两条主切削刃在与其平行平面上投影的夹角，其作用相似于车刀的主偏角。标准麻花钻头的顶角 $2\phi = 118°$。

2）螺旋角（$\beta$）。螺旋角是钻头轴心线与棱带切线之间的夹角，也是钻头的侧前角（进给前角）$\gamma_{fy}$。螺旋角越大，切削越容易，但钻头强度越低。标准麻花钻的螺旋角为 $\beta = 18° \sim 30°$。直径小的钻头螺旋角也小。

3）横刃斜角（$\psi$）。横刃斜角是主切削刃与横刃在端面投影上的夹角，一般为 $50° \sim 55°$。

4）前角（$\gamma_o$）。麻花钻主切削刃上任一点的前角是在正交平面中测量的（图 2-31 中 $p_{oy}$ 和 $p_{oA}$ 剖面），它是前刀面和基面之间的夹角。由于麻花钻的前刀面是螺旋面，因此沿主切削刃各点的前角是变化的。钻头在外圆处的前角约为 $30°$（$p_{oy}$ 剖面），而靠近横刃处的前角是负值，约为 $-30°$（$p_{oA}$ 剖面）。

5）侧后角（$\alpha_{fy}$）。麻花钻的侧后角（进给后角）能较好反映钻头后刀面与加工表面之间的摩擦关系，同时也便于测量（图 2-31 中的 $p_{fy}$ 剖面）。侧后角随切削刃各点直径的不同而变化。切削刃最外点的侧后角最小，$\alpha_{fy} = 8° \sim 14°$；靠近横刃处最大，$\alpha_{fy} = 20° \sim 25°$。

**3. 麻花钻结构的改进**

标准麻花钻的横刃及其附近的前角较小，都是负值，切削负荷大，特别使钻头的轴向力大大增加。横刃长，钻孔时的定心条件差，钻头易摆动。由于主切削刃全部参加切削，切削刃上各点的切屑流速相差较大，使切屑卷成较宽的螺旋形，不利于排屑、散热情况不好。副后角为 $0°$，摩擦严重，在主切削刃和副切削刃交界转角处磨损很快，钻削铸铁工件时尤其严重。

为了改善标准麻花钻结构上存在的上述问题，常采用修磨（磨短）横刃、修磨切削刃、磨出分屑槽、修磨前后刀面、修磨刃带等措施。我国的群钻是麻花钻结构改进的成功典型（请参考相关著作），它就是将标准麻花钻综合运用这些改进措施修磨而成的。加工钢的群钻，其轴向力可降低 35%～50%，转矩减少 10%～30%，钻头使用寿命提高 3～5 倍，工件加工精度和表面质量都有所改善。

## 2.7  数控机床刀具系统

### 2.7.1  数控工具系统

数控工具系统就是把通用性较强的刀具和配套装夹工具系列化、标准化。采用数控工具系统成本高，但能可靠地保证加工质量，提高生产率，使机床效能得到发挥。

**1. 车削类工具系统**

（1）刀块式车刀系统（见图 2-32）  它用凸键定位，螺钉夹紧，其定位可靠，夹紧牢固，刚性好，但换装费时，不能自动夹紧。它是目前常用的整体式 CZG 车削工具系统。

（2）圆柱齿条式车刀系统（见图 2-33）  其圆柱柄上铣出齿条，可实现自动夹紧，换装迅速，但刚性较刀块式略差。它是目前应用较多的整体式 CZG 车削工具系统。

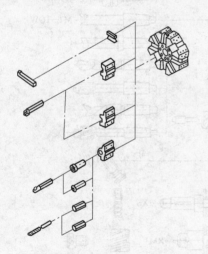

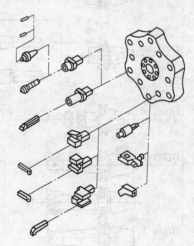

图 2-32  刀块式车刀系统          图 2-33  圆柱齿条式车刀系统

（3）模块化车刀系统  这是由瑞典 SANDVIK 公司推出的供车削中心用的模块化快换刀具结构，它由刀头（刀具头部）、刀杆（连接部分）和刀柄（刀体）组成。刀柄是一样的，内有拉紧机构。当拉杆拉紧刀杆时，使刀杆的拉紧孔产生微小弹性变形而获得很高的精度和刚度。该系统仅更换刀头和刀杆，就可用于各种加工。刀柄上可装车、钻、镗、攻螺纹、检测头等多种工具。这种结构自动换刀速度快（5s），定位精度高（径向 $2\mu m$，轴向 $5\mu m$）。

（4）车削中心动力刀具系统  这是为车削中心开发的动力刀具刀柄的系统。它能安装钻头、立铣刀、三面刃铣刀、螺纹铣刀、丝锥、接触式检测头等刀柄。

**2. 镗铣类工具系统**

镗铣类工具系统也分整体式结构和模块式结构两大类。

（1）整体式结构 TSG82 工具系统（见图 2-34）　其特点是将锥柄和接杆连成一体，不同品种和规格的工作部分都必须带有与机床相连的柄部。其优点是简单、方便、可靠、刚性好、更换迅速，但锥柄的品种和数量较多。

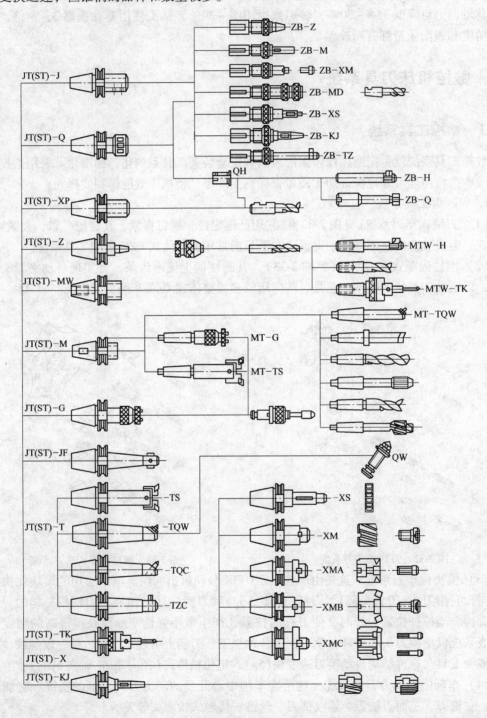

图 2-34　TSG82 工具系统

（2）模块式结构 TMG10、TMG21 工具系统　它把工具的柄部和工作部分做成柄部（主柄模块)(见图 2-35a)、中间连接块(中间模块)(见图 2-35b)和工作头部(工作模块)(见图 2-35c),再通过连接结构,在确保刀杆连接精度和刚度的前提下,将三部分结合成一整体。每种模块分为若干个小类规格,用其不同的规格,组装成不同用途、规格要求的模块式刀具。该系统应用广泛、发展迅速,具有

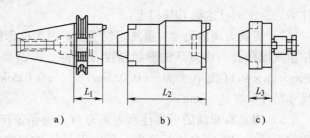

图 2-35　模块式工具组成

灵活、方便的特点,并能减少工具储备。瑞典的 SANDVIK 公司生产较完善的模块式工具系统。

### 2.7.2　数控机床刀具的种类与特点

与普通机床刀具相比,数控机床刀具种类多,其精度高、刚性好、装夹调整方便、切削性能强、使用寿命长。选用刀具时应注意机床的加工能力、工序内容、工件材料等多种因素。

**1. 数控机床刀具的种类**

(1) 从结构上分

1) 整体式。由整块材料磨制而成。

2) 镶嵌式。分为焊接式和机夹式;机夹式根据刀体结构的不同,又可分为不转位和可转位两种形式。

3) 减振式。当刀具工作臂长度与直径比大于 4 时,为减少振动,所采用的一种特殊结构的镗孔刀具。

4) 内冷式。刀具切削液通过机床主轴或刀盘传递到刀体内部由喷孔喷到切削刃部位。

5) 特殊形式。如复合刀具、可逆攻螺纹刀具等。

(2) 从制造所采用的材料上分　可分为高速钢刀具、硬质合金刀具、陶瓷刀具、立方氮化硼刀具、金刚石刀具等。

(3) 从切削工艺上分

1) 车削刀具。可分为加工外圆、内孔、外螺纹、内螺纹,车槽等多种类型的刀具。

2) 钻削刀具。可分为加工小孔、浅孔、深孔、攻螺纹、铰孔等刀具。

3) 镗削刀具。可分为粗镗、精镗等刀具。

4) 铣削刀具。可分为面铣、立铣、三面刃铣等刀具。

(4) 从数控机床工具系统的发展分　有整体式工具系统和模块化式工具系统。目前数控工具逐渐形成了车削工具系统和镗铣类工具系统。

**2. 数控机床刀具的特点**

为了达到高效、多能、快速、经济的目的,数控机床刀具与普通机床刀具相比具有以下特点:

1) 刀具有很高的切削效率。因为机床设备昂贵,为提高效率,切削速度要不断提高。在切削速度上,硬质合金刀具由 $200 \sim 300\text{m/min}$ 提高到 $500 \sim 600\text{m/min}$;陶瓷刀具的切削速度将提高到 $800 \sim 1000\text{m/min}$。美国在数控机床上陶瓷刀具应用的比例达到 20%,可转位刀

片的涂层比例已达到70%以上。

2）刀具有高的精度与重复定位精度。因为机床精度高，所以刀具精度、刚度与重复定位精度也在提高。刀具的形状精度在提高，不需要预调的精化数控车刀，其刀尖坐标点（长×宽×高）位置误差为（±0.025mm）×（±0.025mm）×（±0.15mm）。有些立铣刀的径向尺寸精度竟高达5μm。

3）刀具有很高的可靠性和刀具寿命。为保证产品质量，对刀具实行强迫换刀制或由数控系统对刀具寿命进行管理，所以刀具工作可靠性已升为选择刀具的关键指标。刀具材料应具有高的切削性能和刀具寿命，其切削性能好，性能稳定，同一批刀具的差异不能大。

4）刀具尺寸的预调和快速换刀。预调能达到很高的重复定位精度。数控机床上可用快换夹头，进行人工换刀；带有刀库的加工中心则能快速自动换刀。

5）有较完善的工具系统。模块式工具系统能更好地适应多品种零件生产，且有利于工具的生产、使用和管理，有效地减少使用单位的工具储备。

6）建立刀具管理系统。加工中心、柔性制造系统和智能制造系统，能对大量的刀具进行自动识别，记忆其规格尺寸、存放位置、已切削时间和剩余时间，能对刀具进行更换、运送、刃磨、尺寸预调等操作。

7）刀具在线（实时）监控和尺寸补偿系统。能在线监控刀具损坏识别，能实时完成刀具磨耗、热变形等的尺寸补偿。

## 2.7.3 数控车刀的选择

选择数控车刀，主要是对刀片材料、刀片尺寸、刀片形状和刀尖圆弧半径等进行选择。关于选择刀片的内容，详见"2.6.1 车刀"一节的内容。

## 2.7.4 加工中心刀具选择

加工中心刀具由刃具（铣刀、钻头、扩孔钻、镗刀、铰刀、丝锥）和刀柄组成。要求加工中心用的刀具具有较高的刚性，故刀具长度在满足使用要求的前提下宜尽量短；要求刀具有较高的重复定位精度；要求刀具的切削刃相对于主轴的一个固定点的轴向和径向位置，能用快速简单的方法准确地预调整到一个固定的几何尺寸。

铣刀的内容可参考"2.6.2 铣刀"一节，本节主要介绍孔加工刀具的选择。

（1）钻孔刀具 常选用麻花钻加工直径 φ30mm 以下的孔。麻花钻有标准型和加长型，应尽量选用较短的钻头，以提高其刚性。但其工作部分长度必需大于孔深。两切削刃应对称，以免在无钻模导向时孔发生偏斜。钻削大直径孔时可用硬质合金扁钻。

当加工直径为 φ20～60mm，孔深和孔径之比不大于 3 的中等浅孔时，可采用可转位浅孔钻。这种钻头的刀杆刚度高，刀具寿命是普通麻花钻的 4～6 倍，刀片可集中刃磨，能高速切削，其切削效率高，加工精度好，最适于箱体钻孔。

加工深径比大于 5、小于 100 的深孔（其直径为 65～180mm 的深孔），宜用内排屑的深孔喷吸钻。

扩孔刀具常用扩孔钻，它有 3～4 个齿，导向性好；切削刃不必伸到中心，扩孔余量小，可选择较大切削用量；无横刃，切削过程平稳。其结构有高速钢整体式（扩孔直径较小或中等)、镶齿套式(扩孔直径较大)、硬质合金可转位式(扩孔直径在 20～60mm 之间,且需刚性好、功率大的机床配合)三种。

(2) 镗孔刀具  当箱体上孔直径大于 80mm 时可用镗加工。选择镗孔刀具时应考虑:

1) 尽可能选择接近镗孔直径的粗直径刀杆。

2) 尽可能选择短刀杆臂(工作长度)。当工作长度小于 4 倍刀杆直径时,可用钢制刀杆;加工要求高的孔,宜用硬质合金刀杆。当工作长度为 4～7 倍的刀杆直径时,小孔用硬质合金刀杆,大孔用减振刀杆。当工作长度为 7～10 倍的刀杆直径时,须采用减振刀杆。

3) 刀具主偏角接近 90°或大于 75°(粗镗钢件孔主偏角为 60°～75°,以提高刀具寿命)。

4) 选择切削刃圆弧小、刀尖圆弧半径小(0.2mm)的涂层刀片。

5) 精加工采用正前角刀具,粗加工采用负前角刀具。

6) 镗深不通孔时,采用压缩空气或切削液进行排屑和冷却。

7) 选择正确、快速的镗刀柄辅具。

8) 精镗时可用精镗微调镗刀。为消除镗孔时径向力对镗杆的影响,可用双刃镗刀。

## 2.7.5　加工中心刀柄及其选择

刀柄一般采用 7:24 圆锥工具柄,并采用相应形式的标准拉钉拉紧结构。目前应用较为广泛的标准有 ISO：7388/1(GB/T 10944.1—2006 自动换刀用 7:24 圆锥工具柄部——40、45 和 50 号柄  第 1 部分:尺寸及锥角公差)和 ISO：7388/2(GB/T 10944.2—2006 自动换刀用 7:24 圆锥工具柄部——40、45 和 50 号柄  第 2 部分:技术条件)。

选择刀柄时应根据机床上典型零件的加工工艺来选择,以满足加工需要,又不造成积压。

刀柄配置数量与机床上所要加工零件品种、规格及数量有关,与复杂程度、机床负荷有关。考虑到机床工作时还有一定量的刀具在预调、修磨,故刀柄配置数量一般是所需刀具数量的 2～3 倍。只有当机床负荷不足时才取 2 倍。因零件的复杂程度与刀库容量有关,故配置数量也约为刀库容量的 2～3 倍。

选择的刀柄部型式应与机床主轴孔规格一致,刀柄抓拿部位能适应机械手的形态位置要求。拉钉形状尺寸与主轴的拉紧机构相匹配。尽可能选用加工效率较高的双刃镗刀刀柄,选用可夹持直柄刀具及通过接杆夹持带孔刀具的强力弹簧夹头等。通过综合考虑来选用模块式刀柄和复合刀柄:采用结构模块式刀柄须配一个柄部、一个接杆、一个镗刀头部,且在刀库容量大,更换刀具频繁的情况下选用。如长期反复使用,不需要反复拼装,可用普通刀柄。在反复大量生产典型零件时,可用专门设计的复合刀柄。

## 2.7.6　选择数控刀具应考虑的因素

选择数控刀具应考虑的因素主要有以下几个方面:

1) 被加工工件材料的类别。如加工铸铁、钢、有色金属、非金属等不同的工件材料时,数控刀具应不同。

2) 被加工工件材料的性能。考虑工件材料的硬度、韧性、金相组织状态等对刀具加工的影响。

3）切削工艺的类别。如车、铣、钻、镗；精加工、半精加工、粗加工等。

4）被加工工件的几何形状、零件精度、结构特征、加工余量等因素。考虑工件的尺寸公差、形位公差、表面粗糙度；连续切削、断续切削，切入与退出角度等因素。

5）要求刀具能承受的切削用量。如背吃刀量、进给量、切削速度这三要素对刀具的影响。

6）被加工工件的生产批量。

## 2.8 砂轮及磨削加工机理

以磨料为主制造而成的切削工具称作磨具（如砂轮、砂棒、砂瓦、砂条、油石、砂带、研磨剂等）。磨削是用磨具以较高的线速度对工件表面进行加工的方法。磨削加工一般分为普通磨削（$R_a 0.16 \sim 0.25 \mu m$，加工精度 $> 1 \mu m$）、精密磨削（$R_a 0.04 \sim 0.16 \mu m$，加工精度为 $1 \sim 0.5 \mu m$）、高精密磨削（$R_a 0.01 \sim 0.04 \mu m$，加工精度为 $0.5 \sim 0.1 \mu m$）和超精密磨削（$\leq R_a 0.01 \mu m$，加工精度 $\leq 0.1 \mu m$）。

磨削加工的应用范围很广，常用于加工各种工件的内外圆柱面、圆锥面和平面，以及螺纹、齿轮和花键等特殊、复杂的成形表面。磨削加工不仅能加工一般的金属材料和非金属材料，而且还能加工各种高强度和难切削加工的材料。磨削加工精度可达 IT6～IT4，表面粗糙度可达 $R_a 1.25 \sim 0.01 \mu m$。因此它被广泛用于半精加工和精加工。精整加工阶段的珩削（珩磨）、研磨、超精加工（超精研加工）等也都是属于磨削的范畴。磨削还用于粗加工和毛坯去皮加工，它也能获得较好的经济效益。在磨削加工领域，采用砂轮的磨削加工用得最为广泛。

### 2.8.1 砂轮

砂轮是用磨料和结合剂等制成的中央有通孔的圆形固结磨具。砂轮是磨具中用量最大、使用面最广的一种。砂轮的种类繁多，品种和规格多达 20 万左右，其尺寸范围很大。砂轮中，磨料、结合剂等因素的不同，砂轮的特性可以差别很大，对磨削加工精度、表面粗糙度和生产率有着重要的影响。磨削加工时，应当根据具体条件选用合适的砂轮。因此，应当了解砂轮的特性。

1）砂轮的标志代号。磨具的书写顺序按 GB/T 2484—2006 规定。砂轮的标记印在砂轮的端面上，其顺序是：形状代号、尺寸、磨料、粒度号、硬度、组织号、结合剂、线速度。

例如：平行砂轮，外径 300mm、厚 50mm、孔径 75mm，棕刚玉磨料，粒度#60，硬度 L，5 号组织，陶瓷结合剂（V）砂轮，最高工作线速度 35m/s，则标志写成：

砂轮 1-300 × 50 × 75-A60L5V-35 GB/T 2484—2006

2）砂轮形状。根据砂轮的用途，砂轮共有 20 多种不同形状。砂轮形状、代号及用途可查有关手册。如 1：平形砂轮；11：碗形砂轮；2：筒形砂轮；4：双斜边砂轮；41：薄片砂轮；6：杯形砂轮等。

3）磨料。磨料是制造砂轮的主要原料，直接担负着磨削工作，是砂轮上的"刀头"。因此，磨粒的棱角必须锋利，并具有很高的硬度及良好的耐热性和一定的韧性。常用磨料的特性及使用范围见表 2-8。

**表 2-8　常用磨料的特性及使用范围**

| 系别 | 磨料名称 | 代号 | 特　性 | 使 用 范 围 |
|---|---|---|---|---|
| 氧化物系 | 棕刚玉 | A | 棕褐色。硬度大，韧性大，价廉 | 碳钢、合金钢、可锻铸铁、硬青铜 |
| | 白刚玉 | WA | 白色，硬度高于棕刚玉，韧性低于棕刚玉 | 淬火钢、高速钢、高碳钢、合金钢、非金属及薄壁零件 |
| | 铬刚玉 | PA | 玫瑰红或紫红色，韧性高于白刚玉，磨削粗糙度小 | 淬火钢、高速钢、轴承钢及薄壁零件 |
| | 单晶刚玉 | SA | 浅黄或白色。硬度和韧性高于白刚玉 | 不锈钢、高钒高速钢等高强度、韧性大的材料 |
| | 锆刚玉 | ZA | 黑褐色。强度和耐磨性都较高 | 耐热合金钢、钛合金和奥氏体不锈钢 |
| | 微晶刚玉 | MA | 棕褐色。强度、韧性和自励性良好 | 不锈钢、轴承钢、特种球墨铸铁，适用于高速精密磨削 |
| 碳化硅系 | 黑碳化硅 | C | 黑色有光泽。硬度比白刚玉高，性脆而锋利，导热性和抗导电性好 | 铸铁、黄铜、铝、耐火材料及非金属材料 |
| | 绿碳化硅 | GC | 绿色。硬度和脆性比黑碳化硅高，导热性和抗导电性良好 | 硬质合金、宝石、玉石、陶瓷、玻璃 |
| | 碳化硼 | BC | 灰黑色。硬度比黑、绿碳化硅高。耐磨性好 | 硬质合金、宝石、玉石陶瓷、半导体 |
| 高硬磨料系 | 人造金刚石 | D | 无色透明或淡黄色、黄绿色、黑色。硬度高，耐磨性好 | 硬质合金、宝石、光学材料、石材、陶瓷、半导体 |
| | 立方碳化硼 | CBN | 黑色或淡白色。立方晶体，硬度略低于金刚石，耐磨性好，发热量小 | 硬质合金、高速钢、高钼、高钒、高钴钢、不锈钢、镍基合金钢及各种高温合金 |

4) 粒度。粒度是指磨料颗粒的大小。粒度分磨粒和微粉两组。磨粒用筛选法分类，它的粒度号以筛网上每英寸长度内的孔眼数表示。凡是能通过某一号筛子而不能通过下一号筛子的磨粒，它的粒度就用该某一号筛子的号码来表示。例如，#60 粒度的磨粒，说明能通过每英寸长度有 60 个孔眼的筛网，而不能通过每英寸长度有 70 个孔眼的筛网。因此，粒度的数字越大，说明磨粒就越小。当磨粒的直径小于 40μm 时，这些磨粒称为微粉。微粉用显微测量法分类，它的粒度号是以磨粒的最大实测尺寸，并在前面冠以 "W" 来表示。常用磨粒粒度及尺寸见表 2-9。

**表 2-9　常用磨粒粒度及尺寸**

| 类别 | 粒　度 | 颗粒尺寸/μm | 应用范围 | 类别 | 粒　度 | 颗粒尺寸/μm | 应用范围 |
|---|---|---|---|---|---|---|---|
| 磨粒 | #12 ~ #36 | 2000 ~ 1600<br>500 ~ 400 | 荒磨、打毛刺 | 微粉 | W40 ~ W28 | 40 ~ 28<br>28 ~ 20 | 珩磨、研磨 |
| | #46 ~ #80 | 400 ~ 315<br>200 ~ 160 | 粗磨、半精磨、精磨 | | W20 ~ W14 | 20 ~ 14<br>14 ~ 10 | 研磨、超精加工 |
| | #100 ~ #280 | 160 ~ 125<br>50 ~ 40 | 精磨、珩磨 | | W10 ~ W5 | 10 ~ 7<br>5 ~ 3.5 | 研磨、超精加工、镜面磨削 |

粒度的选择，主要与工件的加工精度、表面粗糙度和工件材料的软硬有关。粗磨时，磨削厚度较大，应选用粗磨粒。因为粗磨粒砂轮的气孔大，砂轮不易被磨屑堵塞和发热，常选

#36 ~ #60 粒度的磨粒。磨软的、韧的材料，或磨削面积较大时，也宜用粗磨粒。精磨及磨削硬和脆的材料时，则用细磨粒。一般情况下，荒磨钢锭、铸锻件、皮革、木材、切断钢坯时，选用#8 ~ #24 粒度的磨粒；#36 ~ #46 粒度的砂轮，适用于加工表面粗糙度 $R_a0.8\mu m$ 的一般磨削；#54 ~ #100 粒度的砂轮，适用于 $R_a0.8 ~ 0.16\mu m$ 的半精磨、精磨和成形磨削；#120 ~ W28 粒度的砂轮，常用于精磨、精密磨、超精磨、磨螺纹、成形磨和工具磨等。对粒径比 W28 更细的砂轮，则用于超精密磨削和镜面磨削，此时加工表面粗糙度可达 $R_a0.05 ~ 0.012\mu m$。

5）硬度。砂轮硬度是指砂轮表面上的磨粒在外力作用下脱落的难易程度。如磨粒容易脱落，表明砂轮的硬度低；反之，则表明砂轮的硬度高。由此可见，砂轮的硬度与磨料的硬度是两个不同的概念。同一种磨料可以做成不同硬度的砂轮，它主要决定于结合剂的性能、数量以及砂轮制造的工艺。常用砂轮硬度等级名称及代号见表 2-10。

表 2-10　砂轮硬度等级名称及代号

| 名称 | 超软 | 软1 | 软2 | 软3 | 中软1 | 中软2 | 中1 | 中2 | 中硬1 | 中硬2 | 中硬3 | 硬1 | 硬2 | 硬3 |
|---|---|---|---|---|---|---|---|---|---|---|---|---|---|---|
| 代号 | D、E、F | G | H | J | K | L | M | N | P | Q | R | S | T | Y |

硬度选择合适时，磨粒磨钝后会自行地从砂轮上脱落，露出新的磨粒继续进行正常工作。若砂轮的硬度太硬，磨粒磨损后仍不脱落，造成切削力和切削热的增长，生产率下降，严重影响工件表面质量，甚至烧伤工件表面。相反，若砂轮的硬度太软，磨粒还没有磨钝就自行脱落，砂轮消耗过快，并且容易失去正确的形状，也是不利于磨削加工的。

常用砂轮硬度为 H ~ N(软2 ~ 中2)。一般情况下，工件材料越硬，应选越软的砂轮；工件材料越软，应选硬的砂轮。但对有色金属等很软的材料，应选较软的砂轮，以免被磨屑堵塞。磨削薄壁零件及导热性差的零件，磨削接触面积较大时，应选较软砂轮。砂轮粒度号较大时，应选较软砂轮。精磨和成形磨削时，需要保持砂轮的形状精度，应选较硬砂轮。

6）组织。组织是表示砂轮中磨粒排列的疏密状态，即磨粒占砂轮的容积比率(磨粒率)。它反映磨粒、结合剂、空隙在砂轮内分布的比例。砂轮组织疏松，磨粒间的空隙大，便于容纳磨屑，还可以把切削液或空气带入磨削区域，以降低磨削温度，减少工件发热变形，避免产生烧伤和裂纹。但过于疏松的砂轮，其磨粒含量较少，容易磨钝。它对磨削生产率和表面质量均有影响。砂轮的组织用 0 ~ 14 的数值表示组织号，见表 2-11。

表 2-11　砂轮的组织号

| 组织号 | 0 | 1 | 2 | 3 | 4 | 5 | 6 | 7 | 8 | 9 | 10 | 11 | 12 | 13 | 14 |
|---|---|---|---|---|---|---|---|---|---|---|---|---|---|---|---|
| 磨粒率(%) | 62 | 60 | 58 | 56 | 54 | 52 | 50 | 48 | 46 | 44 | 42 | 40 | 38 | 36 | 34 |
| 疏密程度 | 紧密 | | | | 中等 | | | | 疏密 | | | | | 大气孔 | |
| 适用范围 | 重负荷、成形、精密磨削、间断及自由磨削，或加工硬脆材料 | | | | 外圆、内圆、无心磨及工具磨，淬火钢工件及刀具刃磨等 | | | | 粗磨及磨削韧性大、硬度低的工件，适合磨削薄壁、细长工件，或砂轮与工件接触面积大以及平面磨削等 | | | | | 有色金属及塑料等非金属以及热敏性大的合金 | |

0~3号属紧密组织类别，可保持砂轮的成形性，获得较低的表面粗糙度数值，适用于重负荷、成形磨削、精密磨削、间断及自由磨削或加工硬脆材料。4~8号属中等组织类别，适用于磨削淬火钢工件，刃磨刀具等。9~14号属疏松组织类别，粗磨及磨削韧性大、硬度低的工件以及薄壁、细长工件；砂轮与工件接触面积大及平面磨削，宜选8~12号。磨削有色金属及塑料、橡胶等非金属及热敏性合金时，宜选用13~14号大气孔组织砂轮。

7）结合剂。结合剂用来把磨粒粘结起来，使之成为砂轮。砂轮的强度、抗冲击性、耐热及抗腐蚀能力，主要取决于结合剂的性能。常用结合剂的种类、性能及适用范围见表2-12。

表2-12 常用结合剂种类、性能及适用范围

| 名 称 | 代号 | 特 性 | 适 用 范 围 |
|---|---|---|---|
| 陶瓷结合剂 | V | 耐热、耐油和耐酸碱的侵蚀，强度较高，但性较脆 | 适用范围广，除切断砂轮外的大多数砂轮 |
| 树脂结合剂 | B | 强度高并富有弹性，但坚固性和耐热性差，不耐酸、碱。不宜长期存放 | 高速磨削、切断和开槽砂轮；镜面磨削的石墨砂轮；对磨削烧伤和磨削裂纹特别敏感的工序；荒磨砂轮 |
| 橡胶结合剂 | R | 具有弹性、密度大、磨粒易脱落，耐热性差，不耐油、不耐酸，有臭味 | 无心磨床的导轮，切断、开槽和抛光的砂轮 |
| 金属结合剂 | M | 形面的成形性较好，强度高，有一定的韧性，自励性差 | 金刚石砂轮，珩磨、半精磨硬质合金、切断光学玻璃、陶瓷及半导体材料 |

## 2.8.2 磨削加工机理

磨削是依靠砂轮上的磨粒切削工件的。切削时基本都是负前角。因此，磨削具有自身的特点：

1）磨粒硬度大，刃口极多，随机分布。磨削时，砂轮表面有极多的切削刃，同时参加切削的有效磨粒数不确定。几乎能加工所有的金属和非金属材料。

2）有较大的负前角，磨粒多以负前角进行切削，磨粒一般用机械方法破碎磨料得到，其形状各异，以菱形八面体居多。磨粒的顶尖角为90°~120°，其切削过程大致分滑擦（材料弹性变形）、刻划（又称耕犁，材料塑性滑移，两侧堆高隆起）和切削（形成切屑）三个阶段，如图2-36所示。由于磨削厚度较薄，因此磨削时径向分力较大，容易使工艺系统变形，使实际磨削深度比名义值小，影响工件的加工精度；还将增加磨削时的走刀次数，降低磨削加工的效率。

3）刃口钝圆半径较小，刃口锋利，切削层厚度可以很薄。每个磨刃仅从工件上切下极少量（小到数微米）的金属，残留面积高度很小，可以达到高的精度和小的表面粗糙度数值。一般磨削精度可达IT7~IT6，表面粗糙度为$R_a0.2~0.8\mu m$。当采用小粒度磨粒磨削时，表面粗糙度可达$R_a0.008~0.1\mu m$。

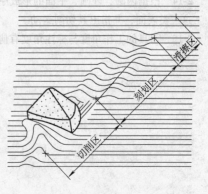

图2-36 磨削过程的三个阶段

4）磨削速度高，比一般切削速度高出一个数量级。因磨粒尺寸小，磨削厚度很薄，为提高其加工效率，就需要较高的磨削速度。

5）磨削区温度高，易产生变质层。由于磨削速度很高，加上磨粒多为负前角切削，挤压和摩擦较严重，磨削加工时的法向磨削力大(一般为切向磨削力的 3~14 倍,而车削加工时只有 0.5 倍)，消耗功率大，切削热高；而砂轮的传热性又很差，使磨削区形成瞬时800~1000℃高温。高的磨削温度容易烧伤工件表面，使淬火钢件表面退火，硬度降低。切削液的浇注，可能发生二次淬火，也会在工件表层产生张应力及微裂纹，降低零件的表面质量和使用寿命。高温下，工件材料将变软，容易堵塞砂轮，这不仅影响砂轮寿命，也影响工件的表面质量。因此，在磨削过程中，应使用大量的切削液。

6）能自砺。当磨粒磨钝时，法向磨削力增大，作用在磨粒上的磨削压力增大，使磨粒局部被压碎，形成新的锋刃，或整粒脱落，露出新的磨粒锋刃投入磨削工作。砂轮的自励作用是其他切削刀具所没有的。利用这一原理，可进行强力连续磨削，以提高磨削加工的生产效率。

# 习　　题

2-1　目前应用最多的刀具材料有哪些？试比较它们的性能。

2-2　切削要素包括哪些内容？在弯头车刀车端面的示意图(见图 2-37)上表示出各切削要素。

2-3　用图画出 45°弯头车刀($\kappa_r = \kappa_r' = 45°, \gamma_o = 5°, \alpha_o = \alpha_o' = 6°, \lambda_s = -3°$)角度，并指出前刀面、主后刀面、副后刀面、主切削刃、副切削刃的位置。

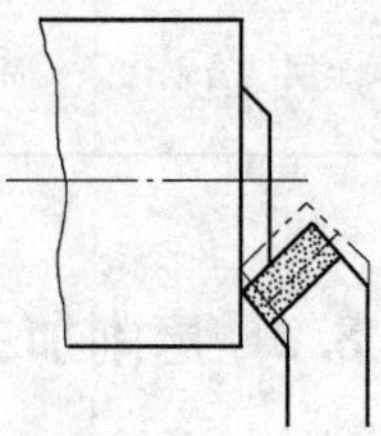

2-4　刀具材料应具备哪些性能？硬质合金的耐热性远高于高速钢，为什么不能完全取代高速钢？

2-5　在高速切削中使用的刀具材料有哪些？如何合理选择？

2-6　金属切削过程的本质是什么？

2-7　试述切削速度对切削变形的影响规律。

2-8　简述切屑的种类和变形规律；为保证加工质量和安全性，如何控制切屑？

2-9　积屑瘤是如何形成的？抑制或消除积屑瘤的措施有哪些？

2-10　从切削温度与切削用量的关系方面说明切削用量的选择原则。

2-11　什么是刀具寿命？试述其影响因素及选用原则？

2-12　如何在数控铣床或加工中心上选择孔加工刀具？

2-13　砂轮的组织号、粒度、硬度是如何规定的？

2-14　根据内圆、外圆、平面的形成原理，对实习中用过的和见过的机床进行总结，分析哪些机床能加工这三类表面，并指出其切削运动。

2-15　刀具的工作角度与标注角度有何区别？影响车刀工作角度的因素主要有哪些？试举例说明。

图　2-37

# 第3章 工艺系统中的机床

机床是能对金属或其他材料的坯料或工件进行加工,使之获得所要求的几何形状、尺寸精度和表面质量的机器。机床是机械工业的基础设备,它的制造精度和加工水平直接决定着机械产品的加工质量。

## 3.1 机床的分类与型号

**1. 普通机床分类**

(1) 按加工方式、使用的刀具和用途分类 这是最基本的分类方法。我国将机床设备(见图3-1)分为11类,每类机床的代号用其名称的汉语拼音的第一个大写字母表示,我国金属切削机床型号的编制就是按这种方法进行的。它包括:

1) 车床。代号 C,主要用车刀在工件上加工各种旋转表面的机床(见图 3-1a、f)。

2) 钻床。代号 Z,主要用钻头在工件上加工孔的机床(见图 3-1l)。

3) 镗床。代号 T,主要用镗刀在工件上加工已有预制孔的内孔表面的机床(见图3-1h)。

4) 磨床。代号 M,用磨具或磨料加工工件各种表面的机床(见图 3-1j、k)。

5) 齿轮加工机床。代号 Y,用齿轮切削工具加工齿轮齿面或齿条齿面的机床(见图3-1b、c)。

6) 螺纹加工机床。代号 S,用螺纹切削工具在工件上加工内、外螺纹的机床。

7) 铣床。代号 X,主要用铣刀在工件上加工各种表面的机床(见图 3-1d)。

8) 刨床和插床。代号 B,刨床是用刨刀加工工件表面的机床(见图 3-1e);插床是用插刀加工工件表面的机床(见图 3-1g)。

9) 拉床。代号 L,用拉刀加工工件各种内、外成形表面的机床。

10) 锯床。代号 G,用圆锯片或锯条等将金属材料锯断或加工成所需形状的机床。

11) 其他机床。代号 Q,其他金属切削机床,如刻线机、管子加工机床等。

(2) 其他主要分类

1) 按工件大小和机床重量分。分为仪表机床、中小型机床( < 10t)、大型机床(≥10t)、重型机床(≥30t)和超重型机床(≥100t)。

2) 按加工精度分。分为普通精度级(P)、精密级(M)和高精度级(G)。

3) 按工艺范围的宽窄分。分为通用机床(可加工多种工件,完成多种工序的使用范围较广的机床,如卧式车床、万能升降台铣床、摇臂钻床等)、专门化机床(用于加工形状相似而尺寸不同的工件的特定工序的机床,如滚齿机、曲轴磨床、凸轮车床、精密丝杠车床等)、专用机床(用于加工特定工件的特定工序的机床,如解放牌汽车发动机气缸体钻孔组合机床、机床主轴箱孔的专用镗床等)。

4) 按机床自动化程度分。可分为手动操作机床(即普通机床,须在工人看管操作下才能完成加工过程的机床)、半自动机床(能完成半自动循环的机床,即自动完成除上、下料以外的所有工作过程的机床)、自动机床(能完成自动循环的机床)。半自动机床和自动机床统称

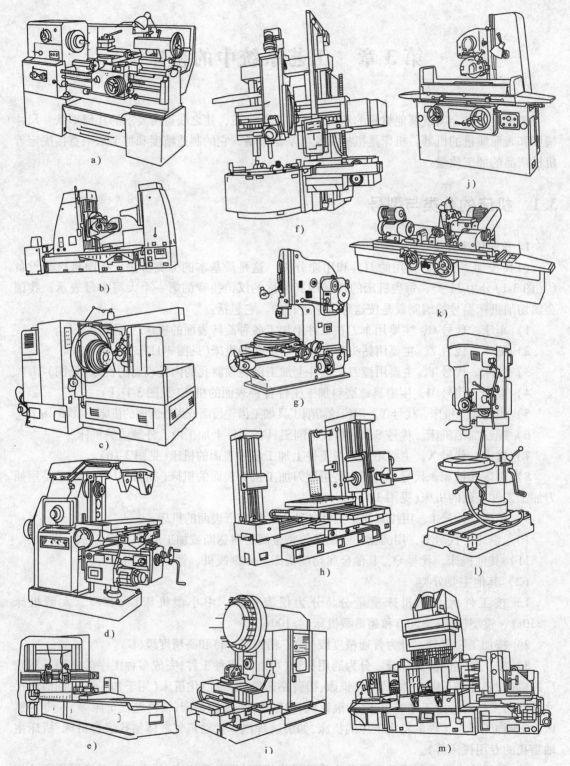

图 3-1　各种类型的金属切削机床

a) 卧式车床　b) 滚齿机　c) 弧齿锥齿轮铣齿机　d) 卧式升降台铣床　e) 龙门刨床　f) 立式车床　g) 插床

h) 卧式镗床　i) 加工中心　j) 平面磨床　k) 外圆磨床　l) 立式钻床　m) 组合机床

为自动化机床。

**2. 数控机床的分类**

1）按控制系统特点分。可分点位控制数控机床（只要求刀具先快后慢准确定位，如数控钻床、数控冲床等）、直线控制数控机床（仅控制一根轴，刀具仅平行于坐标轴作直线运动）、轮廓控制数控机床（刀具相对工件的运动可实现对两个或多个坐标轴同时进行控制，可加工平面曲线轮廓或空间曲面轮廓，如数控车、铣、磨床,加工中心等）。

2）按数控机床中轮廓控制同时控制的轴数分。可分为两轴同时控制（2D）、两轴半控制（任意两轴同时控制）、三轴同时控制（3D）、多轴控制（4D、5D、…）。

3）按位置控制方式分。可分为开环控制（用步进电动机驱动，无检测元件）、反馈补偿型开环控制（用步进电动机驱动,反馈用位置检测元件装在丝杠上或工作台上）、半闭环控制（伺服电动机驱动,位置检测元件装在电动机上或丝杠上）、反馈补偿型半闭环控制（伺服电动机驱动,位置检测元件装在电动机上或丝杠上,反馈用位置检测元件装在工作台上）、闭环控制（伺服电动机驱动,位置检测元件装在工作台上）。

4）其他分类。如按数控装置类别分为硬件数控机床（NC）和软件数控机床（CNC）；按加工方式分为金属切削数控机床、特种加工数控机床、无屑加工数控机床、其他数控机械设备（如工业机器人、三坐标测量机）等。

**3. 机床设备的型号**

机床型号是机床产品的代号。我国的机床设备型号是由汉语拼音字母及阿拉伯数字按一定规律组成的，用以简明表示机床类型、主要技术参数、使用性能和结构特点的一组代号。在 GB/T 15375—1994《金属切削机床型号编制方法》标准中，介绍了各类通用机床和专用机床型号的表示方法。下面简单介绍通用机床型号的表示方法。

通用机床型号由基本部分和辅助部分组成，中间用"/"（读作"之"）隔开。基本部分需统一管理，辅助部分纳入型号与否由企业自定。其表示方法为：

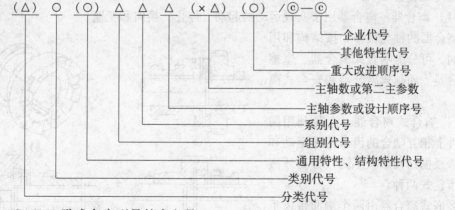

例如，CA6140 卧式车床型号的含义是：

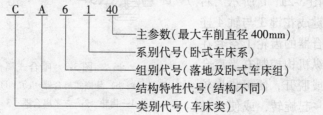

因此，"CA6140"表示"床身上最大回转直径为400mm，具有A式新结构特征的卧式车床"。

机床通用特性代号及其含意等内容，详见国家标准GB/T 15375—1994。随着国际化步伐的加快，我国许多合资企业、外资企业的机床产品，采用与国家标准不同的、原企业在市场上沿用的型号编制习惯。因此各机床型号的含义，须关注相关企业的说明。

## 3.2　机床设备的组成和传动系统

### 3.2.1　机床设备的组成

#### 1. 机床的基本组成

（1）执行件　执行件是执行运动的部件，如主轴、刀架、工作台等。执行件用于安装工件或刀具，并直接带动其完成一定形式的运动和保证准确的运动轨迹。

（2）动力源　动力源是提供运动和动力的装置。一般机床常用三相异步交流电动机，数控机床常用直流或交流调速电动机或伺服电动机。

（3）传动装置　传动装置是传递运动和动力的装置。通过该装置，把动力源的动力传递给执行件或把一个执行件的运动传递给另一个执行件，使执行件获得运动，并便于有关执行件之间保持某种确定的运动关系。传动装置需要完成变速、变向和改变运动形式等任务，以使执行件获得所需要的运动速度、运动方向和运动形式。

#### 2. 机床的传动装置

机床的传动装置一般有机械、液压、电气传动等形式。机械传动按传动原理可分为分级传动和无级传动。常见的传动是分级传动（无级传动常被液压或电气传动取代）。常用的几种分级传动装置如下：

（1）离合器　离合器用于实现运动的起动、停止、换向和变速。

离合器的种类很多，按结构和用途不同，可分为啮合式离合器、摩擦式离合器、超越式离合器和安全式离合器。

1）啮合式离合器。它是利用两个零件上相互啮合的齿爪传递运动和转矩，根据结构形状不同，分为牙嵌式和齿轮式两种。

牙嵌式离合器由两个端面带齿爪的零件组成，如图3-2a、b所示。右半离合器2用导键或花键3与轴4连接，带有左半离合器的齿轮1空套在轴4上，通过操纵机构控制右半离合器2使齿爪啮合或脱开，便可将齿轮1与轴4连接而一起旋转，或使齿轮

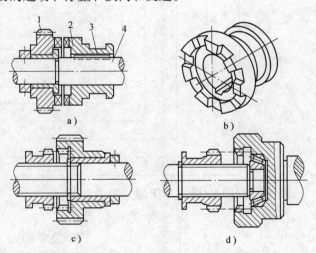

图3-2　啮合式离合器

a)、b) 牙嵌式离合器　c)、d) 齿轮式离合器

1—齿轮　2—右半离合器　3—花键　4—轴

1 在轴上空转。

齿轮式离合器是由两个圆柱齿轮所组成的。其中一个为外齿轮，另一个为内齿轮(见图3-2c、d)，两者的齿数和模数完全相同。当它们相互啮合时，空套齿轮与轴连接或同轴线的两轴连接同时旋转。当它们相互脱开时运动联系便中断。

2) 摩擦式离合器。图3-3所示为机械式多片摩擦离合器。它由内摩擦片5、外摩擦片4、止推片3、左压套7、滑套9及空套齿轮2等组成。内摩擦片5装在轴1的花键上与轴1一起旋转，外摩擦片4的外圆上有4个凸齿装在齿轮2的缺口槽中，外片空套在轴1上。当操纵机构将滑套9向左移动时，通过滚珠8推动左压套7，从而带动圆螺母6，使内摩擦片5与外摩擦片4相互压紧。于是轴1的运动通过内、外摩擦片之间的摩擦力传给齿轮2而传递出去。

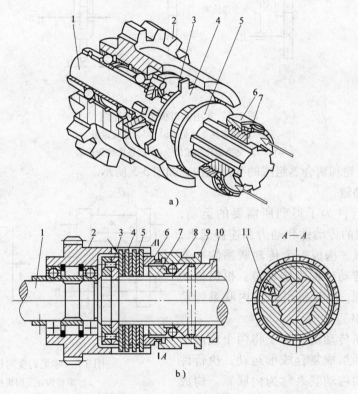

图3-3 机械式多片摩擦离合器
1—轴 2—空套齿轮 3—止推片 4—外摩擦片 5—内摩擦片 6—圆螺母
7—左压套 8—滚珠 9—滑套 10—右压套 11—弹簧销

(2) 分级变速机构 分级变速机构通常为定比传动副，由变换传动比的变速组和改变运动方向的变向机构组成。

1) 定比传动副。常见的定比传动副包括齿轮副、带轮副、蜗杆副及齿轮齿条副和丝杠螺母副等。定比的含义是传动比固定不变。

2) 变速组。变速组是实现机床分级变速的基本机构，常见的形式如图3-4所示，包括滑移齿轮变速组、离合器变速组、交换齿轮变速组和摆移齿轮变速组。

3) 变向机构。其作用是改变机床执行件的运动方向。常见的两种变向机构为滑移齿轮

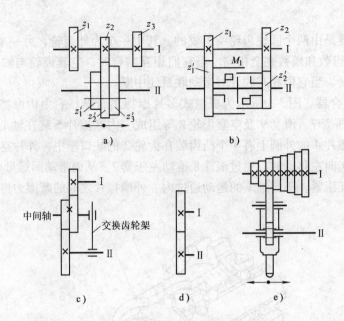

图 3-4　常用的机械分级变速组

a) 滑移齿轮变速组　b) 离合器变速组

c)、d) 交换齿轮变速组　e) 摆移齿轮变速组

变向机构和锥齿轮和离合器组成的变向机构，如图 3-5 所示。

### 3. 机床传动链

机床的执行件为了得到所需要的运动，需要通过一系列的传动件和动力源连接起来，以构成传动联系。构成一个传动联系的一系列顺序排列的传动件称为传动链。根据传动联系的性质不同，传动链可分为内联系传动链和外联系传动链。

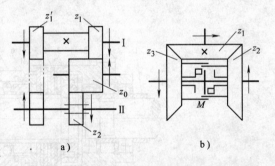

图 3-5　常见的变向机构

a) 滑移齿轮变向机构

b) 锥齿轮与离合器组成的变向机构

（1）内联系传动链　为了将两个或两个以上的单元运动组成复合成形运动，执行件和执行件之间的传动联系称为内联系。构成内联系的一系列传动件称为内联系传动链。

内联系传动链所联系的执行件之间的相对速度（及相对位移量）应有严格的要求，否则无法保证切削所需的正确的运动轨迹。因此，内联系传动链中各传动副的传动比必须准确，不应有摩擦传动或瞬时传动比可变的传动件，如链传动。

在卧式车床上车螺纹，联系主轴-刀架之间的螺纹传动链，就是一条传动比有严格要求的内联系传动链，它能保证并得到加工螺纹所需的螺距。

如滚齿运动，若使用的滚刀为单线滚刀，被切齿轮的齿数为 $z$，当滚刀转动一转时，相当刀齿沿法向移动一个齿距 $\pi m_n$，则被切齿轮也要转过一个齿的相应角度（$1/z$）转，因此滚刀和被切齿轮之间的传动链也是内联系传动链。

（2）外联系传动链　它是联系动力源和执行件之间的传动链。它使执行件得到预定的运动，并传递一定的动力。

外联系传动链传动比的变化，只影响生产率或工件表面粗糙度，不影响工件表面的形成。

### 3.2.2　机床的传动系统

机床设备的传动系统，是说明机床全部工作运动和辅助运动的各传动链（按一定顺序排列能保持运动联系的传动件的传动路线）的运动传递，以及互相联系的传动关系。传动系统图、传动路线表达式、速度图等都能表达机床设备的传动系统，其中传动系统图是最直观的表示方法。

#### 1. 传动系统图

机床设备的传动系统图是用规定的简图符号，表示整台机床各传动件的运动传递关系。传动系统图也是机床传动系统结构布置方案简图，即从动力部分到执行部分，传动系统图把有运动联系的一系列顺序排列的传动件，用规定的运动简图符号，以展开图的形式，绘制在能反映主要部件相互关系的机床外形轮廓中，并注明传动件的主要参数。图 3-6 所示是XA6132 铣床传动系统图。

阅读机床设备传动系统图时，先应了解机构运动简图符号的意义，了解该机床设备上加工工件的表面形状、采用的刀具、加工方法及各执行件所需的运动，然后采用"抓两头"的办法——抓住一条传动链的两端或一端，按其运动的传递顺序，进行逐个分析，弄清传动链的传动路线，速度变换方法，运动接通、断开和换向的工作原理，运动方向的判别等。

在 XA6132 铣床传动系统图中，运动由功率为 7.5kW、转速为 1440r/min 的法兰盘式电动机输出，电动机通过弹性联轴器与 $I_a$ 相连。$I_a$ 轴另一端装有电磁制动离合器，它能方便控制主轴迅速、平稳、可靠地实现机械制动。$I_a$ 轴的运动通过单一齿轮副 26/54，传至轴 $II_a$；再经轴 $II_a$-$III_a$、$III_a$-$IV_a$ 间的两个三联滑移齿轮变速组、轴 $IV_a$-$V_a$ 间的双联滑移齿轮变速组，传至主轴 $V_a$，使主轴 $V_a$ 获得 18 级转速，转速范围 30 ~ 1500r/min。滑移齿轮是依靠主变速装置中的拨叉操纵移动的。在铣削过程中，由于主轴不需反复起、停和频繁换向，所以主轴旋转方向由主电动机正、反转实现。

#### 2. 传动路线表达式

传动路线表达式是用于表示机床传动路线的式子。传动路线表达式也能表述机床设备中各传动轴、（齿轮）传动副之间的传动关系。XA6132 铣床主运动传动路线表达式为

$$\text{主电动机}(7.5\text{kW},1440\text{r/min})\text{-}I_a\frac{26}{54}\text{-}II_a\text{-}\begin{bmatrix}\frac{16}{39}\\[2pt]\frac{19}{36}\\[2pt]\frac{22}{33}\end{bmatrix}\text{-}III_a\text{-}\begin{bmatrix}\frac{18}{47}\\[2pt]\frac{28}{37}\\[2pt]\frac{39}{26}\end{bmatrix}\text{-}IV_a\text{-}\begin{bmatrix}\frac{19}{71}\\[2pt]\frac{82}{38}\end{bmatrix}\text{-}V_a(\text{主轴})$$

在上述表达式中，短划线 "-" 表示 "与"，"-[ ]-" 表示 "或"。如 "$IV_a$-[19/71 82/38]-$V_a$"，表示 $IV_a$ 轴可以通过 19/71 齿轮副降速传动，"或" 通过 82/38 齿轮副升速传动，将运动传至 $V_a$ 轴。

传动路线表达式也能反映出主轴转速级数：

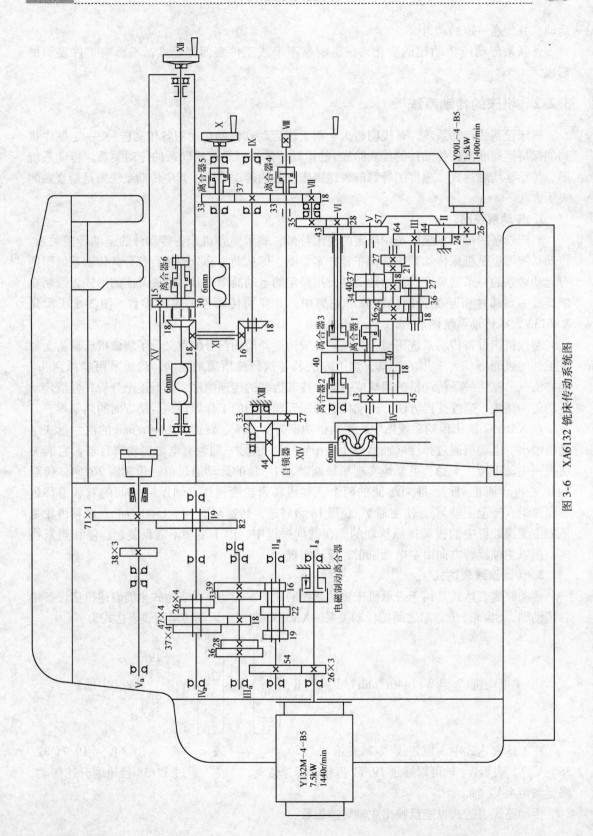

图 3-6　XA6132 铣床传动系统图

$$M_{主} = 1 \times 1 \times (1+1+1) \times (1+1+1) \times (1+1) = 3 \times 3 \times 2 = 18$$

上式中的第一个"1",表示电动机只有一种输出转速;第二个"1",表示通过齿轮副26/54获得一种转速。括号中"+"表示它们之间为"或"的关系。

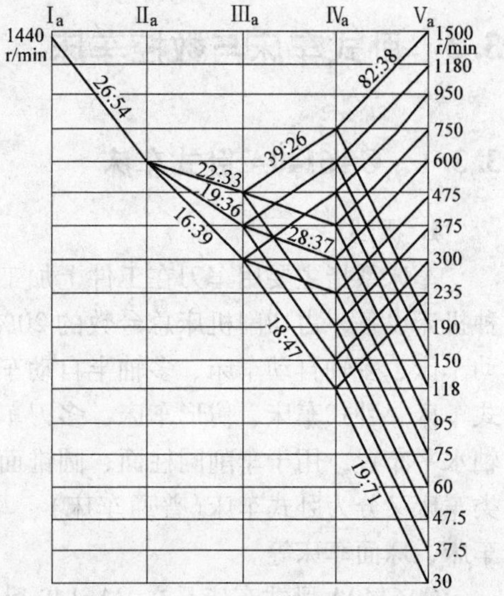

**3. 机床运动转速图**

转速图是传动系统中,各轴可能获得的转速和其他传动特性的线图。图3-7是XA6132铣床主运动转速图。

1)等距离的竖线,代表按"电动机轴-$I_a$-$II_a$-$III_a$-$IV_a$-主轴$IV_a$"的传动路线,从左到右依次排列的各传动轴。

2)等距离横线,代表由低到高的转速。因转速取对数坐标,各横线间距相等,等于$\lg\varphi$,习惯上以这个距离代表公比$\varphi$。

图3-7 XA6132铣床主运动转速图

$$\frac{n_j}{n_{j+1}} = \text{const} = \frac{1}{\varphi}$$

式中 $n_j$、$n_{j+1}$——机床按等比数列排列的转速序列中任意两级相邻的转速。

对于分级变速的机床,最大相对速度损失$A_{\max} = \left(1 - \frac{1}{\varphi}\right) = \frac{\varphi - 1}{\varphi} \times 100\%$。

为简化机床的结构设计,公比$\varphi$的选取应尽量标准化,即选取2或10的某次方根。

从使用性能方面考虑,公比$\varphi$最好选得小一些,以便减少相对速度损失。但公比越小,级数就越多,机床的结构就越复杂。

对于一般生产率要求较高的通用机床,减少相对速度损失是主要的,所以公比$\varphi$一般取得较小,常取$\varphi = 1.26 = \sqrt[3]{2}$或$\varphi = 1.41 = \sqrt{2}$等。如CA6140型卧式车床,其公比$\varphi = 1.26$。

有些机床如联合机床,常在更换附件等方面耗费较多的时间,速度损失的影响就相对地小得多了,应以简化构造为主,因此,公比$\varphi$一般取得较大,常取$\varphi = 1.58 = \sqrt[3]{10}$或$\varphi = 2$。

对于自动机床,减少相对速度损失率要求更高,常取$\varphi = 1.12 = \sqrt[6]{2}$或$\varphi = 1.26$。

3)竖线上的小圆点,表示该传动轴上所能得到的几种转速及转速大小。例如,电动机只有1种转速$n_{电} = 1440 \text{r/min}$,因此在轴$I_a$的$\lg 1440$处有1个圆点。一般习惯也不将转速前的对数符号写出来,只写转速值。在主轴上共有18个小圆点,表示主轴能得到18种转速值(30r/min、37.5r/min、47.5r/min、60r/min、…1500r/min),各级转速标于对应小圆点的右端。

4)两竖线(轴)上小圆点间的连线,表示一对传动副(如齿轮传动副、带轮传动副等),其倾斜程度表示传动比的大小。连线向上倾斜表示升速传动;连线向下倾斜表示降速传动;连线为水平线时,是表示等速传动。在两竖线组成的同一传动组内,倾斜程度相同的平行的连线,表示同一对传动副。连线上的数值是传动副的齿数比或传动带轮的直径比。

从转速图上可以看出这一传动系统的传动组数,各组的传动副数、变速级数、变速范围,各轴的转速,各传动副的传动比;能方便地找出任何一级主轴转速的传动路线和各传动轴参与传动的齿轮。

## 3.3　卧式车床与数控车床

### 3.3.1　CA6140A 卧式车床

#### 1. 概述

车床系指主要用车刀在工件上加工旋转表面的机床。车床是切削加工中应用最广泛的一种机床设备，占切削机床总台数的 20% 左右。按其用途和结构，车床的类型主要有单轴自动车床、多轴自动车床、多轴半自动车床、回轮车床、转塔车床、曲轴车床、凸轮车床、立式车床、卧式车床、仿形车床、多刀车床等。其中最常见的是卧式车床。卧式车床是一种主轴水平布置，用于车削圆柱面、圆锥面、端面、螺纹、成形面等，使用范围较广的车床。这类车床又分为卧式车床（普通车床）、马鞍车床、精整车床、无丝杠车床、卡盘车床、落地车床、球面车床等。

CA6140A 卧式车床是在 CA6140 卧式车床的基础上不断改进完善，发展的新品种，外形如图 3-8 所示。

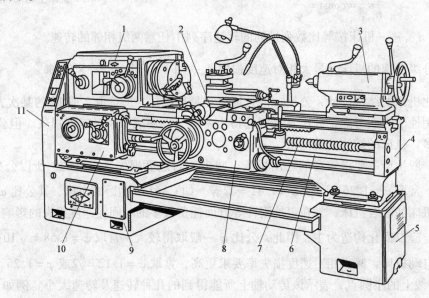

图 3-8　CA6140A 卧式车床外形图

1—主轴箱　2—床鞍及刀架　3—尾座　4—床身　5、9—底座　6—光杠
7—丝杠　8—溜板箱　10—进给箱　11—交换齿轮装置

CA6140A 卧式车床采用齿轮有级变速，变速范围较宽，加工范围大；可在低速时加工大模数蜗杆，并有高速细进给量；主轴孔径较大，可通过较粗的加工棒料；床身较宽，具有较高的结构刚度、传动刚度和较好的抗振性，适于强力高速切削；车床手把集中，操作方便；溜板设有过载保护、碰停机构、快移机构；采用单手把操作，备有刻度盘照明；尾座有快速夹紧机构；车床导轨面、主轴锥孔和尾座套筒锥孔都经过中频淬火，耐磨性好；主轴箱、进给箱采用箱外循环、集中润滑，有利降低主轴箱的温升，减少热变形，提高工作稳

定性。

（1）加工范围　CA6140A 车床的加工范围很广，主要加工轴类、套类零件和直径不大的盘类零件。若配合一些功能附件，它可实现很多的加工工序（见表 3-1）。此外，利用车床还能完成车偏心轴、镗削箱体、车多边形、拉油槽、卷弹簧等工序。

表 3-1　CA6140A 车床上可加工的工序内容

| 表面类型 | 加工工序内容 | | | |
|---|---|---|---|---|
| 外圆柱面、端面加工 | 车端面 | 车外圆 | 外圆滚压 | 外圆滚花 |
| 内圆柱面加工 | 钻孔 | 铰孔 | 车孔 | 内圆滚压 |
| 螺旋面加工 | 车外螺纹 | 车内螺纹 | 旋风切削 | 攻内螺纹 |
| 切断、切槽 | 切外槽 | 切断 | 切内槽 | 切端面槽 |
| 锥面、球面、椭圆柱面加工 | 车锥面 | 车外球面 | 车内球面 | 车椭圆柱面 |
| 成形表面 | 成形车削 | 同轴靠模车削 | 仿形车削 样板 触销 工件 | 曲面车削 |

注：内外圆滚压、滚花、钻孔、铰孔、旋风切螺纹、攻内螺纹等不属于车削加工，属于车床上可加工的工序。

上表中，对有些工序的实现方法也不止一种。例如车锥面，它可转动刀架回转滑座，利用手动进刀，车削锥度大、长度短的内、外圆锥体；偏置尾座，车削锥度较小、长度较长的外圆锥体；利用成形车刀，车削长度较短的圆锥体；均匀地转动溜板箱纵横向进给手轮，车削较粗糙的圆锥体；利用仿形附件车削圆锥体等。

（2）精度范围　卧式车床的精度等级共划分为三种等级，即普通精度级（P，在型号中 P 省略）、精密级（M）和高精度级（G）。某一精度等级机床的精度指标要求，都由国家统一规定。普通精度级的机床精度指标，也应与现行的国际标准或国外先进标准的技术水平相当。CA6140A 卧式车床的精度符合国家标准 GB/T 4020—1997《卧式车床 精度检验》的要求。

（3）机床技术参数　机床的技术参数是用户合理选用机床的主要依据。CA6140A 卧式车床的主要技术参数见表 3-2。

表 3-2　CA6140A 型卧式车床的主要技术参数

| 项　目 | | 单　位 | 技 术 参 数 |
| --- | --- | --- | --- |
| 床身上最大工件回转直径（主参数） | | mm | 400 |
| 最大工件长度（第二主参数） | | mm | 750、1000、1500、2000 |
| 刀架上最大工件回转直径 | | mm | 210 |
| 主轴孔径 | | mm | 52 |
| 主轴孔前端锥度 | | | 莫氏 6 号 |
| 尾座主轴孔锥度 | | | 莫氏 5 号 |
| 装刀基面至主轴中心线距离 | | mm | 26 |
| 主轴转速 | 正转 24 种/反转 12 种 | r/min | 11 ~1600/14 ~1650 |
| 进给量 | 纵向 64 种/横向 64 种 | mm/r | 0. 028 ~6. 33/0. 014 ~3. 16 |
| 车削螺纹 | 米制 44 种/模数制 39 种 | mm | 1 ~192/0. 25 ~48 |
| | 英制 20 种/径节制 37 种 | | 2 ~24（牙/in）/1 ~96（DP） |
| 主电动机 | 型号/功率/转速 | | Y132M—4 左/7. 5kW/（1450r/min） |
| 机床质量 | | kg | 1999/2070/2220/2570 |
| 机床外形尺寸（长×宽×高） | | mm | （2418/2668/3168/3668）×1000 ×1267 |

### 2. CA6140A 车床的传动系统

CA6140A 车床的主运动是工件旋转运动。进给运动有两部分：一般进给运动，包括刀具纵向进给运动（刀具移动方向平行于工件轴线，故又称轴向进给）、刀具横向进给运动（刀具沿工件径向移动，故又称径向进给）、刀具斜向进给运动（刀具移动方向斜交于工件轴线，靠手动实现）、刀具（钻头等）轴向进给运动（钻头等在尾座孔中伸出，靠手动实现）；螺纹进给运动，它是工件与刀具组成的复合进给运动（圆柱螺旋轨迹运动）。

CA6140A 车床的辅助运动有刀架的快速移动。

图 3-9 为 CA6140A 卧式车床传动系统图。CA6140A 卧式车床的传动系统，由主运动传动链、螺纹进给传动链、刀架机动进给传动链、快速移动传动链等组成。

（1）主运动传动链　主运动传动链是把电动机的运动及动力，转换成切削过程中要求的主轴转速和转向，使主轴带动工件完成主运动。

1）传动路线。主运动传动链的传动路线表达式如下：

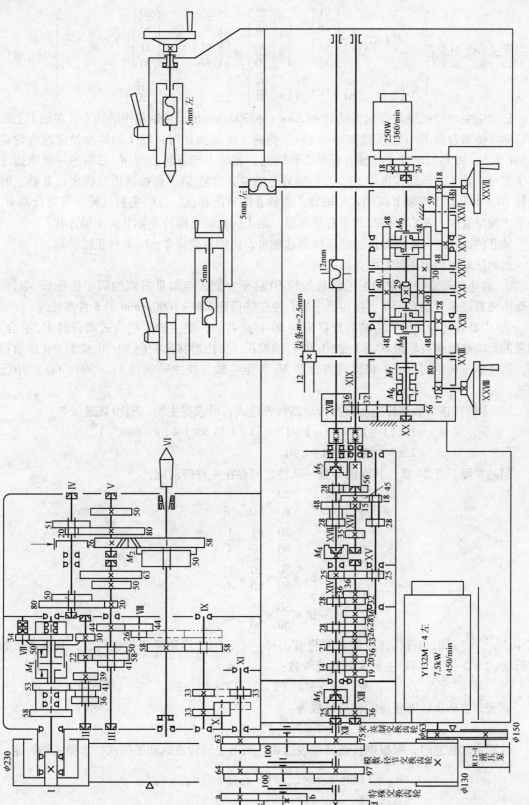

图 3-9 CA6140A 卧式车床传动系统图

$$\text{7.5kW 电动机} \atop 1450\text{r/min} - {\phi130 \atop \phi230} - \text{I} - \begin{bmatrix} M_1\left(\dfrac{\text{左}}{\text{正转}}\right) - \begin{bmatrix} \dfrac{53}{41} \\ \dfrac{58}{36} \end{bmatrix} \\ M_1\left(\dfrac{\text{右}}{\text{反转}}\right) - \dfrac{50}{34} - \text{VII} - \dfrac{34}{30} \end{bmatrix} - \text{II} - \begin{bmatrix} \dfrac{22}{58} \\ \dfrac{30}{50} \\ \dfrac{39}{41} \end{bmatrix} - \text{III} - \begin{bmatrix} \begin{bmatrix} \dfrac{20}{80} \\ \dfrac{50}{50} \end{bmatrix} - \text{IV} - \begin{bmatrix} \dfrac{20}{80} \\ \dfrac{51}{50} \end{bmatrix} - \text{V} - \dfrac{26}{58} - M_2 \\ \dfrac{63}{50} \end{bmatrix} - \text{VI(主轴)}$$

运动由主电动机经 V 带轮传动副 $\phi130$mm/$\phi230$mm，传至主轴箱中的轴 I 。在轴 I 上装有双向摩擦离合器 $M_1$。当压紧离合器 $M_1$ 左侧的一组摩擦片时，轴 I 的运动经变速齿轮副 53/41 或 58/36 传给轴 II ，使轴 II 获得 2 种转速，此时主轴正转。当 $M_1$ 右侧的一组摩擦片被压紧时，轴 I 的运动经齿轮 50，传给轴 VII 上的空套齿轮 34，再折回传给固定在 II 轴上的齿轮 30。由于轴 I 至轴 II 间插入了轴 VII ，使轴 II 的转向相反，此时主轴反转。当离合器 $M_1$ 处于中间位置时，左右摩擦片都没有被压紧，轴 I 的运动不能传至轴 II ，主轴停转。

轴 II 的运动经三联滑移齿轮变速组到达轴 III ，使轴 III 获得 $2 \times 3 = 6$ 种正转转速。

运动从轴 III 传至主轴有两条路线：

① 高速传动路线。主轴上的滑移齿轮 50 移至左侧，与轴 III 右侧的固定齿轮 63 啮合。运动由轴 III 经齿轮副 63/50 直接传给主轴，使主轴得到 500～1600r/min 的 6 种高转速。

② 中低速传动路线。主轴的滑移齿轮 50 移至右侧，使主轴上的齿式离合器 $M_2$ 啮合。轴 III 的运动经滑移齿轮副 20/80 或 50/50 传给轴 IV ，又由滑移齿轮副 20/80 或 51/50 传给轴 V ，再经单一齿轮副 26/58 和齿式离合器 $M_2$ 传至主轴，使主轴获得 11～560r/min 的中低转速。

2）主轴转速级数和转速。根据传动路线表达式，可求得主轴（正转）转速级数：

$$M_\text{主} = 1 \times (1+1) \times (1+1+1) \times [(1+1) \times (1+1) \times (1) + 1]$$
$$= 2 \times 3 \times (2 \times 2 + 1) = 30$$

但是实际只有 24 级，其原因是 III ～ V 轴之间存在 4 种传动比：

$$u_1 = \frac{20}{80} \times \frac{20}{80} = \frac{1}{16}$$

$$u_2 = \frac{20}{80} \times \frac{51}{50} \approx \frac{1}{4}$$

$$u_3 = \frac{50}{50} \times \frac{20}{80} = \frac{1}{4}$$

$$u_4 = \frac{50}{50} \times \frac{51}{50} \approx 1$$

其中，$u_2$、$u_3$ 近似相等，计算时就要将其去掉一个，因此运动经背轮机构时，其转速级数实际为 $(2 \times 2 - 1)$，所以主轴实际转速级数：

$$M_\text{主} = 2 \times 3 \times [(2 \times 2 - 1) + 1] = 24$$

同理，主轴反转能获得的转速级数为

$$M_\text{主反} = 1 \times 1 \times 3 \times [(2 \times 2 - 1) + 1] = 12$$

计算主轴转速时，可根据传动路线表达式，列出主轴转速运动平衡式，求得主轴转速：

$$n_\text{主} = 1450\text{r/min} \times \frac{130}{230}(1 - \varepsilon_0) u_{\text{I}\sim\text{II}} u_{\text{II}\sim\text{III}} u_{\text{III}\sim\text{VI}}$$

式中　　　　　$n_\text{主}$——主轴转速(r/min)；

$\varepsilon_0$——弹性滑动系数，它与传动带质量有关，CA6140A 的质量好，取 $\varepsilon_0 = 0.01$；

$u_{I \sim II}$、$u_{II \sim III}$、$u_{III \sim VI}$——分别为轴 I ~ II、II ~ III、III ~ VI 之间的可变传动比。

如图 3-9 中所示的啮合位置时，主轴的转速为

$$n_{主} = 1450 \text{r/min} \times \frac{130}{230} \times (1 - 0.01) \times \frac{53}{41} \times \frac{22}{58} \times \frac{20}{80} \times \frac{20}{80} \times \frac{26}{58} \approx 11 \text{r/min}$$

主轴的各级转速还可从转速图中迅速查到，CA6140A 车床主运动转速图见图 3-10。

同样，也可求得主轴反转的转速级数和转速。通过分析计算得出，CA6140A 车床的主运动传动链，能使主轴获得 24 级正转转速(11 ~ 1600r/min)、12 级反转转速(14 ~ 1650r/min)。

这里应注意到，在 I ~ II 轴之间，因为 $u_{I \sim II(正转)} < u_{I \sim II(反转)}$，所以某一级的主轴正转转速小于该级的反转转速。主轴反转常用于车削螺纹。为避免因打开开合螺母，车刀返回时，会出现"乱扣"。在开合螺母闭合的条件下，较高的主轴反转转速，可以节省返回辅助时间。

（2）螺纹进给传动链 CA6140A 车床可以加工米制、模数制、英制及径节制四种标准螺纹和大导程（多线）标准螺纹；此外，还可以加工非标准螺纹和较精密螺纹。它既可以加工右螺纹，也可以加工左螺纹。

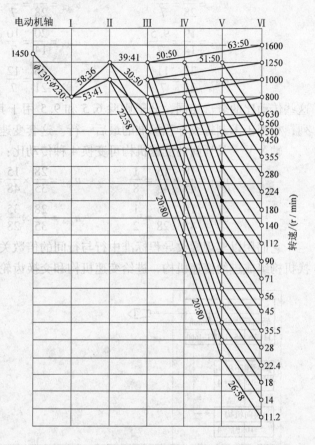

图 3-10 CA6140A 车床主运动转速图

螺纹进给传动链是条复合进给传动链，它需要主运动与轴向进给运动之间有相互制约的复合进给运动，满足主轴（工件）旋转一周，刀具移动一个螺旋线导程 $L$ 距离的关系。其运动平衡式为

$$L = 1_{(主轴)} \times u_o u_x L_{丝}$$

式中 $L$——被加工螺纹的导程，（mm）；

$u_o$——主轴至丝杠的传动链上，不包括丝杠在内的固定传动比；

$u_x$——主轴至丝杠的传动链上，交换齿轮装置和进给箱中的可变传动比；

$L_{丝}$——车床丝杠导程，对于 CA6140A，$L_{丝} = 12$mm。

在车削螺纹时，米制螺纹的螺纹参数是螺距 $P$(mm)，导程 $L = kP$(mm)，其中 $k$ 为螺纹线数；模数制螺纹的螺纹参数是模数 $m$(mm)，导程 $L_m = k\pi m$(mm)；英制螺纹的螺纹参数是每英寸牙数 $a$(牙/in)，导程 $L_a = 25.4k/a$(mm)；径节螺纹的螺纹参数是径节 $DP$(牙/in)，导程 $L_{DP} = 25.4k\pi/DP$(mm)。

在 CA6140A 车床上车削各种螺纹的传动路线如图 3-11 所示。其中轴ⅩⅢ～ⅩⅣ之间的变速机构可变换 8 种不同的传动比：

$$u_{基1} = \frac{26}{28} = \frac{6.5}{7} \qquad u_{基2} = \frac{28}{28} = \frac{7}{7}$$

$$u_{基3} = \frac{32}{28} = \frac{8}{7} \qquad u_{基4} = \frac{36}{28} = \frac{9}{7}$$

$$u_{基5} = \frac{19}{14} = \frac{9.5}{7} \qquad u_{基6} = \frac{20}{14} = \frac{10}{7}$$

$$u_{基7} = \frac{33}{21} = \frac{11}{7} \qquad u_{基8} = \frac{36}{21} = \frac{12}{7}$$

这些传动比的分母相同，分子则除 6.5 和 9.5 用于其他种类的螺纹外，其余按等差数列排列，相当于米制螺纹导程标准的最后一行。这套变速组称为基本组。

轴ⅩⅤ～ⅩⅦ间的变速机构可变换 4 种传动比：

$$u_{倍1} = \frac{18}{45} \times \frac{15}{48} = \frac{1}{8} \qquad u_{倍2} = \frac{28}{35} \times \frac{15}{48} = \frac{1}{4}$$

$$u_{倍3} = \frac{18}{45} \times \frac{35}{28} = \frac{1}{2} \qquad u_{倍4} = \frac{28}{35} \times \frac{35}{28} = 1$$

它们用以实现螺纹导程标准中行与行间的倍数关系，称为增倍组。基本组、增倍组和移换机构组成进给变速机构，进给变速机构和交换齿轮一起组成换置机构。

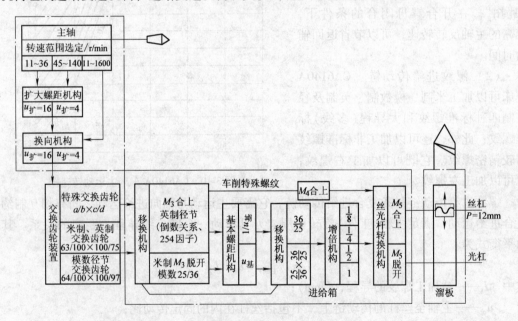

图 3-11　在 CA6140A 车床上车削各种螺纹的传动路线

1）米制螺纹。米制螺纹是我国常用的螺纹，其螺距值已标准化，标准螺距值按分段的等差级数排列。CA6140A 车床可以车削的米制螺纹见表 3-3 所示。表 3-3 与车床进给箱盖上的进给表所列内容一致。

表 3-3　CA6140A 型卧式车床车削米制螺纹导程表

| 螺纹导程 ／ 扩大组传动比 $u_{扩}$ ／ 增倍组传动比 $u_{倍}$ ／ 基本组传动比 $u_{基}$ | 1 | | | | 4 | 16 | 4 | 16 | 16 | 16 |
|---|---|---|---|---|---|---|---|---|---|---|
| | $\frac{18}{45}×\frac{15}{48}=\frac{1}{8}$ | $\frac{28}{35}×\frac{15}{48}=\frac{1}{4}$ | $\frac{18}{45}×\frac{35}{28}=\frac{1}{2}$ | $\frac{28}{35}×\frac{35}{28}=1$ | $\frac{1}{2}$ | $\frac{1}{8}$ | 1 | $\frac{1}{4}$ | $\frac{1}{2}$ | 1 |
| $u_{基1}=\frac{26}{28}=\frac{6.5}{7}$ | | | | | | | | | | |
| $u_{基2}=\frac{28}{28}=\frac{7}{7}$ | | 1.75 | 3.5 | 7 | 14 | | 28 | | 56 | 112 |
| $u_{基3}=\frac{32}{28}=\frac{8}{7}$ | 1 | 2 | 4 | 8 | 16 | | 32 | | 64 | 128 |
| $u_{基4}=\frac{36}{28}=\frac{9}{7}$ | | | 4.5 | 9 | 18 | | 36 | | 72 | 144 |
| $u_{基5}=\frac{19}{14}=\frac{9.5}{7}$ | | | | | | | | | | |
| $u_{基6}=\frac{20}{14}=\frac{10}{7}$ | 1.25 | 2.5 | | 10 | 20 | | 40 | | 80 | 160 |
| $u_{基7}=\frac{33}{21}=\frac{11}{7}$ | | 2.75 | 5.5 | 11 | 22 | | 44 | | 88 | 176 |
| $u_{基8}=\frac{36}{21}=\frac{12}{7}$ | 1.5 | 3 | | 6 | 12 | 24 | | | 96 | 192 |

根据图 3-11 并结合传动系统图（见图 3-9），可写出车削米制螺纹的运动平衡式：

$$L = kP = 1_{(主轴)} × \frac{58}{58} × \frac{33}{33} × \frac{63}{100} × \frac{100}{75} × \frac{25}{36} × u_{基} × \frac{25}{36} × \frac{36}{25} × u_{倍} × 12$$

将上式简化后得

$$L = kP = 7 u_{基} u_{倍}$$

从表 3-3 中看出，用上述运动平衡式加工的米制螺纹最大导程 $L = 12mm$。当需要在 CA6140A 车床上加工导程 $L > 12mm$ 螺纹时，例如车削多线螺纹和拉油槽时，就需使用扩大螺距机构。这时应扳动主轴箱上左边的手把，将轴Ⅸ上的滑移齿轮 58 移至右端位置（见图 3-9），与轴Ⅷ上的齿轮 26 啮合。于是主轴与轴Ⅸ之间不再是通过齿轮副 58/58 直接联系，而是经轴Ⅴ、Ⅳ、Ⅲ及Ⅷ间的齿轮副实现运动联系。故车削大导程螺纹时从轴Ⅵ到轴Ⅸ的传动路线表达式为

$$（主轴）Ⅵ\text{-}\frac{58}{26}\text{-}Ⅴ\text{-}\frac{80}{20}\text{-}Ⅳ\text{-}\begin{bmatrix}\dfrac{50}{50}\\[2pt]\dfrac{80}{20}\end{bmatrix}\text{-}Ⅲ\text{-}\frac{44}{44}\text{-}Ⅷ\text{-}\frac{26}{58}\text{-}Ⅸ$$

由此可以算出从主轴Ⅵ到Ⅸ的传动比为

$$u_{扩1} = \frac{58}{26} × \frac{80}{20} × \frac{50}{50} × \frac{44}{44} × \frac{26}{58} = 4$$

采用 $u_{扩1}$ 这条传动路线时，主轴转速 $n_{主} = 45 \sim 140 r/min$。

$$u_{扩2} = \frac{58}{26} × \frac{80}{20} × \frac{80}{20} × \frac{44}{44} × \frac{26}{58} = 16$$

采用 $u_{扩2}$ 这条传动路线时，主轴转速 $n_{主} = 11 \sim 36 r/min$。

加工大导程螺纹时，自Ⅸ轴以后的传动路线仍与加工常用螺纹的传动路线相同。

84　　　　　　　　　　　　　机械制造技术

2）模数螺纹。模数螺纹与米制螺纹不同的是，在模数螺纹导程 $L_m = k\pi m$ 中含有特殊因子 $\pi$。根据图 3-11 并结合传动系统图，得到车削模数螺纹的运动平衡式，再将运动平衡式中的 $\dfrac{64}{100} \times \dfrac{100}{97} \times \dfrac{25}{36} \approx \dfrac{7\pi}{48}$，代入化简，得 $m = \dfrac{7}{4k} u_基 u_倍$。改变 $u_基$ 和 $u_倍$，就可以车削出各种标准模数螺纹。如应用扩大螺纹导程机构，也可以车削出大导程的模数螺纹。

3）英制螺纹。我国部分管螺纹目前采用的是英制螺纹。英制螺纹的螺距参数为每英寸长度上的牙数 $a$。标准的 $a$ 值是按分段等差数列规律排列的，但转换成英制螺纹的螺距值（$1/a in$ 或 $25.4/a mm$），则成了调和数列。

为此，车削英制螺纹有特殊因子"25.4"，并须改变传动路线走向，以获得相应的调和数列。根据图 3-11 并结合传动系统图（见图 3-9），可以写出车削英制螺纹的运动平衡式，将运动平衡式中的 $\dfrac{63}{100} \times \dfrac{100}{75} \times \dfrac{36}{25} \approx \dfrac{25.4}{21}$，代入化简，得 $a = \dfrac{7k}{4} \times \dfrac{u_基}{u_倍}$。改变 $u_基$ 和 $u_倍$，就可以加工各种标准英制螺纹。

4）径节螺纹。径节螺纹就是英制模数螺纹，螺距参数用径节 $DP$（牙/in）表示。径节螺纹的导程中包含"$\pi$"和"25.4"两个特殊因子。对径节螺纹的处理方法与前面相似，这里不再赘述。

5）非标准螺纹和较精密螺纹。车削非标准螺纹和较精密螺纹，需要在交换齿轮装置中配置合适的交换齿轮 $a$、$b$、$c$、$d$，并将进给箱中的 $M_3$、$M_4$ 和 $M_5$ 三只离合器全部合上。此时螺纹进给传动链的运动平衡式为

$$L = 1_{(主轴)} \times \dfrac{58}{58} \times \dfrac{33}{33} \times \dfrac{a}{b} \times \dfrac{c}{d} \times 12$$

经整理后，即得到交换齿轮置换式为

$$\dfrac{a}{b} \times \dfrac{c}{d} = \dfrac{L}{12}$$

式中　$a$、$b$、$c$、$d$——交换齿轮齿数；

　　　　$L$——拟车削的螺纹导程（mm）。

例如，CA6140A 车床车削模数螺纹传动链中，是用（$64/100 \times 100/97 \times 25/36$）$\times 48/7 = 3.1418753$ 近似地作为特殊因子 $\pi$。因此它在 1000mm 加工长度上的相对误差 $\omega = +0.09$mm。现在改用车较精密螺纹传动链，车削模数 $m = 3$mm 高精度模数丝杠。若选用因子组 $71 \times 5/113 = 3.1415929$ 近似地作为特殊因子 $\pi$，则可求得

$$\dfrac{a}{b} \times \dfrac{c}{d} = \dfrac{L_m}{12} = \dfrac{3 \times 71 \times 5}{12 \times 113} = \dfrac{71}{80} \times \dfrac{100}{113}$$

即交换齿轮齿数 $a = 71$、$b = 80$、$c = 100$、$d = 113$。此时模数丝杠在 1000mm 长度上的相对误差只有 $\omega = +0.0001$mm。

用较精密螺纹传动链车削英制螺纹时，则可用 $127/5$ 作为特殊因子 25.4。此时英制丝杠在 1000mm 长度上的相对误差 $\omega = 0$。

6）多线螺纹。多线螺纹具有传动速度快、效率高等优点，受到广泛运用。加工多线螺纹主要是掌握它的分线方法。多线螺纹的各条螺旋线在轴向和圆周上是等距分布的，因此在 CA6140A 车床上也可采用轴向分线与圆周分线加工多线螺纹。

① 轴向分线。完成第一条螺旋槽的加工后，将刀具沿工件轴线移动一个螺距，再开始

加工第二条螺旋槽。

加工精度较低的多线螺纹，只要利用方刀架下小滑板上的刻度盘的刻度线进行分线。

加工精度较高的多线螺纹时，要用百分表、量块进行分线——在床鞍（溜板）上紧固一挡块，将百分表固定在方刀架上；加工第 1 条螺旋槽前，调整小滑板使百分表触头接触挡块，并将百分表调 0。完成第一条螺旋槽后，根据螺距和对应的百分表读数确定小滑板移动量。对受百分表量程限制的大导程螺纹，须用测量尺寸为螺距值的量块配合。

② 圆周分线。完成第一条螺旋槽的加工后，脱开工件与刀具之间的复合进给传动链，并将工件转过 $\theta$ 角，$\theta = 360°/k$（$k$ 为螺纹线数），再连接好工件与刀具之间的复合进给传动链，加工第二条螺旋槽。

（3）机动进给和快速移动传动链

1）机动进给传动链。普通车削时，刀架机动进给传动链，要求进给箱中离合器 $M_5$ 脱开，运动由轴 XVII 经齿轮副 28/56 传至光杠 XIX，再由光杠经溜板箱中的传动机构，分别传至齿轮齿条机构和横向进给丝杠 XXVII，使刀架作纵向或横向机动进给运动。刀架机动纵向进给量范围 $f_纵 = 0.028 \sim 6.33$ mm/r，横向进给量范围 $f_横 = 0.014 \sim 3.16$ mm/r，各 64 级。它是经过标准进给、加大进给和细进给这三条传动路线得到的。

① 标准进给传动路线。它由两部分组成：一是经过车米制螺纹传动路线后进入溜板箱的，得到标准进给量 $f_纵 = 0.08 \sim 1.22$ mm/r，$f_横 = 0.04 \sim 0.61$ mm/r，各 32 级；二是经过车英制螺纹传动路线后进入溜板箱，此时取增倍机构中 $u_倍 = 1$，得到标准进给量 $f_纵 = 0.86 \sim 1.59$ mm/r，$f_横 = 0.43 \sim 0.79$ mm/r，各 8 级。

② 加大进给传动路线。是经过扩大螺距机构和车英制螺纹传动路线后进入溜板箱。此时主轴转速范围 $n_主 = 10 \sim 125$ r/min，低速大进给量 $f_纵 = 1.71 \sim 6.33$ mm/r，$f_横 = 0.85 \sim 3.16$ mm/r，各 16 级。

③ 细进给传动路线。是从主轴经过齿轮副 50/63 到 III 轴、VIII 轴和 IX 轴，再经过车米制螺纹传动路线后进入溜板，此时主轴转速范围 $n_主 = 500 \sim 1600$ r/min（560 r/min 除外），进给箱中取 $u_倍 = 1/8$，得到高速细进给量 $f_纵 = 0.028 \sim 0.054$ mm/r，$f_横 = 0.014 \sim 0.027$ mm/r，各 8 级。

2）快速移动传动链。刀架的快速移动是为了减轻工人的劳动强度及缩短辅助时间而设置的。当刀架需要快速移动时，按下快速移动按钮，使快速电动机（0.25kW,1360r/min）接通，这时运动经齿轮副 18/24 传至轴 XX（见图 3-9），然后沿着工作进给时的相同传动路线传至纵向、横向进给机构，使刀架作相应方向的快速移动。当快速电动机使轴 XX 快速旋转时，单向超越离合器 $M_6$ 将轴 XX 与左边的齿轮 56 脱离，使工作进给传动链自动断开，保证快速运动与工作进给传动不产生干涉。快速电动机停转时，单向超越离合器 $M_6$ 接合，工作进给运动链又重新自动接通。

单向超越离合器 $M_6$ 不仅具有防止刀架快速移动与进给运动发生干涉的功能，而且还能避免操作事故，具有安全保护作用。机动进给时，如果出现主轴反转，或主轴箱上的车螺纹旋向选择手把，误放在"车左螺纹"位置上，此时尽管光杠反转，但单向超越离合器 $M_6$ 不会把光杠的反向旋转传入溜板箱内，刀架立即停住，不会出现与溜板箱上进给操纵手把方向相反的移动。

**3. CA6140A 车床主轴箱部件结构**

（1）CA6140A 车床主要组成部件及功能

1）主轴箱。它是装有主轴的箱形部件。主轴箱固定在床身的左端，内部装有主轴和变速传动机构。工件通过卡盘等夹具，装夹在主轴前端。在主电动机驱动下，动力经主轴箱的变速传动机构传给主轴，使主轴带动工件按规定的转速旋转，实现主运动。

2）刀架。它也称方刀架，主要用于安装刀具，并可作移动或回转。方刀架上可同时安装四把刀具，可快速手动换刀，实现刀具纵向、横向或斜向进给运动。

3）尾座。它是主要配合主轴箱支承工件或加工工具的部件。尾座安装在床身的尾座移动导轨上，可沿导轨纵向调整并锁紧其位置；尾座体也可横向调整。它的功用是用后顶尖支撑长工件；还可在尾座套筒内安装钻头、铰刀等孔加工刀具，采用手动进给进行孔加工；也可横向调整尾座体车削锥轴。

4）进给箱。它是装有进给变换机构的箱形部件。进给箱固定在床身的左端前侧。进给箱内装有进给运动的变换装置，用于改变刀具的进给量或所加工螺纹的导程。

5）溜板箱。它是用于驱动溜板移动的传动箱。溜板箱与床鞍相连，与方刀架一起沿床身导轨作纵向运动，能把进给箱传来的运动传递给刀架，使方刀架实现纵向和横向进给、螺纹切削运动或快速移动。

6）床身。它是用于支承和连接若干部件，并带有导轨的基础件。床身固定在左右底座上，其上安装有车床的各个主要部件。

（2）主轴箱结构　CA6140A 车床主轴箱是功能独立、结构复杂、精度要求高、能影响整机性能和质量指标的重要机床部件。它包括箱体、主轴部件、卸荷式带轮、双向摩擦离合器和制动器、变速操纵机构、润滑装置等。图 3-12 是主轴箱左视图。若沿轴 Ⅰ-Ⅱ-Ⅲ（Ⅴ）-Ⅵ 剖切并展开（轴Ⅳ单独取剖切面），则可得到如图 3-13 所示的展开图。

（3）主轴部件　CA6140A 车床的主轴是一个空心的阶梯轴，如图 3-13 所示。内孔用于通过较长的加工棒料；也可通过主轴内孔，用钢棒将安装在主轴端锥孔内的顶尖卸下；内孔还可通过用于气动、电动及液压夹紧装置的传动件。主

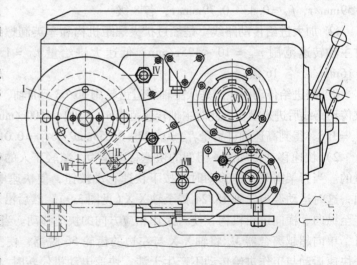

图 3-12　CA6140A 车床主轴箱左视图

轴前端为莫氏 6 号锥孔，用于安装变径套筒及顶尖，也可安装检测精度用的心轴等。主轴后端的锥孔是工艺孔。

1）CA6140A 主轴部件的特点。CA6140A 主轴部件是主轴箱部件中最精密、最关键、最重要的结构。它比 CA6140 有了很大的改进。CA6140A 主轴前端，摒弃了 CA6140 采用的通过插销螺柱及转垫实现连接的 C 型结构，采用了通过螺孔用螺钉连接的 A 型短锥法兰式结构。A 型结构具有定心精度高、主轴端悬伸量小、刚性好、零件数量少、结构简单、成本低、安装方便等优点。它以主轴端部锥度为 1:4 的短锥和轴肩端面作为定位面，靠固定在轴肩端面

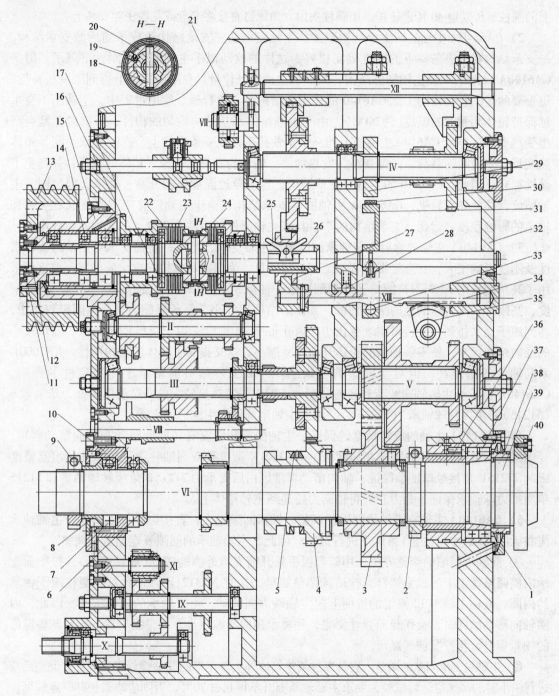

图 3-13 CA6140A 车床主轴箱展开简图

1—透盖 2—调整螺母 3—大齿轮 4—齿轮 5—平衡块 6—推力球轴承 7—角接触球轴承 8—甩油隔套
9—调整螺母 10—轴承杯 11—螺母 12—花键套 13—带轮 14—深沟球轴承 15—法兰 16—双联齿轮
17—止推片 18—圆销 19—弹簧销 20—螺纹套 21—中间轮 22—内摩擦片 23—外摩擦片 24—压紧
螺母 25—元宝形摆块 26—拉杆 27—滑套 28—定位钢珠 29—制动轮 30—制动带 31—杠杆
32—箱体 33—钢珠 34—齿条轴 35—扇形齿 36—隔套 37—圆锥孔双列圆柱滚子轴承
38—螺母 39—主轴 40—传动键

上的圆柱形传动键40传递转矩，用圆柱头内六角螺钉直接将卡盘或花盘法兰安装上去。

2）CA6140A主轴的两支承结构形式。主轴支承从三支承结构改成了前后两支承结构。三支承结构在静态条件下的刚性确实很好，这样的改动似乎主轴部件的刚性下降了。但是CA6140A采用了A型主轴端部结构，减少了主轴端悬伸量，在刚度损失上得到了一些补偿。更重要的是，它在使用上比CA6140的三支承结构更科学合理。使用过程中，主轴箱不会永远保持箱体测量时的温度（约20℃）。由于主轴箱体不是结构均匀的构件，不可避免地会产生受热变形，导致CA6140主轴箱上的三个主轴孔不再在一条直线上。这时轴承受到了箱体热变形产生的附加载荷，间隙变小，发热加快。轴承的发热又加速了箱体的变形，并产生了恶性循环。因此，CA6140的主轴三支承结构，容易导致温度急剧升高，轴承磨损加剧，主轴精度飘移。显而易见，CA6140A主轴的两支承结构，由于主轴箱热变形所造成对主轴和轴承的影响程度，远比三支承结构的小；且该主轴部件的零件数量少，工艺性好，成本低。

3）CA6140A主轴的前后支承轴承的改进。主轴支承，尤其是前端支承对主轴的旋转精度及刚度影响很大，它直接影响着加工工件的质量。为提高和保持前支承的精度，前支承采用了高精度级的NN3121K圆锥孔双列圆柱滚子轴承37，用以承受径向载荷。这是一种高精度、高刚度、高转速的径向滚子轴承。其径向结构尺寸小，但承载能力大，内圈带双挡边，两列滚子交叉排列，旋转时刚度变化小。内孔带1∶12锥度，用于调整径向间隙。轴承较小的径向结构尺寸，使安装轴承的箱体开孔尺寸缩小，这又提高了箱体的结构刚性。NN3000K系列轴承的精度高，但对温度影响也敏感。为减少发热对前轴承工作稳定性的影响，CA6140A把承受主轴轴向载荷和径向载荷的，但工作发热量较大的高精度单向推力球轴承6（51215）和角接触球轴承7（77215B），移至主轴尾部作为主轴的后支承。

4）CA6140A主轴的旋转精度的保证。主轴的旋转精度有径向圆跳动和轴向窜动两项。径向圆跳动精度，由主轴前端高精度级的NN3121K圆锥孔双列圆柱滚子轴承和后端高精度级的77215B角接触球轴承保证；轴向窜动精度则由后支承的77215B角接触球轴承和51215单向推力球轴承保证，并由它们将轴向力传递到主轴箱体上。

5）CA6140A主轴支承轴承间隙的调整。轴承间隙过大，直接影响加工精度。主轴轴承应在无间隙（或小过盈量）条件下进行运转。因此，主轴轴承的间隙要定期进行调整。

① 前轴承间隙的调整方法。用勾形扳手松开前支承外侧的螺母（前端螺母），拧松前支承内侧调整螺母上的锁紧螺钉，拧动该调整螺母，这时NN3121K圆锥孔双列圆柱滚子轴承的内圈，就在主轴1∶12锥度的锥面上向主轴端方向移动。由于轴承的内圈很薄，因此，内圈轴向移动的同时，会作径向弹性膨胀，使轴承径向间隙减小。调整完毕后，拧紧调整螺母的锁紧螺钉，再拧紧前端螺母。

② 主轴后支承间隙的调整。它是通过调整箱体外主轴尾部的调整螺母来实现的。调整后应进行一小时的高速空运转试验，要求主轴轴承温升不得超过70℃，否则应略微松开一点螺母。

调整轴承间隙的调整螺母也作了改进，它将CA6140采用的压块径向锁紧调整螺母，改成锁紧螺钉圆周向锁紧的调整螺母，减少了锁紧变形。

（4）卸荷式带轮　主电动机通过带传动使轴Ⅰ旋转。为提高轴Ⅰ旋转的平稳性，轴Ⅰ上的带轮采用了卸荷结构。如图3-13所示，法兰15用螺钉固定在箱体32上，带轮13通过螺钉和定位销与花键套12连接并支承在法兰15内的两个深沟球轴承14上，花键套12与轴Ⅰ的花键部分配合，因而使带的运动可通过花键套12带动轴Ⅰ旋转，而带所产生的拉力则经法兰 15 直接传给箱体 32,使轴 I 不受带拉力的作用,减少了弯曲变形,从而提高了轴 I 旋转的平稳性。卸荷带装置特别适用于要求传动平稳性高的精密机床的主轴。

带轮 13 应与小带轮处在同一传动平面内,即安装好的 V 带应在同一传动平面内,为此要求带轮 13 在轴向能少量调整。调整方法是:将轴 I 左端螺母 11 上的固定螺钉拧下,旋转螺母 11,调整它在轴 I 上的轴向位置。当螺母 11 位置调整到能使 V 带处在同一传动平面内时,再将固定螺钉拧上,仍使螺母 11 与花键套 12 结成一体。

带轮 13 辐板上的开孔位置能与法兰 15 的固定螺钉通孔对准。其目的是:内六角扳手能通过带轮辐板上的开孔,将法兰 15 的固定螺钉卸下(或拧上),把带轮 13 连同法兰 15 及轴 I 上安装好的全部零件都一下子拉出来(或推进去)。这样就能实现包括卸荷式带轮在内的轴 I 部件,在主轴箱体外组装调试。

(5) 双向摩擦离合器、制动器及其操纵机构

1) 双向摩擦离合器(见图 3-13)。轴 I 上装有双向摩擦离合器 $M_1$,用于实现主轴的起动、停止及换向。左离合器传动主轴正转,正转用于切削,传递的转矩较大,所以片数较多(外摩擦片 8 片、内摩擦片 9 片);右离合器传动主轴反转,主要用于退刀,片数较少(外摩擦片 4 片、内摩擦片 5 片)。

摩擦离合器还具有过载保护的功能,当机床超载时,摩擦片间产生打滑,主轴停止转动,避免损坏机床。为此,摩擦片之间的压紧力宜根据离合器传递的额定转矩来调整。

2) 制动器及操纵机构。为了在摩擦离合器松开后,克服惯性作用,使主轴迅速制动,在主轴箱轴 IV 上装有制动装置(见图 3-14)。制动装置由通过花键与轴 IV 连接的制动轮 7、制动钢带 6、杠杆 4 以及调整装置等组成。制动带内侧固定一层铜丝石棉,以增大制动摩擦力矩。制动带一端通过调节螺钉 5 与箱体 1 连接,另一端固定在杠杆上端。当杠杆 4 绕轴 3 逆时针摆动时,拉动制动带,使其包紧在制动轮上,并通过制动带与制动轮之间的摩擦力使主轴得到迅速制动。制动摩擦力的大小可用调节装置中调节螺钉 5 进行调整,调整后还应检查在压紧离合器时制动带是否松开。

双向摩擦离合器与制动装置采用同一操纵机构控制(见图 3-15),以协调两机构的工作。当抬起或压下手柄 7 时,通过曲柄 9、拉杆 10、曲柄 11 及扇形齿轮 13,

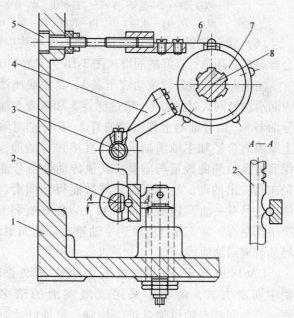

图 3-14　制动装置

1—箱体　2—齿条轴　3—杠杆支承轴　4—杠杆　5—调节螺钉　6—制动钢带　7—制动轮　8—轴 IV

使齿条轴 14 向左或向右移动,齿条轴左端的拨叉便拨动滑套 4 在轴 I 上左右滑动。滑套 4 滑动的同时,便迫使安装在轴 I 上的元宝形摆块 3 摆动。元宝形摆块的下端,嵌装在拉杆 16 右端的槽内,这就使拉杆 16 能控制左边或右边离合器结合,从而使主轴正转或反转。双

向摩擦离合器接合时，杠杆5下端正好位于齿条轴圆弧形凹槽内，制动带处于松开状态。当操纵手柄7处于中间位置时，齿条轴14和滑套4也处于中间位置，摩擦离合器左、右摩擦片组都松开，主轴与运动源断开。这时，杠杆5下端被齿条轴两凹槽间凸起部分顶起，从而拉紧制动带，使主轴迅速制动。

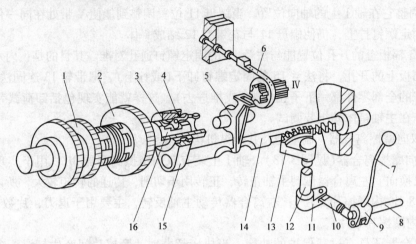

图3-15　摩擦离合器及制动装置的操纵机构

1—双联齿轮　2—齿轮　3—元宝形摆块　4—滑套　5—杠杆　6—制动带　7—手柄　8—操

纵杆　9、11—曲柄　10、16—拉杆　12—轴　13—扇形齿轮　14—齿条轴　15—拨叉

（6）润滑装置　为保证机床正常工作和减少零件的磨损，主轴箱中的轴承、齿轮、离合器等都必须进行良好的润滑。图3-16为CA6140A车床主轴箱的润滑系统。

主电动机通过带轮带动液压泵3，将左底座油池内润滑油经网式过滤器1、精过滤器5和油管6输入分油器8。由分油器上伸出的油管7、9分别对轴 I 上摩擦离合器和主轴前轴承进行直接强迫供油，确保润滑点供油的数量与质量。其他传动件由分油器径向孔喷出的油，经高速齿轮溅散而得到润滑。分油器上另有一油管10通向油标11，以便观察润滑系统工作是否正常。各处流回到主轴箱底部的润滑油，经油管流回油池。

CA6140A车床采用液压泵强迫供油、箱外循环、集中润滑方式，消除了采用飞溅润滑的诸多弊端——各润滑点的供油量难以控制；甩油叶片强烈拍打搅动油液，造成噪声增大，使油温升高，加大箱体热变形，加快润滑油老化，缩短润滑油使用周期；供油质量差，把传动件表面疲劳磨损产生的硬颗粒和沉积在箱底的脏物随同油液再送往润滑表面，加速传动件表面磨损，降低工作寿命。

CA6140A车床的润滑油箱外循环，可使升温后

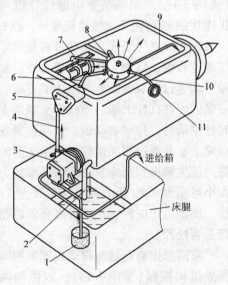

图3-16　CA6140A车床主轴箱的润滑系统

1—网式过滤器　2—回油管　3—液压泵

4、6、7、9、10—油管　5—精过滤器

8—分油器　11—油标

的油液得以冷却，有利降低主轴箱温度，减少主轴箱的热变形，提高工作稳定性。液压泵提供的润滑油有一定的压力和速度，它可冲刷掉滞留在传动件表面的颗粒物；润滑油在回油时，还可将沉积在主轴箱底部的脏物带走，清洁了油箱内腔，减少传动件的二次磨损。

### 3.3.2　SSCK20A 数控车床

#### 1. 简介

机床的数控化是机床发展的大趋势，是制造业数字化、信息化、智能化的集中体现。数控机床是最有代表性的数字装备之一，它不仅具有广泛而灵活的加工能力，还具有强大的信息处理能力。它是数字制造的基础，也是推动21世纪制造装备发展和创新的巨大动力。

SSCK20A 数控车床是沈阳机床集团数控机床公司原 SSCK20 数控车床的升级换代产品。该机床为两坐标连续控制 CNC 车床，采用了机、电、液一体化的合理布局，并配置日本 FANUC 控制系统，具有高精度、高转速，以及结构简单、性能稳定、使用可靠等优点。可加工内外圆柱表面、圆锥表面、圆弧表面和各种螺纹，在汽车、摩托车、轻工机械等行业得到广泛应用。

车床导轨向后倾斜45°，具有斜床身排屑流畅的优点。它既消除了水平导轨床身容易积屑、热变形、磨损快、精度低的弊病，同时也具有水平床身刀架承受切削力好的优点。床身内部借鉴德国先进技术(拱形肋板，脊与导轨面垂直，下部包砂铸造)，床身导轨和滑鞍导轨采用一体的整体铸造导轨，经精密磨削加工而成。这不仅进一步提高了机床强度、床身的静刚度与精度，还使床身的结构内耗增大，获得高阻尼效果，增加了机床的稳定性，提高了机床的动刚度(抗振性)。滑鞍、滑板导轨磨擦面均粘贴聚四氟乙烯抗磨软带，大大降低了与导轨间的摩擦因数，减少了低速爬行现象，增加了导轨的耐磨性和精度保持性，提高了刀架的快速移动速度，延长了机床的使用寿命。

机床的主运动采用交流伺服电动机和相匹配的主驱动系统，主轴交流伺服电动机经带轮直接驱动主轴，因此其传动平稳、噪声小，能实现无级变速和恒速切削。主轴前后轴承均采用预加负荷的超精密级角接触球轴承，能同时承受径向力和轴向力。这种结构在高速运转时，主轴温升低，热变形小，适用于高速精加工。

为适应用户不同需求，在 SSCK20A 数控车床中，机床主运动采用变频器调速电动机的主驱动系统，它带有两档液压变速的变速主轴箱，以解决变频调速电动机在低频状态下电动机输出功率较低的不足。它也能实现无级变速和恒速切削。该主轴的后轴承采用双列短圆柱滚子轴承，以承受较大的径向力，适用于低速、重切削。

整机采用全封闭防护，LCD 显示器、键盘及按钮等人机界面都在右侧，满足多数人用右手操作使用的习惯，符合人性化要求，使操作调整更为方便、安全。车床配备与机床分离的湿式链板排屑装置，不仅使切屑能及时排出，而且分离式的独立结构能有效阻隔切屑的热量传导给机床，避免由此产生的机床热变形。SSCK20A 数控车床的外形图如图 3-17 所示。

#### 2. 机床的主要参数

SSCK20A 数控车床的主要技术参数见表 3-4。

图 3-17　SSCK20A 数控车床外形图

表 3-4　SSCK20A 数控机床的主要技术参数

| 项　目 | | 单位 | 技术参数 | 项　目 | | 单位 | 技术参数 |
|---|---|---|---|---|---|---|---|
| 卡盘直径 | | mm | 200 | 快速移动 | 纵向（$Z$ 轴） | r/min | 12 |
| 床身上最大回转直径 | | mm | 450 | | 横向（$X$ 轴） | r/min | 10 |
| 最大加工直径 | | mm | 200 | 尾座套筒直径 | | mm | 80 |
| 轴类最大加工长度 | | mm | 500 | 套筒最大行程 | | mm | 100 |
| 滑鞍最大纵向行程 | | mm | 600 | 套筒顶尖锥孔 | | | 莫氏 5 号 |
| 滑板最大横向行程 | | mm | 160 | 主轴交流伺服电动机功率（AC） | | kW | 11 |
| 主轴孔径 | | mm | 55 | 伺服电动机 Fanuc（$Z$、$X$ 轴） | | kW | 6N. M 0.6 |
| 主轴转速（无级）单轴主轴箱（交流伺服驱动） | | r/min | 45 ~ 4000 | 液压站电动机 | | kW | 1.5 |
| 主轴转速（无级）变速主轴箱（变频电动机驱动） | | r/min | 180 ~ 2600 | 运屑器电动机 | | kW | 0.2 |
| 车刀截面 | | mm | 20 × 20 | 切削液电动机 | | kW | 0.55 |
| 最小输入当量 | 纵向（$Z$ 轴） | mm | 0.001 | 外形尺寸（长 × 宽 × 高） | | mm | 3300 × 2100 × 2150 |
| | 横向（$X$ 轴） | mm | 0.001（直径上） | 净重 | | kg | 4660 |

### 3. 主要部件结构性能及调整

SSCK20A 数控车床主要由床身部件、主轴箱、回转刀架、刀架传动装置、尾座、防护装置、液压系统、数控系统、排屑装置等组成。下面对床身部件、主轴箱、回转刀架、刀架传动装置等进行介绍。

（1）床身部件　床身部件是数控车床极其重要的基础部件，由床身、油箱、电箱、电动机支架等部件构成机床主体。数控车床的床身类型，基本决定了机床的结构布置。它有斜床身、水平床身、垂直床身等结构类型。SSCK20A 数控车床采用的是向后倾斜 45°的斜床身，这种斜床身具有排屑性能好、刚度高、装卸工件方便等优点。床身上床身导轨和滑鞍导轨为整体铸造结构，使机床的整体刚性得到提高。床身内部采用拱形肋板，且将肋板的脊与导轨面垂直布置，使得床身受力均匀合理，减少了结构应力，大大提高了床身的结构强度和结构刚度，提高了导轨的承载能力与精度保持能力。床身采用的"包砂铸造"是将型砂保留在铸件内的一种结构形式。这种结构形式能使机床振动能量有效地转化为型砂砂粒间的相互摩擦功。良好的结构内耗，大大增强了床身的阻尼效果，提高了机床的抗振性，改善了机床的动态特性，提高了机床的稳定性。

（2）主轴箱　SSCK20A 数控车床是采用模块化设计的数控机床。能根据不同的用户需求，选用不同的功能模块，迅速组合成用户需要的产品。其中较典型的是单轴主轴箱和变速档主轴箱。

1）单轴主轴箱（见图 3-18）。主轴由电动机经带轮直接驱动，只要改变电动机旋转方向，就可得到相同的主轴正反转转速。主轴制动由电动机制动来实现。车削螺纹时，需要满足工件与刀具的复合进给要求，主轴旋转的角位移量信息，是由主轴脉冲编码器提供。主轴与主轴脉冲编码器之间，是通过传动比为 1:1 的同步齿形带传动来联系的。

主轴前支承采用预加载荷的超精密级角接触球轴承。它们三个一组，其中靠近主轴端的两个用于承受指向主轴端的轴向切削推力，另一个承受背离主轴端的拉力。后支承采用超精密级角接触球轴承背靠背安装，且轴承外圈在孔内浮动，允许主轴热胀向后微量伸长，以满足高速切削的要求。另外，角接触球轴承的滚动体，旋转时仍保持着一个倾角，在离心力作用下，高速旋转的滚动体会产生单向流动的气流，因此这种结构在高转速时可降低主轴温升，减少热变形。角接触球轴承的预加载荷，是通过严格控制、精细修磨轴承内外隔套的宽度等方法满足的。因此前后轴承调整比较容易，只要将螺母适度拧紧，锁住即可。

主轴端部配有液压夹紧三爪自定心卡盘，它通过安装在主轴尾部的卡盘液压缸中的活塞杆移动，带动拉杆，再经卡盘中的斜楔滑块式结构（或杠杆式结构），使液压夹紧卡盘上的三个活爪同时作径向移动，实现工件的夹紧与放松。主轴采用非接触式的间隙密封。主轴前端外圆上开设了两组方向相反的锯齿形沟槽，在内的一组锯齿形沟槽能把溢油甩向端盖内侧的集油槽内，并流回主轴箱；在外的一组锯齿形沟槽能防止切削液等浸入，并将其甩至端盖外侧的集油槽内，并经小孔流出。

2）变速档主轴箱（见图 3-19）。变速档主轴箱采用普通电动机变频调速，并通过液压缸推动拨叉实现两档变速。主轴可获得高、低两种转速范围。前轴承同上，后支承采用圆锥孔双列圆柱滚子轴承，可承受较大的径向力。

（3）回转刀架　数控车床的回转刀架的种类有机械传动的，也有液压传动的。采用机械传动回转刀架的相对广泛些。图 3-20 是机械传动的 BA200L 回转刀架。

BA200L 回转刀架的结构特点是：刀架 1、活动鼠牙盘 2、轴 6、轴端小轴 14 与轴套 16 是连接固定在一起的；轴套 16 上有外螺纹，与蜗轮 5 内孔上的内螺纹配合；蜗轮 5 与圆盘 15 连接固定在一起，轴套 16 在径向开槽，内装弹簧和滑块 4，弹簧使滑块 4 贴紧在圆盘 15 端面上（注意：螺纹啮合后，蜗轮孔的内螺纹能阻止滑块径向滑出）；圆盘 15 端面有"凸起"（见图 3-20C 向视图），用于驱动滑块 4 运动；轴端小轴 14 的圆柱面上加工出平行于轴线的平面，以带动刷形选位器 13 旋转，小轴 14 右端装有微动开关 12；电动机 11 带有电磁制动器。

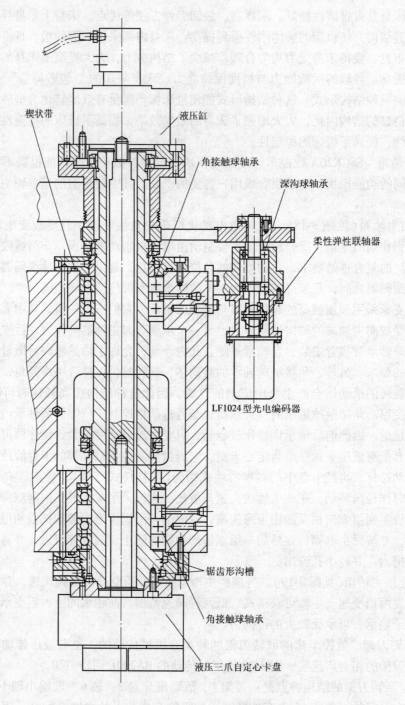

楔状带

液压缸

角接触球轴承

深沟球轴承

柔性弹性联轴器

LF1024型光电编码器

锯齿形沟槽

角接触球轴承

液压三爪自定心卡盘

图3-18　单轴主轴箱结构图

　　鼠牙盘是类似端面齿轮，且齿数相同、成对使用的分度定位元件。刀架的定位，依靠活动鼠牙盘2和固定鼠牙盘3的齿体（鼠牙）与齿槽之间互相嵌入啮合。因此鼠牙盘式的回转刀架必须实现两鼠牙盘轴向分离（松开）→转位（选位）→啮合（锁紧）的基本动作过程。

　　接到转位指令后，电动机11尾部的电磁制动器得电，电磁力克服弹簧力，松开制动，电动机11正向旋转；电动机的轴齿轮10通过中间齿轮9和齿轮8，带动蜗杆7旋转（见图

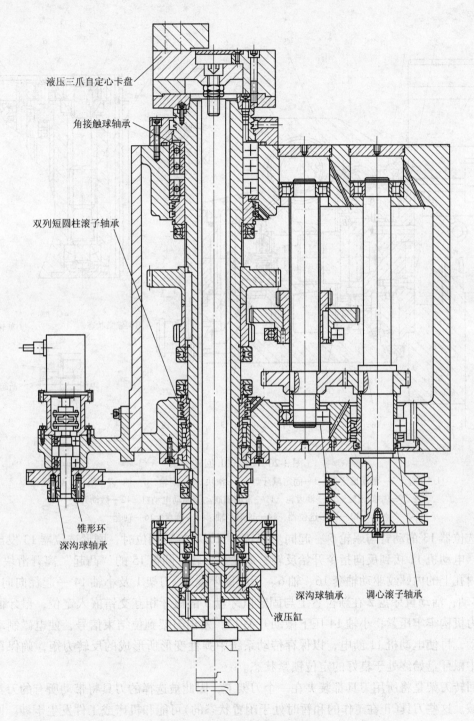

液压三爪自定心卡盘

角接触球轴承

双列短圆柱滚子轴承

锥形环

深沟球轴承

深沟球轴承

调心滚子轴承

液压缸

图 3-19　变速档主轴箱结构图

3-20*A—A* 视图)；蜗杆 7 带动蜗轮 5 旋转；蜗轮 5 内孔的内螺纹，驱动轴套 16、轴 6、小轴 14、活动鼠牙盘 2、刀架 1 一起径向向外(向左)移动，小轴 14 右端脱离微动开关 12；当移动使活动鼠牙盘 2 与固定鼠牙盘 3 在沿鼠牙高度方向上完全脱离后，圆盘 15 端面上的"凸起"正好转到滑块 4 处，并驱动滑块 4、轴套 16、轴 6、活动鼠牙盘 2、刀架 1、小轴 14 及

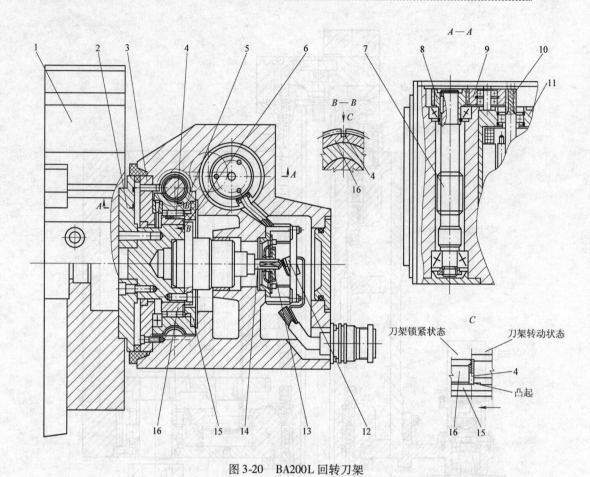

图 3-20　BA200L 回转刀架

1—刀架　2—活动鼠牙盘　3—固定鼠牙盘　4—滑块　5—蜗轮　6—轴　7—蜗杆　8—齿轮
9—中间齿轮　10—轴齿轮　11—带电磁制动器驱动电动机　12—微动开关
13—刷形选位器　14—轴端小轴　15—圆盘　16—轴套

刷形选位器 13 的动臂与蜗轮 5 一起同步旋转。刀架 1 旋转到位时,刷形选位器 13 发出到位信号;电动机 11 接到反向指令开始反转;蜗轮 5 反转,圆盘 15 的"凸起"离开滑块 4,蜗轮 5 内孔上的内螺纹驱动轴套 16、轴 6、活动鼠牙盘 2、刀架 1 及小轴 14 一起径向向内(向右)移动;活动鼠牙盘 2 在新位置上与固定鼠牙盘 3 的鼠牙相互交错嵌入定位,鼠牙面被螺纹增力机构牢牢压紧;小轴 14 压下微动开关 12,发出刀架到位结束信号,使电磁制动器断电制动,再使电动机 11 断电,以保存传动系统中弹性变形所形成的反转力矩,确保在切削过程中鼠牙盘始终处于良好的定位锁紧状态。

回转刀架是将所用刀具都装夹在一个刀架上,因此被选择的刀具将带动所有的刀具到工作区域。这些刀具(正在工作的和暂时处于闲置状态的)可能和机床或工件发生干涉。回转刀架已经是一个过时的设计,但在工业领域中的使用还很普遍。目前,最新的 CNC 车床采用了与加工中心相似的换刀方式,这样可以拥有更多可用刀具,并且刀库可以远离工作区域。

(4)刀架传动装置　数控车床的回转刀架需要作 $X$ 轴与 $Z$ 轴方向的进给运动。$X$ 轴运动由伺服电动机、滚珠丝杠副带动(见图 3-21)。$Z$ 轴运动则由伺服电动机、同步齿形带传动副、滚珠丝杠副带动(见图 3-22)。

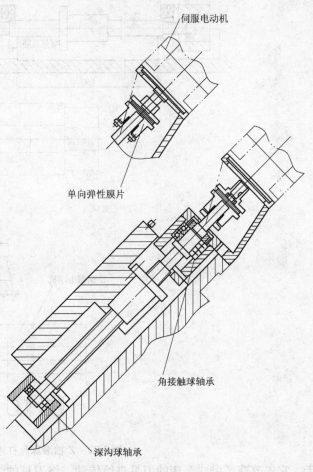

图 3-21 中，X 轴滚珠丝杠与伺服电动机之间采用单向弹性膜片联轴器连接，传动无间隙。编码器安装在伺服电动机轴的另一端(图中未表示)。联轴器与滚珠丝杠间采用胀紧锥套连接。它是用四个螺钉推紧压盖，使在联轴器内的胀紧锥套产生弹性变形，胀紧锥套压紧在联轴器孔壁及滚珠丝杠轴头的表面。由压紧力产生的摩擦力，使滚珠丝杠与联轴器一起转动。如果出现联轴器松动，会使伺服电动机与滚珠丝杠旋转不同步，出现定位精度和重复定位精度误差，影响加工精度。因此要及时拧紧联轴器压盖上均布的四个螺钉。如发现胀紧锥套损坏，应及时更换，防止胀紧锥套研坏丝杠轴头表面。

Z 轴滚珠丝杠是伺服电动机通过同步齿形带传动副带动的(见图 3-22)。为了使编码器发出的脉冲信号与滚珠丝杠的转动同步，能直接反馈滚珠丝杠的运动信号，避免同步齿形带传动造成的误差，编码器直接用弹性联轴器与滚珠丝杠连接。

**4. 数控车床的特点**

数控车床是由卧式车床发展而来

图 3-21  X 轴滚珠丝杠连接图

的，它们之间最主要的区别是数控车床可以按事先编制的加工程序，自动地对工件进行加工。卧式车床的整个加工过程，必须通过技术工人的手工操作来完成。

数控车床与卧式车床相比，有以下特点：

1) 效率高。新刀具材料的应用和数控车床结构的完善——传动链的缩短、主轴转速的提高、传动功率的增大、换刀和工件夹紧速度的加快对缩短辅助时间的贡献等，使加工效率不断提高。其加工效率比卧式车床提高 2~5 倍。

2) 精度高。数控车床的结构不断完善，控制系统的性能不断提高，机床精度日益提高。

3) 柔性好。能适应 70% 以上的多品种、小批量车削零件的加工。

4) 可靠性高。随着数控系统的性能不断提高，数控机床的无故障工作时间迅速提高。

5) 工艺能力强。数控车床能用于精加工，也能进行粗加工，可以在一次装夹中完成零件的全部工序或大部分车削工序。

**5. 经济型数控车床与车削中心简介**

(1) 经济型数控车床  经济型数控车床是在卧式车床的基础上逐步发展起来的数控车

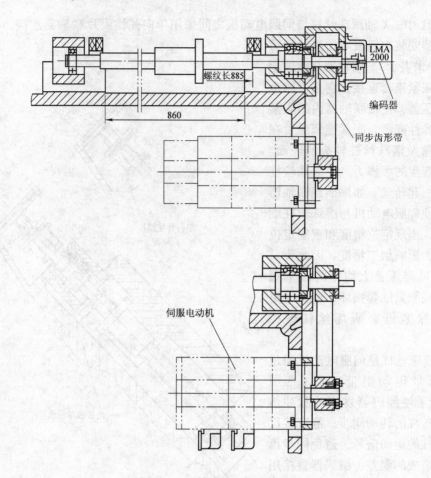

图 3-22　Z 轴滚珠丝杠连接图

床。它先改造了卧式车床的刀具进给传动，将刀具的纵向进给与横向进给采用步进电动机驱动，基本满足了能加工各种旋转曲面工件的要求。再在主轴尾端增加了编码器，实现工件与刀具间的复合进给，也能满足加工带螺纹工件的加工要求。

工程技术人员将伺服控制技术应用于经济型数控车床，并把开环系统升级为半闭环系统。

随着变频调速电动机的推广应用，经济型数控车床也开始对传统齿轮变速的主轴箱进行改造，以实现恒速切削。

数控车床要能高效率地加工较精密的工件，对机床本身有一定的要求。但卧式车床的结构本身就存在较严重的问题。例如，床身和水平导轨上会积聚温度很高的切屑，引起车床导轨的热变形；外露的车床导轨副容易磨损丧失精度；车床的三角-平面主导轨两面磨损速度不一等。因此即使装备较好的数控系统，也较难大幅度提高经济型数控机床的综合水平，稳定、可靠地制造出高精度的工件。

（2）车削中心　车削中心是车、铣结合的数控机床，是在数控车床的基础上发展起来的。其最大特点是不仅能完成数控车床的车削，还能自动完成部分铣、钻等加工。因此车削中心也称为车铣中心。在车削中心上，主轴具有进给、分度、锁定等功能（C 轴功能）；回转刀架上可安装轴向、径向或斜向的动力刀具，实现铣削、钻削等切削加工。工件一次装夹后能完成极其复杂的加工工序。

目前车削中心的发展很快。有的车削中心有多个回转刀架，扩大了加工范围，提高了加工效率；有的采用主副轴布置——主轴与副轴安装在同一轴线上，自动装夹在主轴上的工件，在即将完成加工时，副轴立即起动并使转速调整到与主轴转速同步，靠近工件，主副轴交替装卸工件，完成工件在主副轴间的转移，再由副轴完成工件的背面切削，实现工件的全部加工。车削中心是铣镗加工中心之外最活跃的品种，其结构、功能变化最快，新品种不断推出，它也是建造 FMS 的最理想机型。

## 3.4  普通铣床与数控铣床

### 3.4.1  概述

铣床是用回转多刃的铣刀对工件进行铣削加工的机床。铣床的加工范围很广，能铣削平面、斜面、台阶、沟槽（包括切断）、键槽、直齿条、斜齿条、直齿圆柱齿轮、斜齿圆柱齿轮、直齿锥齿轮、链轮、螺纹、花键轴、离合器、凸轮、球面、较复杂的型面；也能钻孔、镗孔、铰孔、铣孔、加工椭圆孔等。

铣削时，铣床上铣刀旋转是主运动，工件或铣刀的移动为进给运动。铣床的铣刀是多个切削刃同时参加切削，并有较高的切削速度，无空行程，其加工效率和加工范围远远高于往复运动的刨床。因此，几乎所有的制造和修理部门都用铣床进行粗加工及半精加工，有时也用于精加工。

铣床的种类很多，主要以结构布局形式和适用范围区分，主要类型有台式铣床（仪表铣床）、悬臂式铣床、滑枕式铣床、龙门铣床、平面铣床（包括单柱铣床）、圆台铣床、仿形铣床、升降台铣床、床身式铣床、工具铣床、专门化铣床等。

其中，适于铣削加工中小型工件的升降台铣床较为普遍。升降台铣床是具有可沿床身导轨垂向移动的升降台的铣床。通常，安装在升降台上的工作台和床鞍可分别作纵、横向移动。升降台铣床有卧式升降台铣床（安装在床身上的主轴为水平布置，其上可安装由主轴驱动的立铣头附件）、万能升降台铣床（工作台能在水平面内回转一定角度）、万能回转头铣床（装在悬梁一湍的铣头能在空间回转任意角度，工作台可在水平面内回转一定角度）、立式升降台铣床（安装在床身上的主轴为垂直布置）等。

### 3.4.2  XA6132 铣床

#### 1. 机床主要部件

XA6132 万能升降台铣床的外形如图 3-23 所示。它是在 X62W、X6132 等铣床的基础上开发出来的产

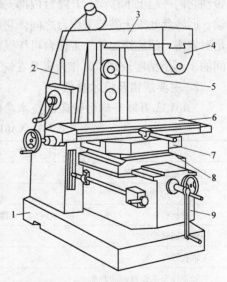

图 3-23  XA6132 万能升降台铣床外形图

1—底座  2—床身  3—悬梁  4—刀杆
支架  5—主轴  6—纵向工作台
7—回转台  8—床鞍  9—升降台

品。该铣床的结构合理，刚性较好，变速范围大，操作方便。

　　该铣床的床身内部装有主传动系统和孔盘变速操纵机构，在主轴18级转速中可方便地任意选择变换。空心主轴的前端(见图3-24)是7∶24锥孔，端面装有两个端面键，用于定位安装锥柄刀杆，并借助两端面键传递转矩。主轴采用三点支承结构，前支承采用双列圆柱滚子轴承和中间支承采用角接触球轴承，承受径向力和轴向力。后支承是深沟球轴承，起辅助支承作用。靠近前支承的大齿轮具有较大的转动惯量，起到飞轮作用，它具有储存和释放能量的功能，降低主轴转速的波动，减少传动冲击，提高铣削表面质量和刀具寿命。床身顶部有燕尾形导轨，供横梁调整滑动。支承长刀杆的刀轴支架，能在悬梁的燕尾形导轨上调整位置。

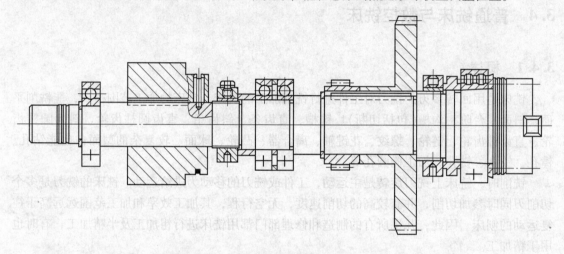

图 3-24　XA6132 万能升降台铣床主轴结构

　　升降台安装在床身前面的垂直矩形导轨上，用于支承升降台、床鞍、回转盘和工作台，并带动它们一起上下移动。升降台内部安装进给电动机和进给变速机构。机床的床鞍可作横向移动，回转盘处于床鞍与工作台之间，它可使工作台在水平面上回转一定的角度(±45°)，以满足对斜槽、螺旋槽加工。工作台可作纵向运动，台面上的 T 形槽用于安装工件和夹具，其中中间的 T 形槽精度较高，常作为夹具在铣床上的安装定位基准面。

### 2. 主要规格及技术参数

　　XA6132 万能升降台铣床的技术参数见表 3-5。

表 3-5　XA6132 万能升降台铣床的技术参数

| 项　　目 | | 单位 | 技 术 参 数 |
|---|---|---|---|
| 工作台台面尺寸(宽×长) | | mm | 320×1250 |
| 工作台 T 形槽数 | | | 3 |
| 工作台行程 | 纵向($X$)×横向($Y$)×垂向($Z$) | mm | 680×240×300 |
| 工作台回转角度 | | 度 | ±45 |
| 主轴孔径 | | mm | 29 |
| 主轴轴线至工作台面的距离 | | mm | 30～350 |
| 主轴轴线至悬梁底面的距离 | | mm | 155 |
| 主轴转速(18 级) | | r/min | 30～1500 |
| 工作台进给速度范围 | 纵向($X$)×横向($Y$)×垂向($Z$) | mm/min | 23.5～1180×23.5～1180×8～394 |

（续）

| 项　　目 | 单位 | 技术参数 |
|---|---|---|
| 工作台快速移动速度 纵向($X$)×横向($Y$)×垂向($Z$) | mm/min | 2300×2300×770 |
| 主传动电动机　　　功率/转速 |  | 7.5kW/(1440r/min) |
| 进给电动机　　　　功率/转速 |  | 1.5kW/(1400r/min) |
| 冷却泵电动机　　　功率/转速 |  | 0.125kW/(2790r/min) |
| 工作台最大承载重量 | kg | 500 |
| 工作台最大水平拖力 | N | 15000 |
| 机床外形尺寸(长×宽×高) | mm | 2294×1770×1665 |
| 机床重量 | kg | 2850 |

### 3. 机床的传动系统

（1）主运动　XA6132 万能升降台铣床的主运动参见 3.2 节的内容。

（2）进给运动　从图 3-6 可见，进给传动系统是由功率为 1.5kW 的法兰盘式电动机驱动，该电动机装在升降台内。齿轮 26 直接装在电动机轴上，移动轴Ⅲ和轴Ⅴ上的两个三联齿轮，就可使轴Ⅴ获得 9 种转速。若离合器 1 合上，则轴Ⅵ齿轮 40 就有 9 种转速。

当轴Ⅴ上的离合器 1 脱开，轴Ⅳ上的双联齿轮移到左端时，轴Ⅴ上的齿轮 13 与轴Ⅳ上的齿轮 45 啮合。传动路线是轴Ⅴ上齿轮 13→轴Ⅳ双联空套齿轮 45→轴Ⅳ双联空套齿轮 18→轴Ⅴ空套齿轮 40（原与离合器 1 接合，此时已成空套齿轮）→轴Ⅵ齿轮 40。此时轴Ⅵ齿轮 40获得的是经两次降速后的另 9 种转速。这样轴Ⅵ齿轮 40 共获得 18 种转速。

XA6132 铣床工作台可作纵向、横向和垂向这三个方向的进给运动和快速移动，它靠进给变速箱里轴Ⅵ上两个电磁离合器分别吸合来实现。当慢速进给电磁离合器 2 吸合时，齿轮 40 带动轴Ⅵ，并通过齿轮 28、35、18、33、37、33 等向轴Ⅶ、Ⅷ、Ⅸ、Ⅹ等传动。离合器 4 啮合时，垂向丝杠转动；离合器 5 啮合时，横向丝杠转动；离合器 6 啮合时，纵向丝杠转动；三个方向的离合器是互锁的，不能同时接通。

当快速进给离合器 3 吸合时，电动机直接通过齿轮 26、44、57、43 带动Ⅵ轴，从而使各丝杠获得快速转动。

### 4. 铣削加工

（1）铣削力　在铣床上铣削加工，其受力远比车床复杂。铣削力的大小是变化的。因为切削厚度在切削过程中是不断变化的，使得每个刀齿受力忽大忽小。铣削过程中，同时参加切削的刀齿数目也是变化的，这对直齿圆柱铣刀尤其明显。参加切削的刀齿数目的变化，刀齿的切削位置的变化，使得切削合力的方向和大小都在发生变化。

（2）铣削方式　铣削加工方式，有端铣、周铣、逆铣、顺铣、对称铣、不对称铣之分。

1）端铣和周铣。端铣，即端面铣削，它是用铣刀端面齿刃进行的铣削。端铣时，周边刃与端面刃同时起切削作用，副切削刃、倒角刀尖具有修光作用。端铣同时参加切削的刀齿较多，铣刀的轴线垂直于一个加工表面，主轴刚性好，可以采用较大的铣削用量。端铣的加工质量相对较好，生产率高。因此在平面铣削中，尤其在大平面的铣削中，端铣基本代替了周铣。进行端铣时，若铣床主轴与进给方向不垂直，且刀尖高的一侧移向低的一侧，则会出现"拖刀"现象；若刀尖低的一侧移向高的一侧，则无"拖刀"现象。

周铣，即周边铣削，它是铣刀周边齿刃进行的铣削。周铣时，铣刀的轴线平行于加工表面，只有周边刃起切削作用，同时参加切削的刀齿较少。铣削时，若同时参加切削的刀齿数越少，则每个刀齿切入和切出工件时，对铣削合力变动的影响就越大，铣削平稳性就越差，对加工质量和生产率的影响就越不利。由于周铣的适应性较广，能用多种铣刀铣削平面、沟槽、齿形，可以加工成形表面和组合表面，故生产中仍广泛采用。

　　2）逆铣和顺铣（见图 3-25）。逆铣是在铣刀与工件已加工面的切点处，铣刀旋转切削刃的运动方向与工件进给方向相反的铣削。顺铣是在铣刀与工件已加工面的切点处，铣刀旋转切削刃的运动方向与工件进给方向相同的铣削。

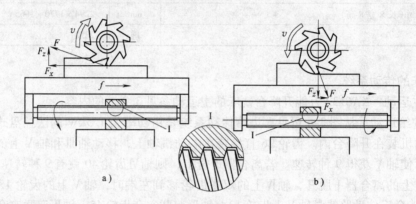

图 3-25　逆铣和顺铣
a）逆铣　b）顺铣

　　逆铣时，平均切削厚度较小；当切削刃刚接触工件时，切削厚度为零，切削刃受挤压，摩擦严重，刀齿后刀面容易磨损，工件表面也粗糙，加工硬化层严重。切削时，刀齿有将工件向上抬起的分力，不利于工件的夹紧。

　　在下列情况下建议采用逆铣：铣床工作台丝杠螺母的间隙较大，又不便调整时；工件表面有硬层、积渣或硬度不均匀时；工件材料过硬时；阶梯铣削时；铣削深度较大时。

　　顺铣时，平均切削厚度较大，铣床动力消耗低，可比逆铣节省 5%（加工钢时）～15%（加工难切削材料时）；切削力压向工件，工作较平稳。但当铣床进给机构有间隙或工件表面有硬皮时，就不宜用顺铣。因此，只有在工作台传动丝杠与螺母及两端轴承间隙之和小于 0.10mm，或沿进给方向的铣削分力小于导轨间摩擦力时才可采用顺铣。

　　在下列情况下建议采用顺铣：铣削不易夹牢或薄而长的工件时；精铣时；切断胶木、塑料、有机玻璃等材料时。

　　应注意的是，带动 XA6132 万能升降台铣床工作台移动的三套丝杠副都采用了精度高、硬度大、耐磨性好、摩擦因数小、工作稳定、寿命长的滚珠丝杠副（不是梯形丝杠副）。滚珠丝杠副在安装时就施加了一定的预载，轴向无间隙。因此 XA6132 铣床上废除了能改变丝杠副轴向间隙的"顺铣机构"。

　　3）对称铣和不对称铣。用端铣刀加工平面时，根据端铣刀对工件的相对位置对称与否，可分为对称铣和不对称铣，如图 3-26 所示。

　　对称铣的切入处的铣削厚度由小变大，切出处的铣削厚度由大变小，铣刀刀齿受冲击小，适于加工具有冷硬层的淬硬钢。

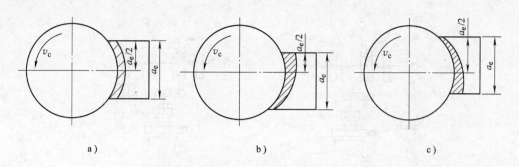

图 3-26　对称铣和不对称铣

a）对称铣削　b）不对称逆铣　c）不对称顺铣

在不对称铣中又可分为不对称逆铣和不对称顺铣。不对称逆铣是铣刀以较小的切削厚度切入，较大的切削厚度切出。用它铣削低合金钢 9Cr2 和高强度钢时，切削较稳定，减少了冲击，能改善加工表面粗糙度，并能提高刀具使用寿命。不对称顺铣是铣刀以较大的切削厚度切入，较小的切削厚度切出。用它加工 2Cr13、1Cr18Ni9Ti 不锈钢和 4Cr14Ni14W2Mo 耐热钢时，能使粘着在硬质合金刀片上的切屑较小，减少了刀具的粘结磨损，提高了刀具的使用寿命。

（3）铣床附件分度头的使用　铣床上的附件可用于扩大加工范围，提高效率。常用的附件有立铣头、万能回转铣头、平口钳、回转工作台、分度头等。

分度头是用卡盘或用顶尖和拨盘夹持工件，并使之回转和分度定位的机床附件。铣削离合器、齿轮、花键轴等一些加工中需要分度的工件；或铣削螺旋槽或凸轮时，配合工作台移动并使工件作旋转时，都要用到分度头。分度头有万能分度头、半万能分度头、等分分度头和光学分度头。使用最广泛的是万能分度头。

1）分度头的传动与结构。图 3-27a 是分度头的传动系统。转动分度手柄时，通过一对 1:1 齿轮和 1:40 蜗杆减速传动，使主轴旋转。侧轴 2 是用于安装交换齿轮的交换齿轮轴，它通过一对 1:1 螺旋齿轮与空套在分度手柄轴上的分度盘相联系。

分度盘上排列着一圈圈在圆周上等分的小孔，用以分度时插定位销。每圈的孔数为：24、25、28、30、34、37、38、39、41、42、43、46、47、49、51、53、54、57、58、59、62、66。分度盘前的分度叉能避免每次分度要数一次孔的麻烦，调整的分度叉间的孔数应比确定的孔数多 1 个（因为第一个孔是起始孔，所以从"0"开始计数）。交换齿轮是分度头的随机附件，它带有 12 只交换齿轮，齿数为 25、25、30、35、40、50、55、60、70、80、90、100。此外还有三爪自定心卡盘、前顶尖、拨盘和鸡心夹头、心轴、千斤顶、尾座等随机附件。

2）简单分度。工件分 $z$ 等分，主轴要转 $1/z$ 转，则手柄转 $n = (1/z) \times (40/1) \times (1/1) = 40/z$。假如要铣削齿数 $z = 60$ 的齿轮，则 $n = 40/60 = 2/3 = 44/66$。要求手柄摇过 44/66 转，这时工件转过 1/60 转。选择 66 的原因是分度盘上有 1 周 66 孔的孔圈，且孔圈直径较大，相对误差小。

3）差动分度。它是建立一条"主轴→交换齿轮→侧轴→1:1 传动齿轮→分度盘（松开分度盘固定销）"的差动分度链（见图 3-27b），使得每次分度转动分度手柄的同时，分度盘以相同或相反方向转动，手柄实际转数 $n$ 为手柄相对于分度盘转数 $n_0$ 与分度盘转数 $n_{盘}$ 的代数和，即

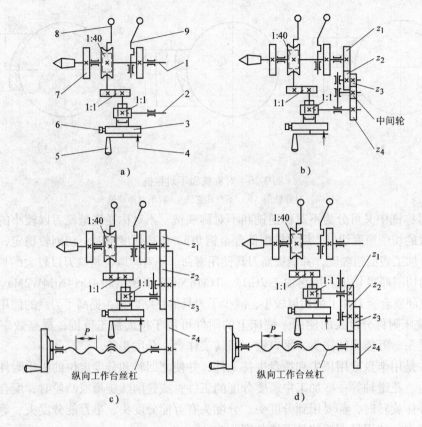

图 3-27　分度头的传动系统

a）传动系统　b）差动分度传动系统　c）主轴交换齿轮直线移动分度传动系统
d）侧轴交换齿轮直线移动分度传动系统
1—主轴　2—侧轴　3—分度盘　4—定位销　5—分度手柄　6—分度盘固定销
7—刻度盘　8—蜗杆脱落手柄　9—主轴锁紧手柄图

$$n = n_0 + n_盘$$

$$\frac{40}{z} = \frac{40}{z_0} + \frac{1}{z} \times \frac{z_1}{z_2} \times \frac{z_3}{z_4}$$

$$\frac{z_1}{z_2} \times \frac{z_3}{z_4} = \frac{40(z_0 - z)}{z_0}$$

式中　$z_1$、$z_2$、$z_3$、$z_4$——交换齿轮齿数，在交换齿轮随机附件中选取；

$z$——实际等分数；

$z_0$——与 $z$ 相近而又能作简单分度的假定等分数。

上式中当 $z_0 < z$ 时，结果为负值，反之为正值；正负号仅说明分度盘转向与手柄相同或相反。

在分度时，必须使分度手柄与分度盘转向相反。因为松开分度盘固定销后，分度盘处于自由间隙状态，手柄转动能带动分度盘，若与分度盘转向相反，只有单侧间隙；反之，加工过程中分度盘会在间隙间发生振动，造成废品。因此，当出现正值时，需要在交换齿轮中增加中间轮，使分度手柄与分度盘转向相反。

假如要铣削齿数为 109 的齿轮，则可取假定等分数 $z_0 = 105$，$n_0 = 40/z_0 = 40/105 =$

8/21 = 16/42，即每分度一次，分度手柄相对分度盘在 42 孔的孔圈上转过 16 个孔距，分度叉间包含 17 个孔。交换齿轮为

$$\frac{z_1}{z_2} \times \frac{z_3}{z_4} = \frac{40(105 - 109)}{105} = -\frac{160}{105} = -\frac{80}{70} \times \frac{40}{30}$$

4）直线移距分度。它是将分度头主轴（见图 3-27c）或侧轴（见图 3-27d）与工作台纵向丝杠，用交换齿轮连接所形成的传动链。移距时只要转动分度手柄，就能使工作台精确移距。

（4）其他注意事项　在平口钳上装夹工件时，为保证平口钳在工作台上的位置正确，必要时应当用百分表找正固定钳口面，使其与铣床工作台运动方向平行或垂直。工件下面要垫放适当厚度的平行垫铁，夹紧时应使工件紧密靠在平行垫铁上。工件高出钳口或伸出钳口两端不能太多，以防铣削振动。

在使用分度头时，装夹工件应先锁紧分度头的主轴。在紧固工件时，禁止用管子套在手柄上施力。调整好分度头主轴仰角后，应将基座上四个螺钉拧紧，以免零位移动。在分度头两顶尖间装夹轴类工件时，应使前后顶尖的中心线重合。用分度头分度时，分度手柄应朝一个方向摇动，如果摇过位置，需反摇多于超过的距离再摇回到正确位置，以消除间隙。分度时手柄的定位销应慢慢插入分度盘的孔内，切勿突然撒手，以免损坏分度盘。

铣削前把铣床调整好后，将不起作用的运动方向锁紧。机动快速趋近时，靠近工件前应改为正常进给速度，以防刀具与工件撞击。铣削螺旋槽时，应按计算所用的交换齿轮进行试切，检查导程与螺旋方向是否正确，合格后才进行加工。用成形铣刀铣削时，为提高刀具寿命，铣削用量一般应比圆柱形铣刀小 25% 左右。用仿形法铣削成形面时，滚子与靠模要保持良好接触，但压力不能过大，须使滚子能灵活转动。切断时，铣刀应尽量靠近夹具，以增加切削时的稳定性。

### 3.4.3　数控铣床

数控铣床是主要采用铣削方式加工工件的数控机床。它能进行平面或曲面型腔铣削、外形轮廓铣削、三维复杂型面铣削。如凸轮、样板、靠模、模具、叶片、螺旋桨等。数控铣床上也具备孔加工的功能，如钻、扩、铰、锪、镗孔、攻螺纹等；若配备数码探针等特殊附件，还可进行仿形铣削。数控铣床的种类很多，几乎只要有这种种类的铣床，就可开发相应的数控铣床。一般数控铣床是指规格较小（工作台宽度都在 400mm 以下）的数控铣床。规格较大的数控铣床其功能已向加工中心靠近，进而演变成柔性加工单元（FMC）。

数控铣床一般为可用于加工曲面工件的三轴同时控制（3D）的机床。对有特殊需要的数控铣床，可加进一个回转轴（对立式机床是 A 轴，对卧式机床是 B 轴），即增加一个数控分度头或数控回转工作台。

数控铣床主要加工对象是：

1）平面类零件。平面类零件的特点是加工面为平面，或可以展开成平面的曲线轮廓面、圆台侧面。目前数控铣床上加工的绝大多数零件属于平面类零件。

2）变斜角类零件。变斜角类零件是加工面与水平面的夹角呈连续变化的零件。它的加工面不能展开为平面，但在加工中，铣刀圆周与加工面接触的瞬间为一条直线。常见的如飞机上的变斜角梁橼条，它要用四轴或五轴联动数控铣床加工。

3）曲面类（立体类）零件，即空间曲面的零件。它的加工面不能展开为平面，加工面与

铣刀始终为点接触。通常可用三轴联动数控铣床加工，若曲面周围有干涉表面，则需用四轴或五轴联动数控铣床加工。

数控铣床的工艺范围比普通铣床广，经过不断更换刀具，可实现铣、钻、扩、铰、锪、镗孔、攻螺纹等工步内容；也可在一台数控铣床上完成粗加工、半精加工、精加工。因此与普通铣床相比，数控铣床的机床刚性强、精度高、速度范围广、传动功率大。由于采用了电传动，数控铣床省掉了大量的齿轮和传动轴，使传动系统变得十分简单，机床故障率下降，传动效率也得到进一步提高。数控铣床的设计更人性化。为防止铣削过程中切屑飞溅伤人，数控铣床一般采用全封闭防护罩；为方便操作，数控铣床的人机界面一般设在机床右侧，铣床上带有存放更换刀具的刀柄孔，自动排屑装置等。

### 3.4.4 加工中心

#### 1. 概述

加工中心，又称自动换刀数控机床，是具有刀库、能自动更换刀具、对一次装夹的工件进行多工序加工的数字控制机床。

加工中心的类型很多。根据加工中心主轴的布置形式，可分为立式加工中心、卧式加工中心、龙门式加工中心(与龙门铣床相似)、复合式加工中心(立卧两用加工中心，其主轴能旋转90°，或回转工作台绕 $X$ 轴旋转90°)；根据刀库形式，可分为带刀库和机械手的加工中心、无机械手的加工中心、转塔刀库式加工中心等。

加工中心适于加工形状复杂、工序多、精度要求高的工件；尤其适用于加工曾需用多种类型普通机床和众多的刀具、夹具，经过多次装夹和调整才能加工完成的零件。如箱体类零件，复杂曲面零件，异形件(样板、靠模、复杂型面模具、异形支架)，盘、套、轴、板、壳体类零件等。

#### 2. 部分功能结构简介

（1）主轴准停装置 为了将主轴准确地停止在某一固定位置，以便机械手在该处进行换刀时，保证刀柄上的键槽对准主轴的端面键，保证刀具与主轴的相对位置完全一致，提高刀具重复定位精度，在加工中心的主轴系统中设有主轴准停装置。

传统的主轴准停装置是采用机械挡块进行定向，实现准停功能。它结构复杂，易磨损。现在一般都采用电气控制方式，实现主轴定向准确停止。它用编码器与主轴交流伺服电动机配合，只要数控系统发出指令信号，主轴就会迅速完成测速、减速，准确地定向、锁定，实现准确停止。

（2）主轴刀具自动夹紧和切屑清除装置 主轴刀具的自动夹紧机构是由主轴后端的液压缸控制的。液压缸活塞杆推动主轴孔中的拉杆，克服碟形弹簧的压力，向前伸出，使拉钉抓紧机构放松，并推出刀柄，待机械手换刀。新换的刀具插入主轴孔中时，压缩空气从液压缸活塞杆的中心通孔、拉杆的中心通孔中通过，直吹到主轴孔口，将主轴孔装刀柄处和新换的刀柄喷吹干净。接着液压缸活塞杆返回，碟形弹簧将拉杆向里拉，刀柄上的拉钉被拉钉抓紧机构扣住，并被拉紧。

（3）主轴箱平衡装置 轴箱的重力是向下的，但切削力是向上的，且铣削的切削力是变化的。当切削力接近并大于主轴箱重力时，主轴箱就会在垂向丝杠间隙范围内振动。当切削力消失，主轴箱下沉，刀具又会扎进工件表面，出现"掉刀"现象。因此，在主轴箱上应有能与主轴箱的重量相抗衡的平衡力，且该平衡力应大于主轴箱部件的自重。有了该平衡力，主轴箱的振动现象就能减少，也不会出现"掉刀"现象，工件的加工质量也会提高。制造厂家提示用户，主轴上不准用过重的刀具，原因之一就是防止过重的刀具破坏已建立好的"平衡"。

常见的主轴平衡机构有重锤平衡机构、弹簧平衡机构、液压平衡机构、伺服平衡机构等。重锤平衡机构最简单，但自由重锤的上下移动无法与主轴箱的高速运动相协调，会引起主轴箱的不稳定。弹簧的平衡力一般是个变数，它需要用凸轮等机构作适当的修正，但也会因主轴箱的高速运动引发振动等不稳定现象。液压平衡是一种较理想的平衡方式，但它需要增设昂贵的液压系统，密封元件会老化，会出现漏油现象，蓄能器也需要充气护理。伺服平衡是最近几年新推出的一种平衡机构。它简便、干净、响应速度快、平衡质量高，是一种新型的平衡机构。

（4）刀库　加工中心上配备了能存放某些工序所用刀具和测量工具的刀库。刀库和自动换刀装置的出现，使加工中心具备了工序集中的特点，大大减少了人工装夹刀具、测量和机床调整时间，使加工中心的切削时间达到机床开动时间的80%左右（普通机床仅为15%~20%）；同时还减少了工序之间的工件周转、搬运和存放时间，缩短了生产周期，具有十分明显的经济效果。显然，加工中心的刀库及自动换刀装置，将数控机床提高一个档次，获得显著的技术经济效果。因此，加工中心成了数控铣床的替代产品。

常见的刀库形式有转塔式刀库（与电动机、变速箱做成一体，共同沿机床导轨上下运动）、圆盘式刀库（它结构简单、紧凑，有轴向取刀形式（鼓轮式）和径向取刀形式（斗笠式）两种）、单环链式刀库（刀库一般置于机床立柱侧面，采用轴向取刀方式）、多环链式刀库（刀具容量很大，且刀库外形紧凑，所占空间小，刀具识别装置所用元件也少，选刀时间较短）等。

## 3.5　其他机床

### 3.5.1　普通钻床与数控钻床

#### 1. 钻床简介

钻床是指主要用钻头在工件上加工孔的机床。通常，钻头旋转为主运动，钻头轴向移动为进给运动。钻床上主要的加工方式是钻孔，此外还能进行扩孔、铰孔、锪孔、刮平面、攻螺纹等加工。

钻孔是用麻花钻、扁钻、中心钻等在实体材料上钻削通孔或不通孔，一般用于钻削孔径不大、精度要求不高、表面质量也较差的孔，但钻孔的金属切除率高，切削效率高。扩孔是用扩孔钻扩大工件上预制孔的孔径。铰孔是在工件孔壁上用直径尺寸精确的偶数多齿铰刀，切除微量金属层，以提高孔的尺寸精度（H5~H10）和改善表面粗糙度（$R_a = 1.6 \sim 0.2\mu m$）。锪孔是用锪孔钻在预制孔的一端加工沉孔、锥孔、局部平面、球面等。工件的钻孔孔距精度由机床夹具（钻模）和操作者的技术水平保证。钻床是机械制造和修理企业必不可少的机床设备。

#### 2. 钻床类型

（1）普通钻床　钻床的主要类型有台式钻床（可安放在作业台上，主轴垂直布置的小型钻床)、立式钻床(主轴箱和工作台安置在立柱上,主轴垂直布置的钻床)、摇臂钻床(摇臂可绕立柱回转和升降,通常主轴箱在摇臂上作水平移动的钻床)、铣钻床(工作台可纵、横向移动,钻轴垂直布置,也可进行铣削的钻床)、深孔钻床(用特殊的深孔钻头,工件旋转,钻头作进给运动,并导入高压切削液,钻削深孔的钻床)、平端面中心孔钻床(切削轴类端面和用中心钻加工的中心钻床)、卧式钻床(主轴水平布置,主轴箱可垂向移动的钻床)。

(2) 数控钻床　数控钻床是用数控系统控制加工过程的钻床。它有单工作台和双工作台两种形式,都是用数控进行点位、直线控制的, 定位精度为 ±(0.02～0.1)mm。数控立式钻床主机类型主要有十字工作台立式钻床、转塔立式钻床等。双工作台的数控钻床有两个可互相交替的工作台, 能将机动时间与装卸工件的辅助时间重叠起来, 提高机床效率。

数控钻床应用范围也较广, 在 IT 行业中, 印制电路板数控钻床有 2～4 根主轴,用于对单面、双面或多层印制电路板进行小孔钻削加工。国外对一些大型工件(大型水电站水轮机叶片)的粗加工, 也先采用数控钻床进行矩阵式密集钻削,迅速去掉大量加工余量;再用加工中心进行铣削成形, 以降低加工成本。

### 3.5.2　磨床

#### 1. 概述

磨床是用磨具或磨料加工工件各种表面的机床。通常, 磨具旋转为主运动, 工件或磨具的移动为进给运动。磨床加工材料范围广泛, 但主要用于磨削淬硬钢和各种难加工材料。磨床可用于磨削内、外圆柱面和圆锥面、平面、螺旋面、花键、齿轮、导轨、刀具及各种成形面。它一般用于精加工。

磨床的品种最多, 约占全部金属切削机床的 1/3。磨床的主要类型有外圆磨床(主要用于磨削圆柱形和圆锥形外表面的磨床,一般工件装夹在床头和尾座顶尖间进行磨削)、内圆磨床(主要用于磨削圆柱形和圆锥形内表面的磨床,砂轮主轴一般为水平布置)、无心磨床(工件采用无心夹持,一般支承在导轮和托架之间,由导轮驱动工件旋转,主要用于磨削圆柱形表面)、平面磨床(主要用于磨削工件平面)、导轨磨床(主要用于磨削机床导轨面)、砂带磨床(用运动的砂带磨削工件)、砂轮机(主要用于修磨普通刀具和坯件毛刺)、工具磨床(用于磨削工具的磨床)等。此外还有曲轴磨床、凸轮轴磨床、轴承磨床、花键轴磨床、轧辊磨床等专用磨床。

#### 2. M1432B 万能外圆磨床

M1432B 万能外圆磨床是应用最普遍的一种外圆磨床,其工艺范围广,主要用于磨削内外圆柱表面、内外圆锥表面、阶梯轴轴肩和端面、简单的成形回转体表面等。M1432B 型万能外圆磨床属于工作台移动式普通精度级磨床,自动化程度较低,磨削效率不高,所以该机床适用于工具车间、机修车间和单件、小批生产车间。

(1) M1432B 万能外圆磨床的组成部件　M1432B 型万能外圆磨床的外形如图 3-28 所示, 它主要由以下部件组成:

1) 床身。床身是磨床的基础支承件。床身的前部导轨上安装有工作台,工作台台面上装有工件头架和尾座。床身后部的横向导轨上装有砂轮架。

2) 工件头架。工件头架是装有工件主轴并驱动工件旋转的箱体部件, 由头架电动机驱动, 经变速机构使工件产生不同速度的旋转运动, 以实现工件的圆周进给运动。头架体座可

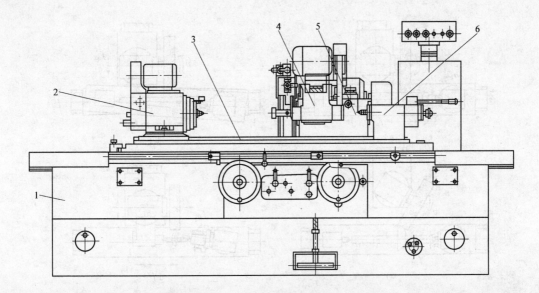

图 3-28 M1432B 型万能外圆磨床的外形

1—床身 2—工件头架 3—工作台 4—内圆磨具 5—砂轮架 6—尾座

绕其垂直轴线在水平面内回转，按加工需要在逆时针方向 90° 范围内作任意角度调整，以磨削锥度大的短锥体零件。

3）工作台。工作台通过液压传动作纵向直线往复运动，使工件实现纵向进给。工作台分上、下两层，上工作台可相对于下工作台在水平面内顺时针最大偏转 3°。规格为最大磨削长度 750mm 的磨床逆时针最大偏转 8°；规格为最大磨削长度 1000mm 的磨床逆时针最大偏转 7°；规格为最大磨削长度 1500mm 的磨床逆时针最大偏转 6°，以便磨削锥度小的长锥体零件。

4）砂轮架。砂轮架由主轴部件和传动装置组成，安装在床身后部的横导轨上，可沿横导轨作快速横向移动。砂轮的旋转运动是磨削外圆的主体运动。砂轮架可绕垂直轴线转动 ±30°，以磨削锥度大的短锥体零件。

5）内圆磨具。内圆磨具用于磨削内孔，其上的内圆磨砂轮由单独的电动机驱动，以极高的转速作旋转运动。磨削内孔时，将内圆磨具翻下对准工件，即可进行内圆磨削工作。

6）尾座。尾座的顶尖与头架的前顶尖一起支承工件。

（2）机床的运动与传动 图 3-29 所示为 M1432B 型万能外圆磨床的几种典型加工方法。其中图 3-29a、b、d 是采用纵磨法磨削外圆柱面和内、外圆锥面；图 3-29c 是切入式磨削短圆锥面。

磨削外圆时，砂轮的旋转运动是由电动机（转速 1500r/min，功率 5.5kW）经 V 带直接传动。磨削内圆时，砂轮主轴的旋转运动由另一台电动机（转速 3000r/min，功率 1.1kW）经平带直接传动。更换带轮，可使砂轮主轴获得 2 种高转速（1000r/min，1500r/min）。

工件圆周进给运动是由双速电动机驱动，经三级 V 带传动，把运动传给头架的拨盘。它是双速电动机与塔轮变速相结合，使工件获得 25～220r/min 的 6 种不同的圆周进给转速。

为保证工件纵向进给运动的平稳性，并便于实现无级调速和往复运动循环的自动化，工件纵向进给运动由液压缸控制。此外，也可由手轮驱动工作台。

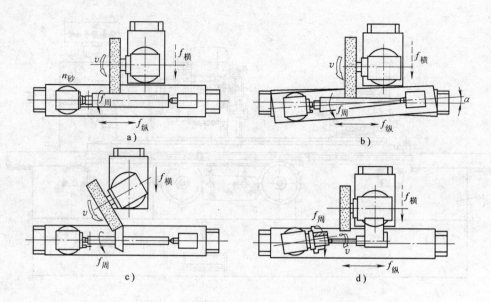

图 3-29　M1432B 型万能外圆磨床加工示意图

a）磨削外圆柱面　b）磨削小锥度外圆锥面　c）切入式磨削外圆锥面　d）磨削内圆锥面

### 3.5.3　光整加工设备

工件的表面质量对工件的使用性能、寿命和可靠性都有很大的影响。如何获得高质量的表面质量一直是机械加工关注的重要问题。作为机械加工的最终加工工序，表面光整加工技术以获得高质量的表面为目的，在制造业得到了日益广泛的应用。

**1. 研磨与抛光加工**

（1）研磨和抛光的机理

1）研磨的机理。研磨是将研磨工具（简称研具）表面嵌入磨料或敷涂磨料并添加润滑剂，在一定的压力作用下，使工件和研具接触并作相对运动，通过磨料作用，从工件表面切去一层极薄的切屑，使工件具有精确的尺寸、准确的几何形状和很高的表面粗糙度。这种对工件表面进行最终精密加工的方法，称为研磨。其加工模型如图 3-30 所示。

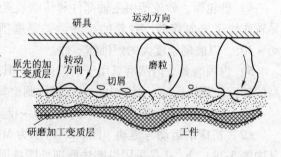

图 3-30　研磨加工模型

研磨的实质是用游离的磨粒通过研具对工件表面进行包括物理和化学综合作用的微量切削，其速度很低，压力很小，经过研磨的工件可获得 0.001mm 以内的尺寸误差，表面粗糙度值 $R_a$ 一般能达到 0.4 ~ 0.1μm，最小可达 0.012μm，表面几何形状精度和一些位置精度也可进一步提高。

关于研磨加工的机理有多种观点，如"纯切削说"、"塑性变形说"、"化学作用说"等。但研究表明，研磨过程不可能由一种观点来解释。事实上，研磨是磨粒对工件表面的切削、活性物质的化学作用及工件表面挤压变形等综合作用的结果。某一作用的主次程度取决于加工性质及加工过程的进展阶段。

2) 研磨加工的特点。研磨可以使工件获得极高的精度,其根本原因是这种工艺方法和其他工艺方法比较起来有一系列的特点。这些特点主要包括以下几个方面:

① 在机械研磨中,机床-工具-工件系统处于弹性浮动状态,这样可以自动实现微量进给,因而可以保证工件获得极高的尺寸精度和形状精度。

② 研磨时,被研磨工件不受任何强制力的作用,因而处于自由状态。这一点对于刚性比较差的工件尤为重要,否则,工件在强制力作用下将产生弹性变形,在强制力去除后,由于弹性恢复,工件精度将受到严重破坏。

③ 研磨运动速度通常在 30m/min 以下,这个数值约为磨削速度的 1% 。因此,研磨时工件运动的平稳性好,能够保证工件有良好的几何形状精度和相互位置精度。

④ 研磨时,只能切去极薄的一层材料,故产生的热量少,加工变形小,表面变质层也薄,加工后的表面有一定的耐蚀性和耐磨性。

⑤ 研磨表层存在残余压应力,有利于提高工件表面的疲劳强度。

⑥ 操作简单,一般不需要复杂昂贵的设备。除了可采用一定的设备来进行研磨外,还可以采用简单的研磨工具,如研磨心棒、研磨套、研磨平板等进行机械和手工研磨。

⑦ 适应性好。不仅可以研磨平面、内圆、外圆,而且可以研磨球面、螺纹;不仅适合手工单件生产,而且适合成批机械化生产;不仅可加工钢材、铸铁、有色金属等金属材料,而且可加工玻璃、陶瓷、钻石等非金属材料。

⑧ 研磨可获得很低的表面粗糙度值。研磨属微量切削,背吃刀量小,且运动轨迹复杂,有利于降低工件表面粗糙度值;研磨时基本不受工艺系统振动的影响。

3) 抛光机理。抛光过程与研磨加工基本相同,如图 3-31 所示。

抛光是一种比研磨更微磨削的精密加工。研磨时研具较硬,其微切削和挤压塑性变形作用较强,在尺寸精度和表面粗糙度两方面都有明显的加工效果。在抛光过程中也存在着微切削作用和化学作用。由于抛光所用的研具较软以及抛光过程中的摩擦现象,使抛光接触点稳定上升,所以抛光过程中还存在塑性流动。因此,抛光可进一步降低表面粗糙度值,并获得光滑表面,但不提高表面的形状精度和位置精度。

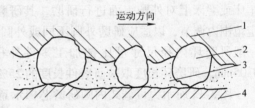

图 3-31　抛光加工过程示意图
1—软质抛光器具　2—细磨粒
3—微小切屑　4—工件

抛光加工是在研磨之后进行,经抛光加工后的表面粗糙度值 $R_a$ 可达 $0.4\mu m$ 以下。模具成形表面的最终加工,大部分都需要进行研磨和抛光。

(2) 研磨抛光分类

1) 按操作方法不同分类。研磨抛光加工可分为手工研磨抛光和机械研磨抛光。手工研磨抛光主要用于单件小批量生产和修理工作中,但也用于性质比较复杂、不便于采用机械研磨抛光的工件。在手工研磨抛光作业中,操作者的劳动强度很大,并要求技术熟练,特别是某些高精度的工件,如量块、多面棱体、角度量块等。机械研磨抛光主要应用于大批量生产中,特别是几何形状不太复杂的工件,经常采用这种研磨方法。

2) 按研磨抛光剂使用的条件分类。可分为湿研、干研和半干研三种。湿研又称敷料研磨。它是将研磨剂连续涂敷在研具表面，磨料在工件与磨具间不停地滚动和滑动，形成对工件的切削运动。湿研金属切除率高，多用于粗研和半精研。

干研又称嵌砂（或压砂）研磨。它是在一定压力下，将磨粒均匀地压嵌在研具的表层中进行研磨。此法可获得很高的加工精度和很小的表面粗糙度值，故在加工表面几何形状和尺寸精度方面优于湿磨，但效率较低。

半干研磨类似于湿研。它所使用的研磨剂是糊状的，粗、精研均可采用。

3）按加工表面的形状特点分类。研磨抛光加工可分为平面、外圆、内孔、球面、螺纹、成形表面和啮合表面轮廓加工。

（3）研磨抛光设备

1）研具。研具的常用材料有铸铁、软钢、青铜、黄铜、铝、玻璃和沥青等。研具的主要作用，一方面是把研具的几何形状传递给研磨工件，另一方面是涂敷或嵌入磨料。为了保证研磨的质量，提高研磨工作的效率，所采用的研磨工具应满足如下要求：研具应具有较高的尺寸精度和形状精度、足够的刚度、良好的耐磨性和精度保持性；硬度要均匀，且低于工件的硬度；组织均匀致密，无夹杂物，有适当的被嵌入性；表面应光整，无裂纹、斑点等缺陷；应考虑排屑、储存多余磨粒及散热等问题。

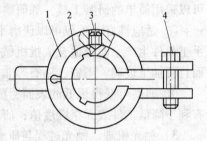

图 3-32　外圆研磨环
1—研磨套　2—研磨环
3—限位螺钉　4—调节螺钉

通用的研具有研磨砖、研磨棒、研磨平板等。新型研具有含固定磨料的烧结研磨平板、电铸金刚石油石及粉末冶金研具等。

图 3-32 所示为可调式的外圆研磨环示意图。它可在车床或磨床上对外圆表面进行研磨，其研磨内径可在一定范围内调节，以适应研磨外圆不同或外圆变化的需要。一般研磨环内径尺寸可比被加工零件外径大 0.025 ~ 0.05mm，研磨环长度取被研磨件长度的 25%~50% 为宜。

图 3-33 所示为可调式内圆研磨芯棒示意图。根据研磨零件的外形和结构不同，分别在钻床、车床或磨床上进行内圆表面加工。它借助锥形芯轴的锥面进行外圆直径的微量调节。

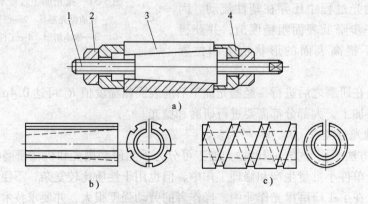

a）

b）　　　　　　　c）

图 3-33　可调式内圆研磨芯棒
a）可调式内圆研磨芯棒　b）轴向直槽研磨套　c）螺旋槽研磨套
1—芯棒　2—螺母　3—研磨套　4—套

研磨芯棒外径尺寸比研磨内孔小 0.01~0.025mm，芯棒长度为研磨零件长度的 2~3 倍。

2）研磨剂。研磨剂是很细（小于 W28）的磨料、研磨液（或称润滑剂）和辅助材料的混合剂。

磨料一般是按照硬度来分类的。硬度最高的金刚石，主要用于研磨硬质合金等高硬材料；其次是碳化物类，如碳化硼、黑碳化硅、绿碳化硅等，主要用于研磨铸铁、有色金属等；再次是硬度较高的刚玉类（$Al_2O_3$），如棕刚玉、白刚玉等，主要用于研磨碳钢、合金钢和不锈钢等；硬度最低的氧化物类（又称软质化学磨料），有氧化铬、氧化铁和氧化镁等，主要用于精研和抛光。

研磨液在研具加工中，不仅能起调合磨料的均匀载荷、粘吸磨料、稀释磨料和冷却润滑作用，而且还可以起到防止工件表面产生划痕及促进氧化等化学作用。常用的研磨液有全损耗系统用油 L—AN15、煤油、动植物油、航空油、酒精、氨水和水等。

辅助材料是一种混合脂，在研磨中起吸附、润滑和化学作用。最常用的有硬脂酸、油酸、蜂蜡、硫化油和工业甘油等。

**2. 珩磨**

（1）珩磨加工的原理　珩磨是在低切削速度下，以精镗、铰削或内孔磨削后的预加工表面为导向，对工件进行精整加工的一种定压磨削方法。它利用可胀缩的磨头使磨粒颗粒很细（#280~W20）的珩磨条压向工作表面以产生一定的接触面积和相应的压力（$2~5kg/cm^2$），同时珩磨条在适当的切削液作用下对被加工表面作旋转和往复进给的综合运动（使磨削纹路交叉角为 30°~60°），从而达到改善表面质量（使被加工工件表面粗糙度值 $R_a$ 减小至 0.1~0.012μm），改善表面应力状况（产生残余压应力）和基本不产生表面变质层（变质层只有 0.002mm 深），以提高工件加工精度的目的。

珩磨是利用"误差平均法"的原理来提高加工表面精度的。因此，对珩磨头本身的精度要求并不很高。但珩磨条必须以原有的加工表面为导向（因此对珩磨表面的前道工序有一定的加工要求），并要使珩磨条在加工表面上每一次往复运动的轨迹不重复，这样才能使珩磨达到理想的效果。

珩磨的工作原理如图 3-34 所示，珩磨加工时工件固定不动，珩磨头与机床主轴浮动连接，在一定压力下通过珩磨头与工件表面的相对运动，从被加工表面切去一层极薄的金属。

珩磨加工时，珩磨头有三个运动，即旋转运动、往复运动和垂直于被加工表面的径向加压运动。前两种运动是珩磨的主运动，它们的合成使珩磨油石上的磨粒在孔的表面上的切削轨迹呈交叉而不重复的网纹（见图 3-34b），因而易获得低表面粗糙度值的表面。径向加压运动是油石的进给运动，加的压力越大，进给量就越大。

（2）珩磨加工的特点　珩磨加工是一种使工件表面达到高精度、高表面质

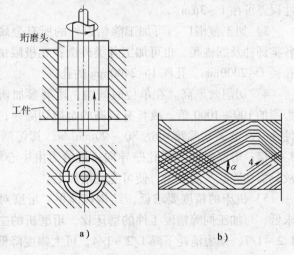

a)　　　　　　　b)

图 3-34　珩磨加工的工作原理

量、高寿命的高效加工方法。在孔珩磨加工中，是以原加工孔中心进行导向。珩磨加工孔径最小可达5mm，最大可达1200mm，而加工孔长可达 $L/D = 10$ 或更高，这是一般磨床所不能相比的。珩磨加工用的珩磨机床，在珩磨头和夹具浮动的情况下，其机床精度和其他机床相比，加工同样精度的工件时，珩磨机床的精度可比其他机床低得多。

珩磨与研磨相比，珩磨劳动强度低，生产效率高，易于实现自动化，且加工表面易清洗。经珩磨加工的工件，使用寿命比研磨的高。

珩磨与挤压相比，珩磨加工精度主要靠切削本身保证，而挤压加工精度受前道工序精度的影响；珩磨加工是把前道工序的刀痕磨削掉，而挤压加工是把前道工序的刀痕压倒；经珩磨加工的表面没有硬化层，而挤压加工的表面有硬化层。因此，珩磨比挤压加工表面应力小、精度稳定、使用寿命长，适合与精密配件的配合。

从磨粒的切削过程来看，珩磨与磨削加工的区别在于珩磨加工时磨粒切削刃的自砺作用显著，而磨削加工中磨粒的切削方向经常是一定的，磨粒整体直接磨耗而容易形成变钝的状态。与之相反，在珩磨加工中，由于在每个冲程中作用于磨粒的切削力方向均发生变化，所以，破碎的机会增加了，磨具表面的锋利性得以长时间的维持。珩磨速度通常是磨削速度的 $1/3 \sim 1/60$，由于以面接触的方式来弥补磨削效率的损失，所以磨削点数多，每个磨粒的垂直负荷仅是磨削情况的 $1/50 \sim 1/100$。因此，每个切削刃的平均单位时间发热量是磨削的 $1/1500 \sim 1/3000$，产生的加工应变层以及残余应力层也薄，珩磨加工还可以除去前道工序的加工变质层。

珩磨加工一般具有以下特点：

1）加工表面质量好。表面粗糙度值 $R_a$ 可达 $0.1 \sim 0.012\mu m$；工件表面形成有规则的交叉网纹，有利于润滑油的储存和油膜保持，故珩磨表面能承受较大的载荷和具有较高的耐磨性；加工热量小，工件表面不易产生烧伤、变质、裂纹、嵌砂和工件变性等缺陷，故特别适用于精密工件的加工。

2）加工精度高。加工小直径孔时，孔的圆柱度可达 $0.5 \sim 1\mu m$，直线度可达 $1\mu m$；加工中等直径孔时，孔的圆柱度可达 $5\mu m$；加工外圆柱面时，圆柱度最高可达 $0.04\mu m$；尺寸的分散性误差可在 $1 \sim 3\mu m$。

3）加工范围广。可加工除铅以外的所有金属材料；可加工各类圆柱及圆锥孔，也可加工各类外圆；在极限情况下，可加工孔径 $1 \sim 2000mm$、孔深 $1 \sim 2400mm$ 的孔。

4）切削效率高。在单位时间内，珩磨参加切削的磨粒数为磨削的 $100 \sim 1000$ 倍，故具有较高的金属切除率；珩磨阀套类工件孔时，金属切除率可达 $80 \sim 90mm^3/s$，其切削效率比研磨高 $3 \sim 8$ 倍；珩磨时以工件孔壁导向，进给力由中心均匀压向孔壁，故只需切除较少的余量，便可完成精加工。

5）机床的精度要求低，结构较简单。珩磨对机床的精度要求低，与加工同等精度工件的磨床比，珩磨机的主要精度可降低 $1/2 \sim 1/7$，动力消耗下降 $1/2 \sim 1/4$，可大幅度降低成本；机床结构较简单，除专用珩磨机外，也可用车床、钻床或镗床等设备进

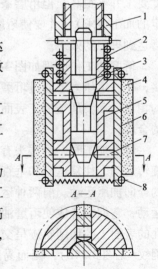

图 3-35　珩磨头

1—螺母　2—弹簧　3—调整锥
4—磨条　5—磨头体　6—垫块
7—顶销　8—弹簧

行改装，且机床较易实现自动化。

（3）珩磨头　珩磨孔的工具叫珩磨头。图 3-35 所示是一种最简单的珩磨头。磨条（数量有 3、4、5 或 6 块）用粘合剂或机械方法与垫块 6 固结在一起后装进磨头体 5 的对应槽中，垫块 6 的两端由弹簧 8 箍住在磨头体上，磨头体内还装有顶销 7 和调整锥 3，磨头体通过浮动联轴器与机床主轴连接，转动螺母 1 通过调整锥 3 和顶销 7，使磨条张开或收缩，以调整工作尺寸和工作压力。这种结构的磨头，由于生产效率低，操作不方便，而且不易保证对孔壁压力恒定，在单件小批生产中采用。在大批大量中广泛采用自动调节压力的气动、液压珩磨头。

## 3.6　机床动态特性及机床精度检验

### 1. 机床动态特性

为了适应机床现代化发展，除了要求机床具有重量轻、成本低、使用方便和良好的工艺性等一般技术经济指标外，还要求机床具有越来越高的加工性能。机床的加工性能包括其加工质量和加工效率两个重要方面。通常把被加工零件能达到的最高精度和最小表面粗糙度值作为机床加工质量的评定值，把金属切除率或切削用量的最大极限值作为机床切削效率的评定值。

机床的加工质量，不仅取决于机床的制造误差、弹性变形、热变性和磨损等因素，而且还取决于机床切削时由动态力引起的振动，包括断续切削、材料硬度变化、加工余量厚薄变化、旋转件的不平衡、齿轮轴承或其他运动件的缺陷、切削颤振等产生的动态力。因此，为了提高机床的加工质量，除了减弱和消除振源外，从动力学的角度看，还应提高机床的动态性能，即提高机床抵抗受迫振动和自激振动的能力，使机床的振动量控制在满足加工要求所允许的范围内，并在保证加工质量的前提下，充分发挥切削效率。

（1）影响机床动态特性的因素　影响机床动态特性的主要因素有机床的静刚度（通常机床静刚度较好，则动刚度也好）、激振力（越小越好）、固有角频率（应当大）、系统阻尼比（数值越大越好）等。

（2）提高机床动态特性的措施

1）提高机床构件的静刚度和固有频率。应用有限元分析法，合理设计机床大件的断面形状和尺寸，合理布置大件的肋板，改善零件间的结合面及提高连接刚度和接触刚度，提高主轴组件的刚度和传动系统刚度。

2）改善机床结构的阻尼特性。采用阻尼比大的主轴轴承，消除滚动轴承间隙并适当加大预载，采用带抗振阻尼器的直线滚动导轨，在传动系统中设置摩擦阻尼环节，采用包砂铸造和其他高阻尼材料作为基础件，改善结合面的阻尼特性。

3）合理选用工艺参数和刀具几何形状。合理选择切削速度，避开临界转速，注意主偏角产生的分力等对背吃刀量方向的刚度影响，采用不等齿距铣刀，采用变速切削等。

### 2. 机床精度与检验

（1）机床精度　工件在机床上的加工精度是衡量加工性能的一项重要指标。影响加工精度的因素很多，有机床精度影响，还有机床及工艺系统变形、加工中产生振动、刀具磨损等因素的影响。在上述因素中，机床精度是一个重要因素。机床精度一般是指机床在未受外载荷的条件下的原始精度，用实测值和理想状态之间的偏差来表达。偏差越小，精度越高。机床精度主要包括几何精度、传动精度、定位精度以及工作精度等。

1）几何精度。机床的几何精度是指机床在不运动（如主轴不转，工作台不移动）或运动速度较低时的精度。它规定了决定加工精度的各主要零、部件之间以及这些零、部件的运动轨迹之间的相对位置允差。在机床上加工的工件表面形状，是由刀具和工件之间的相对运动轨迹决定的，而刀具和工件是由机床的执行件直接带动的，所以机床的几何精度是保证加工精度最基本的条件。

2）传动精度。机床的传动精度是指机床内联系传动链两末端件之间的相对运动精度，这方面的误差称为该传动链的传动误差。传动误差直接影响复合运动轨迹的准确性及被加工表面的形状精度。对于螺纹机床、齿轮机床等，为了保证工件的加工精度，不仅要求机床有必要的几何精度，而且还要求内联系传动链有较高的传动精度。

3）定位精度。机床定位精度是指机床主要部件在运动终点所达到的实际位置精度。实际位置精度与预期位置之间的误差称为定位误差。定位精度分为间歇定位精度（如转塔自动车床上的转塔的定位精度）和连续定位精度（如仿形机床或曲线轨迹数控机床的刀尖的连续定位精度）。对于主要通过试切和测量工件尺寸来确定运动部件定位位置的机床，如卧式车床、万能升降台铣床等普通机床，它们对定位精度的要求并不太高。但对于依靠机床本身的测量装置、定位装置或自动控制系统来确定运动部件定位位置的机床，如各种自动化机床、数控机床、坐标测量机床等，对定位精度必须有很高的要求。

4）工作精度。机床的几何精度、传动精度和定位精度只能在一定程度上反映机床的加工精度，因为机床在实际工作状态下，还有各种随机因素会影响加工精度。机床在外载荷、温升及振动等工作状态作用下的精度，称为机床的动态精度。动态精度除与静态精度有密切关系外，还在很大程度上决定于机床的刚度、抗振性和热稳定性。一般是通过加工工件的精度来考核机床的综合动态精度，即机床的工作精度。工作精度是各种因素对加工精度影响的综合反映。

（2）精度检验　为了控制机床的制造质量，保证工件达到所需要的加工精度和表面粗糙度，国家对各类通用机床都规定了精度标准。标准规定了精度检验项目、检验方法和允许的误差。

以普通卧式车床为例，GB/T 4020—1997 中规定了普通精度级卧式车床 18 项精度检验项目的内容、要求和检验方法，其中的 15 项（G1～G15）是几何精度检验项目，这些都是最终影响车床工作精度的零部件的精度检验项目；3 项（P1～P3）是工作精度检验项目，它是通过对规定试件进行精加工，来检验车床是否符合规定的设计要求。如果几何精度检验和工作精度检验得到相互不同的结论，此时应当以工作精度检验的结论为准。

# 3.7　机床设备的选择、调试与维护

## 3.7.1　机床设备的选择

### 1. 用户使用机床设备时的主要期望

1）外观和感觉。机床设备是否合理地影响用户的生活方式和个人形象或是改善他们的美学和心理体验，这是通过感官因素——视觉、听觉、触觉感知的。

2）产品性能。其功能是否达到预期的效果，与机床设备技术的互动是否能够增强用户的综合体验，它是机床设备各项功能特征的直接表现。

3）心理度量因素。所选择的机床设备是否提供了能让人们感觉物有所值的价值，它是通过强调目标市场的需求和特点来实现的。

这些属性将最终转变为产品，并通过造型风格（创造感觉因素）、技术（使功能得以实现）、价格和品牌策略（描述了产品成本意向和适合目标市场的产品品牌）来表现。

**2. 用户选择机床的原则**

一般情况下用户都是遵循"好看、好听、好用、好修、好买"的原则去选择机床设备。

1）好看。好看的机床设备，是技术与艺术的完美结合，是满足物质功能需要的实用性与满足精神功能需要的审美性的完美结合。好看的机床设备造型能拉近人机之间的距离，能提起操作的欲望，能引起对设备更多的关爱。

好看的另一方面是指机床设备的外观质量要好。在它的外露表面没有磕碰划伤和扭曲变形；加工面光洁，没有锈蚀、拉毛和毛刺；涂镀层没有漏涂、泛色、起皮等缺陷。好看的外观质量，在一定程度上能反映出它良好的精工细作的内在质量，能反映出生产企业的管理和生产的文明程度。因此人们在选择机床设备时，对外观质量提出了愈来愈高的要求。

2）好听。好听就是要求机床设备在运行时的噪声很低。噪声是反映机床设备质量的重要综合指标。它或多或少地能反映出设计质量、零件加工质量、外购件的选用质量、零部件结构刚度、装配质量、润滑的方式、运行时发热的可能性、使用后工件加工质量的稳定性等因素。

好听的第二层意思是在进行用户调研时，其他用户对该机床设备的使用评价要好听。若调研后发现用户对该机床评价不好，那么其他用户是不愿去重蹈覆辙的。

好听的第三层意思是在进行市场调研后，去购置市场声誉好的名牌机床设备。

3）好用。好用是选择机床设备的最重要准则。所选机床设备一定要满足使用功能要求、满足加工工艺要求。它能高效经济地加工出满足质量要求的工件，工件加工质量稳定；机床设备的附件、备件及相关技术资料齐全，有拓展功能的余地；机床操作轻巧方便简单，对操作者的能力要求不高，劳动条件好，不污染环境；对使用环境质量的要求低，符合操作使用习惯；运行费用省；设备安全性可靠性好，不易发生操作事故；寿命长，维护保养容易等。

4）好修。好修就是要求机床的售后服务好，响应速度快，故障诊断方便迅速，备件供应充足，维修更换简捷，维护费用低，无后顾之忧等。

5）好买。好买是指机床设备的"性能价格比"高，售前提供的资料充分详实，有很大选择余地，购买手续简便，渠道通畅，占用资金少时间短，信誉度好，供货及时等。

## 3.7.2　机床设备的调试验收

调试前进行通电、通气、通水（切削液）、加油。有的设备出厂前试车时在润滑油中加了适量防锈添加剂，最好能加入《使用说明书》中规定的润滑油，跑合运行一段时间后，将它放掉，重新换上新规定的润滑油。接电源前应仔细检查电气系统是否完好，注意电动机有无受潮。电源接好后要开空车检查一下电动机旋转方向是否与规定旋转方向一致。

调试验收时要认真做好记录。先对设备进行自然调平，再进行逐项调试。对于某些机床设备在验收试验过程中，需要紧定地脚螺栓时，应在达到自然调平后，再紧定地脚螺栓，或按另行规定。

一切准备就绪后，进行空运转试验。先低速后高速，逐级进行，每级速度的运转时间不得少于2min。在最高速度时，应运转足够的时间，同时检查主轴轴承等是否温升异常；无级变速的机床设备，选择低、中、高速进行空运转试验。空运转试验时，就要检验各种运动的起动、停止、制动及自动动作的灵活性和可靠性；变速、转换动作的可靠性和正确性；重复定位、分度、转位动作的准确性；自动循环动作的可靠性；夹紧装置、快速移动机构、读数指示装置和其他附属装置的可靠性。对有刻度装置的手轮、手柄，还应检查其反向空行程量和它们的操纵力是否都在规定的范围内。

空运转试验之后，进行机床设备的精度检验，它应按标准和相应的规定进行。通常在进行切削试验和工作试验后，再进行几何精度检测。有些几何精度检测项目，要求进行"热检"，这时应使主轴承温升达到稳定后，立即进行检测。"冷检"，是主轴承在室温时检测的有关几何精度项目。有些几何精度在检测时还要在轴端施加一个规定的轴向力，以消除轴承轴向游隙的影响。实测值与质量检验单上的数值，应基本一致，对超差项目进行认真复查，确实超差的，应找出原因或请生产单位解决。

### 3.7.3　机床的使用与维护保养

设备维护保养不仅是日常维护和修复损坏零件和排除故障，而是保证企业生存，取得经济效益的一种长期性、连续性投资。设备的维护保养包括为防止设备老化，维持设备性能而进行的清扫、检查、润滑、紧固以及调整等日常维护保养工作；为测定劣化程度或性能降低程度而进行的必要的检查；为修复劣化恢复设备性能而进行的修理活动等。

设备维护保养按工作量大小可分为：

1）日常保养（例行保养）。重点是进行清洗、润滑、紧固易松动的螺钉，检查零部件的状况。日常保养是一种经常性的不占设备工时的维护保养，它是维护保养工作的基础。

2）一级保养。除普遍地进行紧固、清洗、润滑和检查外，还要部分地进行调整。在跑合磨损时，零件的磨损速度都比较快，都应及时进行调整。例如，对一些刚使用不久的新摩擦片离合器，其磨损较快，应及时加以调整，以确保它能传递额定转矩。

3）二级保养。主要是进行内部清洗、润滑、局部解体检查和调整。

4）三级保养。对设备主体部分进行解体检查和调整工作，同时更换一些磨损零件并对主要零部件的磨损情况进行测量。

一、二、三级保养要占一定的设备工时；日常保养和一级保养由操作工人负责执行；二级保养和三级保养由维修工人执行，操作工人参加。

## 习　题

3-1　机床有哪些基本组成部分？试分析其主要功用。

3-2　什么是逆铣？什么是顺铣？试分析逆铣和顺铣、对称铣和不对称铣的工艺特征。

3-3 试以外圆磨床为例分析机床的哪些运动是主运动，哪些运动是进给运动？

3-4 平面铣削有哪些方法？各适用于什么场合？镶齿端铣刀能否在卧铣上加工水平面？立铣刀能否在卧铣上铣削小平面和沟槽？

3-5 珩磨时，珩磨头与机床主轴为何要作浮动连接？珩磨能否提高孔与其他表面之间的位置精度？

3-6 内圆磨削的精度和生产力为什么低于外圆磨削，表面粗糙度为何略大于外圆磨削？

3-7 分析评价机床动态特性研究的实际意义。

3-8 按图 3-36 写出传动路线表达式，计算主轴的转速级数，并分析机床的传动系统设计是否合理？

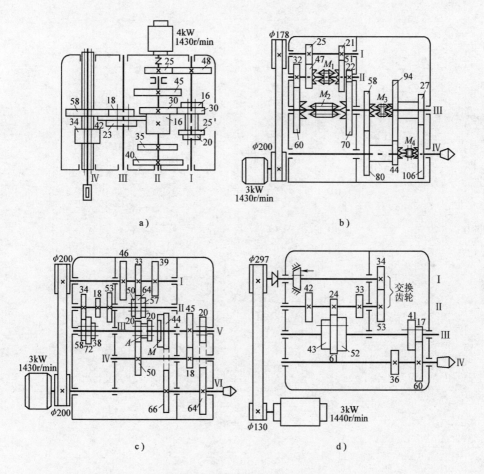

图 3-36 几种机床的部分传动系统

3-9 数控车床的结构有何特征？与普通机床有何不同？

3-10 卧式车床中能否用丝杠代替光杠作机动进给，为什么？

3-11 为什么卧式车床的进给运动由主电动机带动，而 XA6132 型铣床的主运动和进给运动分别由两台电动机带动？

3-12 在 XA6132 型卧式升降台铣床上利用 FW250 分度头铣切 $z = 19$、$m = 2mm$、$\beta = 20°$ 的螺旋圆柱齿轮，试确定交换齿轮的齿数。

3-13 机床传动的基本组成是什么？各部分的作用是什么？

3-14 CA6140A 型卧式车床车削螺纹传动链中有哪些机构？各机构的作用如何？

3-15　SSCK20A 型数控车床的机械传动部分有何特点？

3-16　CA6140A 型卧式车床的主运动、车螺纹运动、纵向及横向进给运动、快速运动等传动链中，哪几条传动链的两端件之间要求具有严格的传动比？哪几条传动链是外联系传动链？

3-17　以 M1432B 型磨床为例，与 CA6140A 型卧式车床进行比较，说明为了保证精加工质量，M1432B 型磨床在传动与结构方面采取了哪些措施？

3-18　珩磨头必须具备哪些基本条件？珩磨加工能否提高被加工表面的位置精度？

3-19　研磨加工如何提高被加工表面的表面质量？

# 第4章 工艺系统中的夹具

机械加工过程中，通常采用夹具来安装工件，以确定工件和切削刀具的相对位置，并把工件可靠地夹紧。在机床上，一般都附有通用夹具，如车床上的三爪自定心卡盘、四爪单动卡盘；铣床上的台虎钳、转盘、分度头等。这些通用夹具具有一定的通用性，可以用来安装一定尺寸和一定外形的各种工件，因而在各种机械制造厂，特别是在工件品种多而批量不大的工具和机修车间应用的非常广泛。

但是，在实际生产中，常常发现仅使用通用夹具不能满足生产要求，用通用夹具装夹工件生产效率低，劳动强度大，加工质量不高，而且往往需要增加划线工序。因此，必须设计制造一种专用夹具，以满足零件生产中具体工序的加工要求。

本章的主要内容是研究专用机床夹具设计的原理和方法。

## 4.1 夹具的功用、组成与分类

### 1. 夹具的功用

夹具是为了适应某工件某工序的加工要求而专门采用或设计的，夹具的功用体现在：

（1）保证被加工表面的位置精度　使用夹具的主要作用是保证工件上被加工表面的相互位置精度。例如，表面之间的距离和平行度、垂直度、同轴度等。对于形状复杂、位置精度要求高的工件，使用通用夹具进行加工，常常难以满足精度要求，甚至根本不能保证位置精度。

（2）缩短工序时间，提高劳动生产率　完成某工序所需要的时间称为工序时间，其中主要的两部分时间是加工需要的机动时间和装卸工件所需要的辅助时间。一般使用夹具主要是缩短辅助时间。在现代的夹具设计中，广泛使用气动、液压、电气等夹紧装置，更可使装卸工件所需要的时间大为减少。

机械加工过程中采用夹具，能省掉采用其他方法找正工件时所耗费的时间，省掉了工件对刀应花费的时间，因此能有效提高劳动生产率。

（3）扩大机床的工艺范围　机械加工过程中采用夹具，能把一些在正常条件下该机床不能加工的工作变成可能。例如，采用镗模夹具后，能在摇臂钻上镗削箱体零件的孔，这样扩大了钻床的工艺范围。

（4）减轻劳动强度，保障生产安全　使用专用夹具特别是自动化程度较高的专用夹具，对于减轻工人的劳动强度，保障生产安全都有很大作用。例如，喷气发动机涡轮盘自动化拉削夹具的使用，免除了工人来回搬运拉刀的繁重劳动，使劳动条件大为改善，生产率提高了1.5倍，也大大减少了损坏拉刀的事故。

### 2. 夹具的组成

（1）定位元件　定位元件用于确定工件在夹具中的正确位置。

如图4-1所示，钻后盖上的 $\phi10\mathrm{mm}$ 孔，其钻夹具如图4-2所示。夹具上的圆柱销5、菱形销9和支承板4都是定位元件，通过它们使工件在夹具中占据正确的位置。

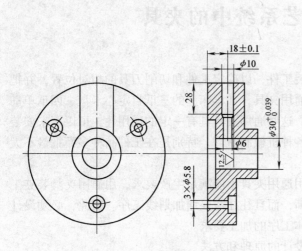

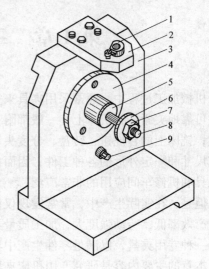

图 4-1 后盖零件钻径向孔的工序图

图 4-2 后盖钻夹具

1—钻套 2—钻模板 3—夹具体 4—支承板

5—圆柱销 6—开口垫圈 7—螺母

8—螺杆 9—菱形销

（2）夹紧元件 夹紧元件用来固定工件在定位后的位置。夹紧元件始终使工件的定位基准面与夹具的定位件之间保持良好接触，不会因加工过程中的切削力、重力、惯性力等因素的影响而使工件定位发生变动。图 4-2 中的螺杆 8（与圆柱销合成一个零件）、螺母 7 和开口垫圈 6 就起了上述的作用。

（3）对刀或导向装置 用于确定刀具相对于定位元件的正确位置。图 4-2 中钻套 1 和钻模板 2 组成的导向装置，就确定了钻头轴线相对定位元件的正确位置。铣床夹具上的对刀块和塞尺也为对刀装置。

（4）连接元件 连接元件是确定夹具在机床上正确位置的元件。图 4-2 中夹具体 3 的底面为安装基面，它保证了钻套 1 的轴线垂直于钻床工作台以及圆柱销 5 的轴线平行于钻床工作台。因此，夹具体可以兼做连接元件。车床夹具上的过渡盘、铣床夹具上的定位键都是连接元件。

（5）夹具体 它是夹具的基础件，用于支承和连接夹具的各种元件和装置，并与机床有关零部件连接，使之组成一个整体。图 4-2 中的夹具体 3，通过它将夹具的所有元件连接成一个整体。

（6）其他 根据工序要求的不同，有时机床夹具上还需要配置其他元件或装置，如分度装置、安全保护装置、防止工件错装装置、顶出工件装置、吊装元件等。

上述各组成部分中，定位元件、夹紧元件、夹具体是夹具的基本组成部分。

**3. 夹具的类型**

1）按使用夹具的机床分，可分为车床夹具、铣床夹具、磨床夹具等。

2）按夹紧动力源分，可分为手动夹具、气动夹具、液压夹具、电动夹具、磁力夹具、真空夹具等。

3）按通用化程度分，可分为：

① 通用可调整夹具。如三爪自定心卡盘、分度头、平口钳等。这种夹具的通用性强，工件定位基准面形状较简单，生产效率较低。有的通用可调整夹具已作为机床附件，进行专业化生产。它主要用于单件、小批量生产。

② 专用夹具。它是针对某一工件的某一工序专门设计的夹具。这种夹具的结构较紧凑、操作简便、生产率高，但它的设计制造周期长，主要用于大批量生产中。如图 4-2 所示的钻床夹具。

③ 专业化可调整夹具（成组夹具）。它是针对形状、尺寸、工艺要求相似的一组工件所设计的夹具。这种夹具主要用于多品种成批生产中，尤其适用于成组生产。

④ 组合夹具。它是由预先制造好的一套标准元件组装成的专用夹具，使用后即可拆开，元件又可用于组装新的夹具。组合夹具适用于新品试制，单件小批生产或成批生产。

# 4.2　定位原理

## 4.2.1　定位的概念

### 1. 定位与夹紧

对工件进行机械加工时，为了保证加工要求，首先要使工件相对于刀具及机床占据正确的位置，并使这个位置在加工过程中不会受外力的影响而变动。所以在加工前，就要将工件装夹好。

工件的装夹指的是工件定位和夹紧的过程。

所谓定位，是使工件在机床上或夹具中占有正确位置的过程。

工件位置的正确与否，用加工要求来衡量。能满足加工要求的为正确，不能满足加工要求的为不正确。

将工件定位后的位置确定下来，称为夹紧。工件夹紧的任务是使工件在切削力、离心力、惯性力和重力等力的作用下不离开已经占据的正确位置，以保证加工的正常进行。

### 2. 常见的定位方式

（1）直接找正定位　由工人利用划线盘、划针、千分表等工具，直接找正工件上某一个或几个表面，以确定工件在机床上或夹具中的正确位置。例如，在车床四爪单动卡盘上，工人用千分表找正工件的外圆柱表面，以满足待加工内孔与该外圆的同轴度要求。该方法定位精度取决于被找正面的精度、经验和技术水平。在一定条件下，可以获得很高的定位精度，但生产效率低，常用于单件、小批量生产。

（2）划线找正定位　先由划线钳工按工件加工要求，在工件上划出加工线、检验线和找正参考线（十字中心线），再用划线盘、划针，根据工件上的划线在机床上找正。划线时能均衡毛坯件的余量，主要用于大型铸件定位，其定位精度低。

（3）用夹具的定位元件定位　工件在夹具中的定位，就是要确定工件与夹具定位元件的相对位置，将工件直接安装在夹具的定位元件上，并夹紧；再用导向元件、对刀装置来保证刀具与工件的正确位置。采用夹具的定位元件定位再夹紧的方法，定位可靠，效率高，主要用于大批量生产中。随着夹具的发展，一些单件、小批量生产的工件也较多采用这种定位方式。

## 4.2.2　定位原理

### 1. 工件在空间的自由度

由刚体运动学可知，一个自由刚体，在空间有且仅有六个自由度。工件在没有采取定位措施以前，与空间自由状态的刚体类似，每个工件在夹具中的位置可以是任意的、不确定的。对一批工件来说，它们的位置是变动的，不一致的。对于图 4-3 所示的工件，这种状态可以在空间直角坐标系中用六个方面的独立部分表示，即沿 $Ox$、$Oy$、$Oz$ 三个坐标轴的移动，称为移动自

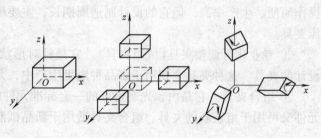

图 4-3　工件在空间直角坐标系中的六个自由度

由度，分别表示为 $\bar{x}$、$\bar{y}$、$\bar{z}$；和能绕 $Ox$、$Oy$、$Oz$ 三个坐标轴的转动，称为转动自由度，分别表示为 $\hat{x}$、$\hat{y}$、$\hat{z}$。

六个方面的自由度都存在，是工件在夹具中所占空间位置不确定的最高程度，即工件在空间最多只能有六个自由度。限制工件在某一方面的自由度，工件在夹具中某一方向的位置就得以确定。

### 2. 六点定位原则

（1）六点定位原则　工件在夹具中定位的任务，就是通过定位元件限制工件的自由度，以满足工件的加工精度要求。如果工件（自由刚体）的六个自由度都被限制，工件在空间的位置也就完全被确定下来了。因此，定位实质上就是限制工件的自由度。

分析工件定位时，通常是用一个支承点限制工件的一个自由度，用合理设置的六个支承点，限制工件的六个自由度，使工件在夹具中的位置完全确定，这就是六点定位原则。

例如，在图 4-4a 所示的矩形工件上铣削半封闭式矩形槽时，为保证加工尺寸 $A$，可在其底面 $M$ 上设置三个不共线的支承点，如图 4-4b 所示，用以限制工件的三个自由度：$\hat{x}$、$\hat{y}$、$\bar{z}$；由于主要基面（$M$ 面）要承受较大的外力（如夹紧力、切削力等），故三个支承点连接起来所组成的三角形面积越大，工件就放得越稳，越容易保证定位精度；为了保证尺寸 $B$，在工件的垂直侧面 $N$ 上布置了两个支承点，这两点的连线不能与主要定位基准（$M$ 面）垂直，且两点距离越远，限制自由度越有效，如图 4-4b 所示，这两个支承点限制了工件的两个自由度 $\bar{x}$、$\hat{z}$；为了保证尺寸 $C$ 并且承受加工过程中的切削力和冲击力等，端面 $P$ 上设置一个支承点，限制了工件绕 $y$ 轴的移动自由度 $\bar{y}$。于是工件的六个自由度全部被限制，实现了六点定位。

在具体的夹具中，支承点是由定位元件来体现的。

（2）工件定位时的注意事项

1）定位支承点是由定位元件抽象而来的。在夹具的实际结构中，定位支承点是通过具体的定位元件体现的，即支承点不一定用点或销的顶端，而常用面或线来代替。根据数学概念可知，两个点决定一条直线，三个点决定一个平面，即一条直线可以代替两个支承点，一个平面可代替三个支承点。在具体应用时，还可用窄长的平面（条形支承）代替直线，用较

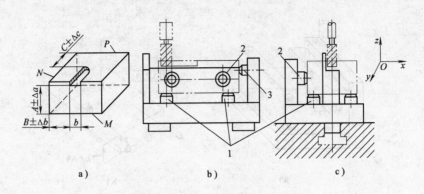

图 4-4　铣削半封闭式矩形槽工件

a）零件　b）、c）定位分析及支承点布置

小的平面来替代点。

2）定位支承点与工件定位基准面必须始终保持紧密贴合，不得脱离，否则支承点就失去了限制自由度的作用。

3）分析定位支承点的定位作用时，不考虑力的影响。工件的某一自由度被限制，是指工件在某个坐标方向有了确定的位置，而不是指工件在受到使其脱离定位支承点的外力时不能运动。使工件在外力作用下不能运动，是夹紧的作用。

4）工件在定位时，凡是影响工件加工精度的自由度均应加以限制，对于与加工精度无关的自由度可以不加限制，因此不一定对工件的六个自由度都限制。

5）支承点的分布必须合理，否则六个支承点就限制不了六个自由度，或不能有效地限制工件的六个自由度。

### 3. 工件定位情况分析

工件定位时，影响加工要求的自由度必须限制；不影响加工要求的自由度，有时要限制，有时不需限制，视具体情况而定。因此，按照加工要求确定工件必须限制的自由度，在夹具设计中是首先要解决的问题。工件定位时，会有以下几种情况：

1）完全定位。它是指工件的六个自由度都被限制了的定位。当工件在 $x$、$y$、$z$ 三个坐标方向均有尺寸要求或位置精度要求时，一般采用这种定位方式，如图 4-4 所示。

2）不完全定位。它是指工件被限制的自由度数少于六个，但仍能保证加工要求的定位。

例如，在车床上加工通孔，根据加工要求，不需限制沿工件轴线方向的平动和围绕着轴线旋转的两个自由度。所以用三爪自定心卡盘夹持限制其余四个自由度，就可以实现四点定位。

如图 4-5a 所示，在长方体工件上铣槽，根据加工要求，它只要限制五个自由度就够了，沿 $y$ 方向的移动自由度 $\vec{y}$ 可以不限制，即该工序专用夹具的设计可以采用不完全定位方式。

图 4-5b 所示为平板工件磨平面，工件只有厚度和平行度要求，只需限制 $\hat{x}$、$\hat{y}$、$\vec{z}$ 三个自由度，在磨床上采用电磁工作台就能实现这样的三点定位。

由上述分析可知，工作在定位时应该限制的自由度数目应由工序的加工要求而定，不影响加工要求的自由度可以不加限制。图 4-6 所示为不必限制绕自身回转轴线转动自由度的实例。采用不完全定位可简化定位装置，因此不完全定位在实际生产中也广泛应用。

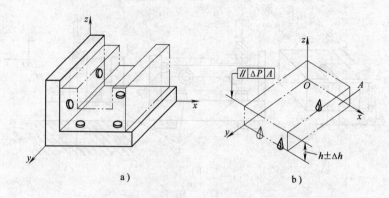

图 4-5　不完全定位

a）铣削通槽长方体的定位　b）平板工件磨平面的定位

工件定位时，以下几种情况允许采用不完全定位：

① 加工通孔或通槽时，沿贯通轴的位置自由度可以不限制。

② 毛坯（本工序加工前）是轴对称时，绕对称轴的转动自由度可以不限制。

③ 加工贯通的平面时，除可不限制沿两个贯通轴的位置自由度外，还可不限制垂直加工面的轴的转动自由度。

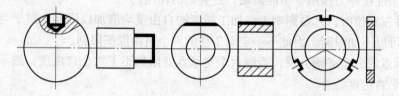

图 4-6　不必限制绕自身回转轴线转动自由度的实例

3）欠定位。工件在夹具中定位时，若实际定位支承点所限制的自由度个数少于工序加工要求应予限制的自由度个数，则工件定位不足，称为欠定位。

欠定位无法保证加工要求。因此，确定工件在夹具中的定位方案时，决不允许有欠定位的现象产生。如在图 4-4 中不在端面 $P$ 上设置一个支承点，则在一批工件上半封闭槽的长度就无法保证；若缺少侧面两个支承点时，则工件上 $B$ 的尺寸和槽与工件侧面的平行度均无法保证。

4）过定位（超定位、重复定位、定位干涉）。两个或两个以上的定位元件重复限制同一个自由度的现象，称为过定位。

过定位会造成工件与夹具上定位元件的接触点不稳定，受夹紧力后工件或定位元件产生变形，出现较大的定位误差，或者使工件不能与定位元件顺利地配合。如图 4-7a 所示，定位平面 1、短销 2 和挡销 3 限制了工件连杆的六个自由度。

如果将只能限制工件沿 $x$、$y$ 轴向移动的短销 2 改为长销，使其既能限制工件沿 $x$、$y$ 轴的两个移动自由度，又能限制工件绕 $x$、$y$ 轴的两个转动自由度，如图 4-7b 所示，那么很可能出现图 4-7c 中接触点不稳定的情况。当施以夹紧力后，就会出现图 4-7d、e 中的现象。这种随机的误差造成了定位的不稳定，严重时会引起定位干涉，因此应该尽量避免和消除过定位现象。

但是，并不是在任意情况下都不允许出现过定位。实际生产中，当工件的一个或几个自由度被重复限制，但仍能满足加工要求，即过定位不但不产生有害影响，反而可增加工件装夹刚度，这种过定位就称为可用重复定位。如以工件某一大平面定位时，不是采用能决定一个平面位置的三个支承点，而是采用在同一平面上的多个支承点定位等。

消除或减少过定位引起的干涉，一般有两种方法：一是改变定位元件的结构，如缩小定位元件工作面的接触长度，或者减小定位元件的配合尺寸，增大配合间隙等；二是控制或者提高工件定位基准之间以及定位元件工作表面之间的位置精度。

如图 4-8 所示，在插齿机上加工齿轮时，心轴 1 限制了工件的 $\bar{x}$、$\bar{y}$、$\hat{x}$、$\hat{y}$ 四个自由度，支承凸台 2 限制了工件的 $\hat{x}$、$\hat{y}$、$\bar{z}$ 三个自由度，其中重复限制了 $\hat{x}$、$\hat{y}$ 两个自由度，但由于齿坯孔与端面的垂直度较高，这种情况可认为是可用重复定位。

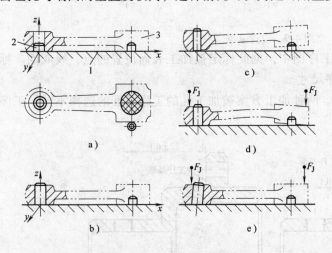

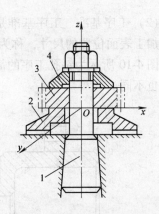

图 4-7　连杆过定位分析
1—定位片面　2—短销　3—挡销

图 4-8　插齿加工的过定位分析
1—心轴　2—支承凸台
3—齿坯（工件）　4—压板

# 4.3　常见的定位方式与定位元件

## 4.3.1　基准、定位副及定位、夹紧符号标注

### 1. 基准的类别

基准是指零件或工件上的某些点、线、面，据此确定零件或工件上其他点、线、面的位置。

根据基准的不同作用，基准分为设计基准和工艺基准两大类。前者用在零件图样中，后者用在工艺过程中，并可进一步细分为定位基准、工序基准、测量基准和装配基准，其中设计夹具常用的工艺基准为工序基准和定位基准。

（1）设计基准　设计基准是零件图上的一些点、线或面，据此标定零件图上其他点、线或面的位置。

在零件图上，按零件在产品中的工作要求，用一定的尺寸或位置来确定各表面间的相对位置。如图 4-9 所示是三个零件图的部分要求，对图 4-9a 中的平面 $A$ 来说，平面 $B$ 是它的设计基准；对平面 $B$ 来说，平面 $A$ 是它的设计基准，它们互为设计基准。在图 4-9b 中，$D$ 是平面 $C$ 的设计基准。在图 4-9c 中，大、小外圆表面之间有位置精度要求，大外圆 $A$ 是小外圆的设计基准。

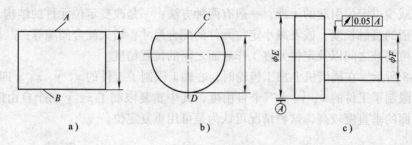

a)　　　　　　　　b)　　　　　　　　c)

图 4-9　设计基准

（2）工序基准　工序基准是在工序图中，据此标定被加工表面位置的点、线或面。标定被加工表面位置的尺寸，称为工序尺寸。

图 4-10 所示为钻孔工序的简图。两种加工方案被加工孔的工序基准的选择不同，工序尺寸也不同。

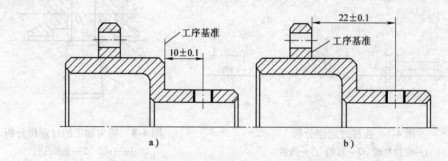

a)　　　　　　　　　　　　　b)

图 4-10　工序基准及工序尺寸

（3）定位基准　定位基准是工件上的点、线或面，当工件在夹具上（或直接在机床设备上）定位时，它使工件在工序尺寸方向上获得确定的位置。

图 4-11 所示为加工某工件的两个工序简图。由于工序尺寸的方向不同，因此要求定位基准的选择不同，图 4-11a 所示定位基准为底平面，图 4-11b 所示定位基准为内圆表面和底平面。

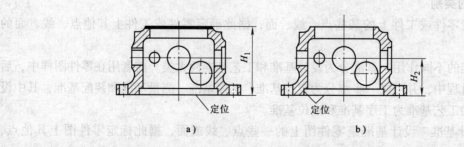

a)　　　　　　　　　　　　　b)

图 4-11　定位基准

**2. 定位基准与定位基面**

（1）定位基准与定位基面 工件的定位基准有各种形式，如平面、外圆柱面、内圆柱面、圆锥面、型面等。当工件以外圆柱面定位时，理论上工件的定位基准为外圆柱面的轴线（中心线），但实际上轴线看不见摸不着，因此就用外圆柱面替代其轴线，称为定位基面。

同理，工件用内孔表面定位时，内孔轴线为定位基准，内孔表面称为定位基面。

平面的定位基准即是定位基面。

（2）限位基准与限位基面 定位元件上与工件定位基准相对应的点、线、面，称为限位基准。如限位基准为轴线，则可用定位元件上与定位基面相接触的工作表面来代替，称为限位基面。如定位元件为心轴，则心轴的轴线为限位基准，心轴的外圆柱面为限位基面；如定位元件为定位套，则定位套的轴线为限位基准，定位套的内圆柱表面为限位基面。平面的限位基准即是限位基面。

（3）主要定位面 当工件上有几个定位基面时，限制自由度数最多的定位基面称为主要定位面。

**3. 定位副**

将工件上的定位基面和与之相接触（或配合）的定位元件上的限位基面合称为一对定位副。如图 4-12a 所示，工件的内孔表面与定位元件心轴的圆柱表面就合称为一对定位副。

**4. 定位和夹紧符号**

制定零件机械加工工艺规程时，在选定定位基准及确定了夹紧力的方向和作用点后，应在工序图上标注定位符号和夹紧符号，以便选用合适的通用夹具或进行专用夹具设计。

定位、夹紧符号（JB/T 5061—2006），见表 4-1。图 4-13 为典型定位基面定位、夹紧符号的标注示例。

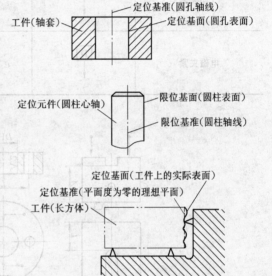

图 4-12　定位基准与限位基准

**表 4-1　定位、夹紧符号**

| 分　类 | | 独　立 | | 联　动 | |
|---|---|---|---|---|---|
| | 标注位置 | 标注在视图轮廓线上 | 标注在视图正面上 | 标注在视图轮廓线上 | 标注在视图正面上 |
| 主要定位点 | 固定式 | | | | |
| | 活动式 | | | | |
| 辅助定位点 | | | | | |
| 机械夹紧 | | | | | |

（续）

| 分类＼标注位置 | 独立 | | 联动 | |
|---|---|---|---|---|
| | 标注在视图轮廓线上 | 标注在视图正面上 | 标注在视图轮廓线上 | 标注在视图正面上 |
| 液压夹紧 | Y↓ | Y↓ | Y↓↓ | Y↓↓ |
| 气动夹紧 | Q↓ | Q↓ | Q↓↓ | Q↓↓ |
| 电磁夹紧 | D↓ | D↓ | D↓↓ | D↓↓ |

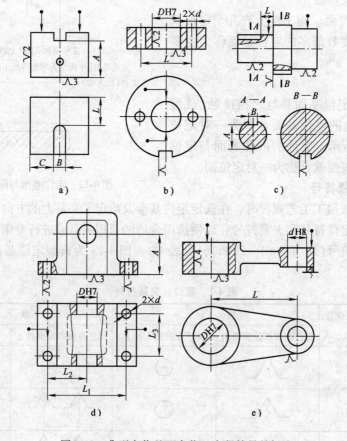

图 4-13　典型定位基面定位、夹紧符号的标注

a）长方体上铣不通槽　b）盘类零件上加工两个直径为 $d$ 的孔　c）轴类零件上铣小端键槽

d）箱体类零件镗直径为 $DH7$ 的孔　e）杠杆类零件钻小端直径为 $d$H8 的孔

## 4.3.2 常见定位方式及其所能限制的自由度

在工件定位时，为了便于理论分析，使用了定位支承点的概念。但是实际定位时，不能以理论上的"点"与工件的定位基面相接触，而必须把支承点转化为具有一定形状的、实在的定位元件(限位基面)。常用定位元件限制工件自由度的情况，见表4-2。

**表 4-2 常用定位元件限制工件自由度的情况**

| 工件定位基面 | 定位元件 | 定 位 简 图 | 定位元件特点 | 限制的自由度 |
|---|---|---|---|---|
| 平面 | 支承钉 | | | $1$、$2$、$3—\bar{z}$、$\hat{x}$、$\hat{y}$ <br> $4$、$5—\bar{x}$、$\hat{z}$ <br> $6—\bar{y}$ |
| | 支承板 | | | $1$、$2—\bar{z}$、$\hat{x}$、$\hat{y}$ <br> $3—\bar{x}$、$\hat{z}$ |
| 圆孔 | 定位销（心轴） | | 短销（短心轴） | $\bar{x}$、$\bar{y}$ |
| | | | 长销（长心轴） | $\bar{x}$、$\bar{y}$ <br> $\hat{x}$、$\hat{y}$ |
| | 菱形销 | | 短菱形销 | $\bar{y}$ |
| | | | 长菱形销 | $\bar{y}$、$\hat{x}$ |
| | 锥销 | | | $\bar{x}$、$\bar{y}$、$\bar{z}$ |

（续）

| 工件定位基面 | 定位元件 | 定 位 简 图 | 定位元件特点 | 限制的自由度 |
|---|---|---|---|---|
| 圆孔 | 锥销 | 2（1—固定锥销 2—活动锥销） | 1—固定锥销<br>2—活动锥销 | $\vec{x}$、$\vec{y}$、$\vec{z}$<br>$\hat{x}$、$\hat{y}$ |
| 外圆柱面 | 支承板<br>或<br>支承钉 | | 短支承板或支承钉 | $\vec{z}$ |
|  |  | | 长支承板或两个支承钉 | $\vec{z}$、$\hat{x}$ |
|  | V 形块 | | 窄 V 形块 | $\vec{x}$、$\vec{z}$ |
|  |  | | 宽 V 形块 | $\vec{x}$、$\vec{z}$<br>$\hat{x}$、$\hat{z}$ |
|  | 定位套 | | 短套 | $\vec{x}$、$\vec{z}$ |
|  |  | | 长套 | $\vec{x}$、$\vec{z}$<br>$\hat{x}$、$\hat{z}$ |
|  | 半圆套 | | 短半圆套 | $\vec{x}$、$\vec{z}$ |
|  |  | | 长半圆套 | $\vec{x}$、$\vec{z}$<br>$\hat{x}$、$\hat{z}$ |

（续）

| 工件定位基面 | 定位元件 | 定 位 简 图 | 定位元件特点 | 限制的自由度 |
|---|---|---|---|---|
| 外圆柱面 | 锥套 | | | $\bar{x}$、$\bar{z}$、$\bar{y}$ |
| | | | 1—固定锥销<br>2—活动锥销 | $\bar{x}$、$\bar{z}$、$\bar{y}$<br>$\hat{x}$、$\hat{z}$ |

### 4.3.3　常见定位元件

**1. 对定位元件的基本要求**

1）限位基面应有足够的精度。定位元件具有足够的精度，才能保证工件的定位精度。

2）限位基面应有较好的耐磨性。由于定位元件的工作表面经常与工件接触和摩擦，容易磨损，为此要求定位元件上限位表面的耐磨性要好，以提高夹具的使用寿命和定位精度。

3）支承元件应有足够的强度和刚度。定位元件在加工过程中，受工件重力、夹紧力和切削力的作用，因此要求定位元件应有足够的刚度和强度，避免使用中变形和损坏。

4）定位元件应有较好的工艺性。定位元件应力求结构简单、合理，便于制造、装配和更换。

5）定位元件应便于清除切屑。定位元件的结构和工作表面形状应有利于清除切屑，以防切屑嵌入夹具内影响加工和定位精度。

**2. 常用定位元件的选用**

（1）工件以平面定位

1）支承钉（GB/T 2226—1991）。以面积较小的已经加工的基准平面定位时，选用平头支承钉，如图 4-14a 所示；以粗糙不平的基准面或毛坯面定位时，选用圆头支承钉，如图

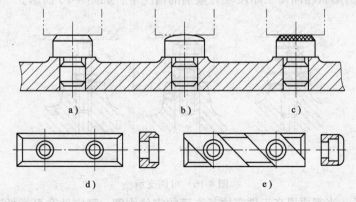

图 4-14　支承钉和支承板

a）平头支承钉　b）圆头支承钉　c）网状支承钉　d）不带斜槽的支承板　e）带斜槽的支承板

4-14b 所示；侧面定位时，可选用网状支承钉，如图 4-14c 所示。

2）支承板（GB/T 2236—1991）。以面积较大、平面度精度较高的基准平面定位时，选用支承板为定位元件。用于侧面定位时，可选用不带斜槽的支承板，如图 4-14d 所示；通常尽可能选用带斜槽的支承板，以利清除切屑，如图 4-14e 所示。

3）自位支承（浮动支承）。以毛坯面、阶梯平面和环形平面作基准定位时，选用自位支承作定位元件，如图 4-15 所示。但须注意，自位支承虽有两个或三个支承点，由于自位和浮动作用只能作为一个定位支承点看待。

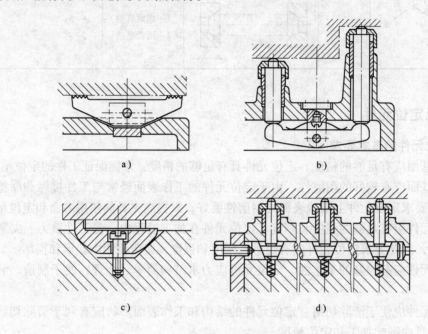

图 4-15　自位支承
a)、b) 两点式支承　c)、d) 三点式支承

4）可调支承（GB/T 2227—1991 ~ GB/T 2230—1991）。可调支承用于工件的定位基准表面上还留有加工余量，准备在后几道工序中切除，而各批工件的加工余量又不相同的情况下，或用于工件的形状相同而工序尺寸有差别的情况下，如图 4-16 所示。

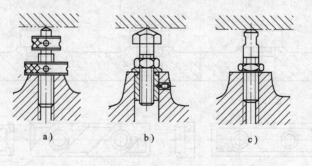

图 4-16　可调支承

5）辅助支承。当需要提高工件定位基准面的定位刚度、稳定性和可靠性时，可选用辅助支承作辅助定位，如图 4-17 所示。但须注意，辅助支承不起限制工件自由度的作用，且每次加工均需重新调整支承点高度，支承位置应选在有利于工件承受夹紧力和切削力的地方。

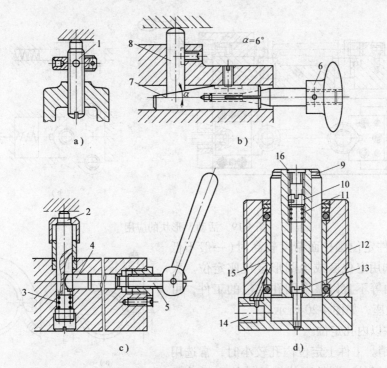

图 4-17　各种辅助支承的典型结构

a) 螺旋式　b) 自位式　c) 推引式　d) 液压锁紧式

1、5—螺杆　2、8、9—滑柱　3、11—弹簧　4—滑块　6—手轮　7—斜楔　10—调节螺钉

12—支座　13—螺钉　14—液压油孔　15—薄壁套　16—盖帽

（2）工件以外圆柱面定位

1）V 形块（GB/T 2208—1991）。当工件的对称度要求较高时，可选用 V 形块定位。V 形块工作面间的夹角 α 常取 60°、90°、120° 三种，其中应用最多的是 90° V 形块。90° V 形块的典型结构和尺寸已标准化，使用时可根据定位圆柱面的长度和直径进行选择。

V 形块的结构有多种形式，图 4-18a 所示的 V 形块适用于较短的精定位基面；图 4-18b 所示的 V 形块适用于较长的加工过的圆柱面定位；图 4-18c 所示的 V 形块适于较长的粗糙的圆柱面定位；图 4-18d 所示的 V 形块适用于尺寸较大的圆柱面定位，这种 V 形块底座采用铸件，V 形面采用淬火钢件，V 形块是由两者镶合而成。

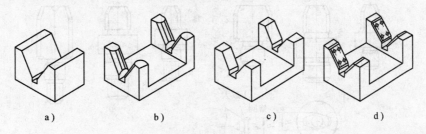

图 4-18　V 形块的结构形式

a) 短圆柱面定位　b) 长圆柱面定位　c) 较粗糙圆柱面定位　d) 大尺寸圆柱面定位

除固定 V 形块，还有活动 V 形块。图 4-19 是活动 V 形块的应用实例。

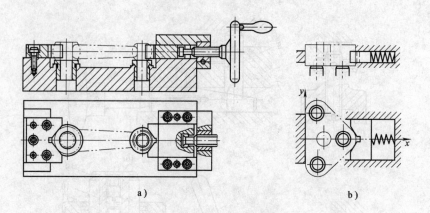

图 4-19　活动 V 形块的应用

2）当工件定位圆柱面精度较高时（一般不低于 IT8），可选用定位套或半圆形定位座定位。大型轴类和曲轴等不宜以整个圆孔定位的工件，可选用半圆定位座，如图 4-20 所示。

（3）工件以内孔定位

1）定位销。工件上定位内孔较小时，常选用定位销作定位元件。圆柱定位销的结构和尺寸已标准化，不同直径的定位销有其相应的结构形式，可根据工件定位内孔的直径选用。

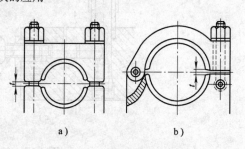

图 4-20　工件在半圆柱孔中定位

图 4-21a 为固定式定位销（GB/T 2203—1991）；图 4-21b

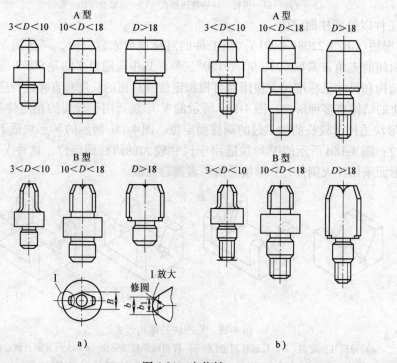

图 4-21　定位销
a）固定式　b）可换式

为可换式定位销（GB/T 2204—1991）；其中 A 型称圆柱销，B 型称菱形销（削边销）。

2）圆锥销。当工件圆柱孔用孔端边缘定位时，需选用圆锥定位销，如图 4-22 所示，它限制了工件的三个移动自由度 $\bar{x}$、$\bar{y}$、$\bar{z}$。当工件圆孔端边缘形状精度较差时，选用如图 4-22a 所示形式的粗圆锥定位销；当工件圆孔端边缘形状精度较高时，选用图 4-22b 所示形式的精圆锥定位销。工件在单个圆锥销上定位时容易倾倒，为此，它常与其他定位元件组合使用。图 4-23 是圆锥销组合定位的几个实例。

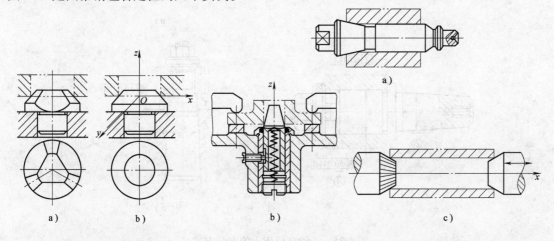

图 4-22　圆锥销定位
a）粗定位基面　b）精定位基面

图 4-23　圆锥销组合定位

3）圆柱心轴。在套类、盘类零件的车削、磨削和齿轮加工中，大都选用心轴定位。为了便于夹紧和减小工件因间隙造成的倾斜，当工件定位内孔与基准端面垂直精度较高，且定位精度要求不高时，常采用孔和端面联合定位，通常是带台阶定位面的心轴，如图 4-24a 所示；工件定心精度要求高的精加工，不另设夹紧装置时，通常使用过盈配合心轴，如图 4-24b 所示；当工件以内花键为定位基准时，可选用外花键轴，如图 4-24c 所示。

心轴在机床上的常用安装方式如图 4-25 所示。

### 4.3.4　组合定位

所谓组合定位是指工件以一组基准定位。工件在夹具上定位只用一个定位基准的情况是很少的，多数是组合定位。因为一个定位基面能限制的自由度数有限，而大多数的加工工序往往要求工件在定位过程中限制更多的自由度。这样，用一个基准定位就不能满足要求，而需要用一组基准进行组合定位。

在实际生产中，常常遇到两个孔和

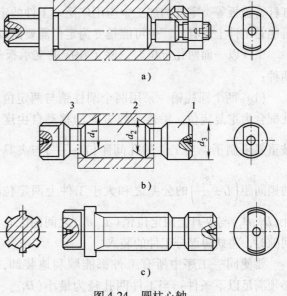

图 4-24　圆柱心轴
1—引导部分　2—工作部分　3—传动部分

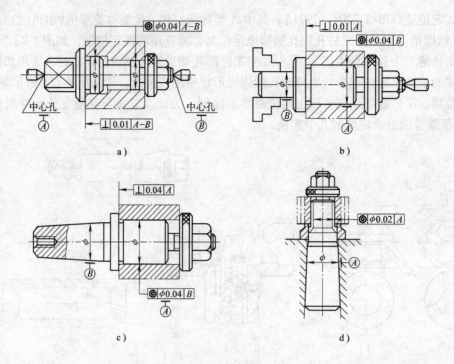

图 4-25　心轴在机床上的安装方式

一个平面的组合定位，这种方法称作一面两孔定位。它所涉及到的一些问题，与其他形式的组合定位在原则方面也是类似的，所以本节将先对一面两孔定位作详细讨论，然后再分析组合定位的原则。

**1. 一面两孔定位**

如图 4-26 所示，要钻连杆盖上的四个定位销孔。按照加工要求，用平面 $A$ 及直径为 $\phi 12^{+0.027}_{0}$ mm 的两个螺栓孔定位。这种一平面两圆孔（简称一面两孔）的定位方式，在箱体、杠杆、盖板等类零件的加工中应用广泛。工件的定位平面一般是加工过的精基准，两定位孔可能是工件上原有的，也可能是专为定位需要而设置的工艺孔。

工件以一面两孔定位时，除了相应的支承板外，用于两个定位圆孔的定位元件有以下两种：

（1）两个圆柱销　采用两个圆柱销与两定位孔配合为重复定位，沿连心线方向的移动自由度被重复限制了。当工件的孔间距 $\left( L \pm \dfrac{\delta_{\mathrm{LD}}}{2} \right)$ 与夹具的销间距 $\left( L \pm \dfrac{\delta_{\mathrm{Ld}}}{2} \right)$ 的公差之和大于工件上两定位孔 $(D_1、D_2)$ 与夹具上两定位销 $(d_1、d_2)$ 之间的配合间隙时，将妨碍部分工件的装入。

要使同一工序中所有工件都能顺利地装卸，必须满足以下条件：当工件两孔径为最小 $(D_{1\min}、D_{2\min})$、夹具两销径为最大 $(d_{1\max}、d_{2\max})$、孔间距

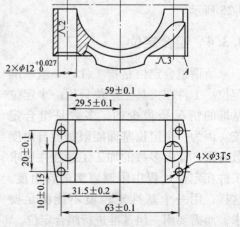

图 4-26　连杆盖工序图

为最大($L + \delta_{LD}/2$)、销间距为最小($L - \delta_{Ld}/2$)，或者孔间距为最小($L - \delta_{LD}/2$)、销间距为最大($L + \delta_{Ld}/2$)时，$D_1$ 与 $d_1$、$D_2$ 与 $d_2$ 之间仍有最小装配间隙 $X_{1min}$、$X''_{2min}$ 存在，如图 4-27 所示。

由图 4-27 可见，为了满足上述条件，第二销与第二孔不能采用标准配合，第二销的直径缩小了，连心线方向的间隙增大了。缩小后的第二销的最大直径为

$$\frac{d'_{2max}}{2} = \frac{D_{2min}}{2} - \frac{X''_{2min}}{2} - O_2O'_2$$

式中　$X''_{2min}$——第二销与第二孔的最小配合间隙。

从图 4-27 可得

$$O_2O'_2 = \left(L + \frac{\delta_{Ld}}{2}\right) - \left(L - \frac{\delta_{LD}}{2}\right) = \frac{\delta_{Ld}}{2} + \frac{\delta_{LD}}{2}$$

从图 4-27b 也可得到同样的结果，所以

$$\frac{d'_{2max}}{2} = \frac{D_{2min}}{2} - \frac{X''_{2min}}{2} - \frac{\delta_{Ld}}{2} - \frac{\delta_{LD}}{2}$$

$$d'_{2max} = D_{2min} - X''_{2min} - \delta_{Ld} - \delta_{LD}$$

因此，要满足顺利装卸的条件，直径缩小后的第二销与第二孔之间的最小间隙应达到

$$X'_{2min} = D_{2min} - d'_{2max} = X''_{2min} + \delta_{Ld} + \delta_{LD} \tag{4-1}$$

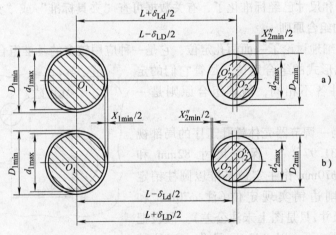

图 4-27　两圆柱销限位时工件顺利装入的条件

这种缩小一个定位销直径的方法，虽然能实现工件的顺利装卸，但增大了工件的转动误差，因此，只能应用在加工精度要求不高的定位场合。

（2）一圆柱销与一削边销（菱形销）　如图 4-28 所示，不缩小定位销的直径，采用定位销"削边"的方法也能增大连心线方向的间隙。削边量越大，连心线方向的间隙也越大。当间隙达到 $a = \dfrac{X'_{2min}}{2}$ 时，便满足了工件顺利装卸的条件。由于这种方法只增大连心线方向的间隙，不增大工件的转角误差，因而定位精度较高。

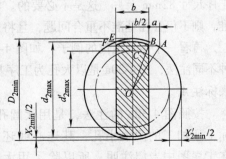

图 4-28　削边销的厚度

根据式(4-1)可得

$$a = \frac{X'_{2\min}}{2} = \frac{X''_{2\min} + \delta_{Ld} + \delta_{LD}}{2}$$

实际定位时，$X''_{2\min}$ 可由 $X'_{2\min}$ 来调剂，因此可忽略 $X''_{2\min}$。

取

$$a = \frac{\delta_{Ld} + \delta_{LD}}{2}$$

由图 4-28 的直角三角形 $OAC$ 和直角三角形 $OBC$ 可得

$$b = \frac{2D_{2\min}X_{2\min} - X^2_{2\min} - 4a^2}{4a}$$

由于 $X^2_{2\min}$ 和 $4a^2$ 的数值很小，可忽略不计，所以

$$b = \frac{D_{2\min}X_{2\min}}{2a}$$

或削边销与孔的最小配合间隙为

$$X_{2\min} = \frac{2ab}{D_{2\min}}$$

削边销的结构和尺寸已经标准化了，有关数据可查"夹具标准"或"夹具手册"。

**2. 组合定位的组合原则**

前面已经很详细地讨论了一面两孔定位，它是一种应用较多的基准组合形式。在实际生产中还会采用其他形式的组合定位，尽管它们的定位方法和定位元件各不相同，但其组合原则是一致的。

图 4-29 所示为一调节器壳体镗孔工序的局部视图。被加工孔 $\phi 31.97^{+0.27}_{0}$，保证尺寸 82mm 和 60mm。夹具上用 $\phi 70$mm 作主定位基准以圆柱销定位，$\phi 47$mm 孔以削边销实现定位（注 $\phi 70$mm 和 $\phi 47$mm 并非自由尺寸，只是图上未注公差）。假设把这两个定位销换置一下，以 $\phi 47$mm 孔作主定位基准，插入圆柱销，那么由于尺寸 82mm 的工序基准

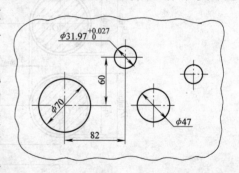

图 4-29　调节器壳体镗孔工序的局部视图

是孔 $\phi 70$mm，将会造成定位基准和工序基准不重合，从而把两定位孔间的距离误差反映到工序尺寸 82mm 上去，这是不必要的。如果用两个圆柱销定位，而仍以 $\phi 47$mm 孔作定位基准，则不仅存在基准不重合问题，且将产生重复定位，降低角向定位精度。

再看一个组合定位的例子，如图 4-30 所示。工件要求加工两小孔，孔的位置尺寸有两种不同注法，图 4-30a 是以大孔为工序基准来标注尺寸 $A_1$，图 4-30b 是以底平面作工序基准来标注 $A_1$。

按照图 4-30a 的注法，是用大圆孔作主要定位基准来保证工序尺寸 $A_1$、$A_2$、$A_3$。实际上所加工的两个小孔，其连心线还应与底平面平行，只不过精度要求低一些，没有在工序图中专门注明。所以除了用大圆孔作定位基准外，还必须选取另一定位基准来控制工件绕大孔轴线的转动。图 4-30c、e 就是按图 4-30a 的注法考虑的组合定位。图

4-30c 的定位方法是在工件底面用一定位平板来限制工件的转动，但这在垂直于底面的方向上（即工序尺寸的方向上）便产生了重复定位，尺寸的误差将使工件有装不上的可能。为补偿距离公差 $2h$，就必须缩小圆柱销或加大底平面与定位平板之间的间隙。这样一来，定位误差就增大了。为解决此矛盾，可采用图 4-30e 的方式定位。

按图 4-30b 的注法，则应采用底平面为定位基准来控制工件在工序尺寸方向上的位置，用大圆孔作定位基准来保证工序尺寸 $A_2$ 和 $A_3$。图 4-30d 就是根据此种注法而采取的组合定位方式。

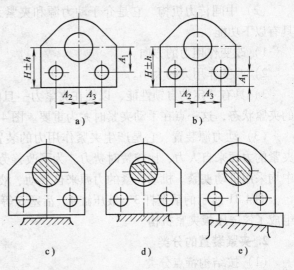

图 4-30　工件以一孔一平面定位的分析

综上所述可以看到，采用组合定位时如何正确合理地选定主定位基准是一个非常重要的问题，而解决这一问题所必须遵循的原则是：

1) 要使基准重合，主定位基准尽量与工序基准一致，避免产生基准不重合误差。

2) 要避免过定位。

工件以一组基准定位，除了上述的一面两孔、一孔一平面外，尚有一孔一外圆柱面一平面、一孔两平面、两外圆柱面、三平面等多种组合定位方式。定位时只要遵循上述原则，选用适当的定位元件，将必须要限制的自由度限制住，定位就是正确的。

## 4.4　夹紧装置（夹紧机构）

### 4.4.1　夹紧装置的组成、分类和基本要求

#### 1. 夹紧装置的组成

（1）夹紧元件　它是直接与工件接触并完成夹紧的最终元件，如压板、夹爪、压脚等。图 4-31 所示为液压夹紧的铣床夹具，压板 1 就是夹紧元件。

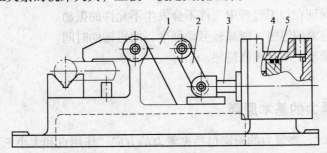

图 4-31　液压夹紧铣床夹具

1—压板　2—铰链臂　3—活塞杆　4—液压缸　5—活塞

（2）中间传力机构　它是介于动力源和夹紧元件之间传递动力的机构。中间传力机构具有以下功能：

1）改变作用力的方向。

2）改变作用力的大小。

3）具有一定的自锁性能，以便在夹紧力一旦消失后，仍能保证整个夹紧系统处于可靠的夹紧状态，这一点在手动夹紧时尤为重要。图4-31所示的铰链臂2就是传力机构。

（3）动力源装置　它是产生夹紧作用力的装置，分为手动夹紧和机动夹紧两种。手动夹紧的力源来自人力，比较费时费力。为了改善劳动条件和提高生产率，目前在大批量生产中均采用机动夹紧。机动夹紧的力源来自气动、液压、气液联动、电磁、真空等动力源。

图4-31所示的活塞杆3、液压缸4、活塞5等组成了液压动力装置，铰链臂2和压板1组成了铰链压板夹紧机构。

**2. 夹紧装置的分类**

（1）按结构特点分类

1）简单夹紧装置。如斜楔、螺旋、偏心凸轮、杠杆、铰链等夹紧机构。

2）复合夹紧装置。由几个简单夹紧装置组合而成，能使夹紧力增加或有较好的夹紧力作用点。如螺旋压板夹紧机构、偏心压板夹紧机构等。

3）联动夹紧装置。它是采用联动机构的夹紧装置。如浮动夹紧（又称多点夹紧，它的一个夹紧动作，能使工件同时在多个点得到均匀的夹紧）、定心夹紧（定心和夹紧同时进行的夹紧装置）、联动夹紧（用一个原始力来完成若干个顺序动作的夹紧装置）、多件夹紧（一个原始力同时夹紧两个以上工件的夹紧装置）等。

（2）按动力源装置分类

1）手动夹紧装置。有手动机械式、手动液性塑料式等。

2）机械夹紧装置。有气动、液压、气液联动、电动、电磁和真空等动力源的夹紧装置。

3）自动夹紧装置。有利用切削力、离心力、惯性力等进行夹紧的夹紧装置。

**3. 对夹紧装置的基本要求**

1）夹紧力不应破坏工件定位时所获得的正确位置。

2）夹紧力应保证加工过程中工件在夹具上的位置不发生变化，同时也不能使工件的夹紧变形和受压表面的损伤超过允许的范围。

3）夹紧后应保证在加工过程中工件不会发生不允许的振动。

4）夹紧动作应简便迅速，能减轻劳动强度，缩短辅助时间。

5）结构力求紧凑，制造维修简便。

6）使用安全可靠。

## 4.4.2　确定夹紧力的基本原则

设计夹紧装置时，夹紧力的确定包括夹紧力的方向、作用点和大小三个要素。

**1. 夹紧力方向的选择**

夹紧力的方向与工件定位的基本配置情况，以及工件所受外力的作用方向等有关。选择时必须遵守以下准则：

（1）主夹紧力应朝向主要定位基面　图4-32a 为直角支座镗孔，要求孔与 A 面垂直，所以应以 A 面为主要定位基面，且夹紧力 $W_1 = W_2$，方向与之垂直，则较容易保证质量。如果夹紧力朝向基面 B，则由于工件定位基面 A、B 之夹角误差的影响，就会破坏原定位，而难以保证加工要求。

图4-32b 中表示夹紧力 W 的两个分力垂直作用于 V 形块工作面并对称于中间平面，将工件夹紧时，V 形块工作面上的支承反力 N 在接触线上分布均匀，从而使工件定位夹紧稳定可靠。

（2）夹紧力 W 应力求与切削力 F、工件重力 G 同方向　因为此时所需的夹紧力最小，加工稳定性最佳，而且又能简化夹紧装置的结构和便于操作。

如图4-33a 所示的工件，孔 A 和孔 B 分别在两个工序中进行加工，若工件均在夹具体的限位基面上定位，当钻削孔 A 时，夹紧力 W、垂直切削力 $F_{CN}$ 和工件重力 G 三者方向均垂直于工件主要限位基面，这些同向力为支承反力 N 所平衡，钻削时的转矩 M 由这些同向力的作用而在限位基面上所产生的摩擦阻力矩平衡，故此时所需的夹紧力为最小。但在镗孔 B 时，水平切削力 $F_D$ 与夹紧力 W、重力 G 相垂直，此时只依靠夹紧力和重力在限位基面上产生的摩擦力来平衡切削力，可见所需夹紧力远比切削力 $F_D$ 大得多。若夹具采用一面两销定位（见图4-33b），此时由于钻削的转矩 M（或切削力）可由双支承的力矩来平衡，从而可显著降低夹紧力。

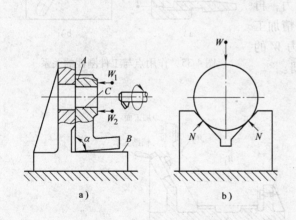

图 4-32　夹紧力方向的选择

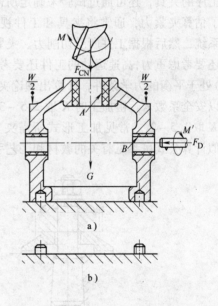

图 4-33　夹紧力与重力、切削力的关系

（3）夹紧力的方向应是工件刚性较好的方向　由于工件在不同方向上刚度是不等的，不同的受力表面也因其接触面积大小而变形各异，尤其在夹压薄壁零件时，更需注意应使夹紧力的方向指向工件刚性最好的方向。

**2. 夹紧力作用点的选择**

（1）应落在夹具支承件上或几个支承件所组成的平面内　如图4-34 所示，夹紧力的作用点落到了定位元件的支承范围之外，夹紧时将破坏工件的定位，因而是错误的。

（2）防止工件变形　夹紧力的作用点应选在工件刚性较好的部位，这对刚度较差的工件尤其重要。如图 4-35a 所示的薄壁套工件，若用卡爪径向加紧，易引起变形；若沿轴向施力，由于轴向刚性较好，变形情况就可以大为改善。图 4-35b 表示将单点夹紧力 W 改为三点夹紧，改变了作用点的位置。

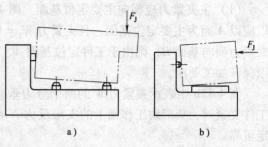

图 4-34　夹紧力作用点的位置不正确

（3）作用点应尽量靠近加工工件　这样可以防止工件产生振动和变形，提高定位的稳定性和可靠性。如图 4-36a 所示，插齿加工时，若夹紧螺母下的圆锥形压板的直径过小，则对防振不利；图 4-36b 表示主要夹紧力 $W_1$ 垂直作用于主要限位基面，并在靠近加工面处设辅助支承，并增设浮动夹紧力 $W_2$ 以增加夹紧刚度。

**3. 夹紧力大小的估算**

计算夹紧力的主要依据是切削力，也有根据同类夹具用类比法进行经验估算的。对一些关键性工序的夹具，还可通过试验来确定所需夹紧力。为了估算夹紧力，通常将夹具和工件视为一个刚性系统，然后根据工件所受切削力、夹紧力（大工件还要考虑重力，高速运动的工件还要考虑惯性力等）处于平衡的力学条件，计算出理论夹紧力，再乘以安全系数 K。粗加工时 K 取 2.5～3；精加工时 K 取 1.5～2。常见加工形式所需夹紧力 W 的近似计算公式可参见有关的教材和工艺手册。

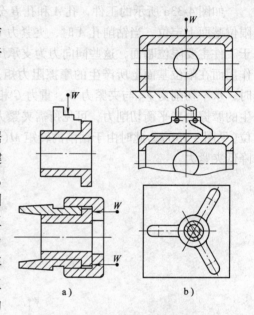

图 4-35　作用点与工件刚性的关系

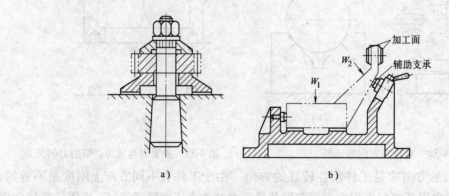

图 4-36　作用点应靠近加工表面

## 4.4.3　基本夹紧机构

机床夹具中所使用的夹紧机构绝大多数都是利用斜面将楔块的推力转变为夹紧力来夹紧工件的。最基本的形式就是直接利用有斜面的楔块，偏心轮、凸轮、螺钉等不过是楔块的变种。其中斜楔、螺旋和偏心夹紧机构最为常见。

**1. 斜楔夹紧机构**

斜楔是夹紧机构中最基本的增力和锁紧元件。斜楔夹紧机构是利用楔块上的斜面直接或间接(如用杠杆)将工件夹紧的机构。如图 4-37 所示的几种斜楔夹紧机构,其中图 4-37a 是用斜楔夹紧工件后,在工件上钻两个互相垂直的孔;图 4-37b 是斜楔与螺纹夹紧并用,推动杠杆夹爪夹紧工件;图 4-37c 是用气缸活塞推动斜楔,移动钩形压板压紧工件。

设计斜楔夹紧机构时,主要考虑原始作用力与夹紧力的变换、自锁条件、选择斜楔升角等问题。

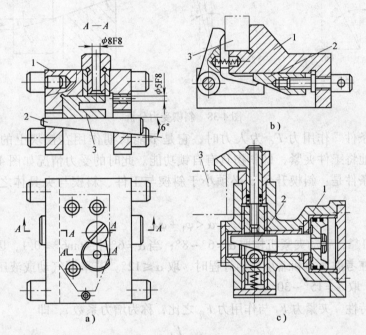

图 4-37　斜楔夹紧机构
1—夹具体　2—斜楔　3—工件

(1) 斜楔夹紧力的计算　在图 4-38 所示的单斜楔夹紧机构中,$F_Q$ 作用于斜楔大端,楔块楔入工件与夹具体中间,使工件获得夹紧力而被夹紧。楔块产生的夹紧力 $F_J$,可根据静力平衡原理进行计算。图 4-38a 所示的静力平衡三角形是由加在斜楔上的作用力 $F_Q$、工件反作用力和摩擦力的合力 $F_{R1}$、夹具体反作用力和摩擦力的合力 $F_{R2}$ 所构成。由此可解算出

$$F_J = \frac{F_Q}{\tan\varphi_1 + \tan(\alpha + \varphi_2)} \tag{4-2}$$

式中　$F_J$——斜楔对工件的夹紧力;

$F_Q$——加在斜楔上的作用力;

$\varphi_1$——斜楔与工件之间的摩擦角;

$\varphi_2$——斜楔与夹具体之间的摩擦角;

$\alpha$——斜楔升角。

当 $\alpha$、$\varphi_1$、$\varphi_2$ 均很小,且 $\varphi_1 = \varphi_2 = \varphi$ 时,则上式可近似化为

$$F_J \approx \frac{F_Q}{\tan(\alpha + 2\varphi)}$$

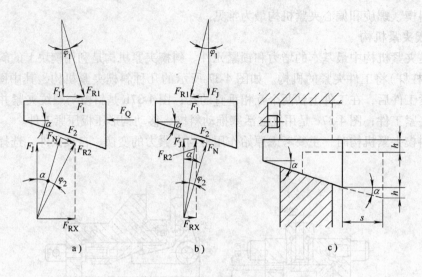

图4-38 斜楔受力分析

（2）自锁条件 作用力 $F_Q$ 为人力时，它是不能长期作用在楔块上的。去掉 $F_Q$ 后，斜楔仍能可靠地将工件夹紧，即斜楔具有自锁功能。此时的受力情况如图 4-38b 所示。斜楔夹紧的自锁条件是：斜楔升角 $\alpha$ 必须小于斜楔与工件、斜楔与夹具体之间的摩擦角之和，即

$$\alpha < \varphi_1 + \varphi_2$$

为使自锁可靠，手动夹紧机构取 $\alpha = 6° \sim 8°$；当 $\alpha = 6°$ 时，$\tan 6° = 0.1$，因此斜楔都做成 1:10 的斜度。在考虑增力和缩小移动行程时，取 $\alpha \leqslant 12°$。若采用气动或液压夹紧，且不考虑斜楔自锁时，取 $\alpha = 15° \sim 30°$。

（3）增力特性 夹紧力 $F_J$ 与作用力 $F_Q$ 之比，称为增力系数 $i$，即

$$i = \frac{F_J}{F_Q}$$

由式(4-2)，可得

$$i = \frac{1}{\tan\varphi_1 + \tan(\alpha + \varphi_2)}$$

从上式可知，$\alpha$ 变小，$i$ 变大，但机械效率降低。可见，作用力 $F_Q$ 不很大时，夹紧力 $F_J$ 也不大。例如，当 $\alpha = 10°$，$\varphi_1 = \varphi_2 = 6°$ 时，$i = 2.55$。这就是为什么斜楔一般都与机动夹紧装置联合使用的道理。

（4）斜楔夹紧特点及应用范围

1）斜楔夹紧机构具有自锁性。当采用滚子斜楔夹紧机构时，其自锁性低，一般都用于有动力源装置的场合，这时斜楔升角 $\alpha$ 应大于自锁的摩擦角。

2）具有增力作用。斜楔是增力机构，增力系数 $i$ 一般为 $2 \sim 5$。

3）斜楔夹紧机构能改变夹紧力的方向。

4）它的夹紧行程较小，因此对工件的相关尺寸要求较严，否则会造成工件放不进或夹不着、夹不紧的现象。

使用时，斜楔夹紧机构大多为气动液压的滚子斜楔结构。

### 2. 螺旋夹紧机构

采用螺旋直接夹紧或采用螺旋与其他元件组合实现夹紧工件的机构,都称作螺旋夹紧机构,如图 4-39 所示。螺旋实际是相当于把斜楔绕在圆柱上的变型,故其作用原理与斜楔一样。其中图 4-39a、b 是直接用螺钉或螺母夹紧工件的单个螺旋机构,图 4-39c 是螺旋钩形压板机构。

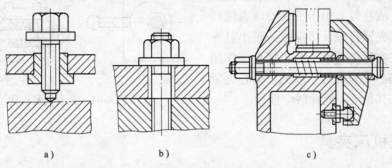

a)　　　　　b)　　　　　c)

图 4-39　螺旋夹紧机构

螺旋夹紧机构通常由螺钉、螺母、垫圈、压板等元件组成。它具有结构简单,增力大(增力比 $i$ 可达 $65 \sim 140$ 倍,一般夹具上所用螺纹为 M8 ~ M24),自锁性好,夹紧行程不受限制等优点;但当行程长时,其操作费时,夹紧、松开动作慢,效率低,劳动强度大。

为了克服螺旋夹紧机构费时的缺点,可以使用各种快速接近或快速撤离工件的螺旋夹紧机构(见图 4-40)。图 4-40a 采用铰链钩形压板,图 4-40b 中夹紧轴 1 的直槽连着螺旋槽 R,先推动手柄 2,使浮动压块 3 迅速接近工件,继而转动手柄夹紧工件并自锁。当直接用螺母夹紧工件时,则可使用快动作螺母(见图 4-40c)或钩形开口垫圈等(见图 4-40d)夹紧机构。另外螺旋夹紧机构主要用于手动夹紧,机动夹紧机构中应用较少。

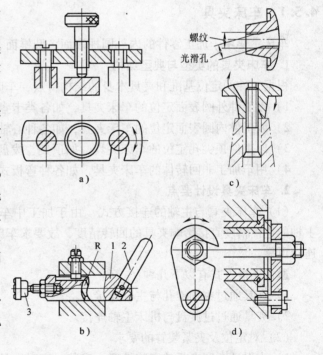

a)　　　　c)

b)　　　　d)

图 4-40　快速螺旋夹紧机构

1—轴　2—手柄　3—压块　R—螺旋槽

### 3. 偏心夹紧机构

偏心夹紧机构是由偏心元件直接夹紧或与其他元件组合而实现对工件夹紧的机构,它是利用转动中心与几何中心偏移的圆盘或轴作为夹紧元件。它的工作原理也是基于斜楔的工作原理,近似于把一个斜楔弯成圆盘形。其中图 4-41a 所示结构的偏心轮位置,可在松开螺母后作适当的前后移动,以满足夹紧不同尺寸工件的需要;图 4-41b 是由偏心凸轮带动压板夹紧工件的结构;图 4-41c 是由偏心凸轮带动钩形压板夹紧工件的结构。

偏心夹紧机构结构简单、制造方便，与螺旋夹紧机构相比，还具有夹紧迅速、操作方便等优点；其缺点是夹紧力和夹紧行程均不大，对工件的相应尺寸精度要求较高，扩力小（增力比一般为 12～14），自锁能力差，结构不抗振，故一般适用于工件被压表面尺寸公差较小，夹紧行程及切削负荷较小且平稳的场合。在实际使用中，偏心轮直接作用在工件上的偏心夹紧机构不多见，偏心夹紧机构一般多和其他夹紧元件联合使用。

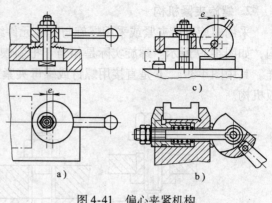

图 4-41　偏心夹紧机构

## 4.5　典型机床夹具

实际生产中，专用夹具的应用非常普遍。本节主要介绍在实际生产中使用较多的车床夹具、钻床夹具、镗床夹具和铣床夹具等几种典型机床夹具。

### 4.5.1　车床夹具

车床主要用于加工零件的内外圆柱表面、圆锥面、回转成形面、螺纹及端平面等。

**1. 车床夹具的类型与典型结构**

根据工件的定位基准和夹具本身的结构特点，车床夹具可分为以下 4 类：

1）以工件外圆表面定位的车床夹具，如各类卡盘和夹头。

2）以工件内圆表面定位的车床夹具，如各种心轴。

3）以工件顶尖孔定位的车床夹具，如顶尖、拨盘等。

4）用于加工非回转体的车床夹具，如各种弯板式、花盘式车床夹具。

**2. 车床夹具设计要点**

（1）车床夹具与主轴的连接方式　由于加工中车床夹具随车床主轴一起回转，夹具与主轴的连接精度直接影响夹具的回转精度，故要求车床夹具与主轴的同轴度精度较高，且要连接可靠。

通常连接方式有以下几种：

1）夹具通过主轴锥孔与主轴连接。

2）夹具通过过渡盘与机床主轴连接。

（2）对定位及夹紧装置的要求

1）为保证车床夹具的安装精度，安装时应对夹具的限位基面进行仔细找正。

2）设置定位元件时应考虑使工件上被加工表面的轴线与主轴轴线重合。

（3）车床夹具的平衡及结构要求

1）对角铁式、花盘式等结构不对称的车床夹具，设计时应采用平衡装置以减少由离心力产生的振动及主轴轴承的磨损。

2）车床夹具一般都是在悬臂状态下工作的，为保证加工过程的稳定性，夹具结构应力求简单紧凑，轻便且安全，悬伸长度尽量小，使重心靠近主轴前支承。

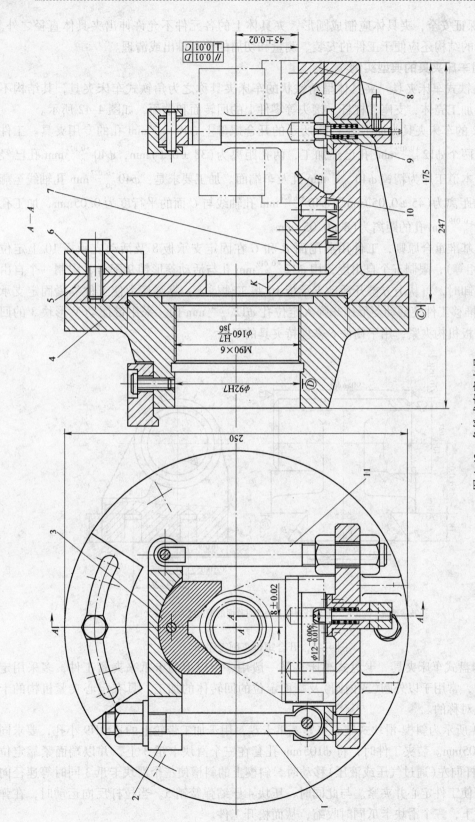

图 4-42 角铁式车床夹具

1、11—螺栓 2—压板 3—摆动 V 形块 4—过渡盘 5—夹具体 6—平衡块
7—盖板 8—固定支承板 9—活动菱形销 10—活动支承板

3）为保证安全，夹具体应制成圆形，夹具体上的各元件不允许伸出夹具体直径之外。此外，夹具的结构还应便于工件的安装、测量和切屑的顺利排出或清理。

**3. 专用车床夹具的典型实例**

（1）角铁式车床夹具　夹具体呈角铁状的车床夹具称之为角铁式车床夹具，其结构不对称，用于加工壳体、支座、杠杆、接头等零件上的回转面和端面，如图4-42所示。

图4-42的车床夹具为加工图4-43所示的开合螺母上 $\phi40^{+0.027}_{0}$mm 孔的专用夹具。工件的燕尾面和两个 $\phi12^{+0.019}_{0}$mm 孔已经加工，两孔距离为（38±0.1）mm，$\phi40^{+0.027}_{0}$mm 孔已经过粗加工。本道工序为精镗 $\phi40^{+0.027}_{0}$mm 孔及车端面。加工要求是：$\phi40^{+0.027}_{0}$mm 孔轴线至燕尾底面 $C$ 的距离为（45±0.05）mm，$\phi40^{+0.027}_{0}$mm 孔轴线与 $C$ 面的平行度为0.05mm，加工孔轴线与 $\phi12^{+0.019}_{0}$mm 孔的距离为（8±0.05）mm。

为贯彻基准重合原则，工件用燕尾面 $B$ 和 $C$ 在固定支承板8及活动支承板10上定位（两板高度相等），限制五个自由度；用 $\phi12^{+0.019}_{0}$mm 孔与活动菱形销9配合，限制一个自由度；工件装卸时，可从上方推开活动支承板10将工件插入，靠弹簧力使工件靠紧固定支承板8，并略推移工件使活动菱形销9弹入定位孔 $\phi12^{+0.019}_{0}$mm 内。采用带摆动V形块3的回转式螺旋压板机构夹紧，用平衡块6来保持夹具的平衡。

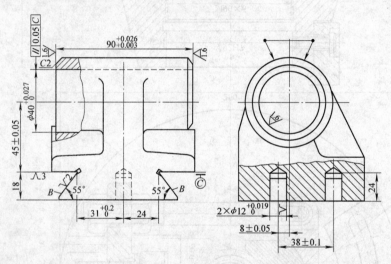

技术要求：$\phi40^{+0.027}_{0}$孔轴线对两 $B$ 面的对称面的垂直度为0.05。

图4-43　开合螺母车削工序图

（2）卡盘式车床夹具　卡盘式车床夹具一般用一个以上的卡爪来夹紧工件，多采用定心夹紧机构，常用于以外圆（或内圆）及端面定位的回转体的加工。具有定心夹紧机构的卡盘，结构是对称的。

图4-44所示为斜楔-滑块式定心夹紧三爪卡盘，用于加工带轮上的 $\phi$20H9 小孔，要求同轴度为 $\phi$0.05mm。装夹工件时，将 $\phi$105mm 孔套在三个滑块卡爪3上，并以端面紧靠定位套1。当拉杆向左（通过气压或液压）移动时，斜楔上的斜槽使三个滑块卡爪3同时等速径向移动，从而使工件定心并夹紧。与此同时，压块4压缩弹簧销5。当拉杆反向运动时，在弹簧销5作用下，三个滑块卡爪同时收缩，从而松开工件。

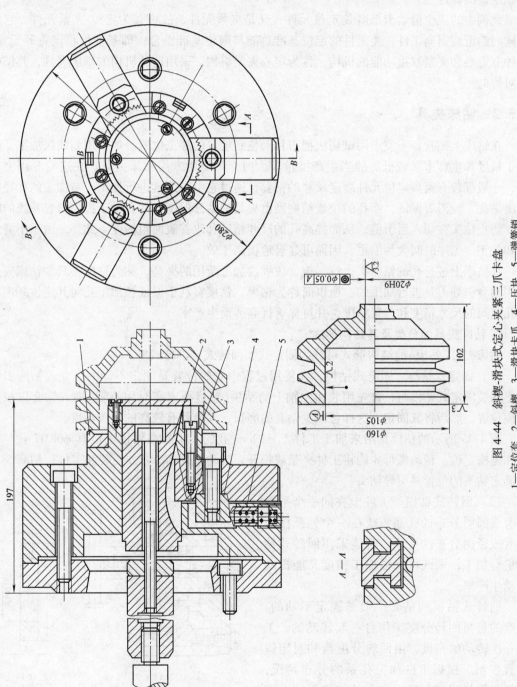

图 4-44 斜楔-滑块式定心夹紧三爪卡盘

1—定位套 2—斜楔 3—滑块卡爪 4—压块 5—弹簧销

斜楔-滑块式定心夹紧机构主要用于工件以未加工或粗加工过的、直径较大的孔定位时的定心夹紧。当工件的定位孔较长时，可采用两列滑块分别在工件孔的两端涨紧的方式，以保证定位的稳定性。

此例中的三个滑动卡爪既是定位元件，又是夹紧元件，故称其为定位-夹紧元件。它们能同时趋近或退离工件，使工件的定位基准总能与限位基准重合，即基准位移误差等于零。这种有定心和夹紧双重功能的机构，称为定心夹紧机构。采用这种机构的车床夹具，其结构是对称的。

## 4.5.2　钻床夹具

在钻床上钻孔，不便于用试切法把刀具调整到规定的加工位置。如采用划线法加工，其加工精度和生产率又较低。故当生产批量较大时，常使用专用钻床夹具。在这类专用夹具上，一般都装有距离定位元件规定尺寸的钻套，通过它引导刀具进行加工。被加工的孔径主要由钻头、铰刀等保证，而孔的位置精度则由夹具的钻套保证，并有助于提高刀具系统的刚性，防止钻头在切入后引偏，从而提高孔的尺寸精度和改善表面粗糙度。此外，由于不需划线和找正，工序时间大为缩短，因而可显著地提高工效。

在钻床上进行孔的钻、扩、铰、锪、攻螺纹加工所用的夹具，称为钻床夹具。钻床夹具是用钻套引导刀具进行加工的，所以简称为钻模。钻模有利于保证被加工孔对其定位基准和各孔之间的尺寸精度和位置精度，并可显著提高劳动生产率。

**1. 钻床夹具的分类及其结构形式**

钻床夹具（钻模）的结构形式可分为固定式、回转式、翻转式等。

（1）固定式钻模　固定式钻模，在使用过程中它的位置是固定不动的。立式钻床工作台上安装固定式钻模时，首先用装在主轴上的钻头（精度要求高时用心轴）插入钻套以校正钻模位置，然后将其固定。这样可减少钻套的磨损，并使孔有较高的位置精度。

图 4-45 所示的钻模是用来加工工件上 $\phi10mm$ 孔的。工件在钻模上以其 $\phi68H7$ 孔、端面和键槽定位。转动螺母 8 能将工件夹紧或松开；转动垫圈 1，可方便装卸工件；钻套 5 用以确定钻头的位置并引导钻头。

（2）回转式钻模　工件上在同一个平面内有成圆周分布的孔系，或在一个外圆柱面上有成径向分布的孔系，若能采用回转式钻模进行加工，则既可保证加工精度又能提高劳动生产率。

回转式钻模的钻套一般是固定不动的，也有的是与回转分度工作台一起转动的。工件每次转动的角度，由回转分度盘和对定销装置控制。根据工件加工孔系的分布情况，装夹工件的回转分度工作台的结构形式，有绕立轴回转和绕水平轴回转两种，个别情况也有绕斜轴回转的。

图 4-46 所示的水平轴回转式钻模，能在

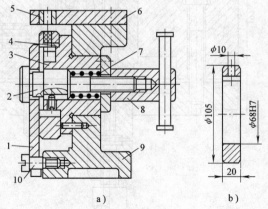

图 4-45　固定式钻模
a）钻模结构　b）工件工序图

1—转动垫圈　2—螺杆　3—定位法兰　4—定位块　5—钻套
6—钻模板　7—夹具体　8—夹紧螺母　9—弹簧　10—螺钉

工件 8 上钻四个等分的径向孔。工件 8 的内孔和端面在定位支承环 2 上定位。定位支承环 2 和环形钻模板 1 都固定在绕水平轴回转的分度盘 3 上。分度盘 3 套压在轴 4 上。在轴 4 的孔里装拉杆 10，其一端的螺纹与手柄 5 连接。在装卸工件时，定位销 6 插入分度盘 3 上的定位孔中，使分度盘不转动。此时转动手柄即可使拉杆 10 前后移动，通过开口垫圈 9 和弹簧 11 压紧和松开工件。夹具的分度，要在工件处于夹紧状态时进行，这是因为夹紧力通过拉杆 10 使手柄 5 与轴 4 的端面产生摩擦力。分度时，拔出定位销 6，转动手柄 5，通过端面的摩擦力使轴 4 带动分度盘 3 转动，待钻模板 1 和工件 8 一起回转至下一个孔位后，在弹簧 7 的作用下使定位销插入定位销孔，开始加工。

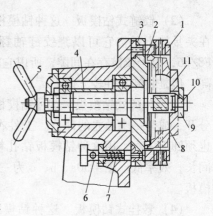

图 4-46　回转式钻模

1—钻模板　2—定位支承环　3—分度盘
4—轴　5—手柄　6—定位销　7、11—弹簧
8—工件　9—开口垫圈　10—拉杆

　　上例是一个专用的回转式钻模。目前，回转式钻模的回转分度部分，已有标准回转工作台供选用。这样，一批工件加工完后，只要从标准回转工作台上拆下固定式钻模即可。

　　有一种端面齿分度回转工作台，它的分度精度高，分度范围广，已被用在拼装组合夹具的回转式钻模中。

　　（3）翻转式钻模　翻转式钻模是使用过程中需要用手进行翻转的钻床夹具。夹具连同工件的质量一般限于 8 ~ 10kg。

　　图 4-47 所示是在一根短轴上钻法兰盘孔的翻转式钻模。根据工件形状和要求，定位基准选法兰的端面及外圆柱面较为合理。若从轴端钻孔，会使钻头长度增加、刀具刚性下降，故把钻模设计成翻转式，装卸工件时将夹具翻转 180°。钩形压板 4 把工件 1 夹紧，然后将夹具翻转使钻模板向上进行加工。钻模板 3 上装有钻套 2，工件的加工精度要求由钻套保证。由于工件倒装在夹具中，夹紧力与切削力、工件重力方向相反，因此这种钻模只适用于小件加工。

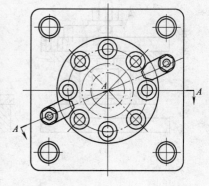

### 2. 钻模板

　　钻模板是在钻床夹具上用于安装钻套的零件，按其与夹具体连接的方式可分为固定式、铰链式、分离式和悬挂式等几种。

　　（1）固定式钻模板　这种钻模板如图 4-48 所示，是直接固定在夹具体上的，因此钻模板上的钻套相对于夹具体是固定的，所以精度较高。但它对有些工件的装卸不方便。固定式钻模板与夹具体可以采用销钉定位及螺钉紧固结构。对于简单的钻模，也可采用整体铸造及焊接结构。

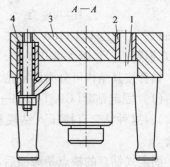

图 4-47　翻转式钻模

1—工件　2—钻套　3—钻模板　4—压板

（2）铰链式钻模板　这种钻模板如图 4-49 所示，是用铰链装在夹具体上的。它可以绕铰链轴翻转，铰链孔与轴销的配合为 F8/h6，由于铰链存在间隙，所以它的加工精度不如固定式钻模板高，但是装卸工件较方便。

（3）分离式钻模板　这种钻模板如图 4-50 所示，它与夹具体分开，成为一个独立的部分。工件在夹具中每装卸一次，钻模板也须卸下一次。用这种钻模板钻孔精度较高，但是装卸工件的时间长，效率低。图 4-50a、b、c 为三种不同结构形式的分离式钻模板。

（4）悬挂式钻模板　这种钻模板悬挂在机床主轴上，由机床主轴带动而与工件靠紧或离开（见图 4-51）。它与夹具体的相对位置由滑柱来确定。图 4-51 中的钻模板 4 悬挂在滑柱 2 上，通过弹簧 5 和横梁 6 与主轴连接。悬挂式钻模板常与组合机床的多轴箱联用。

**3. 钻套**

钻套（导套）是确定钻头等刀具位置及方向的引导元件。它能引导刀具并防止其加工时倾斜，保证被加工孔的位置精度，并能提高刀具的刚性，防止加工时产生振动。

钻套与刀具接触，必须有很高的耐磨性。当钻套孔直径 $d \leqslant$

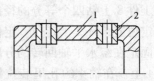

图 4-48　固定式钻模板
1—钻模板　2—钻套

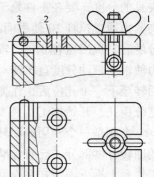

图 4-49　铰链式钻模板
1—钻模板　2—钻套　3—销轴

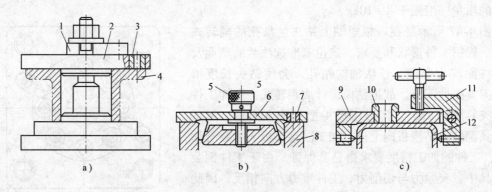

图 4-50　分离式钻模板
1、11—压板　2、7、10—钻套　3、6、9—钻模板　4、8、12—工件　5—螺钉

26mm 时，用工具钢 T10A 制造，淬火硬度 58～64HRC；当钻套孔直径 $d > 26$mm 时，用低碳钢 20 钢制造，渗碳深度 0.8～1.2mm，淬火硬度 58～64HRC。

钻套按其结构可分为固定钻套、可换钻套、快换钻套和特殊钻套四类。

（1）固定钻套（GB/T 2263—1991）　图 4-52a、b 所示是固定钻套的两种形式（即无肩和带肩），这种钻套直接压入钻模板或夹具体上，其外围与钻模板一般采用 H7/r6 或 H7/n6 配合。

固定式钻套的缺点是磨损后不易更换。因此主要用于中、小批生产的钻模或用来加工孔距甚小以及孔距精度要求较高的孔。为了防止切屑进入钻套孔内，钻套的上、下端应以稍突出钻模板为宜。

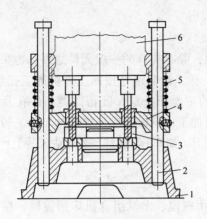

图 4-51 悬挂式钻模板

1—夹具体 2—滑柱 3—工件 4—钻模板 5—弹簧 6—横梁

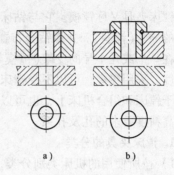

图 4-52 固定钻套

（2）可换钻套（GB/T 2264—1991） 图 4-53 所示是可换钻套，可换钻套 1 装在衬套 2 中，衬套则是压配在夹具体或钻模板 3 中。可换钻套由螺钉 4 固定住，防止转动。可换钻套与衬套常采用 H7/g6 或 H6/g5 配合。这种钻套在磨损以后，松开螺钉换上新的钻套，即可继续使用。

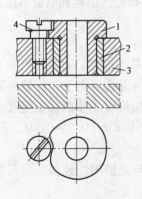

图 4-53 可换钻套

1—可换钻套 2—衬套 3—钻模板 4—螺钉

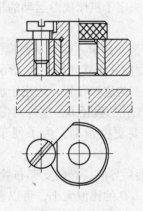

图 4-54 快换钻套

（3）快换钻套（GB/T 2265—1991） 图 4-54 所示是快换钻套，当要取下钻套时，只要将钻套朝逆时针方向转动一个角度，使得螺钉的头部刚好对准钻套上的缺口，再往上一拔，即可取下钻套。

（4）特殊钻套 凡是尺寸或形状与标准钻套不同的钻套都称为特殊钻套。图 4-55 是在斜面上钻孔时用的钻套。钻套的下端面做成斜面，斜面与工件之间距离 $h < 0.5$mm，这样铁屑不会塞在工件和钻套之间，而从钻套中排出。用这种钻套钻孔时，应先在工件上刮出一个平面，如图 4-55a 所示，这样可以使钻头在垂直于所刮平面的方向上钻孔，以防钻头引偏折断。

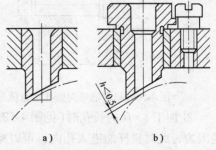

图 4-55 在斜面上钻孔时用的钻套

### 4.5.3　镗床夹具

镗床夹具又称镗模。它与钻床夹具比较相似，除有夹具的一般元件之外，也采用了引导刀具的导套(镗套)。并像钻套布置在钻模板上一样，镗套也是按照工件被加工孔系的坐标，布置在一个或几个导向支架(镗模架)上。镗模的主要任务是保证箱体类工件孔及孔系的加工精度。采用镗模，可以不受镗床精度的影响而加工出有较高精度要求的工件。镗模不仅广泛用于镗床和组合机床上，也可以在一般通用机床(如车床、铣床、摇臂钻床等)上用来加工有较高精度要求的孔及孔系。

**1. 镗床夹具的分类**

1) 按所使用的机床类别分类，有万能镗床用镗模、多轴组合机床用镗模、精密镗床用镗模以及一般通用机床用镗模。

2) 按所使用的机床型式分类，有卧式镗模和立式镗模。

3) 按镗套位置分类，有镗套位于被加工孔前方的镗模、镗套位于被加工孔后方的镗模、镗套在被加工孔前后两方的镗模以及没有镗套的镗模。

**2. 镗床夹具的结构形式**

采用镗模加工，孔的位置尺寸精度除了依靠刚性主轴加工保证外，主要依靠镗模导向来保证，并不决定于机床成形运动的精度。镗模导向装置的布置、结构和制造精度是保证镗模精度的关键。

(1) 单支承镗模　单支承镗模的导向方式有以下两种：

1) 单面前导向。如图 4-56 所示，导向支架布置在刀具的前方，刀具与机床主轴刚性连接。导向支架的这种布置，适用于加工 $D > 60mm$、$l < D$ 的通孔。由于镗杆导向部分的直径 $d$ 小于所加工孔的直径 $D$，这样对需要更换刀具进行多工位或多工步的加工是很方便的，因为此时不需要更换镗套。为了便于排屑，在一般情况下，$h = (0.5 \sim 1)D$，但 $h$ 不应小于 20mm。

2) 单面后导向。导向支架布置在刀具的后方，刀具与主轴刚性连接。导向支架的这种布置，根据 $l/D$ 的比值大小，可以有两种情况：

① 加工孔距精度高和孔的长度 $l < D$ 时(见图 4-57)，刀具导向部分直径 $d$ 可大于所加工孔的直径 $D$。这样，刀杆的刚度好，加工精度也较高；在换刀具时，不必更换镗套。

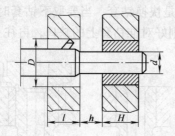

图 4-56　单面前导向镗孔示意图

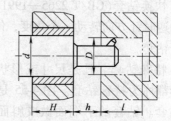

图 4-57　单面后导向镗孔示意图($l < D$)

② 加工 $l > D$ 的长孔时(见图 4-58)，刀具导向部分直径 $d$ 应小于所加工孔的直径 $D$。这是因为，此时镗杆能进入孔内，可以减少镗杆的悬伸量和利于缩短镗杆长度。$h$ 值的大小应根据更换刀具、装卸和测量工件及排屑是否方便来考虑。一般在卧式镗床上镗孔时，取 $h =$

$60 \sim 100mm$；在立式镗床上镗孔时，一般与钻模情况相似，$h$ 值可参考钻模的情况决定。

当加工 IT9 级精度以下的孔时，一般镗套的高度取 $H = (2 \sim 3)d$，或按最大悬伸量选取，即取 $H \geqslant h + l$。

（2）双支承镗模　双支承镗模的支承方式有以下两种：

1）前后双支承镗模。图 4-59 为镗削车床尾座孔的镗模，镗模的两个支承分别设置在刀具的前方和后方，镗刀杆 9 和主轴之间通过浮动接头 10 连接。工件以底面、槽及侧面在定位板 3、4 及可调支承钉 7 上定位，限制工件的六个自由度。采用联动夹紧机构，拧紧夹紧螺钉 6，压板 5、8 同时将工件夹紧。镗模支架 1 上装有滚动回转镗套 2，用以支承和引导镗刀杆。镗模以底面 $A$ 作为安装基面安装在机床工作台上，其侧面设置找正基面 $B$，因此可不设定位键。

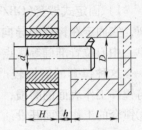

图 4-58　单面后导向
镗孔示意图 $(l > D)$

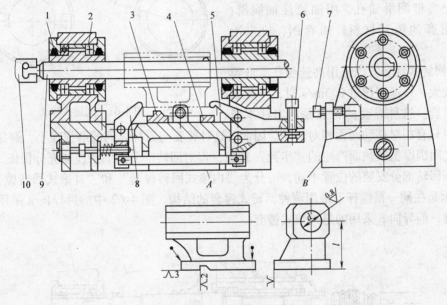

图 4-59　镗削车床尾座孔的镗模

1—支架　2—镗套　3、4—定位板　5、8—压板　6—夹紧螺钉
7—可调支承钉　9—镗刀杆　10—浮动接头

前后双支承镗模应用得最普遍，一般用于镗削孔径较大、孔的长径比 $l/D > 1.5$ 的通孔或孔系，其加工精度较高，但更换刀具不方便。

当工件同一轴线上孔数较多，且两支承间距离 $L > 10d$ 时，在镗模上应增加中间支承，以提高镗杆刚度（$d$ 为镗杆直径）。

2）单面双导向。如图 4-60 所示，在工件的一侧装有两个导向支架。镗杆与机床主轴的连接是浮动的。为了保证导向精度，设计这种导向时应取：

$$L \geqslant (1.5 \sim 5)l$$
$$H_1 = H_2 = (1 \sim 2)d$$

**3. 镗模的设计要点**

（1）镗套的设计　镗套的结构和精度直接影响到

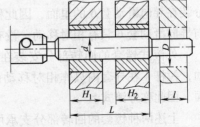

图 4-60　单面双导向镗孔示意图

被加工孔的加工精度和表面粗糙度。镗套的结构形式，根据运动形式不同，一般分为两类：

1）固定式镗套（GB/T 2266—1991）。如图 4-61 所示，这种镗套的结构与钻模的钻套相似，它固定在镗模的导向支架上，不能随镗杆一起转动。由于它具有外形尺寸小、结构简单、中心位置准确等优点，所以在一般扩孔、镗孔（或铰孔）中得到广泛的应用。

这种镗套的磨损较严重，为了减轻镗套与镗杆工作表面的磨损，可以采用以下措施：①镗套的工作表面开设油槽（直槽或螺旋槽），润滑油从导向支架上的油杯滴入；②在镗杆上滴油润滑或在镗杆上开油槽（直槽或螺旋槽）；③在镗杆上镶淬火钢条，这种结构的镗杆与镗套的接触面不大，工作情况较好；④镗套上自带润滑油孔，用油枪注油润滑；⑤选用耐磨的镗套材料，如青铜、粉末冶金等。

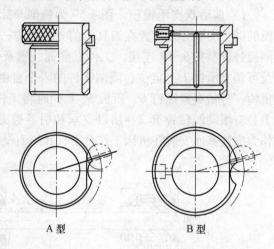

A 型　　　　　　B 型

图 4-61　固定式镗套

2）回转式镗套。当采用高速镗孔，或镗杆直径较大、线速度超过 0.3m/s 时，一般采用回转镗套。这种镗套的特点是：刀杆本身在镗套内只有相对移动而无相对转动。因而，这种镗套与刀杆之间的磨损很小，避免了镗套与镗杆之间因摩擦发热而产生的"卡死"现象，但对回转部分的润滑应能充分保证。

根据回转部分安装的位置不同，可分为"内滚式回转镗套"和"外滚式回转镗套"。图 4-62 所示是在同一根镗杆上采用两种回转式镗套的结构。图 4-62 中的后导向 a 采用的是内滚式镗套，前导向 b 采用的是外滚式镗套。

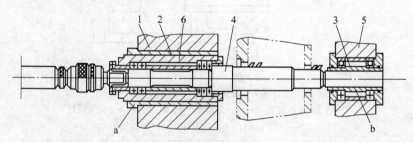

图 4-62　回转式镗套

1、5—导向支架　2、3—导套　4—镗杆　6—导向滑动套

内滚式镗套是把回转部分安装在镗杆上，并且成为整个镗杆的一部分。由于它的回转部分装在导向滑动套 6 的里面，因此称内滚式。安装在夹具导向支架上的导套 2 固定不动，它与导向滑动套 6 只有相对移动，没有相对转动，镗杆和轴承的内环一起转动。

外滚式镗套的回转部分安装在导向支架 5 上。在导套 3 上装有轴承，导套在轴承上转动，镗杆 4 在导套内只作相对移动而无相对转动。由于这种镗套的回转部分装在导套的外面，因此称外滚式。

上述两种镗套的回转部分支承可为滑动轴承或滚动轴承两种。因此，又可把回转式镗套分为滑动回转镗套和滚动回转镗套。

（2）镗杆的设计　镗杆是连接刀具与机床的辅助工具，不属于夹具范畴。但镗杆的一些设计参数与镗模的设计关系密切，而且不少生产单位把镗杆的设计归于夹具的设计中。镗杆的导引部分是镗杆与镗套的配合处，按与之配合的镗套不同，镗杆的导引部分可分为下列两种形式：

1）固定式镗套的镗杆导引部分结构。图 4-63 所示为用于固定式镗套的镗杆导向部分结构。当镗杆导向部分直径小于 50mm 时，镗杆常采用整体式结构。图 4-63a 所示为开油槽的镗杆，镗杆与镗套的接触面积大，磨损大，并且切屑从油槽进入镗套，易出现"卡死"现象，但镗杆的强度和刚度较好；图 4-63b、c 所示为有较深直槽和螺旋槽的镗杆，这种结构可大大减少镗杆与镗套的接触面积，沟槽内有一定的存屑能力，可减少"卡死"现象，但其刚度较差。

当镗杆导向部分直径大于 50mm 时，常采用如图 4-63d 所示的镶条式结构。镶条应采用摩擦因数小和耐磨的材料，如铜或钢。镶条磨损后，可在底部添加垫片，重新修磨使用。这种结构的摩擦面积小，容屑量大，不容易"卡死"。

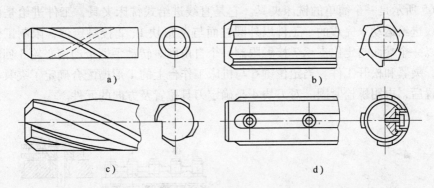

图 4-63　用于固定式镗套的镗杆导引部分结构

2）回转式镗套的镗杆导引部分结构。图 4-64a 所示为镗套上开有键槽，镗杆上装键，镗杆上的键都是弹性键，当镗杆伸入镗套时，弹簧被压缩，在镗杆旋转过程中，弹性键便自动弹出落入镗套的键槽中并带动镗套一起回转；图 4-64b 所示为镗套上装键，镗杆上开键槽，镗杆端部做成螺旋导引结构，其螺旋角小于 45°。镗套为带尖键的滚动镗套。当镗杆伸入镗套时，其两侧螺旋面中任一面与尖头键的任一侧相接触，因而拨动尖头键带动镗套回转，可使尖头键自动进入镗杆的键槽内。

（3）镗模支架与底座的设计　镗模支架和底座为铸铁件，常分开制造，这样便于加工、

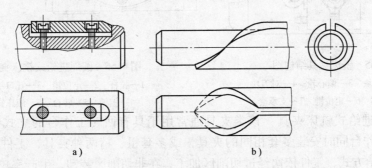

图 4-64　用于回转式镗套的镗杆导引部分结构

装配和进行时效处理。它们要有足够的刚性和强度,以保证加工过程的稳定性。镗模支架和底座尽量避免采用焊接结构,宜采用螺钉和销钉刚性连接。支架不允许承受夹紧力。支架设计时除了要有适当壁厚外,还应合理设置加强肋。在底座平面上设置相应的凸台面。在底座面对操作者一侧应加工有一窄长平面,用于找正基面,以便将镗模安装于工作台上。底座上应设置适当数目的耳座,以保证镗模在机床工作台上安装牢固可靠。还应有起吊环,以便于搬运。

### 4.5.4　铣床夹具

铣床夹具主要用于加工平面、沟槽、缺口以及各种成形表面。它主要由定位元件、夹紧装置、夹具体、定位键、对刀装置(对刀块和塞尺)等组成。

**1. 铣床夹具的分类及其结构形式**

铣床夹具一般可按铣削进给方式进行分类,分为直线进给、圆周进给和仿形进给三种类型。

(1) 直线进给式铣床夹具　这是最常见的一种铣床夹具。它又有单工件、多工件或单工位、多工位之分。这类夹具常用于中、小批量生产中。

图 4-65 所示是一个简单的铣床夹具。它是直线进给式铣床夹具,工件进给是由机床工作台的直线进给运动来完成的。工件以外圆柱面与 V 形块 1、2 接触定位,限制工件的四个自由度,以一个端面与定位支承 7 接触限制一个自由度。转动手柄带动偏心轮 3 回转,使 V 形块移动,夹紧和松开工件。当定位键 6 与机床工作台上的 T 形槽配合确定了夹具与机床间的相互位置后,再用螺栓紧固。对刀块 4 是确定刀具位置及方向的元件。

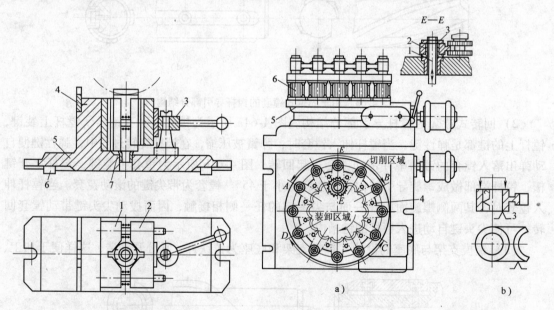

图 4-65　铣床夹具结构图　　　　　　　　　　图 4-66　圆周进给式铣床夹具

1、2—V 形块　3—偏心轮　4—对刀块　　　　　　1—拉杆　2—定位销　3—开口垫圈

5—夹具体　6—定位键　7—支承套　　　　　　　4—挡销　5—转台　6—液压缸

(2) 圆周进给式铣床夹具　该类夹具通常用于具有回转工作台的立式铣床上。如图 4-66 所示,工作台同时安装多套相同的夹具,或多套粗、精两种夹具,工件在工作台上呈现连续圆周进给方式,工件依次经过切削区加工,在非切削区装卸,生产率较高。

（3）仿形进给式铣夹具　仿形进给式铣夹具主要用于立式铣床上加工曲线轮廓的工件。按进给方式不同又可分为直线进给仿形铣夹具和圆周进给仿形铣夹具。但随着数控技术的迅猛发展，仿形铣削已逐渐淡出加工领域。

**2. 铣夹具设计要点**

（1）保证铣床夹具上工件定位的稳定性和夹紧的可靠性　铣床夹具与钻床、镗床夹具相比较，它没有引导刀具的导套；铣削加工时切削力很大，并且由于铣刀刀齿的不连续工作，作用在每个刀齿上的切削力的变化以及所引起的振动也很大，这些都会影响到工件定位时所确定的位置。因此，设计铣床夹具时要特别注意工件在夹具上的定位稳定性和夹紧可靠性，夹具的受力元件和夹具体要有足够的强度和刚度。

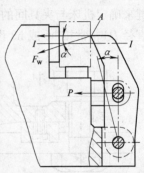

图 4-67　侧面夹紧的受力分析

设计时，定位元件的支承面积应适当大一些，定位元件的两支承之间的距离宜远一些，以减少工件在定位面上的受力变形，并增大工件定位的稳定性。夹紧装置应有足够的夹紧力和自锁能力，注意夹紧力作用点的位置和施力方向。

图 4-67 所示的侧面夹紧，采用的铰链压板能产生斜向的夹紧力 $F_W$，它对工件的作用点，宜略高于 $I$—$I$ 对称中心线，这样能使其合力 $F_W$ 落在支承面内，并在对称中心线附近。另外，$F_W$ 向下的分力能确保工件在夹紧过程中，下支承面与工件定位面的良好接触。在不影响排屑空间的条件下，注意降低夹具的高度。

（2）对刀装置的设计　铣床夹具中一般必须有确定刀具位置及方向的对刀装置，以保证迅速得到夹具、机床与刀具的相对准确位置。图 4-68 是铣床对刀置，其中图 4-68a 为板

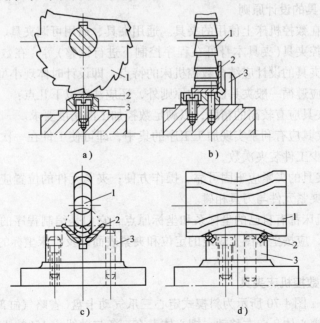

a)　　　　　　　　　　　b)

c)　　　　　　　　　　　d)

图 4-68　铣床对刀装置

a）板状对刀装置　b）直角对刀装置　c）V 形对刀装置　d）特殊对刀装置

1—铣刀　2—塞尺　3—对刀块

状对刀装置，用于加工工件上的平面；图 4-68b 是直角对刀装置，用于加工两个互相垂直的平面；图 4-68c 是 V 形对刀装置，用于加工工件的对称槽；图 4-68d 是特殊对刀装置，用于加工工件上的曲面。

（3）连接元件的设计　铣床夹具必须用螺栓紧固在机床工作台的 T 形槽中，并用定向键来确定机床与夹具间的位置。图 4-69 是定向键的结构。定向键的键宽 $b$（或圆柱定向键的直径 $D$），常按 h6 或 h8 设计。

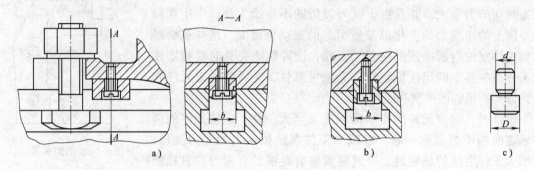

图 4-69　定向键的结构
a）A 型键　b）B 型键　c）圆柱定向键

# 4.6　高效机床夹具

## 4.6.1　数控机床夹具

### 1. 数控机床夹具的设计原则

数控夹具是指在数控机床上使用的夹具。通用夹具、通用可调夹具、成组夹具、专用夹具、拼装夹具和数控夹具（夹具本身可在程序控制下进行调整）等，在数控机床上都可以使用。但是数控机床夹具的设计应结合数控机床的特点，即设计时体现小型化、自动化、系列化和柔性化，除了应遵循一般夹具设计的原则外，还应注意以下几点：

1）数控机床夹具应有较高的精度，以满足数控加工的精度要求。

2）数控机床夹具应有利于实现加工工序的集中，即可使工件在一次装夹后能进行多个表面的加工，以减少工件装夹次数。

3）数控机床夹具的夹紧应牢固可靠、操作方便；夹紧元件的位置应固定不变，防止在自动加工过程中，夹紧元件与刀具相碰。

4）每种数控机床都有自己的坐标系和坐标原点，它们是编制程序的重要依据之一。设计数控机床夹具时，应按坐标图上规定的定位和夹紧表面以及机床坐标的起始点，确定夹具坐标原点的位置。

### 2. 几种典型的数控机床夹具

（1）气动卡盘　图 4-70 所示为斜楔式定心三爪气动卡盘（省略气缸部分），当活塞向左移动时，拉杆带动楔心体 9 向左移动，楔心体上有三条与轴线成 15°的 T 形槽，与滑座 2 滑动配合连接，滑座又用螺钉 5 与卡爪 6 固定成一体。当楔心体 9 左移时，它将带动三个卡爪 6 向中心移动，将工件夹紧。反之，当楔心体 9 向右移动时，则松开工件。

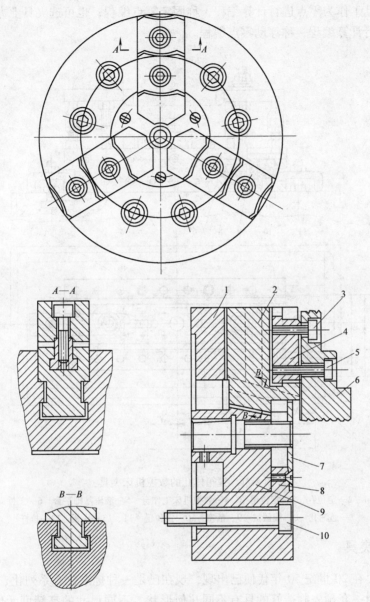

图 4-70  斜楔式定心三爪气动卡盘

1—夹具体  2—滑座  3、5、8、10—螺钉  4—螺母  6—卡爪  7—圆盖  9—楔心体

（2）拼装夹具  拼装夹具是在成组工艺基础上，用标准化、系列化的夹具零部件拼装而成的夹具。它有组合夹具的优点，比组合夹具有更好的精度和刚性，更小的体积和更高的效率，因而较适合柔性加工的要求，常用作数控机床夹具。

图 4-71 为镗箱体孔的数控机床夹具，需在工件 6 上镗削 $A$、$B$、$C$ 三孔。工件在液压基础平台 5 及三个定位销孔 3 上定位；通过基础平台内两个液压缸 8、活塞 9、拉杆 12、压板 13 将工件夹紧；夹具通过安装在基础平台底部的两个连接孔中的定位键 10 在机床 T 形槽中定位，并通过两个螺旋压板 11 固定在机床工作台上。可选基础平台上的定位孔 2 作夹具的坐标原点，与数控机床工作台上的定位孔 1 的距离分别为 $X_0$、$Y_0$。三个加工孔的坐标尺寸

可用机床定位孔 1 作为零点进行计算编程，称固定零点编程；也可选夹具上方便的某一定位孔作为零点进行计算编程，称浮动零点编程。

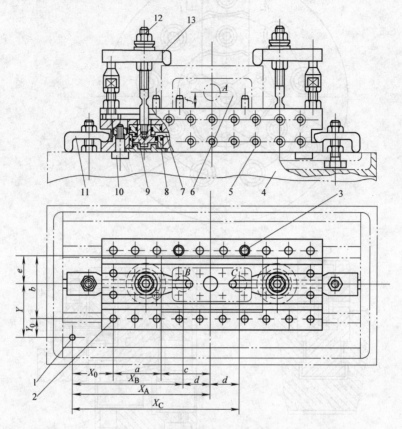

图 4-71　镗箱体孔的数控机床夹具

1、2—定位孔　3—定位销孔　4—数控机床工作台　5—液压基础平台　6—工件
7—通油孔　8—液压缸　9—活塞　10—定位键　11、13—压板　12—拉杆

## 4.6.2　组合夹具

　　组合夹具早在 20 世纪 50 年代便已出现，现在已是一种标准化、系列化、柔性化程度很高的夹具。它由一套预先制造好的具有不同几何形状、不同尺寸的高精度元件与合件组成，包括基础件、支承件、定位件、导向件、压紧件、紧固件、其他件、合件等。使用时按照工件的加工要求，采用组合的方式组装成所需的夹具。

　　根据组合夹具组装连接基面的形状，可将其分为槽系和孔系两大类：槽系组合夹具的连接基面为 T 形槽，各种组成部分由键和螺栓等元件定位紧固连接；孔系组合夹具的连接基面为圆柱孔组成的坐标孔系。

### 1. 组合夹具的特点

　　1）组合夹具元件可以多次使用。在变换加工对象后，可以全部拆装，重新组装成新的夹具结构，以满足新工件的加工要求，但一旦组装成某个夹具，则该夹具便成为专用夹具。

　　2）和专用夹具一样，组合夹具的最终精度是靠组成元件的精度直接保证的，不允许进行任何补充加工，否则将无法保证元件的互换性。因此组合夹具元件本身的尺寸、形状和位置精度以及表面质量要求高。因为组合夹具需要多次装拆、重复使用，故要求有较高的耐磨性。

3）组合夹具不受生产类型的限制，可以随时组装，以应生产之急，可以适应新产品试制中改型的变化等。

4）由于组合夹具是由各种标准件组合的，因此刚性差，尤其是元件接合面的接触刚度对加工精度影响较大。

5）一般组合夹具的外形尺寸较大，不如专用夹具那样紧凑。

**2. 槽系组合夹具**

T形槽系组合夹具按其尺寸系列有小型、中型和大型三种，其区别主要在于元件的外形尺寸、T形槽宽度和螺栓及螺孔的直径规格不同。

小型系列组合夹具主要适用于仪器、仪表和电信、电子工业，也可用于较小工件的加工。这种系列元件的螺栓为 M8 × 1.25，定位键与键槽宽的配合尺寸为 8H7/h6，T形槽之间的距离为 30mm。

中型系列组合夹具主要适用于机械制造业。这种系列元件的螺栓为 M12 × 1.5，定位键与键槽宽的配合尺寸为 12H7/h6，T形槽之间的距离为 60mm。这是目前应用最广泛的一个系列。

大型系列组合夹具主要适用于重型机械制造业。这种系列元件的螺栓为 M16 × 2，定位键与键槽宽的配合尺寸为 16H7/h6，T形槽之间的距离为 60mm。

图 4-73 所示为盘形零件（见图 4-72）钻径向分度孔的 T形槽系组合夹具的实例。

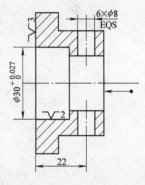

图 4-72 盘形零件
钻径向孔工序图

**3. 孔系组合夹具**

目前许多发达国家都有自己的孔系组合夹具。图 4-74 为德国 BIUCO 公司的孔系组合夹具组装示意图。元件与元件间用两个销钉定位，一个螺钉紧固。定位孔孔径有 10mm、12mm、16mm 和 24mm 四个规格；相应的孔距为 30mm、40mm、50mm 和 80mm，孔径公差为 H7，孔距公差为 ±0.01mm。

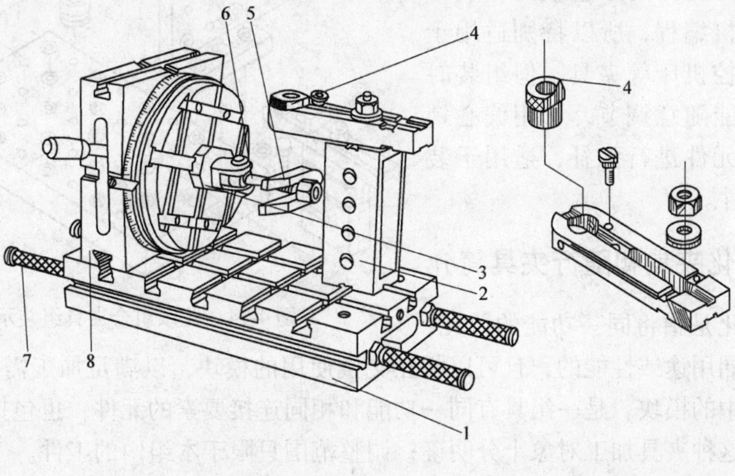

图 4-73 盘形零件钻径向分度孔的 T形槽系组合夹具

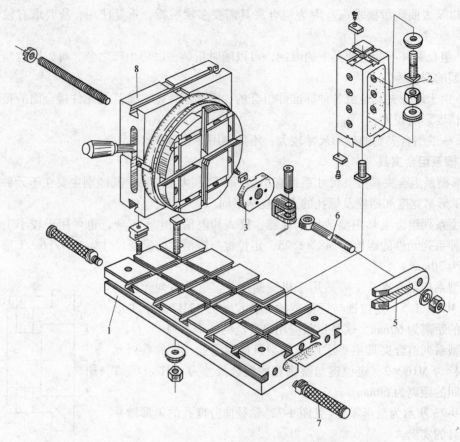

图 4-73　盘形零件钻径向分度孔的 T 形槽系组合夹具（续）

1—基础件　2—支承件　3—定位件　4—导向件　5—夹紧件　6—紧固件　7—其他件　8—合件

孔系组合夹具的元件用一面两圆柱销定位，属允许使用的过定位；其定位精度高，刚性比槽系组合夹具好，组装可靠，体积小，元件的工艺性好，成本低，便于计算机编程，所以特别适用于加工中心、数控机床等夹具。但组装时元件的位置不能随意调节，常用偏心销钉或部分开槽元件进行弥补，适用于装夹小型精密工件。

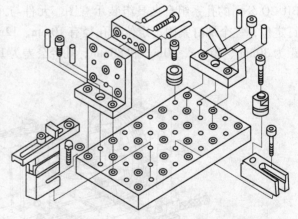

图 4-74　孔系组合夹具组装示意图

## 4.6.3　模块化夹具和随行夹具简介

所谓模块化是指将同一功能的单元，设计成具有不同用途或性能的，且可以相互交换使用的模块，以满足加工需要的一种方法。同一功能单元中的模块，是一组具有同一功能和相同连接要素的元件，也包括能增加夹具功能的小单元。这种夹具加工对象十分明确，调整范围只限于本组内的工件。

模块化夹具是一种柔性化的夹具，通常由基础件和其他模块元件组成，分为通用可调夹具和成组夹具(也称专业可调夹具)。

模块化夹具与组合夹具之间有许多共同点：它们都具有方形、矩形和圆形基础件；在基础件表面有坐标孔系。两种夹具的不同点：组合夹具的万能性好，标准化程度高；模块化夹具则为非标准的，一般是为本企业产品工件的加工需要而设计的。产品品种不同或加工方式不同的企业，所使用的模块结构会有较大差别。

**1. 通用可调夹具**

通用可调夹具的加工对象较广，有时加工对象不确定。如滑柱式钻模，只要更换不同的定位、夹紧、导向元件，便可用于不同类型工件的钻孔；又如可更换钳口的台虎钳、可更换卡爪的卡盘等，均适用于不同类型工件的加工。

图 4-76 为在轴类零件上钻径向孔的通用可调夹具，加工零件如图 4-75 所示。该夹具可加工一定尺寸范围内的各种轴类工件上的 1~2 个径向孔。图 4-76 中夹具体 2 的上、下两面均设有 V 形槽，适用于不同直径工件的定位。支承钉板 $KT1$ 上的可调支承钉用作工件的端面定位。夹具体的两个侧面都开有 T 形槽，通过 T 形槽螺栓 3、十字滑块 4，使可调钻模板 $KT2$、$KT3$ 及压板座 $KT4$ 作上、下、左、右调节。压板座上安装杠杆压板 1，用以夹紧工件。

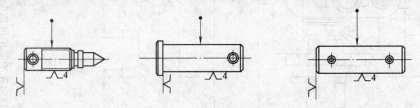

图 4-75　钻径向孔的轴类零件简图

**2. 成组夹具**

成组夹具是成组工艺中为一组零件的某一工序而专门设计的夹具。

成组夹具加工的零件组都应符合成组工艺的三相似原则，即工艺相似(加工工序及定位基准相似)、工艺特征相似(加工表面与定位基准的位置关系相似)、尺寸相似(组内零件均在同一尺寸范围内)。图 4-77 所示的成组车床夹具用于加工拨叉叉部圆弧面及其一端面的成组工艺零件组(见图 4-78)。在该夹具上，两件同时加工。夹具体 1 上有四对定位套 2(定位孔为 $\phi16H7$)，可用来安装四种可换定位轴 $KH1$，用来加工四种中心距 $L$ 不同的零件。若将可换定位轴安装在 $C—C$ 剖面的 T 形槽内，则可加工中心距 $L$ 在一定范围内变化的各种零件。可换垫套 $KH2$ 及可换压板 $KH3$ 按零件叉部的高度 $H$ 选用更换，并固定在与两定位轴连线垂直的 T 形槽内，作旋转定位及辅助夹紧用。

成组夹具的设计方法与专业夹具相似，首先确定一个"合成零件"，该零件能代表组内零件的特征。然后针对"合成零件"设计夹具，并根据组内零件加工范围，设计可调整件和可更换件。应使调整方便、更换迅速、结构简单。

**3. 随行夹具**

随行夹具又称随动夹具。由于一些工序复杂的工件毛坯在输送到组合机床自动线上之前，常加工出定位基准，因此对不同的工件结构及加工要求，常采用不同输送形式的组合机床自动线。若工件能直接由输送装置或机械手顺序送至各加工工位进行加工，可采用直接输送式组合机床自动线。若工件需要安装在随行夹具或随行托板上，再由输送装置顺序送到各加工工位进行加工，则应采用随行夹具输送式组合机床自动线。

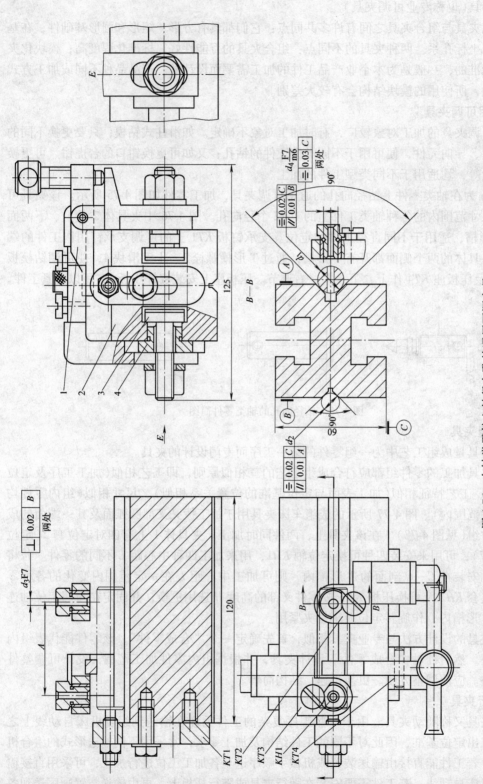

图 4-76　在轴类零件上钻径向孔的通用可调夹具

1—杠杆压板　2—夹具体　3—T 形槽螺栓　4—十字滑块

KH1—快换钻套　KT1—支承钉板　KT2、KT3—可调钻模板　KT4—压板座

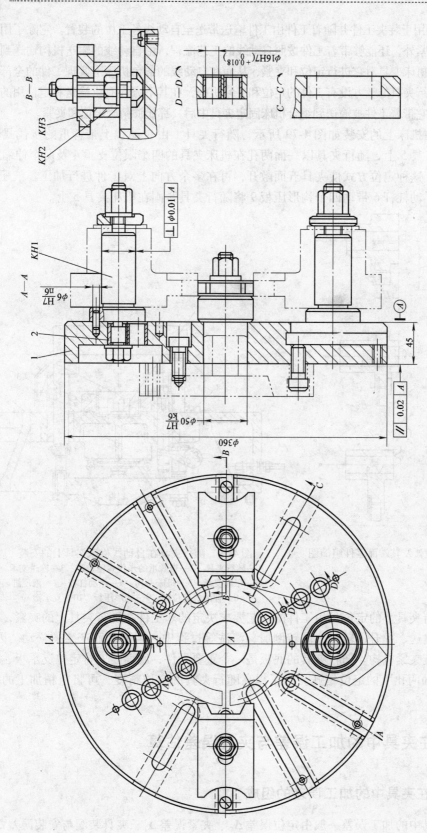

图 4-77　拨叉车圆弧及其端面成组车夹具

1—夹具体　2—定位套　KH1—可换垫轴　KH2—可换套套　KH3—可换压板

随行夹具是用于装夹工件并随着工件由工件输送带送至自动线各工位的装置。它除了用于实现工件定位和夹紧外,还能够带着工件按照自动线的工艺流程,由自动线的输送机构输送到各台机床夹具上,由机床夹具对它进行定位和夹紧,从而在自动线的各台机床上实现工件的全部工序加工。因此,随行夹具的上方设有工件的定位和夹紧机构,在其下方设有供输送和定位用的平面和定位机构,当它带着工件被输送到组合机床固定夹具中后,都能够精确定位和夹紧。

随行夹具在机床上的安装如图4-79所示,随行夹具1由自动线上带棘爪的步伐式输送带2送到机床夹具5上,随行夹具以一面两孔在机床夹具的四个限位支承4及两个伸缩式定位销8上定位。这种定位方式使夹具五面敞开,可在多个方向上对工件进行加工。液压缸7的活塞杆推动浮动杠杆6带动四个钩形压板9将随行夹具紧固在机床夹具5上。

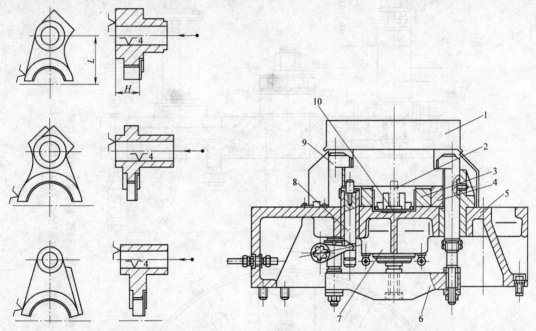

图 4-78　叉车圆弧及其端面零件组简图　　　图 4-79　随行夹具在自动线机床夹具上的安装
1—随行夹具　2—带棘爪的步伐式输送带　3—输送支承
4—限位支承　5—机床夹具　6—浮动杠杆　7—液压缸
8—伸缩式定位销　9—钩形压板　10—支承滚

工件在随行夹具上的定位是由工件的工艺要求决定的。工件在随行夹具上的夹紧,应注意随行夹具在输送、提升、转动、翻转倒屑、清洗等过程中,因振动而产生的松动。因此,一般都采用螺旋夹紧机构。随行夹具的底板是一个重要元件,底面要安排定位支承板、输送支承板和"一面两孔"的定位销孔。为了提高随行夹具的定位精度,可将粗精加工的定位销孔分开。

# 4.7　工件在夹具中的加工误差与夹具误差估算

## 4.7.1　工件在夹具中的加工误差的组成

工件在夹具中的加工误差一般由定位误差 $\Delta_D$、夹紧误差 $\Delta_J$、夹具装配与安装误差 $\Delta_P$ 和

加工方法过程误差 $\Delta_m$ 四部分组成。

**1. 定位误差 $\Delta_D$**

定位误差是指一批工件在用调整法加工时，仅仅由于定位不准所引起的工序尺寸或位置要求的最大可能变动范围，用 $\Delta_D$ 表示。

在工件的加工过程中，产生误差的因素很多，定位误差仅是加工误差的一部分。为了保证加工精度，一般限定定位误差不超过工件加工公差 $\delta$ 的 $1/5 \sim 1/3$，即

$$\Delta_D \leqslant \left(\frac{1}{5} \sim \frac{1}{3}\right)\delta$$

式中　$\Delta_D$——定位误差(mm)；

　　　$\delta$——工件的尺寸公差(mm)。

工件逐个在夹具中定位时，各个工件定位不准的原因分为两种情况：一是定位基准与限位基准不重合，产生的定位基准位移误差 $\Delta_Y$；二是定位基准与工序基准不重合，产生的基准不重合误差 $\Delta_B$，计算公式为

$$\Delta_D = \Delta_Y \pm \Delta_B$$

（1）定位基准位移误差 $\Delta_Y$　由于定位副的制造误差或定位副之间配合间隙所导致的工序基准在工序尺寸方向上的最大可能的位置变动量，称为基准位移误差，用 $\Delta_Y$ 表示。不同的定位方式，基准位移误差的计算方式也不同。

**例 4-1**　如图 4-80 所示，工件以圆柱孔在心轴上定位铣键槽，要求保证尺寸 $B$ 和 $A$。其中尺寸 $B$ 由铣刀宽度保证，而尺寸 $A$ 由按心轴中心调整的铣刀位置保证。

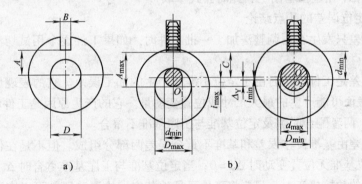

图 4-80　基准位移误差

如果工件内孔直径与心轴外圆直径作成完全一致(作成无间隙配合)，即孔的中心线与轴的中心线位置重合，则不存在因定位引起的误差。但实际上，如图 4-80b 所示，心轴和工件内孔都有制造误差。于是工件套在心轴上必然会有间隙，孔的中心线与轴的中心线位置不重合，导致这批工件的工序尺寸 $A$ 的误差中附加了工件工序基准变动误差，其变动量即为最大配合间隙，可按下式计算：

$$\Delta_Y = i_{max} - i_{min} = \frac{1}{2}(D_{max} - d_{min}) - \frac{1}{2}(D_{min} - d_{max}) = \frac{1}{2}(\delta_D + \delta_d)$$

式中　$\Delta_Y$——基准位移误差(mm)；

　　　$D_{max}$——工件孔的最大直径(mm)；

　　　$d_{min}$——定位心轴(或定位销)的最小直径(mm)；

$\delta_D$——工件孔的直径公差(mm)；

$\delta_d$——定位心轴或定位销的直径公差(mm)。

（2）定位基准与工序基准的基准不重合误差 $\Delta_B$　基准不重合误差 $\Delta_B$ 的数值，等于同批工件工序基准与定位基准之间距离尺寸的公差在工序尺寸方向上的投影。

**例 4-2**　图 4-81 所示是以平面定位，加工工件的一个缺口。如果要求的工序尺寸为 $A_1$，由于平面的基准位移误差等于零，即 $\Delta_Y = 0$，则定位误差 $\Delta_{DA_1} = \Delta_{BA_1} = \delta_{A_2}$。这是由于基准不重合造成的，$\delta_{A_2}$ 为尺寸 $A_2$ 的公差。

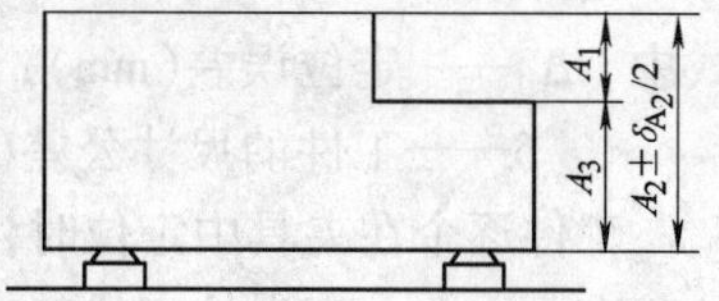

（3）定位误差的计算方法

1）几何法。定位误差的计算可按定位误差的定义，画出一批工件定位时可能产生定位误差的工序基准的两个极端位置（见例 4-1），再通过几何关系直接求得，即所谓的几何法求解定位误差。

2）公式法。定位误差的计算也可根据定位误差的组成，按公式 $\Delta_D = \Delta_Y \pm \Delta_B$ 计算得到。但计算时应特别注意公式中" + 、 - "号的判别。这里有两种情况：

① 工序基准在定位基面上：当工件由一种可能极端位置变为另一种可能极端位置时，如果定位基准位置的变动方向与工序基准相对于理想定位基准位置的变动方向一致，公式中取" + "号，反之取" - "号。

② 工序基准不在定位基面上：此时公式中取" + "号。

（4）关于定位误差的几点结论

1）定位误差只发生在用调整法加工一批工件时，如果工件逐个用试切法加工，则不存在定位误差。

2）定位误差是工件定位时由于定位不准而产生的加工误差。它的表现形式为工序基准相对于被加工表面可能产生的最大尺寸或位置变动量。它的产生原因是工件制造误差、定位元件制造误差、两者配合间隙及定位基准与工序基准不重合。

3）定位误差由基准位移误差和基准不重合误差两部分组成。但不是在任何情况下两者都存在。当定位基准无位置变动时 $\Delta_Y = 0$；当定位基准与工序基准重合时 $\Delta_B = 0$。

4）在先进的数控机床上，只要将工件可靠地装夹，检测装置就可以准确测定工件的位置，然后控制刀具到达预定位置，因此可以不必考虑定位误差的影响。

常见定位方式所产生的定位误差见表 4-3。

图 4-81　平面定位时的基准不重合误差

**表 4-3　常见定位方式的定位误差**

| 定位方式 | | 定位简图 | 定位误差 |
|---|---|---|---|
| 定位基面 | 限位基面 | | |
| 平面 | 平面 | 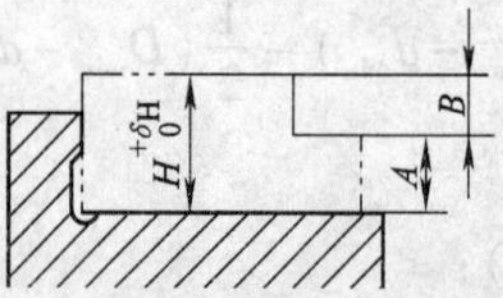 | $\Delta_{DA} = 0$<br>$\Delta_{DB} = \delta_H$ |

（续）

| 定位方式 | | 定位简图 | 定位误差 |
|---|---|---|---|
| 定位基面 | 限位基面 | | |
| 圆孔面及平面 | 圆柱面及平面 | | $\Delta_{D\div}=\delta_D+\delta_{d0}+X_{min}$<br>（定位基准沿任意方向移动） |
| 圆孔面 | 圆柱面 | | $\Delta_{D\div}=0$<br>$\Delta_{DA}=\dfrac{1}{2}(\delta_D+\delta_{d0})$<br>（定位基准单方向移动） |
| 圆柱面 | 两垂直平面 | | $\Delta_{DA}=0$<br>$\Delta_{DB}=\dfrac{\delta_d}{2}$<br>$\Delta_{DC}=\delta_d$ |
| | 平面及 V 形面 | | $\Delta_{DA}=\dfrac{\delta_d}{2}$<br>$\Delta_{DB}=0$<br>$\Delta_{Dc}=\dfrac{1}{2}\delta_d\cos\beta$ |
| | | | $\Delta_{DA}=0$<br>$\Delta_{DB}=\dfrac{\delta_d}{2}$<br>$\Delta_{DC}=\dfrac{1}{2}\delta_d(1-\cos\beta)$ |
| | | | $\Delta_{DA}=\delta_d$<br>$\Delta_{DB}=\dfrac{\delta_d}{2}$<br>$\Delta_{DC}=\dfrac{1}{2}\delta_d(1+\cos\beta)$ |

（续）

| 定位方式 | | 定位简图 | 定位误差 |
|---|---|---|---|
| 定位基面 | 限位基面 | | |
| 圆柱面 | V形面 | | $\Delta_{DA}=\dfrac{\delta_d}{2\sin\dfrac{\alpha}{2}}$ <br> $\Delta_{DB}=0$ <br> $\Delta_{DC}=\dfrac{\delta_d\cos\beta}{2\sin\dfrac{\alpha}{2}}$ |
| | | | $\Delta_{DA}=\dfrac{\delta_d}{2}\left(\dfrac{1}{\sin\dfrac{\alpha}{2}}-1\right)$ <br> $\Delta_{DB}=\dfrac{\delta_d}{2}$ <br> $\Delta_{DC}=\dfrac{\delta_d}{2}\left(\dfrac{\cos\beta}{\sin\dfrac{\alpha}{2}}-1\right)$ |
| | | | $\Delta_{DA}=\dfrac{\delta_d}{2}\left(\dfrac{1}{\sin\dfrac{\alpha}{2}}+1\right)$ <br> $\Delta_{DB}=\dfrac{\delta_d}{2}$ <br> $\Delta_{DC}=\dfrac{\delta_d}{2}\left(\dfrac{\cos\beta}{\sin\dfrac{\alpha}{2}}+1\right)$ |

**2. 夹紧误差 $\Delta_J$**

夹紧误差指工件夹紧变形在工件上产生的误差，其大小是工件基准面至刀具调整面之间距离的最大与最小尺寸之差。它包括工件在夹紧力作用下的弹性变形、夹紧时工件发生的位移量或偏转量（这种情况改变了工件在定位时所占有的正确位置）、工件定位面与夹具支承面之间的接触部分的变形等。当夹紧力方向、作用点、大小合理时夹紧误差近似为零。

**3. 夹具装配与安装误差 $\Delta_P$**

夹具装配与安装误差 $\Delta_P$ 包括以下几种误差：

1）夹具的制造和装配误差。

2）相对位置误差。夹具相对机床的安装定位位置误差，即夹具在机床上的定位、夹紧误差。

3）对刀误差。夹具与刀具的相对位置误差，即指刀具的导向或对刀误差。

**4. 加工方法的过程误差 $\Delta_m$**

它是指加工方法的原理误差、工艺系统受力及受热变形后产生的误差、工艺系统各组成部分（如机床、刀具、量具等）的静精度和磨损造成的误差对工件加工精度的综合影响。

## 4.7.2 夹具误差估算

为满足加工要求，上述四部分的误差总和不应超过工件的工序尺寸公差 $\delta$，即

$$\Delta_D + \Delta_J + \Delta_P + \Delta_m \leqslant \delta$$

考虑到各项误差的方向性和它们的最大值一般不会同时出现的实际情况，按概率论方法计算就更符合实际，即

$$(\Delta_D^2 + \Delta_J^2 + \Delta_P^2 + \Delta_m^2)^{\frac{1}{2}} \leqslant \delta$$

上述的定位夹紧误差和夹具装配和安装误差，都是与夹具有关的误差。这几项误差约各占整个工序尺寸公差的 1/3。

若定位夹紧误差控制在工件相关尺寸或位置公差的 1/3 ~ 1/5 之内，就认为该定位方案能满足该工序的加工精度要求。

一般夹具的制造精度，其公差值通常取为工序尺寸公差值的 1/3 ~ 1/5。

## 4.8 专用夹具的设计

前面分析和讨论了几类典型夹具的结构和设计要点，为进行夹具设计打下了基础，但是进行专用夹具设计时，还需注意一些问题。

**1. 基本要求**

（1）保证工件加工精度  设计专用夹具时，为了保证工件的加工要求，应该做到以下几点：

1）正确确定定位方案。定位精度要满足加工要求，不出现欠定位，不发生过定位干涉。

2）保证夹具在机床上的定位正确无误，以满足加工和调整要求。

3）正确确定夹紧方案，夹紧牢固可靠，能保证加工质量。注意夹紧力的作用点和方向，注意夹紧的可靠性和夹紧变形。

4）正确确定刀具导向方式。刀具对夹具的对刀正确无误，对刀精度应满足加工精度要求。

5）合理确定夹具的技术要求，进行必要的误差分析与计算。

（2）满足生产纲领（加工批量）要求  为此对大批量生产的夹具应采用快速、高效夹具结构，如多件联动夹紧等，以缩短辅助时间；对中、小批量生产，则应在满足夹具主要功能的前提下，尽量使结构简单、制造方便，以降低制造成本。

（3）使用安全，操作方便、省力，运行可靠，使用寿命长  可采用气动、液压等夹紧装置，以减少劳动强度，并能较好地控制夹紧力。操作手把位置合理、安全，符合操作习惯，必要时应配有安全防护装置。夹具元件有足够的强度、刚度、硬度、耐磨性，有良好的润滑、防尘、防屑措施。

（4）良好的工艺性  应有良好的加工工艺性和装配结构工艺性，采用标准化元件和通用化结构，有较高的元件通用性，便于制造、检验、装配、搬运、调整、维修、保管，制造成本和使用成本低，经济效益高。

**2. 设计步骤**

夹具设计与其他机械产品设计一样，主要包括方案设计、技术设计和施工设计。

（1）方案设计  方案设计又称总体设计、初步设计。进行方案设计时，应做到：

1）研究被加工零件，明确设计任务；分析零件在部件、产品中的功能、要求；了解零

件形状与结构特点、材料及毛坯特点、零件尺寸和技术要求等。

2）分析零件加工工艺过程，主要分析进入本工序时的状态（形状、刚性、尺寸精度、加工余量、材质、切削用量、定位基准、夹紧表面等）。

3）了解所用机床的性能、规格、运动情况，主要掌握与所设计夹具联接部分的结构和联系尺寸。

4）了解刀具运动特点。

5）了解零件的投产批量与生产纲领。

6）了解本厂制造、使用、管理夹具的情况。

7）收集有关资料，包括机床夹具零部件国家标准、相似夹具的运作情况及改进要求、参考国内外有关夹具设计方面的图册和先进技术资料等。

在以上工作基础上，拟定夹具总体方案（包括定位方案、夹紧方案、操作传动方案）；拟定夹具结构方案，使夹具的结构形式、自动化程度与生产纲领相适应；利用价值工程等方法，对各种方案进行技术经济分析，并进行选优；绘制夹具总装配草图；对总体方案进行评审认定。

（2）技术设计　它包括对总体方案进行改进，确定各定位元件、夹紧元件、对刀引刀元件、操作件等标准元件和标准装置；确定传动系统与动力装置及与其相关的专用件、夹具上的诸结构形式、夹具体的结构形式；绘制夹具体等重要零件的草图；对夹具进行必要的分析和计算；对夹具进行技术经济分析；绘制夹具总装配图；提出标准件、外购件清单等。

（3）施工设计　完成全部专用零件（包括补充加工件）的图样与技术文件。编制专用零件明细表，借用零件明细表，标准件明细表，外购件明细表，夹具调整使用说明书等。

**3. 注意事项**

（1）夹具的总装图

1）夹具总装配图的绘制。夹具的总装配图应反映其工件的加工状态，并尽量按1∶1的比例绘制草图。工件用假想的双点画线画出，并反映出定位夹紧情况。用双点画线表示的假想形体，都看作透明体，不能遮挡后面的夹具结构。夹具松开位置用双点画线表示，以便掌握其工作空间，避免与刀具机床干涉。刀具机床的局部也用双点画线表示。改装夹具的改动部分用粗实线，其余轮廓用细实线表示。

2）夹具总装配图上应标注的尺寸。

① 最大外形轮廓尺寸。若夹具上有活动部件，则应用双点画线画出最大活动范围，或标出活动部分的尺寸范围。如图 4-85（型材夹具体钻模）中的最大轮廓尺寸：84mm、$\phi70$mm 和 60mm。

② 影响定位精度的尺寸和公差，包括工件与定位元件及定位元件之间的尺寸、公差。如图 4-85 中标注的定位基面与限位基面的配合尺寸 $\phi20H7/g6$。

③ 影响对刀精度的尺寸和公差，主要指刀具与对刀或导向元件之间的尺寸、公差。如图 4-85 标注的钻套导向孔的尺寸 $\phi5F7$。

④ 影响夹具在机床上安装精度的尺寸和公差，主要指夹具安装基面与机床相应配合表面之间的尺寸、公差。

⑤ 影响夹具精度的尺寸和公差，包括定位元件、对刀或导向元件、分度装置及安装基面相互之间的尺寸、公差和位置公差。如图 4-85 标注的钻套轴线与限位基面间的尺寸 20 ±

0.03、钻套轴线相对于定位心轴的对称度 0.03mm、钻套轴线相对于安装基面 *B* 的垂直度 60∶0.03、定位心轴相对于安装基面 *B* 的平行度 0.05mm。

⑥ 其他重要尺寸和公差。它们一般为机械设计中应标注的尺寸、公差，如图 4-85 标注的配合尺寸 $\phi$14H7/r6、$\phi$40H7/r6 和 $\phi$10H7/r6。

3）夹具精度的确定原则。确定夹具尺寸精度的总原则是：在满足加工的前提下，应尽量降低对夹具的加工精度要求。对直接影响工件加工精度的夹具尺寸公差，一般取工件相应工序尺寸公差的 1/3～1/5；生产批量大，精度高时夹具尺寸公差取小值的 1/4～1/5，反之取大值的 1/3～1/4。

与工件尺寸有关的夹具尺寸公差，都应改为对称分布的双向公差，并标在总装图上。角度公差按工件上的相应公差的 1/3～1/2 选取，对未注角度的公差一般取 ±10′，要求严格的取 ±5′～±1′。其他重要的配合公差，根据装配部位的功能、夹具的精度要求、夹具元件的工作状态等条件，查找夹具设计手册选取。

4）总装图上应注明的技术要求。它包括夹具上重要元件之间及各有关表面之间的位置精度，一般按工件相应的工序加工技术要求规定的形位公差的 1/2～1/5 选取，通常取 1/3；对装配、调整等方面需要特殊说明的内容，也要列入技术要求中。

（2）夹具设计的分析计算 有动力夹紧装置的夹具，要进行夹紧力的计算；加工精度要求较严的夹具，要进行加工精度分析（误差分析）；对多种夹具方案，要通过技术经济分析进行选优。

**4. 专用夹具设计举例**

图 4-82 所示为钢套钻孔工序图，工件材料为 Q235A 钢，生产批量为 500 件，需要设计钻 $\phi$5mm 孔的夹具。

（1）分析零件的工艺过程和本工序的加工要求，明确设计任务 从图 4-82 可知，需要加工的孔为 $\phi$5mm 未标注尺寸公差的孔，表面粗糙度 $R_a$ = 6.3$\mu$m，孔与基准面 *B* 的距离尺寸为 20 ±0.1。

此外，孔的中心线对基准 *A* 的对称度为 0.1mm，且外圆 $\phi$30mm 的表面、$\phi$20H7 的孔、总长尺寸均已加工过。本工序所使用的加工设备为 Z525 型立式钻床。

（2）拟定定位方案，设计定位元件 从所加工的孔的位置尺寸 20 ±0.1mm 及对称度

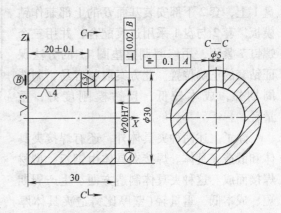

图 4-82 钢套钻孔工序图

来看，该工序的工序基准为端面 *B* 及孔 $\phi$20H7。定位方案如图 4-83a 所示，采用一台阶面加一个轴定位，心轴限制工件的四个自由度 $\bar{y}$、$\bar{z}$、$\hat{y}$、$\hat{z}$，台阶面限制 $\bar{x}$、$\hat{y}$、$\hat{z}$ 三个自由度，故上述两个定位元件重复限制 $\hat{y}$、$\hat{z}$ 两个自由度，属于过定位。但由于工件定位端面 *B* 与定位孔 $\phi$20H7 均已经精加工过，其垂直度要求比较高，另外定位心轴及台阶端面垂直度要求也能得到保证，所以这种过定位是可以采用的。

定位心轴在上部铣平，用来让刀，避免钻孔后的毛刺妨碍工件装卸。

（3）导向和夹紧方案以及其他元件的设计 为了确定刀具相对于工件的位置，夹具上

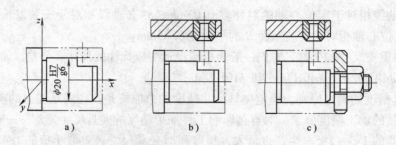

图 4-83　钢套的定位、导向、夹紧方案

应设置钻套作为导向元件。由于只需要加工 $\phi 5mm$ 的内孔，且生产批量较小，所以采用固定式钻套。钻套安装在钻模板上，钻模板采用固定式钻模板，钻模板与工件间留有排屑空间，以便于排屑，如图 4-83b 所示。由于工件的批量不大，宜用简单的手动夹紧装置，如图4-83c 所示采用带开口垫圈的螺旋夹紧机构，使工件装卸迅速、方便。

（4）夹具体的设计　图 4-84 所示为采用铸造夹具体的钢套钻孔钻模。夹具体 1 的 B 面作为安装基面，定位心轴 2 在夹具体 1 上采用过渡配合，用锁紧螺母 8 把其夹紧在夹具体上，用防转销钉 7 保证定位心轴缺口朝上，钻模板 3 与夹具体 1 用两个螺钉、两个销钉连接。夹具装配时待钻模板位置调整确定后，再拧紧螺钉，然后配钻，钻铰销钉孔，打入销钉定位。此方案结构紧凑，安装稳定，具有较好的抗压强度和抗振性，但生产周期长，成本略高。

图 4-85 所示为采用型材夹具体的钻模。夹具体由盘 1 及套 2 组成，它是由棒料、管料等型材加工装配而成的。定位心轴安装在盘 1 上，套 2 下部安装基面 B 的上部兼作钻模板。套 2 与盘 1 采用过渡配合，并用三个螺钉 7 紧固，用修磨调整垫圈 11 的方法保证钻套的正确位置。此方案取材容易，制造周期短，成本较低，且钻模刚度好，重量轻。

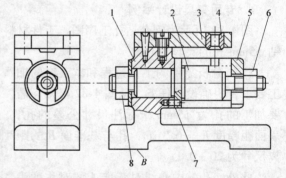

图 4-84　铸造夹具体的钢套钻孔钻模
1—夹具体　2—定位心轴　3—钻模板　4—固定钻套
5—开口垫圈　6—夹紧螺母　7—防转销钉　8—锁紧螺母

除了上述两种夹具体外，还有焊接夹具体和锻造夹具体。焊接夹具体由钢板、型材焊接而成。这种夹具体制造方便、生产周期短、成本低、重量轻（壁厚比铸造夹具体厚），但其热应力大、易变性、需要经退火处理，才能保证尺寸稳定性。锻造夹具体只能在要求夹具体强度高、刚度大、形状简单、尺寸不大的场合使用。由于铸造夹具体和型材夹具体相比优点较多，生产中多采用铸造夹具体。

（5）绘制夹具装配总图　在上述方案基础上绘制夹具草图，征求修改意见。在方案正式确定基础上，即可绘制夹具总装配图。

（6）尺寸标注　将必须标注的主要尺寸、工程技术要求、基准符号、配合代号及公差等级按规定标注在钻孔夹具总装配图上。

（7）编制夹具零件明细表　略。

（8）对于非标零件进行零件图设计　略。

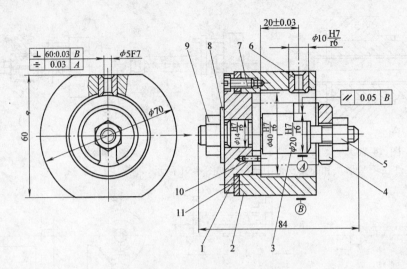

图 4-85　型材夹具体钻模

1—盘　2—套　3—定位心轴　4—开口垫圈　5—夹紧螺母　6—固定钻套

7—螺钉　8—垫圈　9—锁紧螺母　10—防转销钉　11—调整垫圈

# 习　题

4-1　工件在夹具中定位、夹紧的任务是什么?

4-2　什么是欠定位?为什么不能采用欠定位?试举例说明。

4-3　试分析使用夹具加工零件时,产生加工误差的因素有哪些?它们与零件公差成何比例?

4-4　何谓"六点定位原理"?工件的合理定位是否要求一定要限制其在夹具中的六个自由度?试举例说明工件在夹具中的完全定位、不完全定位、欠定位和过定位(重复定位)。

4-5　根据下述各题的定位方案,试分析都限制了工件的哪几个自由度?是否属于重复定位或欠定位?若定位不合理时又如何改进?

1)连杆工件在夹具中的平面及 V 形块上定位,如图 4-86 所示。

2)套类工件在自动定向的可胀心轴上定位,如图 4-87 所示。

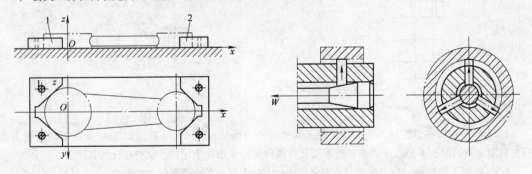

图　4-86　　　　　　　　　　　　　　　图　4-87

3)套类工件在刚性心轴上定位,如图 4-88 所示。

4)轴类工件安装在两顶尖上定位(见图 4-89a)及套类工件安装在自动定心的弹簧卡头上定位(见图 4-89b)。

5)轴类工件在三爪自定心卡盘及前后顶尖中定位(见图 4-90a)及套类零件在三爪自定心卡盘和中心支架中定位(见图 4-90b)。

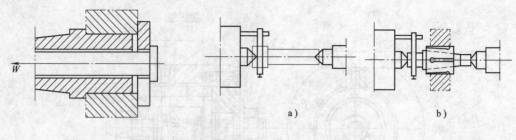

图　4-88　　　　　　　　　　　　　　　　图　4-89

6）小轴工件在长 V 形块和圆头支钉中定位，如图 4-91 所示。

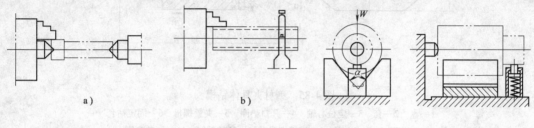

图　4-90　　　　　　　　　　　　　　　　图　4-91

7）T 形轴在三个 V 形块中定位，如图 4-92 所示。

8）轴类工件在三爪自定心卡盘(接触部位较长)及后顶尖上定位(见图 4-93a)；套类工件在两个锥台上定位(见图 4-93b)及带有锥孔的工件在锥度心轴上定位(见图 4-93c)。

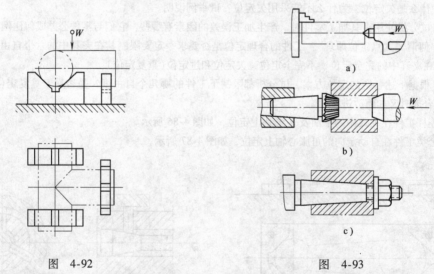

图　4-92　　　　　　　　　　　　　　　　图　4-93

4-6　有一批圆柱形工件，欲在其上的一端铣一平面保持尺寸 $A$，可采用如图 4-94 所示的两种方案，即在自动定心的两长 V 形块中定位和在平面及可移动式长 V 形块中定位，试分析比较其优劣。

4-7　根据下列各题的加工要求，试确定合理的定位方案，并绘制定位方案的草图。

1）在球形工件上钻通过球心 $O$ 的通孔(见图 4-95a)和钻通过球心深度为 $h$ 的不通孔(见图 4-95b)。

2）加工长方形工件上的一孔，要求保证尺寸 $l_1$、$l_2$ 并与工件底面垂直，如图 4-96 所示。

3）如图 4-97 所示，在圆柱形工件上铣一与外圆中心对称且平行的通槽，并保证尺寸 $h$。

4）如图 4-98 所示，在工件上钻一与键槽对称的小孔 $O_1$，并保证尺寸 $h$。

5）如图 4-99 所示，在长方形工件上钻一深度为 $h$ 且距两侧面尺寸为 $l_1$ 和 $l_2$ 的不通孔。

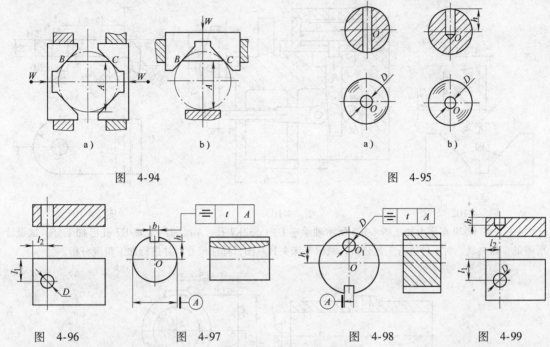

图 4-94

图 4-95

图 4-96          图 4-97          图 4-98          图 4-99

6）如图4-100所示，车削加工一偏心轴的轴颈$d$，要求与后端面垂直，与两侧面对称且保证两轴颈中心距为$l$。

4-8 何谓定位误差？定位误差是由哪些因素引起的？定位误差数值一般控制在零件有关尺寸公差的什么范围之内？

4-9 工件定位如图4-101所示，欲加工$C$面要求保证尺寸$(20\pm0.1)$mm，试计算这种定位方案能否满足精度要求？若不能满足要求时应采取什么措施？

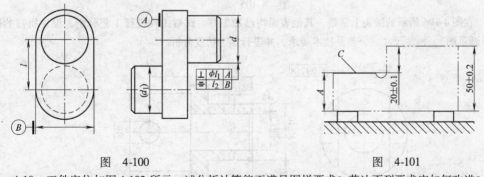

图 4-100                          图 4-101

4-10 工件定位如图4-102所示，试分析计算能否满足图样要求？若达不到要求应如何改进？

4-11 工件在夹具中夹紧的目的是什么？夹紧和定位有何区别？对夹具夹紧装置的基本要求是什么？

4-12 试举例论述在设计夹具时对夹紧力的三要素（力的大小、方向和作用点）有何要求？

4-13 试比较斜楔、螺旋、偏心和定心夹紧机构的优缺点，并举例说明它们的应用范围。

4-14 常用机动夹紧动力装置有哪些？各有何优缺点？

4-15 夹具结构示意图如图4-103所示。已知切削力$F_1=4400$N（垂直夹紧力方向），试估算所需的夹紧力及气缸产生的推力$F_Q$。已知$\alpha=6°$，$f=0.15$，$d/D=0.2$，$l=h$，$L_1=L_2$。

4-16 需在图4-104所示支架上加工$\phi9H7$孔，工件的其他表面均已加工好。试对工件进行工艺分析，设计钻模（画出草图），标注尺寸并进行精度分析。

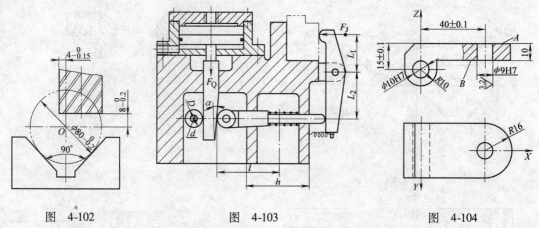

图　4-102　　　　　　　　　　　图　4-103　　　　　　　　　　　图　4-104

4-17　在 C620 车床上加工图 4-105 所示轴承座上的 $\phi$32K7 孔，A 面和两个 $\phi$9H7 孔已加工好，试设计所需的车床夹具，对工件进行工艺分析，画出车床夹具草图，标注尺寸，并进行加工精度分析。

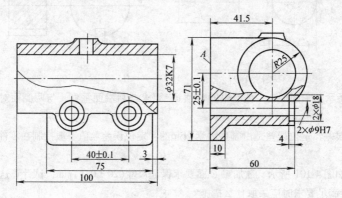

图　4-105

4-18　在图 4-106 所示的接头上铣槽，其他表面均已加工好。试对工件进行工艺分析，设计所需的铣床夹具（只画草图），标注尺寸、公差及技术要求，并进行加工精度分析。

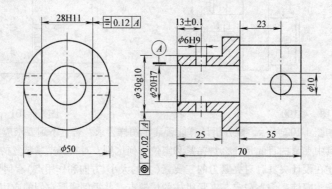

图　4-106

4-19　数控机床夹具有哪些特点？试举例说明。

4-20　未来夹具技术的发展方向如何？

# 第5章 工艺系统中的工件

工艺系统的目标是在规定的期限内，在保证质量、降低成本和满足安全环保要求的前提下，制造出满足要求的工件。因此，工件是工艺系统中最重要的要素。

工件和工艺系统其他要素的关系是：刀具对工件材料切削形成加工表面；夹具使工件在加工过程中始终保持正确的位置；机床提供工件加工所需的成形运动。本章主要介绍工件的结构、形状是否利于加工、工件材料的可加工性、工件加工质量与加工误差的统计分析等内容。

## 5.1 工件的工艺性分析、审查与工件的结构工艺性

优质、高效、低消耗地生产出符合功能要求的产品是企业追求的目标。产品不仅要达到规定的设计要求，而且在保证质量的同时，要便于制造。因此，在设计阶段就要关注工件的加工工艺问题，要对工件进行工艺性分析和工艺性审查。

### 5.1.1 工件的工艺性分析与审查

#### 1. 工件的工艺性分析

工艺性分析是在产品技术设计阶段，工艺人员对产品结构工艺性进行分析和评价的过程。产品结构工艺性是指所设计的产品在能满足使用要求的前提下，制造、维修的可行性和经济性。零件结构工艺性存在于零部件生产和使用的全过程，包括材料选择、毛坯生产、机械加工、热处理、机器装配、机器使用、维护，直至报废、回收和再利用等。

在对工件进行工艺性分析时，应从制造的立场去分析产品结构方案的合理性和总装的可能性；分析结构的继承性，结构的标准化与系列化程度；分析产品各组成部分是否便于装配、调整和维修，是否能使各组成部件实现平行装配和检查；分析主要材料选用是否合理，主要件在本企业或外协加工的可能性，高精度复杂零件在本企业加工的可行性；分析装配时避免切削加工或减少切削加工的可行性；分析产品、零部件的主要参数的可检查性和主要装配精度的合理性。

工艺性分析一般采用会审方式进行。对结构复杂的重要产品，主管工艺师应从制订设计方案开始，就经常参加有关研究产品设计工作的各种会议和有关活动，以便随时对其结构工艺性提出意见和建议。

#### 2. 工件的工艺性审查

工艺性审查是在产品设计阶段，工艺人员对产品和零件结构的工艺性进行全面审查并提出意见或建议的过程。

（1）工件的工艺性审查应遵循的原则

1）要保证提高材料利用率，要保证各种原材料的需要量符合国情，要减少使用可加工性差的材料，使材料得到充分利用；能就地取材，降低材料费用，便于组织生产与加工

实施。

2）要保证高生产率方法即先进工艺方法的采用，如一些非切削工艺方法：冷冲压、冷挤压、精密铸造、精密锻造等，相对切削加工来说，可以提高生产率，降低成本。显然机械产品中能采用这些工艺的零件比例越大，则结构工艺性越好。同样对切削加工来说，采用费用低的方法制造的零件数越多，则产品结构工艺性越好（注意考虑批量因素）。

3）要保证加工方便，工件的几何形状尽量简单，本厂设备适应能力强。

4）要保证装配劳动量系数（装配劳动量和机械加工劳动量的比值）及锉配劳动量系数（修理工作劳动量和装配劳动量的比值）减小，以降低后续的装配劳动量，提高装配工作的机械化程度。

上述原则，要具体情况具体分析，灵活运用，不能顾此失彼。

（2）工件工艺性审查的主要内容

1）所选用的材料（包括牌号、规格）及毛坯形式是否适宜。按国家标准正确地标出材料的规格和牌号，所用的热处理方法和硬度要求必须与材料的性质相适应，规定的表面处理方法应适应零件的材料和使用要求。

2）选用的加工顺序和加工方法是否合理。

3）零件的几何形状、尺寸、公差和表面粗糙度是否合适。规定的表面粗糙度值是否合理。凡属非工作表面不要规定较高的表面粗糙度要求，未经热处理的材料、塑性大的材料不应要求较低的表面粗糙度值，如低碳钢要求表面粗糙度值 $R_a$ 小于 $1.6\mu m$ 就较难达到。注意表面粗糙度要求要与有关尺寸精度相适应。

4）尺寸标注（通过尺寸链校核）是否正确。

5）检查零件的刚度和强度，以保证加工时的振动和变形不超过允许范围，保证运行时的可靠性。

6）加工、装配、检查时基准选择是否合理，是否经济可行。

## 5.1.2　工件的结构工艺性

### 1. 工件结构工艺性的概念

在机械设计中，不仅要保证所设计的机械产品具有良好的工作性能，而且还要考虑能否制造、便于制造和尽可能降低制造成本。这种在机械设计中综合考虑制造、装配工艺、维修及成本等方面的技术，称为机械设计工艺性。机器及其零部件的工艺性主要体现在结构设计当中，所以又称为结构设计工艺性。零件结构设计工艺性，简称零件结构工艺性，是指所设计的零件在满足使用要求的条件下制造的可行性和经济性。

在生产实践中常有一些工件，结构虽然满足使用要求，但加工、装配或维修却很困难，致使零件加工成本提高，生产周期延长，经济效益下降。有的工件甚至因结构不合理而根本无法加工或装配，以致造成人力、物力和财力的浪费。因此，在设计中对工件的结构工艺性必须引起足够的重视。

工件的结构设计一般应考虑以下几方面的问题：

1）结构设计必须满足使用要求。这是设计零件和产品的根本目的，也是考虑工件结构工艺性的前提。如果不能满足使用要求，即使结构工艺性再好，也毫无意义。

2）结构工艺性必须综合考虑，分清主次。机器的制造过程包括毛坯生产、切削加工、热处理和装配等阶段。在工件结构设计时，应尽可能使各个生产阶段都具有良好的工艺性。若不能同时兼顾，应分清主次，保证主要方面，照顾次要方面。因此，设计人员应具备比较全面的机械制造的基本工艺知识和实践经验。

3）结构设计必须考虑生产条件。结构工艺性的好坏，往往随生产条件的不同而改变。如图 5-1a 所示的铣床工作台端部结构，在小批生产时，其工艺性是好的。但随着生产的发展，产量的增加，要求在龙门刨床上一次同时加工多件，以提高劳动生产率。在这种情况下，图 5-1a 所示结构的工艺性就变得不好。因为刨 T 形槽时，由于 $a$ 壁挡刀，致使刨刀在一次走刀中不能从一个工件切至下一个工件。若将油槽位置降低，使 $a$ 壁顶面低于 T 形槽底面（见图 5-1b），即可实现多件同时加工。

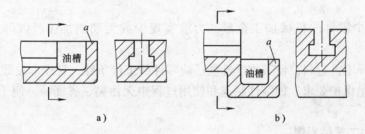

图 5-1  铣床工作台的结构工艺性

4）结构工艺性要与时俱进。结构工艺性的好坏不是一成不变的，而是随着新型工艺方法的出现而变化。如图 5-2 所示零件上的四个扇形通孔，孔壁表面粗糙度值 $R_a$ 为 1.6μm，用一般的切削加工方法无法进行加工，其结构工艺性很差。但在电火花加工出现以后，这种型孔可以顺利加工。因此，要用发展的眼光看待结构工艺性问题。

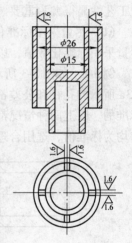

图 5-2  扇形通孔的加工

**2. 影响结构工艺性的因素**

影响结构工艺性的因素主要有生产类型、制造条件和工艺技术的发展三个方面。

生产类型是影响结构工艺性的首要因素。单件、小批生产零件时，大都采用生产效率较低、通用性较强的设备和工艺装备，采用普通的制造方法，因此，机器和零部件的结构应与这类工艺装备和工艺方法相适应。在大批大量生产时，往往采用高效、自动化的生产设备和工艺装备，以及先进的工艺方法，产品结构必须适应高速、自动化生产的要求。常常同一种结构，在单件小批生产中工艺性良好，而在大批大量生产中未必好，反之亦然。

机械零部件的结构必须与制造厂的生产条件相适应。具体生产条件应包括毛坯的生产能力及技术水平、机械加工设备和工艺装备的规格及性能、热处理设备条件与能力、技术人员和工人的技术水平以及辅助部门的制造能力和技术力量等。

随着生产不断发展，新的加工设备和工艺方法的不断出现，以往认为工艺性不好的结构设计，在采用了先进的制造工艺后，可能变得简便、经济。例如电火花加工、电解加工、激光加工、电子束加工、超声波加工等特种加工技术的发展，使诸如陶瓷等难加工材料、复杂型面、精密微孔等加工变得容易；精密铸造、轧制成形、粉末冶金等先进工艺的不断采用，使毛坯制造精度大大提高；真空技术、离子氮化、镀渗技术等使零件表面质量有了很大的改善。

**3. 工件结构工艺性的基本要求**

1）机器零部件是为整机工作性能服务的，零件结构工艺性应服从整机的工艺性。

2）在满足工作性能的前提下，零件造型应尽量简单，同时应尽量减少零件的加工表面数量和加工面积；尽量采用标准件、通用件和外购件；增加相同形状和相同元素（如直径、圆角半径、配合、螺纹、键、齿轮模数等）的数量。

3）零件设计时，在保证零件使用功能和充分考虑加工可能性、方便性、精确性的前提下，应符合经济性要求，即应尽量降低零件的技术要求（加工精度和表面质量），以使零件便于制造。

4）尽量减少零件的机械加工余量，力求实现少或无切屑加工，以降低零件的生产成本。

5）合理选择零件材料，使其力学性能适应零件的工作条件，且成本较低。

6）符合环境保护要求，使零件制造和使用过程中无污染、省能源，便于报废、回收和再利用。

**4. 工件结构工艺性举例**

在机器制造过程中，工件切削加工所耗费的工时和费用最多。因此，工件结构的切削加工工艺性显得尤为重要。

（1）尽量采用标准化参数　在设计零件时，对于孔径、锥度、螺距、模数等参数，应尽量采用标准化数值，以便使用标准刀具和量具，并便于维修更换。

**例 5-1**　如图 5-3 所示的轴套，数量为 200 件，其孔加工应采用钻、扩、铰方案。但图 5-3a 所示的孔径和公差都是非标准的；图 5-3b 所示的孔径尺寸虽然标准，但公差值却是非标准的。以上两种情况都不便采用标准铰刀加工和标准塞规测量。图 5-3c 所示的尺寸和公差均为标准值，选用合理。

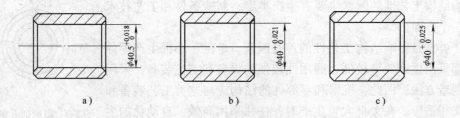

图 5-3　配合孔的尺寸和公差应取标准值

**例 5-2**　如图 5-4 所示的锥套，图 5-4a 所示的锥度和尺寸都是非标准的，既不能采用标

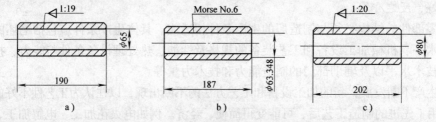

图 5-4　锥孔的尺寸和锥度应取标准值

准锥度塞规检验，又无法与标准外锥面配合使用。应采用标准锥度和直径，如图 5-4b、c 所示。其中图 5-4b 为莫氏锥度，图 5-4c 为米制锥度。

（2）便于在机床和夹具上安装

1）保证装夹方便可靠。工件切削加工只有在工件正确安装的基础上才能实现，所以设计的零件结构应使其装夹方便可靠。

**例 5-3**  图 5-5 是一种曲柄零件，图 5-5a 的结构因平面 $D$ 太小，铣削或刨削平面 $A$、$B$、$C$ 时不便于工件装夹。图 5-5b 的结构增加了两个工艺凸台 $G$ 和 $H$，即可实现稳定可靠装夹。由于 $G$、$H$ 的直径小于孔径，当两孔钻通时凸台自然脱落。此外，将 $A$、$B$、$C$ 布置在同一平面上使加工和后序工序的装夹也较为方便。

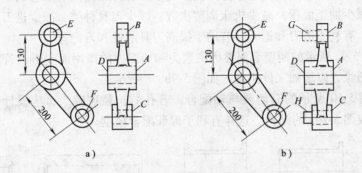

图 5-5  曲柄零件的结构

**例 5-4**  图 5-6 所示为一端带内螺纹的轴，图 5-6a 的结构虽已设计了供顶尖装夹用的 60°的坡口，但在加工过程中易损坏与 60°坡口相衔接的螺纹，应该成图 5-6b 的结构形式。

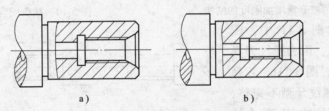

图 5-6  带内螺纹轴端的结构

2）减少装夹次数。工件加工时要减少装夹次数，以减少装夹误差，缩短辅助时间；并且有位置精度要求的各表面尽量在一次装夹中加工完成。

**例 5-5**  铣削图 5-7a 所示的两个键槽，需装夹、找正两次，而铣削图 5-7b 所示的两个键槽，只需装夹、找正一次。

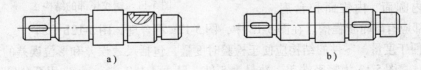

图 5-7  轴上多键槽的布局

**例 5-6**  图 5-8a 所示连接头有同旋向的内螺纹 $A$ 和 $B$，需要两次装夹，调头加工。若改成图 5-8b 的通孔，即可减少装夹次数，又可保证两端的螺纹在同一轴线上。

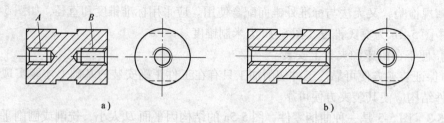

图 5-8　连接头的结构

（3）便于加工，提高切削效率　使工件的结构便于加工，提高切削效率，是结构工艺性的重要要求之一。它包括的内容十分广泛，例如，工件结构应有足够的刚度，尽量减少内表面的加工，减少加工面积，减少机床调整次数，减少刀具种类，减少进刀次数，减少刀具切削时的空程，有利于进刀和退刀，有助于提高刀具刚性和寿命等。

**例 5-7**　图 5-9a 所示的薄壁套筒常因夹紧力和切削力的作用而变形，若结构允许，可在一端或两端加凸缘，以增加工件刚度，如图 5-9b、c 所示。

**例 5-8**　图 5-10 所示的套筒要与轴配合，若孔的长径比较大，应设计成图 5-10b 的结构，而不设计成图 5-10a 的结构，这样有利于保证配合精度。

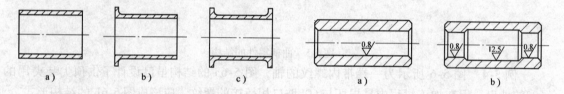

图 5-9　薄壁套筒增加刚度的结构　　　　图 5-10　减少配合孔的加工面积

**例 5-9**　在图 5-11 中，图 5-11a、d 无法加工，因为螺纹刀具不能加工到根部；图 5-11b、e 是可以加工的，但螺纹牙型不完整，为此 $l$ 必须大于螺纹的实际旋合长度；图 5-11c、f 设置螺纹退刀槽，退刀方便，且可在螺纹全长上获得完整的牙型。若螺纹为左旋，此退刀槽可供进刀用。

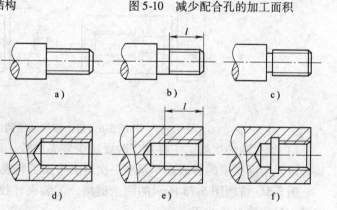

**例 5-10**　需要磨削的外圆面、外锥面、内圆面、内锥面和台肩

图 5-11　螺纹尾部的结构

面，其根部应有砂轮越程槽。在图 5-12 中，图 5-12a 不合理，图 5-12b 合理。

（4）便于度量　零件的结构应便于检验时度量，包括尺寸误差和形位误差的度量。

**例 5-11**　图 5-13 为精密端盖，数量为 5 件，尺寸 $\phi 180_{-0.025}^{0}$ mm 应用百分尺度量。由于该外圆的长度只有 5mm，测量头无法接触测量面（见图 5-13a）。改进的方法有：若结构允许，加长 $\phi 180_{-0.025}^{0}$ mm 外圆（见图 5-13b）；若结构不允许，先加长 $\phi 180_{-0.025}^{0}$ mm 外圆，待度量后再切除多余部分。应当指出，如果该端盖批量较大，可以制造专用卡规进行度量，其结构还是合理的。

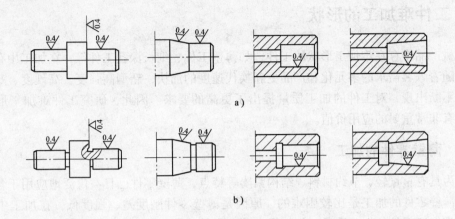

图 5-12　砂轮越程槽

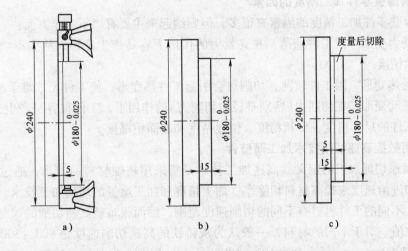

图 5-13　便于尺寸度量图例

**例 5-12**　在图 5-14a 中，孔与基准面 *A* 的平行度误差很难度量准确，图 5-14b 中增设工艺凸台，使度量非常方便，也便于加工时工件的装夹。

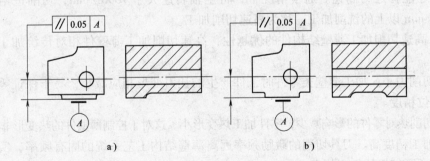

图 5-14　便于位置误差度量的图例

## 5.2　工件难加工的形状

机械产品中存在难加工形状的工件，如薄壁工件、细长深孔工件等，在加工中存在较大困难。随着顾客需求的多元化和产品更新换代速度的加快，新型高强度、高硬度、难加工形状工件不断出现，对工件的加工质量提出了更高的要求。因此，研究工件难加工形状的加工，具有非常重要的应用价值。

### 5.2.1　薄壁零件的加工

因为具有重量轻、节约材料、结构紧凑等特点，薄壁零件已日益广泛地应用于各工业部门。但薄壁零件的加工是比较困难的，原因是薄壁零件刚度差、强度低，在加工中极易变形，很难保证零件的加工质量。如何提高薄壁零件的加工精度是制造业越来越关心的话题。

**1. 影响薄壁零件加工精度的因素**

影响薄壁零件加工精度的因素有很多，但归纳起来主要有以下三个方面：

（1）受力变形　因工件壁薄，在夹紧力的作用下容易产生变形，从而影响工件的尺寸精度和形状精度。

（2）受热变形　因工件较薄，切削热会引起工件热变形，使工件尺寸难于控制。

（3）振动变形　在切削力（特别是径向切削力）的作用下，工件很容易产生振动和变形，从而影响工件的尺寸精度、形状精度、位置精度和表面粗糙度。

**2. 采用数控高速切削技术加工薄壁件**

（1）高速切削加工的定义　高速加工技术是指采用超硬材料的刀具，通过极大地提高切削速度和进给速度来提高材料切除率、加工精度和加工质量的现代加工技术。由于不同的加工工序、不同的工件材料有不同的切削速度范围，因而很难就高速切削的速度范围给出一个确定的数值。对于不同的材料，一般认为灰铸铁的高速切削速度是 $800 \sim 3000\mathrm{m/min}$，钢件为 $500 \sim 2000\mathrm{m/min}$，钛合金为 $100 \sim 1000\mathrm{m/min}$，铝合金为 $1000 \sim 7000\mathrm{m/min}$。

高速切削，首先是高的速度，即高的主轴转速；另一方面，又应有高的进给速度；为了提高效率，机床还要具有快速移动、快速换刀、高的主轴加速度和进给加速度。只有达到了上述标准才能称之为高速。通常情况下，将主轴转速大于 $7000\mathrm{r/min}$，切削进给速度达到 $10000\mathrm{mm/min}$ 以上的铣削加工，称为高速切削加工。

（2）高速切削加工薄壁结构件的优越性　高速切削加工薄壁件相对传统加工具有显著的优越性。

1）切削力小。加工薄壁类零件时工件产生的让刀变形相应减小，易于保证零件的尺寸精度和形位精度。

2）切削热对零件的影响减少，零件加工热变形小。这对于控制薄壁件的热变形非常有利。

3）加工精度高。刀具切削的激励频率远离薄壁结构工艺系统的固有频率，实现了平稳切削，保证了较好的加工状态。

4）加工效率高。比常规加工高 $5 \sim 10$ 倍，单位时间材料切除率可提高 $3 \sim 6$ 倍。

（3）高速切削加工薄壁结构的策略　高速切削加工薄壁结构对切削刀具、切削用量、工艺方案、数控编程等方面提出了新的要求。

1）刀具及其夹持系统。对于机夹式刀片刀具，由于刀片螺旋角很小，无法形成大的螺旋角，所以真正要加工高质量的薄壁结构件，不采用机夹式刀具。刀具夹持系统中的刀柄是高速切削时的一个关键部件，起着传递机床精度和转矩的作用。高速切削薄壁结构时，刀柄必须具备高速加工刀柄的一切要求，如好的动平衡特性、很高的几何精度和装夹重复精度、很高的装夹刚度等要求。目前刀柄与主轴的连接在大多数高速切削机床上以圆锥空心柄（HSK）为主。此外，通过热胀冷缩原理而工作的热缩套刀夹系统，以其优越的特性在高速切削加工中也得到了越来越广泛的应用。

2）刀具材料选择。①高速切削刀具材料必须耐磨、抗冲击能力好（包括热冲击与力冲击）、硬度高、与工件材料亲和力小；②高速切削的刀具材料必须根据工件材料和加工性质来选择，一般情况下，高速切削不使用高速钢刀具，多采用硬质合金刀具；③由于短时间切削后刀尖圆弧半径与前刀面接触区的涂层出现脱落，涂层硬质合金实际效果与无涂层硬质合金相似，故不推荐采用涂层刀具。

3）切削用量。合理切削参数的选择，不仅能确保薄壁结构件加工的高精度，而且是高速机床发挥效能、处于最佳工作状态的保证。因此切削用量要根据机床刚度、刀具直径、刀具长度、工件材料、粗加工或精加工模式而定。

① 切削速度。加工铝合金的切削速度是没有限制的。从理论上讲，采用较高的切削速度，可以提高生产率，可以减少或避免在刀具前面上形成积屑瘤，有利于切屑的排出。铣削速度的提高无疑会加剧刀具的磨损，但是，铣削速度的提高可以有效地提高单位时间单位功率的金属切除率，同时在一定的高速切削速度范围内可以提高工件表面加工质量。

② 进给量。加大进给量无疑会增加切削力，这显然对薄壁加工不利。因此精加工时，不选择大的进给量，但进给量过小也是有害的。因为进给量过小时，挤压代替了切削，会产生大量切削热，加剧刀具磨损，影响加工精度。所以，精加工时，应选取较适中的进给量，一般可以选择在 0.1 ~ 0.2mm/z 之间。

③ 背吃刀量无论从切削力的角度，还是考虑到残余应力、切削温度等因素，采用小轴向背吃刀量 $a_p$、大径向背吃刀量 $a_e$ 显然是有利的，这是高速切削条件下切削参数选择的原则。一般情况下，轴向背吃刀量 $a_p$ 可在 0.5 ~ 0.9mm 之间选择，径向背吃刀量 $a_e$ 可在 2 ~ 10mm 之间进行选择。

总之，要针对不同的加工对象选择适宜的切削用量，这样才能真正发挥高速切削技术的长处。

**3. 高速切削薄壁结构典型工艺方案**

薄壁类工件可分为框类、梁类、壁板类等类型。在大量应用高速切削技术进行的薄壁结构零件加工中，总结形成了典型工艺方案，见表 5-1。

表 5-1　薄壁结构零件典型工艺方案

| 零件类型 | 结构特点 | 装夹方式 | 工艺路线 |
|---|---|---|---|
| 梁类薄壁零件 | 梁类零件分为单面与双面零件，腹板与缘条厚度较小，一般为 1.5 ~ 2mm，尺寸公差为 ±0.15mm，材料切除率达到 96% 左右 | 零件卧式放置，一面两孔定位，在零件周围设置压紧槽 | 将粗加工、半精加工、精加工合并为一道工序，基本实现从毛坯到零件的一次性加工 |

（续）

| 零件类型 | 结 构 特 点 | 装 夹 方 式 | 工 艺 路 线 |
|---|---|---|---|
| 框类薄壁零件 | 该类零件外形上多处涉及理论外形，内形有槽、下陷、开闭斜角、凸台等特征。零件腹板与缘条厚度较小，一般为 1.2～2mm，尺寸公差为 ±0.15mm，材料切除率达到 97% 左右 | 零件卧式放置，一面两孔定位，垫板工装，零件周边设工艺凸台，在其上制沉头压紧孔，垫板上制螺纹孔，用沉头螺栓压紧固定在垫板工装上 | 将粗加工、半精加工、精加工合并为一道工序，基本实现从毛坯到零件的一次性加工 |
| 壁板类薄壁零件 | 零件为双面槽腔结构，数控加工后还需喷丸成形。内形有槽、下陷、凸台等特征。零件厚度较薄，槽腔较浅，大部分槽深小于 3mm。零件腹板厚度不均匀，一般为 1.5～3mm，尺寸公差为 ±0.2mm，材料切除率约为 90% | 零件总体结构上缺少定位夹紧部位，同时为了减少加工时的零件变形而引起的腹板厚度变小，采用了真空吸附加工 | 将粗加工、精加工合并为一道工序，加工顺序的选择是先加工槽少的一面，加工完此面后在槽腔内填充石膏，作翻面加工的定位基准，均采用真空吸附加工 |

## 5.2.2　深孔加工

在机械制造业中，一般将孔深超过孔径 5 倍的圆柱孔（内圆柱面）称为深孔。而孔深与孔径的比值，称之为"长径比"或"深径比"。相对而言，长径比不大于 5 倍的圆柱孔，可称为"浅孔"。

深孔加工技术最早应用于军工生产领域，主要用来加工枪管和炮管的内膛。随着国民经济的发展和科技创新的推进，深孔加工技术已在国防工业、石油采掘、航空航天、机床、汽车等行业获得相当广泛的应用，且由于其高效、高精度等优越性，深孔加工技术也在某些零件的浅孔加工中得到应用。

**1. 深孔加工零件**

深孔零件大致可分为两大类：回转体工件（轴类），要求钻出与外圆基准同轴的深孔（见图 5-15a～c）；不属于第一类的其他各种工件（见图 5-15d～l）。

**2. 深孔钻的结构**

深孔钻的种类较多，图 5-16 所示为单齿内排屑深孔钻结构，由切削刀齿、导向块和刀体三大部分组成。刀体是空心的，切屑由前端喇叭口进入，通过钻杆内腔排出，后端螺纹用于与钻杆连接。刀齿上主切削刃分两条，分别为外刃和内刃。副切削刃与两个导向块在同一圆周上，三点定圆，自行导向。

**3. 深孔加工分类**

深孔加工可分为一般深孔加工（钻、镗、铰等）、精磨深孔加工（珩磨、滚压等）和电深孔加工（电火花、电解等）。深孔加工的分类方法如下：

（1）按加工方式分类

1）实心钻孔法。毛坯无孔，采用钻削加工出孔的方法，如图 5-17a 所示。

2）镗孔法。孔已存在，它是提高孔的精度和降低孔表面粗糙度采用的方法，如图5-17b所示。

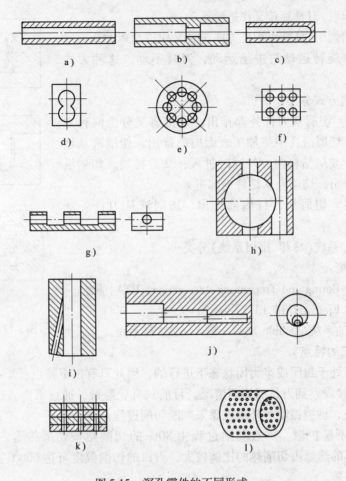

图 5-15 深孔零件的不同形式

a)、b)、c) 同轴孔　d) 重叠孔　e)、f) 坐标孔系　g) 断隔孔

h)、i) 相交、相割孔　j) 内切孔系　k) 层叠板深孔　l) 密布孔

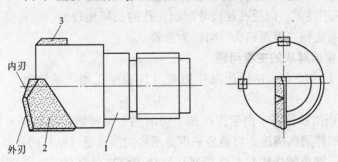

图 5-16 单齿内排屑深孔钻结构

1—刀体　2—刀齿　3—导向块

　　3）套料钻孔法。它是用空心钻头钻孔，加工后毛坯中心残存一根芯棒的方法，如图 5-17c 所示。

　　（2）按运动形式分类

　　1）工件旋转，刀具作进给运动。

2）工件不动，刀具旋转又作进给运动。

3）工件旋转，刀具既作相反方向旋转又作进给运动。

4）工件作旋转运动与进给运动，刀具不动，这种方式不多。

（3）按排屑方式分类

1）外排屑。切屑从刀杆外部排出，外排屑又分为两种方式：①前排屑。切屑沿孔中待加工表面向前排出，切削液从钻杆内或钻杆外，或从钻杆内、外同时进入；②后排屑。切屑沿刀杆外部向后排出，切削液从钻杆内部进入。

2）内排屑。切屑从刀杆内部排出，切削液从刀杆外部进入。

（4）按加工系统(冷却、排屑系统)分类

1）枪钻系统。

2）深孔钻(Boring and Trepanning Association，BTA)系统。

3）喷吸钻(Ejector Drill，ED)系统。

4）双向供油系统(Double Feeder System，DFS)系统。

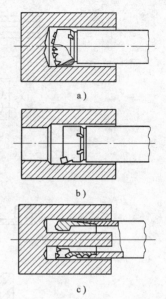

图 5-17　深孔加工方式

**4. 深孔加工的特点**

深孔加工是处于封闭或半封闭状态下进行的，因此具有以下特点：

1）不能直接观察到刀具的切削情况。目前只有凭经验，通过听声音、看切屑、观察机床负荷及压力表、触摸振动等外观现象来判断切削过程是否正常。

2）切削热不易扩散。一般切削过程中80%的切削热被切屑带走，而深孔钻削只有40%，传入刀具的热量占切削热的比例较大，刃口的切削温度可达600℃，因此必须采用有效的强制冷却措施。

3）切屑不宜排出。由于孔深，切屑经过的路线长，容易发生阻塞，造成钻头崩刃，所以钻头的长短和形状要进行控制，并要进行强制排屑。

4）工艺系统刚性差。因受孔径尺寸限制，孔的长径比较大，钻杆细而长，刚性差，易产生振动，钻杆易走偏。因而钻头导向极为重要。

**5. 深孔加工中要解决的主要问题**

根据深孔加工的特点，在设计深孔加工刀具和深孔加工系统时，应注意和解决以下问题：

（1）冷却、润滑和排屑　由于深孔加工切削热不易排散，切屑不易排出，因此必须采用强制冷却和强制排屑的措施。目前是采用高压将切削液通过钻杆的外部或内部直接送到切削区，起到冷却、润滑的作用后，将切屑从钻杆内部或外部派出，达到强制冷却和排屑的目的。

（2）切屑的处理　深孔加工的排屑是十分重要的问题，尤其是小直径深孔及内排屑套料钻(环孔钻)，排屑空间很小，排屑条件更为恶劣。排屑问题从切削过程看，与分屑、卷屑和断屑三方面密切联系。切屑的宽窄、卷曲的形状、切屑的长短，都直接影响到排屑状况。

深孔钻削要求切屑的形成应具有适当的切屑容屑系数 $q$。切屑容屑系数 $q$ 是切屑容积 $V_q$

与所切除金属体积 $V_j$ 之比值，即 $q = V_q / V_j$。根据统计资料，各种形状切屑的切屑容屑系数 $q$ 的取值范围是不同的。一般情况下，带直长屑的 $q$ 为 300 ~ 400；带状乱散屑的 $q$ 为 100 ~ 300；螺卷长屑的 $q$ 为 50 ~ 100；螺卷短屑（包括宝塔状屑）的 $q$ 为 30 ~ 50；半环状屑（包括大 C 屑和带状短屑）的 $q$ 为 15 ~ 30；发条状屑的 $q$ 为 10 ~ 15；褶皱单元屑的 $q$ 为 8 ~ 9；断裂单元屑（包括小 C 形屑）的 $q$ 为 5 ~ 6。

切屑容屑系数 $q$ 的大小影响到切屑在工作场地所占用的存放空间，特别是影响到切屑排出的顺利程度和操作安全性。从深孔加工的实际情况看，一般情况下，对于内排屑深孔钻，当 $q < 50$ 时可顺利排屑。单刃外排屑深孔钻（枪钻）、套料钻由于排屑孔和通道很小，则要求切屑容屑系数更小些，即 $q < 10$。

降低切屑容屑系数 $q$ 通常是采用分屑（如按背吃刀量分屑、不对称分屑槽分屑、刀尖撕裂分屑、轴向阶梯分屑等）和断屑（刀具上增加卷屑台阶等）措施，并应使切削过程稳定，避免出现切屑形态突然变化和无规律变化。

（3）合理导向 由于深孔的深径比大，钻杆细而长，刚性较低，易产生振动，并使钻孔偏歪而影响加工精度和生产效率，因此深孔导向问题需要很好地加以解决。目前，在设计深孔刀具时，都是以两个导向块和一个副切削刃的结构确定其径向尺寸，这样刀具可以在工件孔内三点定圆，自行导向，解决了因钻杆刚性不足，钻孔走偏的问题。另外在刀具切入时，还需要有导向装置和辅助支承。

## 5.3 工件材料的可加工性

在切削加工中，工件材料切削的难易程度不同。因此，研究影响工件材料可加工性的影响因素，改善和提高工件材料的可加工性，对提高生产率和改善加工质量有着重要意义。

### 5.3.1 工件材料可加工性的衡量指标

在一定切削条件下，工件材料可加工性是指对工件材料进行切削加工的难易程度。而难易程度又要根据具体加工要求及切削条件而定。如低碳钢粗加工时，切除余量容易，精加工要获得较低的表面粗糙度值就较难；不锈钢在卧式车床上加工并不难，但在自动化生产的条件下，断屑困难，很难加工。因此，工件材料的可加工性是一个相对的概念。

**1. 工件材料可加工性的衡量指标**

既然可加工性是相对的，衡量可加工性的指标就不能是惟一的。因此，一般把可加工性的衡量指标归纳为以下几个方面：

（1）以加工质量衡量可加工性 一般零件的精加工，以表面粗糙度衡量可加工性，易获得很小的表面粗糙度值的工件材料，其可加工性高。

对一些特殊精密零件以及有特殊要求的零件，则以已加工表面变质层的深度、残余应力和硬化程度来衡量其可加工性。因为变质层的深度、残余应力和硬化程度对零件尺寸和形状的稳定性以及导磁、导电和抗蠕动等性能有很大的影响。

（2）以刀具寿命衡量可加工性 以刀具寿命来衡量可加工性，是比较通用的，这其中包括以下几方面内容：

1）在保证相同的刀具寿命的前提下，考察切削这种工件材料所允许的切削速度的高低。

2）在保证相同的切削条件下，比较切削这种工件材料时刀具寿命数值的大小。

3）在相同的切削条件下，衡量切削这种工件材料达到刀具磨钝标准时所切除的金属体积的多少。

最常用的衡量可加工性的指标是：在保证相同刀具寿命的前提下，切削这种工件材料所允许的切削速度值 $v_T$。它的含义是：当刀具寿命为 $T(\text{min 或 s})$ 时，切削该种工件材料所允许的切削速度值。$v_T$ 越高，则工件材料的可加工性越好。一般情况下可取 $T = 60\text{min}$。对于一些难切削材料，可取 $T = 30\text{min}$ 或 $T = 15\text{min}$。对于机夹可转位刀具，$T$ 可以取得更小一些。如果取 $T = 60\text{min}$，则 $v_T$ 可写作 $v_{60}$。

（3）以单位切削力衡量可加工性　在机床动力不足或机床-夹具-刀具-工件工艺系统刚性不足时，常用这种衡量指标。

（4）以断屑性能衡量可加工性　对工件材料断屑性能要求很高的机床，如自动机床、组合机床及自动线上进行切削加工时，或者对断屑性能要求很高的工序，如深孔钻削、不通孔镗削工序时，应采用这种衡量指标。

综上所述，同一种工件材料很难在各种衡量指标中同时获得良好的评价。因此，在生产实践中，常采用某一种衡量指标来评价工件材料的可加工性。

**2. 工件材料可加工性的相对加工性**

生产中通常使用相对加工性来衡量工件材料的可加工性。所谓相对加工性是以抗拉强度 $R_m = 0.637\text{GPa}$ 的 45 钢的 $v_{60}$ 作为基准，写作 $(v_{60})_j$，其他被切削的工件材料的 $v_{60}$ 与之相比的数值，记作 $K_v$，称为工件材料的相对加工性，即

$$K_v = \frac{v_{60}}{(v_{60})_j}$$

各种工件材料的相对加工性 $K_v$ 乘以在 $T = 60\text{min}$ 时的 45 钢的切削速度 $(v_{60})_j$，则可得出切削各种工件材料的可用切削速度 $v_{60}$。

目前常用的工件材料，按相对加工性可分为 8 级，详见表 5-2。由表可知，$K_v$ 越大，可加工性越好；$K_v$ 越小，可加工性越差。

表 5-2　工件材料可加工性等级

| 加工性等级 | 名称及种类 | | 相对加工性 $K_v$ | 代表性工件材料 |
|---|---|---|---|---|
| 1 | 很容易切削材料 | 一般有色金属 | >3.0 | 5-5-5 铜铅合金，9-4 铝铜合金，铝镁合金 |
| 2 | 容易切削材料 | 易削钢 | 2.5~3 | 退火 15Cr，$R_m = 0.373 \sim 0.441\text{GPa}$<br>自动机钢，$R_m = 0.392 \sim 0.490\text{GPa}$ |
| 3 | | 较易削钢 | 1.6~2.5 | 正火 30 钢，$R_m = 0.441 \sim 0.549\text{GPa}$ |
| 4 | 普通材料 | 一般钢及铸铁 | 1.0~1.6 | 45 钢，灰铸铁，结构钢 |
| 5 | | 稍难切削材料 | 0.65~1.0 | 2Cr13 调质，$R_m = 0.8288\text{GPa}$<br>85 钢轧制，$R_m = 0.8829\text{GPa}$ |

（续）

| 加工性等级 | 名称及种类 | | 相对加工性 $K_v$ | 代表性工件材料 |
|---|---|---|---|---|
| 6 | 难切削材料 | 较难切削材料 | 0.5 ~ 0.65 | 45Cr 调质，$R_m = 1.03$GPa<br>60Mn 调质，$R_m = 0.9319 ~ 0.981$GPa |
| 7 | | 难切削材料 | 0.15 ~ 0.5 | 50CrV 调质，1Cr18NiTi 未淬火，α 相钛合金 |
| 8 | | 很难切削材料 | < 0.15 | β 相钛合金，镍基高温合金 |

## 5.3.2　工件材料可加工性的影响因素

影响工件材料可加工性的因素很多，其中以工件材料的物理力学性能、化学成分、金相组织以及加工条件对可加工性的影响最大。

**1. 工件材料的硬度对可加工性的影响**

（1）工件材料常温硬度的影响　一般情况下，同类材料中硬度高的可加工性低。材料常温硬度高时，切屑与前刀面的接触长度减小，因此前刀面上法向应力增大，摩擦热量集中在较小的刀—屑接触面上，促使切削温度增高和磨损加剧。工件材料硬度过高时，甚至引起刀尖的烧损及崩刃，可加工性低。

（2）工件材料高温硬度对可加工性的影响　工件材料的高温硬度越高，刀具材料与工件硬度之比下降，对刀具磨损影响大，是高温合金、耐热钢可加工性低的原因之一。通常将高温合金、耐热钢等加工性很差的金属材料称之为难加工材料。

（3）工件材料中硬质点对可加工性的影响　工件材料中硬质点越多，形状越尖锐，分布越广，则工件材料的可加工性越低。这主要是指金属中的高温碳化物（如 TiC）和非金属夹杂物（如 $Al_2O_3$）等，对刀具表面有机械擦伤作用加速刀具磨损，使刀具寿命下降。

（4）材料的加工硬化性能对可加工性的影响　工件材料的加工硬化性能越高，则可加工性越低。某些高锰钢及奥氏体不锈钢切削后的表面硬度比原始基体高 1.4 ~ 2.2 倍。材料的硬化性能高，首先使切削力增大，切削温度增高；其次，刀具被硬化的切屑擦伤，副后刀面产生连续磨损；再次，当刀具切削已硬化表面时，磨损加剧。

**2. 工件材料的强度对可加工性的影响**

工件材料的强度包括常温强度和高温强度。

工件材料的强度越高，切削力就越大，切削功率随之增大，切削温度因之增高，刀具磨损增大。所以在一般情况下，可加工性随工件材料强度的提高而降低。

合金钢与不锈钢的常温强度和碳素钢相比不大，但高温强度比较大，所以合金钢及不锈钢的可加工性低于碳素钢。

**3. 工件材料的塑性对可加工性的影响**

工件材料的塑性以伸长率 $A$ 表示，伸长率 $A$ 越大，则塑性越大。强度相同时，伸长率越大，则塑性变形的区域也随之扩大，因而塑性变形所消耗的功率也越大。

工件材料的韧性以冲击韧度 $a_K$ 值表示，$a_K$ 值大的材料，表示它在破断之前所吸收的能量越多。

同类材料，强度相同时，塑性越大的材料切削力越大，切削温度也较高，且易与刀具发生粘结，因而刀具的磨损大，已加工表面也粗糙，可加工性低。有时为了改善高塑性材料的可加工性，可通过硬化或热处理来降低塑性（如进行冷拔等塑性加工使之硬化）。但塑性太低时，切屑与前刀面的接触长度缩短太多，使切屑负荷（切削力和切削热）都集中在切削刃附近，将促使刀具磨损加剧，可加工性也降低。

材料的韧性对可加工性的影响与塑性相似，对断屑的影响比较明显，在其他条件相同时，材料的韧性越高，断屑越困难，可加工性越差。

**4. 工件材料的热导率对可加工性的影响**

一般难加工材料，如不锈钢或高温合金，它们的热导率通常比碳钢小。因此，切削时产生的热量传导到刀具的部分所占比例较碳素钢时大，所以，允许的切削速度就比加工碳钢时低得多，故热导率低的材料，可加工性都低。

在一般情况下，热导率高的材料，它们的可加工性都比较高；而热导率高的工件材料，在加工过程中温升较高，这对控制加工尺寸造成一定困难，所以精加工时应加以注意。

各种金属材料热导率的大小，大致顺序为：纯金属、有色金属、碳素结构钢及铸铁、低合金结构钢、工具钢、耐热钢及不锈钢，而非金属的导热性比金属差。

**5. 化学成分对可加工性的影响**

（1）钢的化学成分的影响　为了改善钢的性能，钢中可加入一些合金元素，如铬（Cr）、镍（Ni）、钒（V）、钼（Mo）、钨（W）、锰（Mn）、硅（Si）、铝（Al）等。其中 Cr、Ni、V、W、Mn 等元素大都能提高钢的强度和硬度，Si 和 Al 等元素容易形成氧化铝和氧化硅等硬质点使刀具磨损加剧。这些元素的质量分数较低时（一般以 0.3% 为限），对钢的可加工性影响不大；超出一定量后，对钢的切削加工是不利的。

钢中加入少量的硫、硒、铅、铋、磷等元素后，能稍稍降低钢的强度，同时又能降低钢的塑性，故对钢的可加工性有利。例如，硫能引起钢的红脆性，但若适当提高锰的含量，可以避免红脆性。硫与锰形成的 MnS 以及硫与铁形成的 FeS 等，质地很软，可以成为切削时塑性变形区中的应力集中源，能降低切削力，使切削易于折断，减少积屑瘤的形成，从而使已加工表面粗糙度值减小，减少刀具的磨损。硒、铅、铋等元素也有类似的作用。磷能降低铁素体的塑性，使切削易于折断。

（2）铸铁的化学成分的影响　铸铁的化学成分对可加工性的影响，主要取决于这些元素对碳的石墨化作用。铸铁中碳元素以两种形式存在，与铁结合成碳化铁或作为游离石墨。石墨硬度很低，润滑性能很好，所以碳以石墨形式存在时，铸铁的可加工性就高。而碳化铁的硬度高，加剧刀具的磨损，所以碳化铁的含量越高，铸铁的可加工性越低，应该按结合碳（碳化铁）的质量分数来衡量铸铁的加工性。铸铁的化学成分中，凡能促进石墨化的元素，如硅、铝、镍、铜、钛等都能提高铸铁的可加工性；反之，凡是阻碍石墨化的元素，如铬、钒、锰、铂、磷、硫等都会降低可加工性。

**6. 金属组织对可加工性的影响**

金属的成分相同，但组织不同时，其力学物理性能也不同，自然也使可加工性能不同。如果条件允许，可用热处理的方法改变金属组织来改善金属的可加工性。

（1）钢的不同组织对可加工性的影响　一般情况下，铁素体的塑性较高，珠光体的塑性较低。钢中含有大部分铁素体和少部分珠光体时，切削速度及刀具寿命都较高。因此，在加工高碳钢时，希望它有球状珠光体组织。切削马氏体、回火马氏体和索氏体等硬度较高的组织时，刀具磨损大，刀具寿命低，宜选用很低的切削速度。

（2）铸铁的金属组织对可加工性的影响  铸铁按金属组织来分，有白口铸铁、麻口铸铁、珠光体灰铸铁、灰铸铁、铁素体灰铸铁和各种球墨铸铁（包括可锻铸铁）等。

白口铸铁是铁液急剧冷却后得到的组织，它的组织中有少量碳化物，其余为细粒状珠光体。珠光体灰铸铁的组织是珠光体及石墨。灰铸铁的组织为较粗的珠光体、铁素体及石墨。铁素体的灰铸铁的组织为铁素体及石墨。球墨铸铁中碳元素大部分以球状石墨的形态存在，这种铸铁的塑性较大，可加工性也有改进。铸铁的组织较疏松，内含游离石墨，塑性和强度也都较低。铸铁表面往往有一层带砂型的硬皮和氧化层，硬度很高，对粗加工刀具是很不利的。切削灰铸铁时常得到崩碎切屑，切削力和切削热都集中作用在切削刃附近，这些对刀具都是不利的，所以加工铸铁的切削速度都低于钢的切削速度。

**7. 切削条件对可加工性的影响**

切削条件特别是切削速度对材料加工性有一定的影响。例如，在用硬质合金刀具切削铝硅压模铸造合金（铝-硅-铜、铝-硅、铝-硅-铜-铁-镁等）时，在低的切削速度范围内，当工件材料不同时，对刀具磨损几乎没有显著的不同影响。但在切削速度提高时，硅质量分数高时促进磨削的效应突显出来，硅的质量分数每增加 1%，$v_c - T$ 关系曲线（在对数坐标上）的陡度增加 4.2°。对于超共晶合金来说，试验证明有一个切削速度提高的限度，该限度决定于伪切屑的出现。伪切屑是由于工件材料的热应力超负荷所致，常在刀具后面与工件间出现，这将大大增加已加工表面的表面粗糙度值。

## 5.3.3　改善工件材料可加工性的措施

为改善工件材料的可加工性以满足使用要求，在保证产品和零件使用性能的前提下，应通过各种途径，采取措施达到改善可加工性的目的。

**1. 调整工件材料的化学成分**

在钢中加入一些合金元素来改善其力学性能，常用的合金元素有铬、镍、钒、钼、钨、锰、硅和铝。这些合金元素的作用分别为：铬能提高硬度和强度，但韧性要降低，易于获得较低的表面粗糙度值和较易断屑；镍能提高韧性及热强性，但热导率将明显下降；钒能使钢组织细密，在低碳时强度、硬度提高不明显，中碳时能提高钢的强度；钼能提高强度和韧性，对提高热强性有明显影响，但热导率将降低；钨对提高热强性及高温硬度有明显作用，但也显著地降低热导率，在弹簧钢及合金工具钢中能提高强度和硬度；锰能提高强度和硬度，韧性略有降低；硅和铝容易形成氧化铝及氧化硅等高硬度的夹杂物，会加剧刀具磨损，同时硅能降低热导率。

钢中如加入硫、硒、铅、铋、磷等元素对改善可加工性是有利的。如硫、铅使材料结晶组织中产生一种有润滑作用的金属夹杂物（如硫化锰）而减轻钢对刀具的擦伤能力，减少了组织结合强度，从而改善可加工性。铅造成组织结构不连接，有利于断屑，铅能形成润滑膜，减少摩擦因数，一般易切钢常会有这类元素，不过这类元素会略微降低钢的强度。

铸铁的可加工性好坏主要决定于游离石墨的多少。当碳的质量分数一定时，游离石墨多，则碳化铁就少。碳化铁很硬，会加速刀具的机械磨损，而石墨很软，且有润滑作用。所以铸铁的化学元素中，凡能促进石墨化的元素，如硅、铝、镍、铜、钛等都能改善铸铁的加工性；反之，凡是阻碍石墨化的元素，如铬、钒、锰、钼、钴、磷、硫等都会降低其可加工性。同样成分的材料，当金相组织不同时，它们的物理力学性能就不同，因而可加工性就有差异。

### 2. 改变工件材料的金相组织

同样成分的材料，当金相组织不同时，它们的物理力学性能就不同，加工性就有差别。图 5-18 所示为几种不同显微组织的钢对刀具寿命的影响。由图可知，当钢中的显微组织中含珠光体比例越多时，切削速度越小，这是由于珠光体的强度、硬度都比铁素体高。回火马氏体的硬度又比珠光体高，故回火马氏体的可加工性比珠光体差。

金相组织对可加工性影响的另一方面是它的外形和大小。如珠光体有片状、球状、片状加球状、针状等，其中针状的硬度为最高，对刀具磨损最大；球状的硬度最低，对刀具磨损小。所以对高碳钢进行球化退火，可以改善其可加工性。

铸铁分为白口铸铁、麻口铸铁、灰铸铁和球墨铸铁等，其可加工性依次增高。这是因为它们的塑性依次递增而硬度递减的关系。

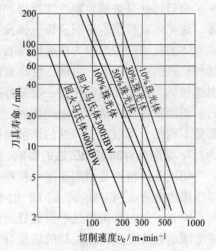

图 5-18　几种不同显微组织的钢对刀具寿命的影响

由此可知，通过热处理改变材料的金相组织是改善材料可加工性的主要方法。

### 3. 选择可加工性好的材料状态

低碳钢塑性太大，加工性不好，但经冷拔之后，塑性便大大降低，可以改善可加工性。锻造的坯件由于余量不均匀，而且不可避免地有硬皮，因而可加工性不好。若改用热扎钢，则可加工性可以得到改善。

### 4. 合理选择刀具材料

根据加工材料的性能和要求，应选择与之匹配的刀具材料。例如，切削含钛元素的不锈钢、高温合金和钛合金时，这些材料易与刀具材料中钛元素产生亲和作用，因此适宜用 YG (K) 硬质合金刀具切削，其中选用 YG 类的细颗粒牌号，能明显提高刀具寿命。由于 YG (K) 类的硬质合金刀具耐冲击性能较高，故也可以加工工程塑料和石材等非金属材料。$Al_2O_3$ 基陶瓷刀具可用于切削各种钢和铸铁，尤其对切削冷硬铸铁效果良好。$Si_3N_4$ 基陶瓷能高速切削铸铁、淬硬钢、镍基合金等。立方氮化硼铣刀高速铣削 60HRC 模具钢的效率比电火花加工高 10 倍，表面粗糙度值 $R_a$ 达 $1.8 \sim 2.3\mu m$。金刚石涂层刀具在加工未烧结陶瓷和硬质合金时，效率比用硬质合金刀具高数十倍。

### 5. 采用新的切削加工技术

随着切削加工的发展，研制成了一些新的加工方法，例如，加热切削、低温切削、振动切削、在真空中切削和绝缘切削等，其中有的新技术可有效地解决难加工材料的切削问题。例如，对耐热合金、淬硬钢和不锈钢等材料进行加热切削，通过切削区域中工件的温度增高，来降低材料的抗剪强度，减小摩擦面间摩擦因数。因此，可减小切削力而易于切削。

## 5.4 机械加工质量

### 5.4.1 机械加工精度

#### 1. 基本概念

机械加工后，零件的实际几何参数值(尺寸、形状和位置)与设计理想值的符合程度，称为机械加工精度，简称加工精度。它们之间的不符合程度称为加工误差。加工精度在数值上通过加工误差的大小来表示。两者的概念是相关连的，即精度越高，误差越小。反之，精度越低，误差就越大。

零件的加工精度包括三个方面：

1）尺寸精度。限制加工表面与其基准面间尺寸误差不超过一定范围。尺寸精度用标准公差等级表示，分为20级。

2）形状精度。限制加工表面宏观几何形状误差，如圆度、圆柱度、平面度、直线度等。形状精度用形状公差等级表示。

3）位置精度。限制加工表面与其基准面间的相互位置误差，如平行度、垂直度、同轴度等。位置精度用位置公差等级表示。

尺寸精度、几何形状精度和位置精度相互之间是有联系的。形状误差应控制在尺寸公差内，位置公差要限制在尺寸公差内。一定的尺寸精度必须有相应的几何形状精度和位置精度，而一定的位置精度必须有相应的几何形状精度。零件加工精度是根据设计要求、工艺的经济指标等因素综合分析而确定的。

#### 2. 加工原始误差及其成因

在机械加工中由机床、刀具、夹具和工件所组成的系统称为工艺系统。工艺系统中存在的种种误差称为原始误差。不论是采用何种方法保证工件的加工精度，原始误差总是以不同方式和不同比例反映出来，使零件加工后产生误差。

根据误差的来源不同，原始误差可分为：

1）几何误差。工艺系统的几何误差取决于工艺系统的结构和状态，例如，加工方法的原理误差，由制造和磨损产生的机床几何误差和传动误差，调整误差，刀具、夹具和量具的制造误差，工件的安装误差等。

2）过程误差。这是与切削过程有关的误差，例如，工艺系统受力变形，工艺系统受热变形，工件内应力所引起的误差，刀具尺寸磨损等。

根据误差出现的规律不同，过程误差又可分为：

① 系统误差：在一次调整后顺次加工一批工件时，误差大小和方向都不变或者按一定规律变化的误差。前者为常值系统误差，与加工顺序有关；后者为变值系统误差，与加工顺序无关。

② 随机误差：在顺次加工一批工件时，误差大小和方向呈不规律变化的误差。

造成各类加工误差的原始误差见表5-3。

表 5-3　造成各类加工误差的原始误差

| 系 统 误 差 | | 随 机 误 差 |
|---|---|---|
| 常值系统误差 | 变值系统误差 | |
| 1）原理误差<br>2）刀具的制造与调整误差<br>3）机床几何误差（主轴回转误差中有随机成分）与磨损<br>4）机床调整误差（对一次调整而言）<br>5）工艺系统热变形（系统热平衡后）<br>6）夹具的制造、安装误差与磨损<br>7）测量误差（由量仪制造、对零不准、设计原理、磨损等产生）<br>8）工艺系统受力变形（加工余量、材料硬度均匀时）<br>9）夹具误差（机动夹紧） | 1）刀具的尺寸磨损（砂轮、车刀、端铣刀、单刃镗刀等）<br>2）工艺系统受热变形（系统热变形前）<br>3）多工位机床回转工作台的分度误差和其上夹具安装误差 | 1）工艺系统受力变形（加工余量、材料硬度不均匀等）<br>2）工件定位误差<br>3）行程挡块的重复定位误差<br>4）残余应力引起的变形<br>5）夹紧误差（手动夹紧）<br>6）测量误差（由量仪传动链间隙、测量条件不稳定、读数不准等造成）<br>7）机床调整误差（多台机床加工同批工件、多次调整加工大批工件） |

### 3. 影响加工精度的基本因素及消减途径

（1）影响尺寸精度的基本因素及消减途径　获得尺寸精度的方法有试切法、调整法、定尺寸刀具法、自动控制法。采用试切法加工的尺寸精度，主要取决于测量精度、机床进给精度和操作者的技术水平。采用调整法加工的尺寸精度，可能受测量精度、调整精度、机床进给精度、行程挡块重复精度及刀具磨损等诸多因素影响。采用定尺寸刀具法获得的尺寸精度主要与刀具本身精度、刀具磨损及机床主运动精度有关。采用自动控制法获得的尺寸精度，取决于测量系统的精度、控制系统的精度及反应速度。采用数控法获得的尺寸精度，主要取决于机床部件运动精度、数控系统精度与分辨率、刀具制造与安装误差、刀具磨损等。

影响尺寸精度的基本因素及消减途径见表 5-4。

表 5-4　影响尺寸精度的基本因素及消减途径

| 获得尺寸精度的方法 | 影 响 因 素 | 消 减 途 径 |
|---|---|---|
| 试切法 | 试切测量误差 | 合理选择量具、量仪，控制测量条件 |
| | 微量进给误差 | 提高进给机构的制造精度、传动刚度，减小摩擦力，千分表控制进刀量，采用新型微量进给机构 |
| | 微薄切削层的极限厚度 | 选择切削刃钝圆半径小的材料，精细研磨刀具刃口，提高刀具刚度 |
| 调整法 | 除试切法因素外：<br>定程机构的重复定位误差 | 提高定程机构的刚性及操纵机构的灵敏性 |
| | 抽样误差 | 试切一组工件，提高一批工件尺寸分布中心位置的判断准确性 |
| | 刀具尺寸磨损 | 及时调整机床或更换刀具 |
| | 样件的尺寸误差，对刀块、导套的位置误差 | 提高样件的制造精度及对刀块、导套的安装精度 |
| | 工件的装夹误差 | 正确选择定位基准面，提高定位副的制造精度 |
| | 工艺系统热变形 | 合理确定调整尺寸，机床热平衡后调整加工 |

（续）

| 获得尺寸精度的方法 | 影 响 因 素 | 消 减 途 径 |
|---|---|---|
| 定尺寸刀具法 | 刀具的尺寸误差 | 刀具的尺寸精度应高于加工面尺寸精度 |
| | 刀具的磨损 | 控制刀具的尺寸磨损量，提高耐磨性 |
| | 刀具的安装误差 | 对刀具安装提出位置精度要求 |
| | 刀具的热变形 | 提高冷却润滑效果 |
| 自动控制法 | 控制系统的灵敏性与可靠性 | 1）提高自动检测精度<br>2）提高进给机构的灵敏性及重复定位精度<br>3）减小切削刃钝圆半径及提高刀具刚度 |

（2）影响形状精度的因素及消减途径　获得零件表面形状的方法有轨迹法、成形（刀具）法、非成形运动法（包括相切法和展成法）等。采用轨迹法加工时，已加工表面的形状精度取决于工件和刀具间（回转和移动）相对成形运动的精度。采用成形法加工时，已加工表面的形状精度主要取决于切削刃的形状及其安装精度。采用非成形运动法加工时，已加工表面的形状精度取决于机床展成传动链的精度、部件运动精度及切削刃的形状精度。

影响形状精度的基本因素及消减途径见表 5-5。

表 5-5　影响形状精度的基本因素及消减途径

| 加工方法 | 影 响 因 素 | 消 减 途 径 |
|---|---|---|
| 轨迹法 | （1）机床主轴回转误差<br>采用滑动轴承时，主轴颈的圆度误差（对于工件回转类机床）、轴承内表面的圆度误差（对于刀具回转类机床），会造成加工表面的圆度误差<br>采用滚动轴承时，轴承内、外滚道不圆、滚道有波纹、滚动体尺寸不等、轴颈与箱体孔不圆等会造成加工面圆度误差；滚道的端面圆跳动、主轴止推轴肩、过渡套或垫圈等端面圆跳动会造成加工端面的平面度误差 | 1）提高主轴支承轴颈与轴瓦的形状精度<br>2）若为滚动轴承时，对前后轴承进行角度选配<br>3）对滚动轴承预加载荷，消除间隙<br>4）采用高精度滚动轴承或液体、气体静压轴承<br>5）采用死顶尖支承工件，避免主轴回转误差的影响<br>6）刀具或工件与机床主轴浮动连接，采用高精度夹具镗孔或磨孔，使加工精度不受机床主轴回转误差的影响 |
| | （2）机床导轨的导向误差<br>导轨在水平面或垂直面内的直线度误差、前后导轨的平行度误差造成工件与切削刃间的相对位移，若此位移沿被加工表面法线方向，会使加工表面产生平面度或圆柱度误差<br>导轨润滑油压力过大，引起工作台不均匀漂浮、导轨的磨损都会降低导向精度 | 1）选择合理的导轨形式和组合方式，适当增加工作台与床身导轨的配合长度<br>2）提高导轨的制造精度与刚度<br>3）保证机床的安装技术要求<br>4）采用液体静压导轨或合理的刮油润滑方式，适当控制润滑油压力<br>5）预加反向变形，抵消导轨制造误差 |
| | （3）成形运动轨迹间几何位置关系误差会造成圆度、圆柱度误差 | 提高机床的几何精度 |
| | （4）刀尖尺寸磨损在加工大型表面、难加工材料、精度要求高的表面、自动线或自动机连续加工时，会造成圆柱度等形状误差 | 1）精细研磨刀具并定时检查<br>2）采用耐磨性好的刀具材料<br>3）选择适当的切削速度<br>4）自动补偿刀具磨损 |

（续）

| 加工方法 | 影 响 因 素 | 消 减 途 径 |
|---|---|---|
| 成形法 | 除成形运动本身误差及成形运动间位置关系误差外：<br>1）刀具的制造误差、安装误差与磨损直接造成加工表面的形状误差<br>2）加工螺纹时成形运动间的速比关系误差等造成螺矩误差。造成速比关系误差的因素有：母丝杠的制造安装误差、机床交换齿轮的近似传动比、传动齿轮的制造与安装误差等 | 提高刀具的制造精度、安装精度、刃磨质量与耐磨性<br>1）采用短传动链结构<br>2）提高母丝杠的制造与安装精度<br>3）采用降速传动<br>4）提高末端传动件的制造与安装精度<br>5）采用校正装置（校正尺、偏心齿轮、行星校正机构、数控校正装置、激光校正装置） |
| | 1）刀具回转误差，立柱导轨、工作台导轨误差，其间位置关系误差<br>2）刀具与工件两个回转运动的速比关系误差（分度蜗轮、蜗杆、传动齿轮等的制造与安装误差）<br>3）刀具的制造、刃磨与安装误差 | 1）根据加工要求选择机床<br>2）缩短传动链，采用降速传动，提高末端传动元件的制造与安装精度<br>3）采用校正机构（偏心校正机构，凸轮、摆杆校正机构）<br>4）按一定技术要求选择、重磨、安装刀具 |
| 非成形运动法 | 采用机床加工，刀具与工件间相对运动轨迹的复杂程度影响各点相互接触和干涉的机率，因而影响误差均化效果<br><br>采用手工刮研或研磨方法，需要适时地对工件进行检测，检具（标准平尺、平台等）误差、检测方法误差是重要的影响因素 | 1）采用运动轨迹复杂的加工方法<br>2）合理选用标准平台与平尺的形状和结构<br>3）采用材质与结构适当的研具<br>4）采用三板互研法提高夹具、研具精度<br>5）采用精磨量具、量仪，采用被加工零件或检具自检或互检的方法提高检测精度 |

（3）影响位置精度的因素及消减途径　在同一工序一次安装中所加工的表面之间的位置精度，主要受机床的几何误差、机床的热变形与受力变形、工件的夹紧变形等因素的影响。对于不同工序或不同安装中所加工的表面之间的位置精度，除了与上述因素有关外，还与定位基准是否与工序基准重合，是否采用同一基准以及工件在机床上的安装方式有关。

影响位置精度的基本因素及消减途径见表5-6。

表5-6　影响位置精度的基本因素及消减途径

| 装夹方式 | 影 响 因 素 | 消 减 途 径 |
|---|---|---|
| 直接装夹 | 工件定位基准面与机床装夹面直接接触<br>1）刀具切削成形面与机床装夹面的位置误差<br>2）工件定位基准面与加工面工序基准面间位置误差 | 1）提高机床几何精度<br>2）采用加工面的工序基准面为定位基准<br>3）提高加工面的工序基准面与定位基准面间的位置精度 |
| 找正装夹 | 将工件装夹或支承在机床上，用找正工具按机床切削成形面调整工件，使其基准面处于正确位置<br>1）找正方法与量具的误差<br>2）找正基面与基线的误差<br>3）工人操作水平 | 1）采用与加工精度相适应的找正工具<br>2）提高找正基面与基线的精度<br>3）提高操作水平 |

（续）

| 装夹方式 | 影 响 因 素 | 消 减 途 径 |
|---|---|---|
| 夹具装夹 | 工件定位基准面与夹具定位元件相接触或相配合<br>1）刀具切削成形面与机床装夹面的位置误差<br>2）工件定位基准面与加工面工序基准间的位置误差<br>3）夹具的制造误差与刚度<br>4）夹具的安装误差与接触变形<br>5）工件定位基准面的位置误差 | 1）提高机床的几何精度<br>2）提高夹具的制造、安装精度和刚度<br>3）减少定位误差 |

### 4. 经济加工精度

不同的加工方法获得的加工精度是不同的，即使同一种加工方法，由于加工条件不同，所能达到的加工精度也是不同的。如精车加工一般可达 IT7～IT8 级精度，若由高级技师进行精细操作也可能达到 IT6～IT7 级精度，但加工成本提高了。统计表明，任何加工方法，其加工误差与加工成本之间的关系如图 5-19 所示。这条曲线可分为三部分：

*AB* 段：加工误差小，精度高，但成本太高，不经济。

*CD* 段：曲线与横坐标几乎平行，说明零件精度很低。但加工成本不能无限制下降，它必须消耗这种加工方法的最低成本，所以既难以保证质量，又不经济。

*BC* 段：可达到一定的加工精度，成本也不高，比较经济。

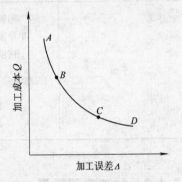

图 5-19　加工误差与加工成本

经济加工精度是指在正常加工条件下（采用符合质量标准的设备、工艺装备和标准技术等级的工人，不延长加工时间）所能保证的加工精度。经济表面粗糙度的概念类同与经济加工精度。各种加工方法的经济加工精度和表面粗糙度的参考数据见表 5-7。

表 5-7　各种加工方法的经济加工精度和表面粗糙度的参考数据

| 加工表面类型 | 加 工 方 法 | 经济加工精度（IT） | 表面粗糙度 $R_a/\mu m$ |
|---|---|---|---|
| 外圆和端面 | 粗车 | 11～13 | 12.5 |
| | 半精车 | 8～11 | 1.60～12.5 |
| | 精车 | 7～8 | 0.80～1.60 |
| | 粗磨 | 8～11 | 1.60～12.5 |
| | 精磨 | 6～8 | 0.04～1.60 |
| | 研磨 | 5 | 0.20 |
| | 超精加工 | 5 | 0.20 |
| | 精细车（金刚车） | 5～6 | 0.20～0.40 |

（续）

| 加工表面类型 | 加 工 方 法 | 经济加工精度（IT） | 表面粗糙度 $R_a$/μm |
|---|---|---|---|
| 孔 | 钻孔 | 11 ~ 13 | 12.5 |
| | 铸锻孔的粗扩（镗） | 11 ~ 13 | 12.5 |
| | 精扩 | 9 ~ 11 | 3.20 ~ 12.5 |
| | 粗铰 | 8 ~ 9 | 1.60 ~ 3.20 |
| | 精铰 | 6 ~ 7 | 0.40 ~ 0.80 |
| | 半精镗 | 9 ~ 11 | 3.20 ~ 12.5 |
| | 精镗（浮动镗） | 7 ~ 9 | 0.80 ~ 3.20 |
| | 精细镗（金钢镗） | 6 ~ 7 | 0.40 ~ 0.80 |
| | 粗磨 | 9 ~ 11 | 3.20 ~ 12.5 |
| | 精磨 | 7 ~ 9 | 0.80 ~ 3.20 |
| | 研磨 | 6 | 0.40 |
| | 珩磨 | 6 ~ 7 | 0.40 ~ 0.80 |
| | 拉孔 | 7 ~ 9 | 0.80 ~ 3.20 |
| 平面 | 粗刨、粗铣 | 11 ~ 13 | 12.5 |
| | 半精刨、半精铣 | 8 ~ 11 | 1.60 ~ 12.5 |
| | 精刨、精铣 | 6 ~ 8 | 0.40 ~ 1.60 |
| | 拉削 | 7 ~ 81 | 0.80 ~ 1.60 |
| | 粗磨 | 8 ~ 11 | 1.60 ~ 12.5 |
| | 精磨 | 6 ~ 8 | 0.40 ~ 1.60 |
| | 研磨 | 5 ~ 6 | 0.20 ~ 0.40 |

### 5.4.2 加工表面质量

零件的加工表面质量包括表面几何学特征（表面粗糙度、波度、纹理）和表面层材质的变化（零件加工后在表面层内出现不同于基体材料的力学、物理及化学性能的变质层，如加工硬化、金相组织变化、残余应力、热损伤、疲劳强度变化、耐蚀性等）。

**1. 已加工表面粗糙度**

（1）切削加工表面粗糙度

1）影响切削加工表面粗糙度的因素：刀具切削刃轮廓通过切削运动在工件表面上留下的残留面积；切削刃在刃磨时和磨损后产生的不平整在加工表面上的反映；切削塑性金属，当条件适宜时出现的积屑瘤和鳞刺（已加工表面上出现的垂直于切削速度方向的鳞片状毛刺），以及沿副切削刃方向的塑性流动；在切削中出现挤裂切屑、单元切屑或崩碎切屑时，由于切屑单元的周期性断裂，或切削脆性材料时形成崩碎切屑的崩裂，产生的振动等。

由此可以看出，刀具的现状（几何参数、切削刃形状、刀具材料、刀面的表面粗糙度、磨损情况）、切削条件（背吃刀量、进给量、切削速度、切削液）、工件材料及热处理、工艺系统刚度和机床精度等，都会影响切削加工表面粗糙度。

2）改善切削加工表面粗糙度的一般措施：①刀具方面，为了减少残留面积，刀具应采用较大的刀尖圆弧半径、较小的副偏角和合适的修光刃；选择合适的几何角度，有利于减小积屑瘤和鳞刺；降低刀具前后刀面与切削刃的表面粗糙度，以便提高切削刃的平整度；选用与工件材料适应性好的刀具材料，避免使用磨损严重的刀具，这些均有利于减小加工表面粗糙度。②切削条件方面，选择合理的背吃刀量、进给量和切削速度，以较高的切削速度切削塑性材料可抑制积屑瘤和鳞刺出现；减小进给量；采用高效切削液，可获得好的表面粗糙度。③工件材料方面，对加工表面粗糙度影响较大的是工件材料的塑性和金相组织。对于塑性大的低碳钢、低合金钢材料，宜预先进行正火处理，降低塑性，这样在切削加工后能得到较小的表面粗糙度；工件材料应有适宜的金相组织（状态、晶粒度大小及分布），否则，难以获得较满意的加工表面粗糙度。④工艺系统刚度等方面，提高工艺系统的刚度；减少或消除加工过程中产生的振动；保证所需要的机床精度均能够取得较小的加工表面粗糙度。

（2）磨削加工表面粗糙度　磨削可得到很好的表面粗糙度，如精密磨削时，$R_a$ 为 $0.04 \sim 0.16\mu m$；超精密磨削时，$R_a$ 为 $0.01 \sim 0.04\mu m$；镜面磨削时，$R_a$ 不大于 $0.01\mu m$。因此，对一些表面质量要求高的工件表面，常常用磨削作为终加工工序。

1）影响磨削加工表面粗糙度的因素：①砂轮表面形状及磨削用量；②由磨削过程中耕犁作用造成的沟纹隆起；③由磨削工艺系统刚度不足而引起的磨削振纹；④选用切削液和供液方式不当。

2）改善磨削加工表面粗糙度的一般措施。当磨削过程中力和热的影响不大时，几何关系是决定磨削表面粗糙度的主要方面。此时，降低磨削表面粗糙度的措施有：选用较小的径向进给量；选择较大的砂轮速度和较小的轴向进给速度；工件速度应该低一些；采用细粒度砂轮；精细修整砂轮工作表面（选用较小的修整用量），使砂轮上磨粒锋利，也可达到较好的磨削效果；选取适宜的切削液和合理的供液方式都能得到低表面粗糙度值。

### 2. 已加工表面变质层

（1）加工硬化　切削加工会使工件表层数十至数百微米厚度内的显微硬度提高。切削或磨削过程中，工件表层金属在切削力作用下产生了很大的塑性变形，晶格扭弯、拉长和破碎，阻碍了金属的进一步变形，而使材料强化，强度和硬度增加，塑性下降，这一现象称为加工硬化。加工硬化通常以硬化层深度及硬化程度表示。加工硬化现象对耐磨性是有利的，但过度的硬化则会使刀具磨损增加，并易出现疲劳裂纹。

造成加工硬化的原因有：

1）刀具的前角和后角的减小，后刀面磨损的加大，切削刃钝圆半径增大，修光刃长度过长等。

2）工件的塑性较高，使工件的强化指数增大。

3）切削用量中的进给量增加，加工硬化随之增大。切削速度的影响比较复杂，开始时随切削速度的增加，加工硬化逐渐下降；到一定高速以后，加工硬化反而逐渐增大。

总之，凡是增大变形与摩擦的因素都将加剧硬化现象；而凡是有利于软化的因素如高的切削温度和长的加热时间，都会减轻硬化现象。

（2）加工表面的残余应力　产生加工表面残余应力的原因：

1）机械应力引起的塑性变形。切削过程中，切削刃前方的工件材料受前面的挤压，使即将成为已加工表面层的金属在切削力方向产生压缩塑性变形，但又受到里层未变形金属的牵制，从而在表层产生剩余拉应力，里层产生剩余压应力。另外，刀具的后面与已加工表面产生很大的挤压与摩擦，使表层产生拉伸塑性变形，于是，在里层金属作用下，表层金属产生剩余压应力，相应的里层金属产生剩余拉应力。

2）热应力引起的塑性变形。切削或磨削时的强烈塑性变形与摩擦，使已加工表面层有很高的温度，并形成表里层很大的温度梯度。高温表层的体积膨胀，将受到里层金属的阻碍，从而使表层金属产生热应力。当热应力超过材料的热屈服点时，将使表层金属产生压缩塑性变形。加工后表层金属冷却至室温时，体积的收缩又受到里层金属的牵制，因而使表层金属产生剩余拉应力，里层产生剩余压应力。在剩余拉应力超过材料的强度极限时，零件表层就会产生裂纹。

3）金相组织变化引起的体积变化。不同的金相组织具有不同的比体积。淬火钢件磨削时，若磨削温度过高而使表层处的马氏体转变成比体积较小的回火托氏体或索氏体，所引起的表层金属体积的收缩，将使表层产生剩余拉应力、次表层为剩余压应力；若磨削区温度高达材料相变点温度以上，工件表层的冷却速度又大于钢的临界冷却速度时，工件表层出现二次淬火马氏体，次表层为比体积较小的高温回火索氏体，这时二次淬火层出现剩余压应力而次表层则为拉应力。

已加工表面层出现的残余应力，是上述诸因素综合作用的结果，其大小、性质和分布则由起主导作用的因素所决定。影响残余应力的因素较为复杂。总的说来，凡能减小塑性变形和降低切削温度的因素都能使已加工表面的残余应力减小。

（3）磨削烧伤与磨削裂纹

1）磨削烧伤。磨削烧伤是指由于磨削时的瞬时高温使工件表层局部组织发生变化，并在工件表面的某些部分出现氧化变色的现象。磨削烧伤会降低材料的耐磨性、耐蚀性和疲劳强度，烧伤严重时还会出现（磨削）裂纹。

2）磨削裂纹。在磨削淬火高碳钢、渗碳钢、工具钢、硬质合金等工件时，容易在表层出现细微的裂纹，其延伸方向大体与磨削速度方向垂直或呈网状分布。

减少磨削烧伤与磨削裂纹的工艺措施：正确选用砂轮，例如可采用较软的砂轮及大气孔砂轮；砂轮磨损后应及时修整；合理选择工艺参数，如减小每次行程的径向进给量，提高工件的转速；必要时可采用新工艺方法——低应力磨削；改善磨削时的冷却条件，采用有效的切削液和供液方法，使切削液渗透到磨削区。

## 5.5　加工误差统计分析

引起加工误差的因素很多、很复杂。零件的实际加工误差，是加工过程中各项误差因素综合影响的结果。由于工艺系统的复杂性，在多数情况下采用理论方法逐项分析计算各种因素同时作用所产生的加工误差是不可能的。此时可运用数理统计原理，根据一批已加工零件的测量数据，进行分析、处理，来揭示误差的性质、大小、特点和规律。

在生产实践中，常用统计方法来研究加工精度，这种方法是以现场观察和实测为基础的。用概率论和数理统计的方法对这些资料进行处理，从而揭示各种因素对加工精度的综合影响。

常用的统计分析方法有分布曲线法和点图法两种。

### 5.5.1　分布曲线法

#### 1. 直方图

分布曲线法是测量一批工件在加工后的实际尺寸，根据测量所得数据作尺寸分布的直方图，得到实际的分布曲线，然后按分布情况和公差要求进行分析。

（1）直方图的绘制方法　测量加工后 $n$ 个工件的实际尺寸 $X$，按实际尺寸以组距 $\Delta X$ 分为 $j$ 个组，各组内的工件数目 $m_i$ 称为频数，频数和工件总数的比值 $m_i/n$ 称为频率。以尺寸为横坐标，频数（或频率）为纵坐标，即可绘制出尺寸分布的直方图。

如磨削 100 个工件，$X = \phi\,80_{-0.03}^{\ 0}$ mm，$\Delta X = 0.002$mm，工件尺寸的频数分布表见表 5-8。根据表中的数据即可绘制出如图 5-20 所示的直方图。

**表 5-8　频数分布表**

| 组号 $j$ | 尺寸范围 /mm | 频 数 分 布 | | | | 频数 $m_i$ | 频率 $m_i/n$ |
|---|---|---|---|---|---|---|---|
| | | 5 | 10 | 15 | 20 | | |
| 1 | 79.988 ~ 79.990 | ‖‖ | | | | 3 | 0.03 |
| 2 | 79.990 ~ 79.992 | ‖‖‖‖ | | | | 6 | 0.06 |
| 3 | 79.992 ~ 79.994 | ‖‖‖‖‖ | | | | 9 | 0.09 |
| 4 | 79.994 ~ 79.996 | ‖‖‖‖‖‖‖‖ | | | | 14 | 0.14 |
| 5 | 79.996 ~ 79.998 | ‖‖‖‖‖‖‖‖‖ | | | | 16 | 0.16 |
| 6 | 79.998 ~ 80.000 | ‖‖‖‖‖‖‖‖‖ | | | | 16 | 0.16 |
| 7 | 80.000 ~ 80.002 | ‖‖‖‖‖‖ | | | | 12 | 0.12 |
| 8 | 80.002 ~ 80.004 | ‖‖‖‖‖ | | | | 10 | 0.10 |
| 9 | 80.004 ~ 80.006 | ‖‖‖ | | | | 6 | 0.06 |
| 10 | 80.006 ~ 80.008 | ‖‖ | | | | 5 | 0.05 |
| 11 | 80.008 ~ 80.010 | ‖‖ | | | | 3 | 0.03 |
| 总　　计 | | | | | | 100 | 1.00 |

（2）直方图的参数及特点　一批工件的尺寸，有一定的分布范围，其极差为全批工件中最大尺寸与最小尺寸之差，用 $R$ 表示。代入表 5-8 中数据，则有

$$R = X_{max} - X_{min}$$
$$= (80.010 - 79.988)\,\text{mm} = 0.022\text{mm}$$

一批工件尺寸的平均值，可用每组内工件的频数和组距中值的尺寸来进行计算，平均尺寸 $\overline{X}$ 为

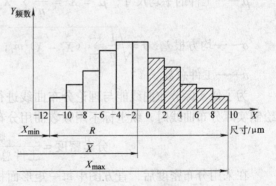

图 5-20　尺寸分布直方图

$$\overline{X} = \frac{X_1 m_1 + X_2 m_2 + \cdots + X_j m_j}{n} = \frac{1}{n}\sum_{i=1}^{j} X_i m_i$$

式中，$X_i$ 是各组尺寸范围的平均值。代入表 5-8 中数据，则有

$$\overline{X} = \frac{79.889 \times 3 + 79.991 \times 6 + \cdots + 80.009 \times 3}{11}\text{mm} = 79.9985\text{mm}$$

平均尺寸 $\overline{X}$ 和公差带中心（79.985mm）相差 0.0135mm，并不重合。

从尺寸分布的直方图可以看出，尺寸分布的形状基本上是左右对称的"钟形"，中间

多，两边少。大部分工件尺寸聚集在平均尺寸附近。另外，尺寸的极差小于公差 $\delta$，即

$$\delta/R = 0.03/0.022 = 1.36 > 1$$

这说明本工序的加工精度能保证公差的要求。但由于尺寸的分散中心（平均尺寸）和公差带中心偏离了 0.0135mm，所以出现了部分废品（图中阴影部分）。只要在调整时将尺寸调小 0.0135mm，就能使分布图在横坐标上平移一个距离，使整批工件的尺寸全部落在公差带范围内。

在应用统计法进行分析时，均方根差具有重要的作用。均方根差 $\sigma$ 的计算式是

$$\sigma = \sqrt{\frac{(X_1 - \overline{X})^2 m_1 + (X_2 - \overline{X})^2 m_2 + \cdots + (X_j - \overline{X})^2 m_j}{n}} = \sqrt{\frac{1}{n} \sum_{i=1}^{j} (X_i - \overline{X})^2 m_i}$$

代入表 5-8 中数据，则有 $\sigma = 0.0048$mm。

**2. 正态分布曲线**

为便于分析研究，并导出一般规律，应建立数学模型对实际分布曲线进行数学描述。根据概率论理论可知，相互独立的大量微小的随机变量总和的分布，总是接近正态分布的。实践证明，用自动获得尺寸法在机床上加工一批工件时，在无某种优势因素的影响下，加工后尺寸的分布是符合正态分布的。

（1）概率密度函数　正态分布的概率分布密度函数为

$$f(X) = \frac{1}{\sigma \sqrt{2\pi}} e^{-(X-\mu)^2/2\sigma^2} \quad (-\infty < X < +\infty, \sigma > 0)$$

式中的 $\mu$ 和 $\sigma$ 分别是正态分布的算术平均值和均方根差，曲线如图 5-21 所示。

当采用理论分布曲线代替实际加工尺寸的分布曲线时，密度函数的各参数可分别取成

$X$——工件尺寸；

$\mu$——工件的平均尺寸，$\mu = \overline{X} = \dfrac{1}{n} \sum_{i=1}^{j} X_i m_i$；

$\sigma$——均方根差，$\sigma = \sqrt{\dfrac{1}{n} \sum_{i=1}^{j} (X_i - \overline{X})^2 m_i}$；

$n$——工件总数。

为了使实际分布曲线能与理论分布曲线进行比较，在绘制实际分布曲线时，纵坐标不用频数而用分布密度，即

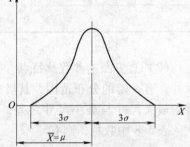

图 5-21　正态分布曲线

$$分布密度 = \frac{频数}{工件总数 \times 组距} = \frac{频率}{组距}$$

在采用分布密度后，直方图中每一矩形面积就等于该组距内的频率，所有矩形面积的和将等于 1。

如果改变 $\mu$ 值，分布曲线将沿横坐标移动而不改变曲线的形状，所以 $\mu$ 是表征曲线位置的（见图 5-22）。又因为 $f(\mu)$ 与 $\sigma$ 成反比，所以 $\sigma$ 越小，则 $f(\mu)$ 越大，曲线的形状越陡；$\sigma$ 越大，则曲线形状愈平坦。由此可见，参数 $\sigma$ 是表征曲线本身形状的，即表征尺寸分布特性的，如图 5-23 所示。

正态分布曲线下方所包含的面积为

$$A = \int_{-\infty}^{+\infty} f(X)\,\mathrm{d}X = \int_{-\infty}^{+\infty} \frac{1}{\sigma\sqrt{2\pi}} \mathrm{e}^{-(X-\mu)^2/2\sigma^2}\,\mathrm{d}X = 1$$

即相当于全部工件数，也即 100%。

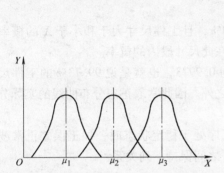

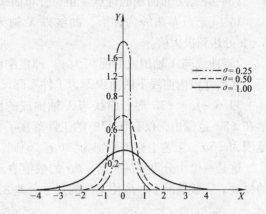

图 5-22 $\sigma$ 不变时均值 $\mu$ 使分布曲线移动      图 5-23 $\sigma$ 影响分布曲线的形状

（2）标准正态分布曲线 算术平均值 $\mu = 0$，均方根差 $\sigma = 1$ 的正态分布曲线称为标准正态分布曲线。任何不同的 $\mu$ 与 $\sigma$ 的正态分布都可以通过坐标变换 $Z = \dfrac{X-\mu}{\sigma}$ 变为标准正态分布。因此可用标准正态分布的函数值来求各种正态分布的函数值。

当横坐标用 $Z$ 替代以后，新坐标下的概率分布密度函数为

$$f(Z) = \frac{1}{\sqrt{2\pi}} \mathrm{e}^{\frac{-Z^2}{2}}$$

如果要求从 $-Z$ 到 $Z$ 区间的频率，即为此区间内正态分布曲线与横坐标之间的面积，有

$$F(Z) = \int_{-Z}^{Z} f(Z)\,\mathrm{d}Z = \frac{1}{\sqrt{2\pi}} \int_{-Z}^{Z} \mathrm{e}^{\frac{-Z^2}{2}}\,\mathrm{d}Z$$

各种不同 $Z$ 值的 $F(Z)$ 值，可由表 5-9 查出。

表 5-9 $F(Z)$ 数值表

| $Z$ | $F(Z)$ | $Z$ | $F(Z)$ | $Z$ | $F(Z)$ |
|------|--------|------|--------|------|--------|
| 0.00 | 0.0000 | 1.10 | 0.7286 | 2.30 | 0.9786 |
| 0.05 | 0.0398 | 1.20 | 0.7698 | 2.40 | 0.9836 |
| 0.10 | 0.0796 | 1.30 | 0.8064 | 2.50 | 0.9876 |
| 0.20 | 0.1586 | 1.40 | 0.8384 | 2.60 | 0.9906 |
| 0.30 | 0.2358 | 1.50 | 0.8664 | 2.70 | 0.9930 |
| 0.40 | 0.3108 | 1.60 | 0.8904 | 2.80 | 0.9940 |
| 0.50 | 0.3830 | 1.70 | 0.9108 | 2.90 | 0.9963 |
| 0.60 | 0.4514 | 1.80 | 0.9282 | 3.00 | 0.9973 |
| 0.70 | 0.5160 | 1.90 | 0.9426 | 3.10 | 0.9981 |
| 0.80 | 0.5762 | 2.00 | 0.9544 | 3.20 | 0.9986 |
| 0.90 | 0.6318 | 2.10 | 0.9642 | 3.30 | 0.9990 |
| 1.00 | 0.6826 | 2.20 | 0.9722 | 3.40 | 0.9993 |

当 $Z = 3.0$ 时，$X - \mu = \pm 3\sigma$ 以外的概率只有 0.27%，这个数值很小，一般可以忽略不

计。因此，若尺寸分布符合正态分布并对称于公差带的中值，规定的公差 $\delta \geq 6\sigma$ 时，认为加工产生废品的概率可以忽略不计。

（3）正态分布曲线的特点　正态分布曲线的特点可以归纳如下：

1）正态分布曲线为钟形，曲线以 $X$ 轴为渐近线，以 $X = \mu$ 这一直线为对称轴，并在 $X = \mu$ 处达到极大值。

2）曲线与 $X$ 轴围成的面积为1，即概率为100%，且工件尺寸大于和小于 $\overline{X}$ 的概率相等，某尺寸段内曲线下的面积即为工件实际尺寸落在此尺寸段内的概率。

3）$X - \mu = \pm 3\sigma$ 时，曲线与 $X$ 轴围成的面积为0.9973，也就是说99.73%的工件尺寸落在 $\pm 3\sigma$ 范围内，仅有0.27%的工件落在了 $\pm 3\sigma$ 之外。因此常取正态分布曲线的实际分散范围为 $\pm 3\sigma$，工艺上称该原则为"$6\sigma$"原则。

这是一个十分重要的概念，$6\sigma$ 的数值表示某工序处于稳定状态时，加工误差正常波动的幅度。一般情况下，应使工件的尺寸公差 $\delta$ 与 $6\sigma$ 之间保持下列关系：

$$\delta \geq 6\sigma$$

但是，考虑到变值系统误差的影响，总是使工件的尺寸公差 $\delta$ 大于 $6\sigma$。

4）曲线分散中心 $\mu$ 改变时，分布曲线将沿横坐标移动，但不改变曲线的形状。这是规律性常值系统误差的影响结果。

5）参数 $\sigma$ 决定正态分布曲线的形状。

（4）正态分布曲线的应用

1）判断加工误差的性质。如果实际分布曲线服从正态分布，则说明加工过程中无显著的规律性变值误差参与；如果公差带中心与尺寸分布中心重合，则说明无规律性常值系统误差；如果两者不重合，则两中心之间的距离即为规律性常值误差；如果实际的尺寸分布不服从正态分布，则一定有显著的规律性变值误差。

2）判断工序能力。工序能力是指工序在一定时间内处于稳定状态下的实际加工能力。由于工序处于稳定状态时，加工误差正常波动的范围为 $6\sigma$，因此工序能力可用下式判断：

$$C_p = \frac{\delta}{6\sigma}$$

$C_p$ 称为工序能力系数，它表示工序能力满足加工精度要求的程度。根据工序能力系数 $C_p$ 的大小，可以将各种工序的工序能力划分为五级，见表5-10。

表5-10　工序能力等级表

| 工序能力系数 | 工 艺 等 级 | 工序能力判断 |
|---|---|---|
| $C_p > 1.67$ | 特级 | 工序能力很充分 |
| $1.33 < C_p \leq 1.67$ | 一级 | 工序能力足够 |
| $1.00 < C_p \leq 1.33$ | 二级 | 工序能力勉强 |
| $0.67 < C_p \leq 1.00$ | 三级 | 工序能力不足 |
| $C_p \leq 0.67$ | 四级 | 工序能力极差 |

应当明确，$C_p \geq 1$ 只是保证无不合格品的必要条件，但不是充分条件。要想保证无不合格品，还必须保证工艺系统调整正确。

3）计算产品的合格率与废品率。

**例 5-13**　一批工件加工后的尺寸分布符合正态分布，参数 $\mu = 0$，$\sigma = 0.005$，公差 $\delta = 0.02\text{mm}$，公差带中值位于 $\mu = 0$ 处，求废品率。

**解**：因为公差为 0.02mm，所以允许的分布范围 $X = \pm 0.01$，$Z = 0.01/0.005 = 2$，查表得知

$$f(Z) = 0.9544$$

所以废品率 $P = 1 - 0.9544 = 0.0456 = 4.56\%$。

在实际加工中，工件尺寸的分布有时并不近似于正态分布。如切削工具磨损严重时，其尺寸分布如图 5-24a 所示。因为在加工过程中每一段时间内工件的尺寸可能正态分布，但由于切削工具的磨损，不同时间尺寸分布的算术平均值是逐渐变化的，因此分布曲线出现平顶。当工艺系统出现较严重的热变形影响时，由于热变形在开始阶段变化较快，以后逐渐减慢，直至热平衡状态，因此分布曲线出现不对称的情况，如图 5-24b 所示。若将两次调整下加工的工件合在一起，分布曲线将出现双峰曲线。这是因为两次调整下，曲线的参数 $\mu$ 不可能完全相等（见图 5-24c）。

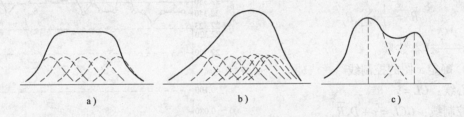

a)　　　　　　　b)　　　　　　　c)

图 5-24　几种非正态分布曲线

由以上分析可知，利用分布曲线可以分析某一加工方法的加工精度，包括系统误差和随机误差的情况。但由于没有考虑工件加工的先后顺序，因此不能很好地把变值系统误差和随机误差区分开来。另外，工件只有在加工完毕后才能绘制分布曲线，因此不能在加工过程中提供控制工艺过程的信息。

### 5.5.2　点图法

#### 1. 点图的基本形式

常用的点图有 $\bar{x}$ 图和 $R$ 图。

（1）$\bar{x}$ 图　顺次地，每隔一定时间抽样测量一组 $m$ 个工件（通常 $m = 5 \sim 10$），以工件组序为横坐标，以每组工件实际尺寸或实际误差 $x_i$ 的平均值 $\bar{x_j}$ 为纵坐标作点图即可。其中

$$\bar{x_j} = \frac{1}{m} \sum_{i=1}^{m} x_i$$

$\bar{x}$ 图反映瞬时分布中心的变化情况，说明规律性变值误差对加工精度影响的程度和影响方式。

（2）$R$ 图　测量方法同前，它也是以工件组序为横坐标，但以每组尺寸的极差 $R_j$ 为纵坐标作点图。

$R$ 图反映随机误差的大小和变化情况，说明尺寸的分布特征。

#### 2. 质量控制

一个可靠的工艺过程必须具有精度稳定性和分布稳定性两方面的特征。精度稳定的工艺

过程应无规律性变值误差的显著影响，而分布稳定的工艺过程，其分散范围（瞬时分散）应无明显变化。由于 $\bar{x}$ 图反映工艺过程精度的稳定性，而 $R$ 图可以反映工艺过程分布的稳定性，因此，通常把这两种点图联合使用，称为 $\bar{x} - R$ 图，以控制工艺过程。

这里只介绍稳定工艺过程的质量控制。其方法是在 $\bar{x}$ 图和 $R$ 图上分别画出上、下控制线 $UCL$ 和 $LCL$，以及中心线 $CL$（此图称控制图）；然后，根据点子在控制线内的分布情况来推断工艺过程的稳定性和产生不合格品的可能性。

控制图中控制线的计算如下：

（1）收集样本数据　按照加工的先后顺序，每隔一定时间随机地抽取相同数量的样本（如每次抽 5 件，构成一个样本），测出它们的实际尺寸或实际误差。然后计算每组平均尺寸 $\bar{x}_j$ 和极差 $R_j$ 做成数据表。

（2）计算总平均值 $\bar{\bar{x}}$ 和平均极差 $\bar{R}$

$$\bar{\bar{x}} = \frac{1}{k}\sum_{j=1}^{k}\bar{x}_j$$

$$\bar{R} = \frac{1}{k}\sum_{j=1}^{k}R_j$$

式中　$k$——样本数量。

（3）确定 $\bar{x}$ 图的控制线

中心线：$CL = \bar{\bar{x}}$

上控制线：$UCL = \bar{\bar{x}} + D_1\bar{R}$

下控制线：$LCL = \bar{\bar{x}} - D_1\bar{R}$

（4）确定 $R$ 图的控制线

中心线：$CL = \bar{R}$

上控制线：$UCL = D_2\bar{R}$

下控制线：$LCL = D_3\bar{R}$

式中系数 $D_1$、$D_2$、$D_3$ 可按表 5-11 选取。

将以上结果标在 $\bar{x}$ 图和 $R$ 图上即可，如图 5-25 所示。

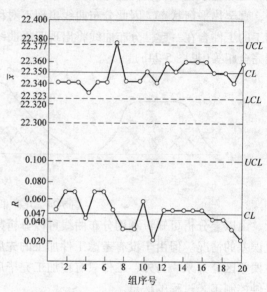

图 5-25　某零件的 $\bar{x} - R$ 控制图

表 5-11　系数 $D$、$D_1$、$D_2$、$D_3$

| $m$ | 4 | 5 | 6 | 7 | 8 | 9 | 10 |
|---|---|---|---|---|---|---|---|
| $D$ | 2.059 | 2.326 | 2.534 | 2.704 | 2.847 | 2.970 | 3.078 |
| $D_1$ | 0.7285 | 0.5768 | 0.4833 | 0.4193 | 0.3726 | 0.3367 | 0.3082 |
| $D_2$ | 2.2819 | 2.1145 | 2.0039 | 1.9242 | 1.8641 | 1.8162 | 1.7768 |
| $D_3$ | 0 | 0 | 0 | 0.0758 | 0.1359 | 0.1838 | 0.2232 |

### 3. 控制图的正常波动和异常波动

由于工艺系统中各种误差因素的影响，点图上的点总是波动的。如果加工过程主要受随机误差的影响，而规律性变值误差影响很小，则波动是随机性的波动，其幅度一般很小。这种波动称为正常波动，该工艺过程处于控制状态，或者说工艺是稳定的，其加工质量也是稳定的。一个稳定的工艺过程，若工序能力足够，且调整精度较高，加工中将不会出现不合格品。如果加工过程中存在某种占优势的规律性变值误差或变化较大的随机误差的影响，致使点图具有明显的上升或下降的趋势，以及波动幅度很大，则称这种波动为异常波动，该工艺过程是不稳定的。一旦出现异常波动，就应及时查明原因，予以消除，以免产生废品。

## 5.6　机械振动简介

　　一般来说，机械加工过程中发生的振动是一种破坏正常加工的有害现象。它会使加工表面质量恶化，表面粗糙度值增加，产生明显的表面振痕。振动严重时，会产生崩刃打刀现象，使加工过程无法进行。振动一般能加速刀具或砂轮的磨损，使机床连接部分松动，影响轴承性能，使机床过早地丧失精度。振动产生的噪声则破坏了环境安静，有害操作者的身心健康。只有在少数情况下如超声波切削、振动断屑等才希望在加工过程中有预期的振动。

　　机械加工工艺的发展，使得振动的控制问题显得更为重要。精加工时，在工件和刀具（砂轮）之间产生的相对振动值，要控制在工件要求的表面粗糙度和波度范围内。

　　机械加工过程中产生的振动有两种类型：周期性或冲击性的强迫（受迫）振动和自激振动。

### 1. 机械加工强迫振动

　　机械加工时，由工艺系统外部或内部周期性干扰力（激振力）作用所激发的振动，称为强迫振动。这种振动是在激振力的持续作用下系统被迫产生的振动。激振力往往在机床空转时就存在，或从切削过程中产生，如机床各种转动件产生的不平衡力、从地基传来的周期性干扰力、断续切削产生的交变力等。强迫振动与激振力的大小、方向、频率密切相关。其主要特点是：

　　1）工艺系统有关部件，在简谐激振时按与激振力相同的频率振动，或在非简谐的周期性激振时，还包含有其整数倍频率的振动。

　　2）当激振频率与工艺系统部件的固有频率接近甚至相等时，可能因共振出现特别大的振幅。

　　3）干扰力消除，振动就停止。

　　强迫振动是造成加工表面波度的一个主要因素。

### 2. 切削自激振动

　　（1）切削自激振动的概念　在切削加工时，还会发生一种在没有周期性外力作用下的稳定的振动。振动时动态切削力也伴随产生，使加工表面残留有规律的振纹，这种现象称为自激振动。这种振动在切削宽度（或切削深度）较小时不易发生，当切削宽度增大到一定数值时会突然发生，振幅急剧增加。而当刀具离开工件，则振动和伴随着出现的动态切削力也就消失。所以这种振动是在一定条件下由切削过程自身所激发的。

　　切削自激振动不是周期性干扰力所引起，而是由切削过程本身所产生的力激励并维持的一种振动。切削过程中，刀具和工件系统会因偶然性干扰力触发，产生一个自由振动。此时振动系统的振动，控制着切削过程产生交变的切削力（其能量取决于非振荡性运转的电动机），并同时受其反馈保持激励，从而使稳态的振动得到继续、维持。

　　切削过程中的自激振动又称为切削颤振，其特点有：

　　1）自振的频率等于或接近振动系统（某一较低阶型）的固有频率。

　　2）自振振幅的大小及其振动能否产生，决定于每一振动周期内系统所获得的能量与阻尼所消耗能量的对比情况。

(2) 切削自激振动产生的几种原理　切削自激振动产生的原理有再生颤振、负摩擦颤振等。

1) 再生颤振。车削、钻削和磨削加工时，后一转进给和前一转进给的切削区会有重叠的部分（其重叠程度用重叠系数 $\lambda$ 表示，$0 < \lambda < 1$），由于切削到前一转的振纹造成切削力波动，从而使振动持续下去的自振称为再生颤振（见图5-26）。后一转切削时的振动位移相对于前一转的振纹在相位上的滞后（$0 < \varphi < \pi$）是产生再生颤振的必要条件。由图可见，此时刀具在振出的半个周期中的平均切削层厚度会大于切入半个周期中的平均切削厚度，这样，刀具切出时切削力所做的正功就大于刀具切入时所消耗的负功，系统才会有能量输入，振动也才

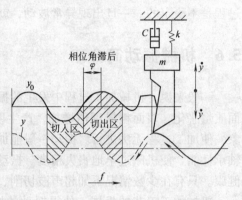

图 5-26　再生颤振示意图

有可能得以维持。再生颤振是切（磨）削时最易出现的一种自振。

2) 负摩擦颤振（高频颤振）。由负摩擦特性（指摩擦力随摩擦速度的增加而下降的性质）所引起的切削自振称负摩擦颤振。切削速度较高，以及刀具后面磨损较大时所产生的车刀沿切削速度方向的高频弯曲振动和镗杆上镗刀的扭转振动就属于负摩擦颤振。重新刃磨刀具即可解决这种高频颤振。

**3. 减振措施**

(1) 消减强迫振动的措施　为了减小或消除强迫振动，必须使幅值减小或变零，其途径主要有：减小或消除激振力，提高工艺系统的刚度，增加工艺系统的阻尼，改变激振力、激振频率或固有频率等。具体措施如下：

1) 消减机外振源。在机床与地基之间加入弹性衬垫等隔振设施，以消减机床外部（通过地基传入机床）的振源。

2) 消减机内振源。对高速旋转部件进行静、动平衡，消除或减小由电动机转子、砂轮及机床上旋转件所引起的不平衡。对电动机产生的振源进行隔振。保证齿轮必要的制造精度，选用合适的重叠系数，减小齿轮啮合过程中的冲击。减小轴承的间隙，施以适当预紧力，消减滚动轴承的振动。

3) 减小切削过程中引起的振源。在车削加工时，可采用负刃倾角、消振棱。使用圆柱铣刀时，可选取螺旋齿，增加铣刀齿数，以顺铣代逆铣，减小进给量，都可以减小断续切削及刀具切入冲击等。

(2) 消减切削自振的措施

1) 合理选择切削用量和刀具角度。车削时加大进给量，有时是减小颤振的有效方法；应尽量避免宽而薄截面的切削；切削速度的选择应避开临界速度（最容易引起颤振的切削速度），若采用宽刃刀具时切削速度宜小于临界速度，在纵车外圆表面时切削速度可大于临界速度；增大刀具前角，振动下降；加大主偏角，振幅减小；小的后角或后刀面上磨出消振棱有抑振作用，但高频颤振时则应增大后角。

2) 采用减振器。针对切削自振情况，选用合适形式的减振器能起到很好的效果。

3) 增加工艺系统的抗振性。对再生颤振可通过改变主轴转数，以改变后一转振纹对前

一转振纹的相位(角)，使处于超前的区间。对振型耦合颤振，可调整刚度主轴的方位角，如切宽槽时采用反转切削能明显抑振。

## 5.7 质量工程及 ISO 9000

### 5.7.1 质量管理的发展史

#### 1. 工业时代以前的质量管理

这时期的质量主要靠手工操作者本人依据自己的手艺和经验来把关，因而又被称为"操作者的质量管理"。18 世纪中叶，欧洲爆发了工业革命，其产物就是"工厂"。由于工厂具有手工业者和小作坊无可比拟的优势，导致手工作坊的解体和工厂体制的形成。在工厂进行的大批量生产，带来了许多新的技术问题，如部件的互换性、标准化、工装和测量的精度等。这些问题的提出和解决，催促着质量管理科学的诞生。

#### 2. 工业化时代的质量管理

20 世纪，人类跨入了以"加工机械化、经营规模化、资本垄断化"为特征的工业化时代。在过去的整整一个世纪中，质量管理的发展，大致经历了三个阶段。

（1）质量检验阶段　20 世纪初，人们对质量管理的理解还只限于质量的检验。质量检验所使用的手段是各种的检测设备和仪表，方式是严格把关，进行百分之百的检验。其间，美国出现了以泰勒为代表的"科学管理运动"。"科学管理"提出了在人员中进行科学分工的要求，并将计划职能与执行职能分开，中间再加一个检验环节，以便监督、检查对计划、设计、产品标准等项目的贯彻执行。这样，质量检验机构就被独立出来了。

质量检验是在成品中挑出废品，以保证出厂产品质量。但这种事后检验把关，无法在生产过程中起到预防、控制的作用。废品已成事实，很难补救。且需要 100% 的检验，增加了检验费用。随着生产规模进一步扩大，在大批量生产的情况下，其弊端就突显出来。一些著名统计学家和质量管理专家就注意到质量检验的问题，尝试运用数理统计学的原理来解决，使质量检验既经济又准确。1924 年，美国的休哈特提出了控制和预防缺陷的概念，并成功地创造了"控制图"，把数理统计方法引入到质量管理中，使质量管理推进到新阶段。1929年道奇(H·F·Dodge)和罗米克(H·G·Romig)发表了《挑选型抽样检查法》论文。

（2）统计质量控制阶段　这一阶段的特征是数理统计方法与质量管理的结合。

第二次世界大战结束后，美国及美国以外的许多国家，如加拿大、法国、德国、意大利、墨西哥、日本都陆续推行了统计质量管理，并取得了成效。但是，统计质量管理也存在着缺陷，它过分强调质量控制的统计方法，使人们误认为"质量管理就是统计方法"，"质量管理是统计专家的事"。使多数人感到高不可攀、望而生畏。同时，它对质量的控制和管理只局限于制造和检验部门，忽视了其他部门的工作对质量的影响。这样，就不能充分发挥各个部门和广大员工的积极性，制约了它的推广和运用。这些问题的解决，又把质量管理推进到一个新的阶段。

（3）全面质量管理阶段　科学技术和工业生产的发展，对质量要求越来越高，出现了很多新情况，主要有以下几个方面：

20 世纪 50 年代以来，火箭、宇宙飞船、人造卫星等大型、精密、复杂的产品出现，对产品的安全性、可靠性、经济性等要求越来越高，质量问题就更为突出。要求人们运用"系统工程"的概念，把质量问题作为一个有机整体加以综合分析研究，实施全员、全过程、全企业的管理。

20 世纪 60 年代在管理理论上出现了"行为科学论"，主张改善人际关系，调动人的积极性，突出"重视人的因素"，注重人在管理中的作用。

随着市场竞争，尤其国际市场竞争的加剧，各国企业都很重视"产品责任"和"质量保证"问题，加强内部质量管理，确保生产的产品使用安全、可靠。

由于上述情况的出现，显然仅仅依靠质量检验和运用统计方法已难以保证和提高产品质量，促使"全面质量管理"的理论逐步形成。

## 5.7.2　全面质量管理

最早提出全面质量管理概念(Total Quality Management, TQM)的是美国通用电器公司质量管理部的部长菲根堡姆(A·V·Feigenbaum)博士。1961 年，菲根堡姆博士出版了一本著作，该书强调执行质量是公司全体人员的责任，应该使全体人员都具有质量的概念和承担质量的责任。因此，全面质量管理的核心思想是在一个企业内各部门中做出质量发展、质量保持、质量改进计划，从而以最为经济的水平进行生产与服务，使用户或消费者获得最大的满意度。

全面质量管理的基本方法可以概况为：一个过程，四个阶段，八个步骤。

一个过程，即企业管理是一个过程。企业在不同时间内，应完成不同的工作任务。企业的每项生产经营活动，都有一个产生、形成、实施和验证的过程。

四个阶段，根据管理是一个过程的理论，美国的戴明博士把它运用到质量管理中来，总结出"计划(plan)—执行(do)—检查(check)—处理(action)"四阶段的循环方式，简称PDCA 循环，又称"戴明循环"。

八个步骤，即为了解决和改进质量问题，PDCA 循环中的四个阶段还可以具体划分为八个步骤。分别是：①分析现状，找出存在的质量问题；②分析产生质量问题的各种原因或影响因素；③找出影响质量的主要因素；④针对影响质量的主要因素，提出计划；⑤制定措施，执行计划；⑥检查计划的实施情况；⑦总结经验，巩固成绩，工作结果标准化；⑧提出尚未解决的问题，转入下一个循环。

在应用 PDCA 四个循环阶段、八个步骤来解决质量问题时，需要收集和整理大量的统计资料，并用科学的方法进行系统的分析。最常用的七种统计方法为排列图、因果图、直方图、分层法、相关图、控制图及统计分析表。这套方法是以数理统计为理论基础，不仅科学可靠，而且比较直观。

## 5.7.3　ISO 9000

### 1. ISO 9000 族标准的内容

ISO 9000 族标准是国际标准化组织(英文缩写为 ISO)于 1987 年制订，后经不断修改完善而成的系列标准。现已有 90 多个国家和地区将此标准等同转化为国家标准。

一般地讲，组织活动由三方面组成：经营、管理和开发。在管理上又主要表现为行政管理、财务管理、质量管理等。ISO 9000 族标准主要针对质量管理，同时涵盖了部分行政管理和财务管理的范畴。

ISO 9000 族标准并不是产品的技术标准，而是针对组织的管理结构、人员、技术能力、各项规章制度、技术文件和内部监督机制等一系列体现组织保证产品及服务质量的管理措施的标准。

具体地讲，ISO 9000 族标准就是从以下四个方面规范质量管理。

1）机构。标准明确规定了为保证产品质量而必须建立的管理机构及职责权限。

2）程序。组织的产品生产必须制定规章制度、技术标准、质量手册、质量体系操作检查程序，并使之文件化。

3）过程。质量控制是对生产的全部过程加以控制，是面的控制，不是点的控制。从根据市场调研确定产品、设计产品、采购原材料，到生产、检验、包装和储运等，其全过程按程序要求控制质量，并要求过程具有标识性、监督性、可追溯性。

4）总结。不断地总结、评价质量管理体系，不断地改进质量管理体系，使质量管理呈螺旋式上升。

### 2. ISO 9000 质量管理体系认证的意义

企业组织通过 ISO 9000 质量管理体系认证具有如下意义：

1）可以完善组织内部管理，使质量管理制度化、体系化和法制化，提高产品质量，并确保产品质量的稳定性。

2）表明尊重消费者权益和对社会负责，增强消费者的信赖，使消费者放心，从而放心地采用其生产的产品，提高产品的市场竞争力，并可借此机会树立组织的形象，提高组织的知名度，形成名牌企业。

3）ISO 9000 质量管理体系认证有利于发展外向型经济，扩大市场占有率，是政府采购等招投标项目的入场券，是组织向海外市场进军的准入证，是消除贸易壁垒的强有力的武器。

4）通过 ISO 9000 质量管理体系的建立，可以举一反三地建立健全其他管理制度。

5）通过 ISO 9000 认证可以一举数得，非一般广告投资、策划投资、管理投资或培训可比，具有综合效益；还可享受国家的优惠政策及对获证单位的重点扶持。

### 3. ISO 9000 质理管理体系相关认证

ISO 9000 族标准认证，也可以理解为质量管理体系注册，就是由国家批准的、公正的第三方机构——认证机构，依据 ISO 9000 族标准，对组织的质量管理体系实施评价，向公众证明该组织的质量管理体系符合 ISO 9000 族标准，提供合格产品，公众可以相信该组织的服务承诺和组织的产品质量的一致性。

ISO 9000 体系的相关认证文件包括：

1）ISO 9000：《质量管理体系——基础和术语》。

2）ISO 9001：《质量管理体系——要求》。

3）ISO 9002：《质量管理体系——生产、安装和服务的质量保证模式》（在 2000 年的版本已被 ISO 9001 取代）。

4）ISO 9003：《质量管理体系——最终检验和试验的质量保证模式》（在 2000 年的版本已被 ISO 9001 取代）。

5）ISO 9004：《质量管理体系——业绩改进指南》。

6）ISO 19011：《质量和环境管理体系审核指南》。

# 习 题

5-1 试举例说明原始误差、加工误差、系统误差和随机误差的概念以及它们之间的区别。

5-2 试举例说明在零件加工中获得尺寸精度的方法。在只考虑工艺系统本身误差影响的条件下，采用各种方法影响获得尺寸精度的主要因素是什么？

5-3 试举例说明在加工过程中各种力、磨损和残余应力对工件加工精度的影响。

5-4 举例说明表面粗糙度为什么会影响产品的配合精度和使用寿命？

5-5 何谓自激振动？在切削加工过程中为什么会产生自激振动？如何防止和消除自激振动？

5-6 机械加工过程中的工艺系统有哪些热源？什么是各种机床（车床、铣床、刨床、镗床和磨床等）、工件和刀具的主要热源？

5-7 试举例说明工艺系统各部分热变形对零件加工精度都有哪些影响？在车、铣、刨、磨等各种加工中，哪些部分的热变形对被加工零件的加工精度影响最大？

5-8 磨削一批工件的内孔，若加工尺寸按正态分布，标准差 $\sigma = 5\mu m$，公差 $\delta = 20\mu m$，且公差带对称配置于分布曲线的中点，求该批工件的合格率与废品率，这些废品能否修复？

5-9 有一批小轴其直径尺寸为 $\phi(18 \pm 0.012)mm$，属正态分布。实测得到分布中心左偏公差带中心 $+5\mu m$，标准差 $\sigma = 5\mu m$，试求该批工件的合格率与废品率。

5-10 采用某种加工方法加工一批工件的外圆，若加工尺寸按正态分布，图样要求尺寸为 $\phi(20 \pm 0.007)mm$，加工后发现有40%的工件为合格品，且其中一半不合格品的尺寸小于零件的下偏差，试确定该加工方法所能达到的加工精度。

5-11 何谓高速切削技术？

5-12 简述深孔零件加工的工艺特点。

5-13 磨削某工件外圆时，图样要求直径为 $\phi 52^{-0.11}_{-0.14}mm$，每隔一定时间测定一组数据，共测得12组60个数据列于表5-12（抽样检测时将比较仪尺寸按51.86mm调整到零）。试根据表中的统计抽样数据，计算：

1）计算整批零件的尺寸平均值及均方根偏差。

表5-12 工件尺寸实测数据表

| 抽样组号 | | 工件外径尺寸偏差/μm | | | | | | | | | | | |
| --- | --- | --- | --- | --- | --- | --- | --- | --- | --- | --- | --- | --- | --- |
| | | 1 | 2 | 3 | 4 | 5 | 6 | 7 | 8 | 9 | 10 | 11 | 12 |
| 工件序号 | 1 | 2 | 20 | 14 | 6 | 16 | 16 | 10 | 18 | 22 | 18 | 28 | 30 |
| | 2 | 8 | 8 | 8 | 10 | 20 | 10 | 18 | 28 | 16 | 26 | 26 | 34 |
| | 3 | 12 | 6 | -2 | 10 | 16 | 12 | 16 | 18 | 12 | 24 | 32 | 30 |
| | 4 | 12 | 12 | 8 | 12 | 18 | 20 | 12 | 20 | 16 | 24 | 28 | 38 |
| | 5 | 18 | 8 | 12 | 10 | 20 | 16 | 26 | 18 | 12 | 24 | 28 | 36 |

2）绘制实际尺寸的分布曲线。

3）计算合格率与不合格率（包括可修与不可修）。

4）绘制该批零件的质量控制图，并分析该工序的加工稳定性，讨论产生不合格品的原因及改进措施。

5-14 图5-27中各零件在结构工艺性方面存在什么问题？如何改进？

5-15 全面质量管理的基本方法是什么？

5-16 企业通过ISO 9000质量管理体系认证的意义何在？

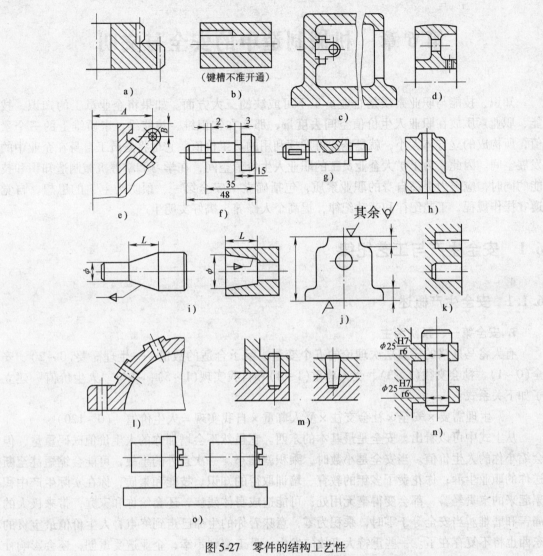

图 5-27　零件的结构工艺性

# 第6章 机械制造中的安全与文明

知识、技能与职业素质是企业员工不可或缺的三大方面。如果将企业员工的知识、技能、职业素质放在职业人生价值空间去度量，那么在知识维、技能维、素质维上的三个量值，所构成的立方体大小，就是企业可发挥利用的员工价值，它也将是员工自身在企业中的发展空间。因此，为了扩大企业员工的职业人生价值空间，在学习和掌握机械制造知识和技能的同时，应努力提高自身的职业素质，包括确立"安全第一、预防为主"的思想，自觉遵守操作规程、工艺纪律和劳动纪律，提高个人修养，搞好文明生产。

## 6.1 安全生产与工艺纪律

### 6.1.1 安全生产概述

#### 1. 安全第一、预防为主

有人将马斯洛的需要层次理论的五个变量，赋予合适的数值——生理需要$(0 \sim 2)$、安全$(0 \sim 1)$、社会交往$(1 \sim 3)$、受人尊重$(1 \sim 4)$和自我实现$(1 \sim 5)$，并与"人生价值"建立了如下关系式：

$$生理需要 \times 安全 \times 社会交往 \times 受人尊重 \times 自我实现 = 人生价值 \quad (0 \sim 120)$$

从上式中可以看出，安全是最基本的东西。它虽然不会增加你的人生价值砝码重量，但会缩小你的人生价值。当安全是小数时，乘积就缩小。一次意外的事故，可能会缩短甚至断送你的职业生涯；你花费了多年的教育、培训取得的知识、技能和素质，你在实际生产中积累起来的宝贵经验，都会变得毫无用处；可能造成身体残疾，还会给你和家庭，带来极大的痛苦和磨难。当安全等于零时，乘积为零，意味着你的生命已走到终点，人生价值最宝贵的东西也将不复存在了。一些重特大事故的发生，员工遭到不幸，企业遭受重创，还会影响社会稳定。因此，在全社会创导的"以人为本"构建和谐社会中，"安全"是最重要的因素之一。

机械制造技术，是一门十分重视安全的制造技术。但是，有些人在理解岗位"应知、应会"时，仅把它理解为专业技术的"应知、应会"，而忘掉了它应包含的安全专业技术的"应知、应会"。也许很多人都没有遭受伤害的经历，因此对身边潜在的风险毫不在意，久而久之便养成了忽视安全的不良习惯。有九成事故都是因为违章操作造成的。当然，不等于每次违章都要发生事故，也不等于每次违章都不会发生事故。不发生事故的违章只是侥幸而已。如果不能及时纠正，任其发展，说不定哪次违章真的造成了事故。所以要遏止事故，就不能麻痹大意，不能心存侥幸，必需从遏止违章做起。

对长期工作在机械加工车间的从业人员来说，不注意安全生产，会带来极严重的后果。"安全生产"是数以万计的受害者的血泪以至生命凝成的教训。"安全生产"必须警钟常鸣。

安全生产包括安全生产立法、安全生产监督管理、安全生产宣传教育、安全工程技术措施、安全生产市场准入制度和安全科学技术研究等方面的内容。我国于 2002 年 6 月颁布了《安全生产法》，明确将"安全第一、预防为主"作为安全生产管理的方针。

所谓"安全第一"，就是"以人为本"，把确保从业人员和其他人员人身安全放在第一位；就是当生产与安全出现矛盾时，必须贯彻"生产服从安全"，先将隐患消除，再继续生产，从业人员有权拒绝违章指挥和强令冒险作业；就是"管生产必须管安全"，将安全工作的计划、布置、检查、总结、评比，与生产工作同步进行，把安全的概念和态度融入到车间生产的每一个方面；就是在考核生产经营时，安全生产工作能施行"一票否决"的权力，直至追究生产安全事故责任人的法律责任。

所谓"预防为主"，就是不断提高从业人员素质，提高安全生产意识，一般来说，每名新工人上岗前都要经过"三级（公司、车间、班组）安全教育"培训，使从业人员具备必要的安全生产知识，熟悉并严格执行安全生产规章制度和安全操作规程，掌握本岗位的安全操作技能，未经安全生产教育和培训合格的从业人员，不得上岗作业；就是提高设备、设施的本质安全性，抓好物质技术基础，采用先进的工艺技术和设备、设施，不得使用国家明令淘汰、禁止使用的危及生产安全的工艺、设备，预防事故发生；就是加强生产现场的安全产生管理、加强危险源的监控，进行定期安全检测、评估、监督检查，消除事故隐患，最大限度地减少事故发生；就是要运用安全系统工程，进行事故预测，制定出应急预案，提高对安全事故的预知、预控能力，使可能造成的事故损失降低到最小。

**2. 抓好企业安全生产**

（1）安全教育培训　抓安全生产，要抓好安全思想教育，安全方针政策教育，安全法规教育，安全道德教育；更要抓好预防伤害自己、他人和财产的"三不伤害"教育，预防特种危险和危害知识教育，安全警示教育，安全技术教育，作业人员安全教育，安全生产周教育。此外，还应在每次较大的生产任务前，安排一定时间，组织参加人员进行安全作业培训，针对性地预测和分析未来作业中有可能存在的危险点和危险源，讲解控制的措施与方法、防范要领、经验教训。

（2）安全技术措施　在机械制造企业，采用的安全技术措施主要有：

1）采用本质安全技术。例如，在不影响预定使用功能的前提下，避免锐边、尖角和凸出部分；控制安全距离，防止人体触及危险部位或进入危险区；在不影响使用功能的前提下，限制某些可能引起危险的物理量值来减小危险；使用本质安全工艺过程和动力源，采用低电压的安全电源；在爆炸环境中采用全气动或使用阻燃和无毒液体的全液压控制系统和操纵机构等。

2）设计控制系统的安全原则。例如，机器中采用自动监控；控制系统中，有故障显示，并有多种操作模式，使操作者可以对机器的安全进行干预；采用故障检测系统来检查由于改变程序而引起的差错；能预知部件或系统主要失效模式；关键件的冗余原则，以提高可靠性；动力中断后重新接通时，如果机器自发起动会产生危险，应使机器再起动后才能运转。

3）遵循安全人-机工程学原则。例如，注重提高机器的可操作性，以尽量降低操作者的体力消耗和心理压力，从而减少操作差错概率。

4）采用安全防护措施。例如，采用"失误-防护"系统，对机械的传动部分、运动部分、移动机械的移动区域、操作区、高处作业区等，采取严格的安全防护措施；某些机器由于特殊危险形式，必需采取特殊防护措施等。

5）限制机械应力。例如，通过控制连接、受力和运动状态，使零件的机械应力不超过允许使用值。

6）控制材料和物质的安全性。例如，用于制造机器的材料和辅助材料是安全的、健康的，并在加工和使用过程中也不产生有毒有害物质，不会危及操作人员的安全或健康。

（3）安全生产从我做起 在安全生产中，从业人员应当做到：

1）确立安全生产意识。认识危险因素（危险点、危险源、危险情绪、危险动作）在生产过程中无处不有，并有积极预防的心理准备，不能疏忽、麻痹。增强安全第一的意识，意识到安全是一切工作必须具备的基础和保障，在安全与其他工作发生矛盾时，首先解决安全问题，使其他工作服从安全。对管理人员违章指挥、强令冒险作业，有权拒绝执行；对危害生命安全和身体健康的行为，有权提出批评、检举和控告。

2）熟悉本职工作所需要的安全生产法律法规、安全生产制度和安全操作规程，掌握本岗位的操作技能。在作业过程中，严格遵守本单位的安全生产规章制度，服从管理，并能独立处理好遇到的实际问题。

3）有较强的预知能力和预控能力。能及时察觉周围的危险点、危险源，并预知在具体条件下，有可能发生的突变，预知有可能造成的危害。尤其会分析和察觉潜在的危险点及其有可能发生的事故。能预先控制危险因素，制止其对人员和设备造成伤害。

4）能使用最为有力的技术措施，预防和治理隐患。能科学地使用安全防护用品、用具，正确佩戴和使用劳动防护用品。

5）从容应对紧急情况。出现直接危及人身安全的紧急情况，能够立即停止工作，或在采取可能的应急措施后，迅速撤离工作场所。突发事故后，能够积极施救，妥善地抢救伤员，防止事故扩大。

6）能分析和找准发生事故的原因、责任人，提出并采取预防此类事故重复发生的技术措施。

## 6.1.2 切削加工安全操作规程

安全的首要规则是遵守所有的安全条例。切削加工安全操作规程，是根据机械制造工作场所、切削加工作业存在的危险因素和安全操作的经验和教训，规定应遵守的安全条例。它也是在实践机械制造技术时，应掌握的通用安全技术。

**1. 操作前的安全准备**

（1）安全教育与培训 新员工应接受三级（企业、车间、班组）安全教育，熟悉岗位安全操作规程。若在下车间前未通过某工种技能等级考试的，不能独立操作该工种的机床设备。不准在吸烟室外吸烟，禁止吸游烟。提高自我保护意识，不在有毒、粉尘作业场所进餐、饮水。

（2）按规定穿戴好防护用品 把过长（拖过颈部）的发辫网起来或扎起来，放入帽内；不准穿脚趾及脚跟外露的凉鞋、拖鞋；不准赤脚赤膊。操作旋转机床时，应穿着合适的衣服（不要穿着宽松的衣服，衬衣束好、袖子扣好）；严禁戴手套或敞开衣襟袖口；不准系领带或围巾；摘掉手表、项链、手镯和类似的饰品。在尘毒现场作业的人员，必须戴好防护口罩。

（3）检查机床设备与工装 新作业场所、新安装的机床设备及经过大修或改造后的机床,需经安全验收后方可投入生产作业。机床上的保险、联锁、信号装置必须完好、灵敏、可靠,否则不准开动。工件、夹具、刀具、辅具的装夹必须牢固。生产过程中发生有害气体、液体、粉尘、渣滓、放射线、噪声的设备或场所,必须使用防尘、防毒装置和采取安全技术措施,并确保可靠有效。操作前应先检查和开动防护装置和设施,运转有效后方能进行作业。不要在CNC机床电源打开时使用焊接设备,不宜在CNC机床附近使用磨床。检查用的行灯(手提照明灯)、钳工作业台上局部照明灯以及机床局部照明灯的电压,应当采用安全电压(≤24V)。当使用超过24V安全电压时,必须采取防止直接接触带电体的保护措施。手持电动工具(手电钻、手持砂轮机、手持打磨机等)绝缘必须可靠,并须配用漏电保护器、隔离变压器,还应带好绝缘手套后操作。

(4) 场地与道路安全要求   工作场地地面整洁,没有油、水、切屑、碎片和其他危险物堆积在地上。物料按定置管理要求摆放,堆放不超高,加工好的工件应整齐排放在工位器具中。车间消防通道、作业通道不准堆放物品,畅通无阻不堵塞。车间通道上进行土建施工时,要设安全护栏和标记,夜间设置红标灯。

(5) 其他设施安全要求   消防器材、灭火工具始终保持完好有效,标记醒目,不准随便动用,其安放地点周围不得堆放无关物品。不准随意拆除或非法占用安全、防护、照明、信号、监测探头、警戒标志、防雷接地等安全装置。

**2. 操作过程中的安全**

(1) 集中精力,安全操作   开动机床设备前要观察周围动态。机床导轨面上、工作台上不得放置工具或其他物品;有妨碍运转、传动的物件要先清除;加工点附近不准站人。机床起动时,人应当保持一定的安全距离,离开危险工作区。机床开动后,操作者要站在安全位置上,避开机床运动部位和切屑飞溅;不准站在旋转工件或可能爆裂飞出物件、碎屑部位的正前方进行操作、调整、观察、检查、清扫设备。机床在切削过程中,不准打开电气柜门及其他有联锁控制的外罩;不要移动防护罩,不应有运动部件暴露在外。不准在移动或旋转的工件附近使用抹布和手套。不准超越机床运转部位、传动部分传递或拿取工具等物件。在CNC程序执行过程中,不准使用锉刀倒角或砂纸抛光表面。机床停止前,不准接触运动工件、刀具和传动部件。调整机床行程、限位,装卸工件、刀具,测量工件,擦拭机床,或需要拆卸防护罩时,都必须停车进行,并要小心注意,防止划伤、割伤和灼伤。无论是否戴手套,都不要直接用手去清除切屑,也不准用嘴吹切屑,应采用专门工具清理切屑。注意旋转主轴、自动换刀装置、托盘自动交换装置、铁屑传动装置、高电压区、起重机吊钩附近的情况。发现设备出现异常情况,应立即停车检查。不准超限使用设备和工艺装备。正确使用工具,使用符合规格的扳手,不准在扳头间加垫块或在扳把上加套管。抓取工件前清理所有锋利的毛刺。提升重物时一定要寻求帮助,否则不要动它。

(2) 安全组织纪律   机床运转时不准离开工作岗位,不准擅自将自己的工作交给他人。因故离去必须停车,并切断电源。工作场所举止得体,不准在机床附近嬉笑打闹;不准睡觉和做与本职工作无关的事。严禁酗酒者及服用麻痹神经类药物的人员上岗作业。在封闭厂房作业、加班作业、夜班作业时,必须安排两人或两人以上一起工作。两人以上共同工作时,必须有主有从,由一人负责统一指挥。

(3) 车间安全行走   行人要走指定通道,并注意安全标志提示(包括带斜杠圆形的禁止标志、三角形的警告标志、圆形的指令标志和正方形的提示标志)。注意避让涂有黄黑相间

45°斜条纹的或全部黄色的安全色标的设备部件，因为它在运行过程中会快速运动（>9m/min）。不准超近路而跨越正在运转的设备，跨越隔离栏，穿越危险区。严禁在吊物、吊臂下通过和停留，严禁攀登吊运中的物件。车间内不准停放和行驶自行车、助动车、摩托车。严禁从行驶中的机动车辆上跳下、爬上、抛卸物品。

（4）安全离岗下班　工作完毕，应将各类手柄扳回到非工作位置，并切断电源；及时清理工作场地的切屑、油污，保持通道畅通后，才能离岗。严格交接班制度，重大隐患必须记入值班记录。末班下班前必须断开电源、气源，熄灭火种，检查、清理、清扫场地。必须安全妥善保管贵重物品，关好门窗。

**3. 其他安全要求**

非电气工作人员不准安装、检修设备的电气线路，应由专业人员维修电器和控制器。对易燃、易爆、有毒、放射、腐蚀等物品，必须分类妥善存放，并设专人管理。油库、配电室、氧炔站、空气压缩机房、锅炉房、涂装间、汽车库等要害部位，非岗位人员未经批准严禁入内。易燃、易爆等危险场所严禁吸烟和明火作业。高处作业、带电作业、禁火区动火、易燃或承压容器、管道动火施焊等危险的作业，必须先向企业安全监督处申报，办理危险作业审批手续，并采取积极可靠的安全防护措施。

**4. 安全事故处理**

对忽视安全生产的错误决定和错误行为，对不符合安全要求，有严重危险隐患的设备和设施，有权提出批评，有权向上报告。遇到严重危及生命安全的情况，有权停止操作，并及时报告处理。发生重大事故或恶性未遂事故，要立即停止工作，及时抢救，保护现场，并迅速向上报告，反映处理危险情况。对重大设备事故、公伤事故，特别是典型恶性事故，配合进行详细调查及时开会分析，分析事故产生原因。配合企业做到"三不放过"——事故原因分析不清不放过，事故责任人和群众没有受到教育不放过，防范此类事故重复发生的技术措施或防范措施没有落实不放过。

## 6.1.3　切削加工通用工艺守则

为进一步加强工艺工作，严格工艺纪律，提高工艺水平，提高产品质量，适应机械制造业的快速发展，国家机械科学研究院发布了《切削加工通用工艺守则》JB/T 9168.1 ~ 9168.13—1998。工艺守则是多年来切削加工工艺工作的经验总结，它丰富了机械制造技术的内涵，规定了切削加工应共同遵守的基本规则，对提高员工的职场技能、职业素质有很大帮助。

切削加工通用工艺总则是各种切削加工应共同遵守的基本规则，适用于各企业的切削加工。

**1. 加工前的准备**

1）操作者接到加工任务后，首先要检查加工所需的产品图样、工艺规程和有关技术资料是否齐全。

2）要看懂、看清工艺规程、产品图样及其技术要求，有疑问之处应找有关技术人员问清后再进行加工。

3）按产品图样及工艺规程，复核工件毛坯或半成品是否符合要求，发现问题应及时向有关人员反映，待问题解决后才能进行加工。

4）按工艺规程要求准备好加工所需的全部工艺装备，发现问题及时处理。对新夹具、模具等，要先熟悉其使用要求和操作方法。工艺装备不得随意拆卸和更改。

5）加工所使用的工艺装备应放在规定的位置。刀具、辅具、量具、工具、工件等，都应科学有序地摆放在规定位置上，不得乱放，更不能放在机床导轨上。

6）检查加工所用的机床设备，准备好所需的各种附件，加工前机床要按规定进行润滑和空运转。

**2. 刀具的装夹**

1）在装夹各种刀具前，一定要把刀柄、刀杆、导套等擦拭干净。

2）刀具装夹后，需要用对刀装置或试切等检查其正确性。

**3. 工件的装夹**

1）在机床工作台上安装夹具时，首先要擦净其定位基面，并要找正其与刀具的相对位置。

2）工件装夹前应将其定位面、夹紧面、垫铁和夹具的定位面、夹紧面擦拭干净，并不得有毛刺。

3）按工艺规程中规定的定位基准装夹。如果工艺规程中未规定装夹方式，操作者可自行选择定位基准和装夹方法。

选择定位基准应按以下原则：

① 选择粗加工定位基准时，应尽量选择不加工或加工余量比较小的平整表面，而且只能使用一次，不能重复使用；应满足不加工表面与加工表面相互位置要求；注意合理分配各加工表面的加工余量。

② 精加工工序的定位基准应是已加工表面；选择精基准时，工件加工过程中尽可能使各加工面采用同一定位基准——"基准统一"原则。

③ 表面最后精加工时，尽可能使定位基准与设计基准重合——"基准重合"原则。

④ 选择定位基准必须使工件定位夹紧方便，有足够的定位精度，加工时稳定可靠，并能方便加工。

4）对无专用夹具的工件，装夹时应按以下原则进行找正：

① 对划线工件应按划线进行找正。

② 对不划线工件，在本工序后尚须继续加工的表面，找正精度应保证下工序有足够的加工余量。

③ 对本工序加工到成品尺寸的表面，其找正精度应小于尺寸公差和位置公差的1/3。

④ 对在本工序加工到成品尺寸一般公差和形状、位置一般公差的表面，其找正精度可参照 JB/T 8828—2001《切削加工件通用技术条件》中推荐的一般公差执行。

5）装夹组合件时，应注意检查结合面的定位情况。

6）夹紧工件时，夹紧力不应破坏工件定位时所获得的正确位置，保证工件在加工过程中不发生松动，也不能使工件的夹紧变形和受压表面的损伤超过允许范围。应注意夹紧力作用点的选择。对刚性较差的(或加工时有悬空部分的)工件，应在适当的位置增加辅助支承，以增强其刚性。

7）夹持精加工面和软质材料工件时，应垫以软垫，如纯铜皮等。

8）用压板压紧工件时，压板支承点应略高于被压工件表面，并且压紧螺栓应尽量靠近工件，以保证压紧力。

**4. 加工要求**

1）为了保证加工质量、提高生产率和降低加工成本，在已选择好刀具材料和刀具几何角度后，应根据工件材料、加工精度要求、刀具寿命、机床动力、夹具和工艺系统刚度等情况，合理选择切削用量。

2）对有公差要求的尺寸，在加工时应尽量按其中间公差加工。

3）工艺规程中未规定表面粗糙度要求的粗加工工序，加工后的表面粗糙度值 $R_a$ 应不大于 $25\mu m$。

4）铰孔前的表面粗糙度值 $R_a$ 应不大于 $12.5\mu m$。

5）精磨前的表面粗糙度值 $R_a$ 应不大于 $6.3\mu m$。

6）粗加工时的倒角、倒圆、槽深等都应按精加工余量加大或加深，以保证精加工后达到设计要求。

7）图样和工艺规程中未规定的倒角高度、倒圆半径尺寸和公差，可参照 JB/T 8828—2001《切削加工件通用技术条件》中推荐的倒角高度、倒圆半径尺寸和一般公差执行。

8）凡下道工序进行表面淬火、超声波探伤或滚压加工的工件表面，在本工序加工的表面粗糙度值 $R_a$ 不得大于 $6.3\mu m$。

9）在本工序后无去毛刺工序时，本工序加工产生的毛刺应在本工序去除。

10）大件的加工过程中，应经常检查工件是否松动，以防因松动而影响工件加工质量或发生意外事故。

11）当粗、精加工在同一机床上进行时，粗加工后一般应松开工件，待其冷却后重新装夹。

12）在切削过程中，若机床-刀具-夹具-工件系统发出不正常的声音或加工表面粗糙度突然变坏，应立即退刀停车检查。

13）在批量生产中，必须进行首件检查，合格后方能继续加工。

14）在加工过程中，操作者必须对工件进行自检。

15）检查时应正确使用测量器具。使用卡尺、千分尺、百分表、千分表等时，事先应调好零位；使用量规、千分尺等必须轻轻用力推入或旋入，不得用力过猛。

**5. 加工后的处理**

1）工件在各工序加工后应做到无屑、无水、无脏物，并在规定的工位器具上摆放整齐，以免磕、碰、划伤等。

2）暂不进行下工序加工的或精加工后的表面，应进行防锈处理。

3）用磁力夹具吸住进行加工的工件，加工后应进行退磁。

4）凡相关零件成组配对加工的，加工后需做标记(或编号)。

5）各工序加工完的工件，经专职检查员检查合格后方能转往下工序。

**6. 其他要求**

1）工艺装备用完后要擦拭干净(涂好防锈油)，放到规定的位置或交还工具库。

2）产品图样、工艺规程和所使用的其他技术文件，要注意保持整洁，严禁涂改。

## 6.1.4　遵守工艺纪律和劳动纪律

企业的生产活动是一项复杂的集体活动，要使一项集体活动能如期展开、圆满完成，就必须有严明的纪律作保证。企业中，员工认真执行工艺和劳动纪律，不仅反映员工的组织性与纪律性，也能反映出他们的良好职业素质和协作精神。

**1. 工艺纪律**

工艺纪律是在生产过程中有关人员应遵守的工艺秩序。通常都把必须遵守的工艺秩序，制订和编制在各项工艺管理制度和工艺文件中。就企业而言，工艺纪律是企业员工建立正常生产秩序，提高产品质量的重要保证。工艺纪律包括：

（1）建立完整、有效的工艺管理制度及各类人员的岗位责任制

1）所设计的图样、编制的技术文件，应做到正确、完整、统一、清晰，并有严格的审批制度。

2）按一定的程序和要求更改技术文件。

3）拟纳入技术文件的新技术、新材料、新工艺、新设备，应先经生产验证和批准。

（2）在生产现场，严格按工艺规程、工艺守则操作　操作者要认真做好生产前的准备工作，生产中必须严格按设计图样、工艺规程和有关标准的要求进行加工、装配。对有关工艺参数，除严格按规定执行外，还应做好记录，以便存档备案。

（3）操作人员初次上岗前必须经过专业培训　做到定人、定机、定工种。关键、大型、精密、稀有设备的操作者和焊工、电工等必须经过严格考核，合格后发给操作证，凭证上岗操作。

（4）独立操作工人须安排必要的测试　准备安排独立操作的工人，经过安全考核和必要的测试，及格者方准独立操作。不及格者还要进行安全补课，达到及格为止。

（5）特殊工种人员的培训　对电气、起重、锅炉、受压容器、焊接、车辆、易燃易爆和高空作业等特殊工种的从业人员，必须进行安全技术操作训练，经考试合格，并经上级主管部门批准发证后，方能独立操作。考试不合格者，要进行补考。

（6）关于均衡生产　生产安排必须以工艺文件为依据，要做到均衡生产。凡投入生产的材料、毛坯和外购件必须符合设计和工艺要求。

（7）良好的设备保障　设备必须确保正常运转、安全、可靠。所有工艺装备应经常保持良好的技术状态。计量器具应坚持周期检定，以保证量值正确、统一。

（8）新技术的采纳流程　新工艺、新技术、新材料和新装备必须经验证、鉴定合格后，才能纳入工艺文件，才可使用。

**2. 劳动纪律与个人素质**

（1）遵守劳动纪律　无规矩不成方圆。在集体中，纪律是保证生产、工作、学习、生活有序进行的基本条件。错误的发生往往都是基于违背了某些规则。劳动纪律代表着整体的意志和力量，它是劳动者在共同劳动中必须遵守的规则。在集体的协作劳动中，劳动纪律要求劳动者按规定的时间、程序和方法，完成自己承担的任务，以使生产过程有序、协调地进行，确保各项任务完成。遵守劳动纪律是对从业人员的基本要求。每一个从业人员都应对这些规则保持敬畏和尊重，一丝不苟地认真执行，来不得半点马虎、任性和随意。

劳动纪律包括组织管理、技术工艺、考勤等方面，具体内容包括：

1）服从工作分配、调动和指挥，个人服从组织，下级服从上级。

2）按照计划安排，积极主动完成任务。

3）遵守国家的法律、法规、政策和决定；遵守规章制度，如岗位责任制、技术操作规程（工艺守则）、安全操作规程、交接班制度等。

4）爱护财产，认真执行设备保养和工具、原材料、成品保管的规定。节约原材料，节约能源。

5）文明生产，遵守生产秩序和工作秩序。

6）遵守考勤制度，按时到达工作现场，坚守工作岗位。执行请假、销假制度，不迟到早退，外出应有书面请假，准假后方可离开。

（2）提升个人素质　素质是人对事物的态度和习惯，是人生观、价值观的外显。从业人员不仅需要掌握专业知识和技能，还应具备较高的职业素质。每位从业人员都要注意对自己职业素质的培养，端正工作态度，逐步养成良好的习惯。习惯造人，有什么样的习惯，就能成为什么样的人。在企业中，什么样的员工就将制造什么样的产品，建立什么样的品牌。因此，企业十分重视员工素质的提升，提倡爱岗敬业和诚实守信，将责任心、团队协作等列为招聘新员工的重要素质标准。

1）责任心。责任心是每个人必须具备的品质。对国家与社会的高度责任感，能增添战胜困难的勇气和智慧，能在迷茫中找到正确的前进方向。"急顾客所急，想顾客所想"是工作责任意识的体现。个人与企业命运紧相连，是工作责任感的内核。要对工作负责，就要先对自己负责；要对自己负责，先要自制。

2）团队协作。一个没有团队协作支撑的人，是难以成就大事业的；一个没有团队协作支撑的企业，仅依靠个别人的发挥，是不能取得团队成功的，也是难以发展壮大的。企业中，只有上下一心，团结一致，齐心协力，相互协作、优势互补，努力发挥各自应有的作用，才能取得团队的胜利。团队协作精神是合作成功之本。

## 6.2　定置管理

### 6.2.1　概述

良好的工作环境，良好的生产秩序，能改善工作心情，减少不必要的动作，减轻心理压力，减少工作中出现的差错，减少浪费，稳定和提高产品质量，提高工作效率。企业中，定置管理是改善工作环境，建立良好生产秩序的行之有效办法，也是工业工程的重要内容之一。

定置管理是将与工作相关的设备、附件、工具、材料等物品，根据生产或工作需要，进行数量、位置优化，并加以确定的一种科学管理方法和文明生产行为。生产现场应做好定置管理工作，以建立文明生产秩序，稳定和提高工作质量，促进产品质量的稳步提高。

因此，定置管理不仅可建立文明生产秩序，稳定和提高产品质量；而且能创造良好的工作环境，提高生产率，清除事故隐患；还能控制生产现场的物流量，减少积压浪费，加快生产资金流转。此外，它还能有助于建立物流信息，严格期量标准，实现均衡生产；有利于有效地利用生产面积，增加生产能力。

企业应十分重视定置管理，它是改善企业文明生产秩序的有力措施，也是提升企业形象和企业文化的重要方面。

　　定置管理主要有生产现场定置管理和工作现场定置管理。其中，生产现场定置管理包括：车间区域定置管理、工序工位定置管理、设备工装定置管理、质量控制点定置管理、质量检查现场定置管理、操作者定置管理、工具箱定置管理、安全设施定置管理。工作现场定置管理包括：仓库定置管理、厂区和道路的区域定置管理、办公室定置管理、生活设施定置管理。

## 6.2.2　定置管理的基本理论和方法

### 1. 定置管理的基本理论

　　影响生产（或工作）质量与效率的要素有：操作者（人）、设备工装（机）、物料（料）、工艺方法（法）、环境场地（环）、监测手段（测）、搬运转送（运）、管理控制（管）等。生产（或工作）也可看作是劳动者、劳动工具、劳动对象、劳动环境之间的协调作用，是由"人"与"物"所建立的人-机系统。

　　定置管理的基本原则：运用专业知识、工业工程和人-机工程的思想与分析方法，通过工艺路线分析和操作方法研究，对生产现场中人与物的结合状态加以改善，使之尽可能处于紧密结合状态，以清除或减少无效劳动和避免生产中的不安全因素，达到降低结合成本（为了人与物结合，耗费了生产时间，须交付相应的工时费用，所形成的成本），提高产品质量和生产率的目的。

　　生产现场人、物与场地之间的结合状态见表6-1。

表 6-1　生产现场人、物与场地之间的结合状态

| 代号 | 结合状态名称与含义 | 标志 | 颜色 |
|---|---|---|---|
| A | 紧密结合状态。如正待加工或刚加工完的工件、加工设备等，人与物之间的关系密切，"人"能得心应手取"物"、立即结合，并能立即发挥其效能。由于人与物从分离状态到结合状态，或从结合状态到分离状态，几乎不占用生产时间，因此 A 状态的"结合成本"可忽略不计 | 直径为 $a$ 的圆 | 果绿色 |
| B | 松弛结合状态。如暂存放于生产现场不能马上进行加工或转运到下工序的工件等。人与物尚不能立即结合，还得花费一定时间找寻、搬运后，才能结合发挥其效能。由于在松散结合状态下，人与物的结合需要占用生产时间，因此 B 状态会产生"结合成本" | 左边宽为 $a/2$、高 $a$，右边为半径为 $a/2$ 的半圆的结合体的轮廓线 | 浅红色 |
| C | 相对固定状态。如非加工对象，工艺装备、工位器具、运输机械、机床附件、生产中所用的辅助材料等。它们在物流系统中要重复使用必须周期性地回归原地。在 C 状态，应借助信息媒介，引导人与物迅速结合，以降低"结合成本" | 边长为 $a$，且顶点朝下的等边三角形 | 桔黄色 |
| D | 废弃状态。如各种废弃物品，如废料、废品、铁屑、垃圾及与生产无关的物品。D 状态的"物"会占用有效的作业面积，挤压空间资源，并直接影响"人"的安全与工效 | 划对角线的边长为 $a$ 的正方形 | 乳白色 |

由表 6-1 可以看出，生产过程中，人与物结合的 C、D 状态和 B 状态，都会给生产安全、效率、成本带来负面影响。因此，定置管理就是通过对工艺路线分析与操作方法研究，分析人与物的结合频率与相互之间的空间位置与距离关系，优化工艺路线，改进工艺操作方法和信息媒介，改善工作环境，合理安排人与物的空间位置与距离，将人、机、物定置在科学、合理的位置上，以降低结合成本，提高生产安全性、舒适性和工作效率。人与物的生产互动都是在环境场地中进行的，确定人与物在环境场地中的位置、距离，是定置管理中重要内容。环境场地应有利于人与物的紧密结合，既能便捷地作业、提高工效，符合生产工艺要求、安全生产要求，又不易引起疲劳，满足人体工程要求、生理心理要求和卫生健康要求。

**2. 定置管理的基本方法**

定置管理是通过分析工艺路线与操作方法入手，设计定置图，再按定置图，组织实施。

（1）现状分析　分析产品工艺路线及批量。分析工序操作。分析生产现场人、物与场地之间的结合状态（见表 6-1）。运用工艺流程研究、作业研究、方法研究、动作研究等，列举存在问题。

（2）优化工艺路线、物流程序与操作方法

1）优化工艺路线及物流程序。对某一产品列出多条可以执行的生产工艺路线及物流路径，通过分析、综合、协调、平衡、优化，最后确定出先进实用的工艺路线及物流路径。

2）优化操作方法。将操作方法进行写实，分解成各个行为目标、行为过程、操作动作，分析在操作中消耗时间的原因，并参考最短距离原则、工作简化原则、连续流动原则、作业集中原则、重力移动原则、单元装载原则、操作方便原则、成本效率原则及安全原则等原则进行优化。

（3）定置管理方案设计　设计用于确定物料与环境场地布置关系的定置图。达到物有定位，区有标志，有定置图，图物一致。

1）根据选择好的最佳工艺路线物流路径，确定设备、通道、工具箱、检验、安全设施等各类场地，划分定置区域。

2）按照生产作业计划期量标准，确定工件（包括毛坯、半成品、成品等）存放区域，并确定工序、工位、机台及工装（包括量检具、模具、工位器具等）位置。

3）企业中要统一定置图的幅面，例如，车间区域定置图为 0 号图，库房定置图为 1 号图，工具箱内为 3 号。在定置图中一定要标明定置物件数，在定置图中的各种符号要统一。

（4）注意事项

1）车间区域定置管理。将车间生产作业现场划分为 A 类区、B 类区和 C 类区。A 类区——放置 A 类物品，如在用的工、夹、量、辅具，正在加工、交检的成品，正在装配的零部件；B 类区——放置 B 类物品，如重复上场的工装、辅具、运输工具、计划内投料毛坯，待周转的半成品，待装配的外配套件以及代保管工装，封存设备，车间待管入库件，待料，因工艺变更而临时停滞件等；C 类区——放置 C 类物品，如废品、垃圾、料头、废料等。对 C 类物品要按有无改制回收价值，分类定置。

区域划分、运输通道、设备布区、质量控制点、特殊作业点、物品存放区、消防设施、清扫设备、工具箱等都要明确定位、定区，有标识，如标牌、标志线等。对一些特殊的物料，如易燃、易爆、有毒、污染环境的物品和消防设施、消毒器具，应实行特别定置。定置废品、切屑等废弃物回收点和垃圾等安排的临时停滞物料区域，都应有明显的分类标识和颜色标识——料头箱、铁屑箱、铝屑箱、铜屑箱、可回收垃圾、不可回收垃圾等。设置好分配给工段、班组的卫生责任区的定置标牌。

2）工序、工位定置管理。对在工序、工位中使用的工具、夹具、量具、仪表、附件、货架、工具箱等，都有定置规定。有图样与工艺文件等技术资料，工作台帐记录、笔、计算器的定置规定。有材料、半成品、成品、工位器具摆放方式、数量的定置规定。有辅助材料（油、棉丝、擦拭布等）的定置规定。

3）设备工装定置管理。根据设备管理要求，对设备划分为关键、大型、精密、稀有、重点等设备，并进行分类管理。对自制设备、专用工装，应经过验证合格后交设备部门管理。按照工艺流程，将设备合理定置。并对设备附件、备件、易损件、工装，合理定置，加强管理。

4）质量控制点定置管理。把影响工序质量的 6M1T1E（即操作人员、设备工装、物料、工艺方法、检测和环境场地、搬运输送、管理控制）八个要素有机地结合成一体，并落实到各项具体工作中去，做到事事有人负责。定置（定岗）在质量控制点的操作人员的知识、技能、职业素质必须满足岗位要求，并会熟练运用全面质量管理方法。

5）质量检查现场定置管理。明确检查现场中各区位置。检查现场一般划分为合格品区、待检区、返修品区、废品区、等处理品区；区域分类标记可用字母 A、B、C 符号表示，或可用红、蓝、黄等颜色表示，或直接用中文表示。

6）库房定置管理。建立货物的期量标准。适量的库存对保证用户需求，对促使制造系统平滑、柔性、稳定，有积极作用；过量过期的贮存对场地、资金、成本、质量，都是有弊而无利。制造系统各种账、物、卡的定置要标准化，物品存放的区域、货架号、层号、序号等应与账、卡相符。材料、零部件、容器摆放不得超高，应有标准。库房计量器具如磅秤、温度计、湿度计，应有固定位置。安全通道应保证畅通，不得在通道线堆放物品。大量生产又经常领用的物品，定置在发料口较近的位置。存放高度适于人们取放。笨重物件定置在尽量低的地方。有储存期要求的物品应实行特别定置；超储存期的物品应单独放置，一般对超期 1~3 个月的物品设置期限标志，并在库存表上用特定信号表示，超期 3 个月以上的应作报废处理。易燃、易爆、有毒、污染环境的物品和消防设施、消毒器具，应实行特别定置。

7）工具箱定置。工具箱摆放位置严格按工序、工位定置图摆放。工具箱内要定置。工具箱定置图及工具卡一律贴在工具箱内门壁上。工具箱内的各种工具、量具以及图样、工艺文件等，都应按定置要求不准随便摆放。应使当天使用的量、工具、图样及工艺文件等，处于 A 状态。生产职能用品、个人劳动防护用品（工作服、防护镜、防护帽、口罩、手套等）和个人生活必备用品（水杯、饭盒、肥皂、毛巾、卫生纸等）要严格分开合理定置。同工种、同工序工具箱定置要统一。

8）操作者定置（定岗）管理。上岗人员应具备该职业岗位的知识、职场技能、职业素质。人员实行机台（工序）定位。某台设备、某工序缺员时，调整机台操作者的原则是：保证生产不间断。为此，企业应组织员工培训学习，培养多面手，实现一专多能。

### 6.2.3　定置管理的实施

按定置图的要求，清除与所在定置区域无关的物料，清除与生产计划无关的物料；将物料按人、物和场地之间的关系科学地进行安置，并建立必要的存放信息——划定各功能区域标识线，并用符号、标牌、颜色文字等进行标识，以便于随时取用。清除已定置物品周围的脏物和废弃物，消除混乱，保证生产环境的整洁。

建立定置管理信息系统。建立位置台账，说明物在何处。规定区标志及安放位置，以指示该区应放何物。设计物料标识卡，并规定它在工种或工位器具上的悬挂位置，指示该物所属类别。原则上以生产指令为依据，规定物料类别变换的管理办法。对不同物料由不同人员负责变换信息，信息变换后要有相应的报表，报告车间管理人员，并及时更新计算机数据库。

建立责任制及标准，定期或不定期考核定置管理落实情况，不断总结改进，使定置管理日趋完善。

## 6.3　5S 管理

### 6.3.1　概述

众所周知，良好的现场环境，能充分发挥员工的工作热情，提高效率，获得较好的经济效益与社会效益。"5S 管理"起源于日本公司对现场管理要求，它是整理（Seiri）、整顿（Seiton）、清扫（Seiso）、清洁（Seiketsu）、素养（Shitsuke）这 5 个日本语词汇拉丁文拼音缩写。"5S 管理"简便易行，它能改变企业员工精神风貌，加强责任感与纪律性，改变企业管理秩序，改善现场环境，减少浪费，提高效率，清除事故隐患，保障安全生产，实现"今天比昨天好，明天比今天更好"的目标。

### 6.3.2　"5S 管理"的基本内容

#### 1. 整理

将工作地的东西进行分类，把不需要的东西坚决清理掉；取舍分开，取留舍弃。做到清理、清扫、清爽。

（1）目的　清理现场不必要杂物，减少混料、混放、误用、误送现象。减少磕、碰、划伤，提高质量，保障安全。改善作业面积，使通道通畅，改善环境场地和员工心情，提高工作效率。降低库存，降低成本。

（2）要点　根据使用物料的频率，判别物料的使用程度，确定其取舍，实施分层管理，见表6-2。

要划清客观上"需要"与主观上"想要"的界限，下决心克服在物料取舍时的保守思想，将不必要的、使用程度低的物料，果断清除处理掉，以盘活存量，减少积压。做到进入工作环境场地，应看不到任何无用之物。记住：根据使用程度高低，每次整理中都会发现有些不必要的可以处理掉的物料。通过分层管理，将必要的物料放在手头适当的地方，拿取很方便。

为做到精简，提高效率，将必需物料的数量降低到最低限度，在整理活动中，建议采用"最好是一"的原则，如一套工具，一套文具，一页纸的表格，一个存放地点，一个工作日内完成，一站式顾客服务等。

表 6-2    按使用程度进行分层管理

| 使用程度 | 必要的程度（使用频率） | 处理方法（分层管理） |
|---|---|---|
| 低（不必要的） | 过去一年都没有使用过的物料 | 扔掉 |
| | 在过去的 6 ~ 12 月中只使用过一次的物料 | 把它保存在原处 |
| 中 | 在过去的 2 ~ 6 月中只使用过一次的物料 | 把它保存在工作区域的中间部分 |
| | 一个月使用一次以上的物料 | |
| 高（必要的） | 一周要使用一次的物料 | 把它保存在工作现场附近 |
| | 每天、每小时都要使用的物料 | 随手携带 |

**2. 整顿**

通过整顿，使工作环境场地的所有物料摆放整齐有序，并进行必要的标识——定位、定量、定名目，做到取用快捷，归还方便。

（1）目的　对生产现场应完成的工作和必须配备的人员、物料，都加以定量、定位。科学合理整齐有序地摆放好物料，并作好标识，便于使用拿取和用后归还。在最简捷有效的规章制度、工艺流程下，完成工作。其目的是提高工作效率，提高产品质量，保障生产安全。

（2）要点　整顿活动包括了"定置管理"部分内容——作业动作分析，找出耗费时间的原因，明确整顿的重点和措施；对必须保留的物料进行分类，确定其固定名称和固定存放地点，做到易找、易取、易运、易还、易管、安全。确定库存物料期量界限，避免积压与库存告罄。整顿信息媒介，定置指示牌、告示、标语的内容、尺寸、张贴地点、位置、期限、更换、维护、清理。制定标准化的操作规范和管理制度。

**3. 清扫**

清扫垃圾、污物。使环境场地及仪器设备、工装等，始终保持清洁状态；做到扫漏（整治"跑、冒、滴、漏"）、扫黑（除污垢，脱黄袍，扫死角）、扫怪（查处异常声响、气味和缺损等奇怪现象）。

（1）目的　要求每位员工每天对工作环境场地（地面、墙壁）及仪器设备、工装等清扫干净，清除脏物（灰尘、油污、切屑、垃圾），创建整洁、明快、舒畅的工作环境。做好日保养检查，将异常的设备及时修复，恢复正常。

（2）要点　每位员工的作业环境场地（包括卫生责任区）及自己使用的仪器设备、工装等，不能依赖他人清扫，更不能增加专职清洁工清扫，都必须自己动手清扫。清扫时要注力于清扫死角；注力于维护保养；注力于发现、分析、解决问题。同时，每人也要注意个人清洁卫生，要自觉维护环境场地整洁。

**4. 清洁**

清除污染，美化环境。养成坚持的习惯，并辅以一定的监督检查措施；做到维持、保持、坚持。

（1）目的　反复坚持和不断深入"整理"、"整顿"、"清扫"活动，持之以恒，养成自觉习惯。认真维护监督，消除安全事故隐患，促使作业环境场地保持优良状态。

（2）要点　提高监控点的透明度，使它处于监督之下。注意创造观察条件，方便过程识别。加强目视管理，利用方便、高效、形象、直观、色彩的视觉信息，公开透明传达管理意图和要求，组织现场生产活动。在显眼处设置标识故障发生地点、疏散方向、安全区等内容的厂区平面图——故障地图，当发生问题时，可迅速提出应急预案。量化清洁活动，并对其量化结果进行统计分析，以发现管理缺陷，及时采取减损措施。建立健全规章制度，开展定期检查，制定考评办法和奖惩措施，促进制度落实。

**5. 素养**

素养就是人员素质和教养。"整理"、"整顿"、"清扫"、"清洁"活动是使企业环境场地条理化，"素养"活动则要做到"维护"——标准化，持续不断的改进；"维持"——形成制度，养成习惯，使企业管理规范化。员工都能守时间、守标准、守规定。做到诚信、敬业、文明、礼貌、进取。

（1）目的　素养活动就是自律活动，使员工在每天的工作中持续做到整理、整顿、清扫、清洁，并能习以为常，成为有素养的自律的员工。

（2）要点　在素养活动中要加强纪律重要性的宣传教育。要遵循自律原则——自律高于纪律，充分相信依靠现场人员，由当事人自己动手，创造出整齐、清洁、便捷、安全的工作环境，自觉养成遵章守纪、认真严格的工作习惯。要强调灌输原则——人一般不可能自发形成优良的习惯，需要外部不断灌输、培训、督促，通过反复实践，逐步确立良好的信念，增强信心，逐渐抛弃坏习惯，养成好习惯。

## 6.3.3 "5S管理"的实施

**1. 计划实施**

实施"5S管理"必须从上到下统一思想，并有计划地指导组织，一步一步地实施。

1）应得到企业最高管理层的支持，确定专人负责"5S管理"，组织指挥。

2）确定挑选某一部门，率先实施"5S管理"，先集中兵力，突破一点，以取得经验，再推动全局，使"5S管理"能稳扎稳打展开。

3）组织学习"5S管理"，统一思想，提高认识，沟通跨部门协作联系，明确职责。

4）做好物质准备，完善和增添"5S管理"中必要的器材。

5）制定行为要求，确定期量标准，建立"5S管理"规章制度。

6）按"整理"→"整顿"→"清扫"→"清洁"→"素养"→评估、总结、奖励→长效性"5S管理"的顺序制定实施计划。

7）配备人力、物力、财力，按实施计划实施，并认真做好计划的局部调整。

8）认真总结典型部门实施"5S管理"的经验，指导在较大范围或全企业推行"5S管理"。

**2. 评估考核**

（1）整理活动的考核内容　根据物料统计的使用频率，将不必要、不需要的东西扔掉，或远离作业区，在眼前见不到长期不用的物料。环境场地清扫干净，实施"最好是一"的管理。物料摆放有序，找出"漏、黑、怪"的成因，并得到有效整治。

（2）整顿活动的考核内容　所有物料都只有一个固定名称、固定存放位置和数量界限，并都有清晰的区位标识，要求能在很短的时间(如30s)内就能取出、放回。为此，宜拆除门盖和锁，使物料一目了然，取放直接便利。物料采用直线式和直角式摆放，满足工艺操作先后要求，先进先出，科学合理。指示牌等信息媒介规范、易懂、整洁。

(3) 清扫活动的考核内容　经常清扫，不留死角，便于清扫，便于检查，便于纠正，便于保持，并将个人清洁卫生也纳入考核之中。

(4) 清洁活动的考核内容　为便于监督，应清除遮遮掩掩，加大透明度。加强"目视管理"(包括色彩管理)，在全方位(生产、工作、生活)建立健全容易识别的标志、标记、标识(如职能区位标识、责任区及责任人标记、道路界线标识、零部件与成品合格标志、生产工艺流程方向标记、操控方向标识、反馈显示及提示标识、危险报警、消防器材标记、安全出口标记等)，抓好部门／办公室的公示公告牌、电话通信、意见反馈箱，提高窗口示范质量，确保信息畅通。治理噪声污染，保护生态，加强绿化，美化环境，创建花园式的企业环境。

(5) 素养活动的考核内容　要求每位员工都能从小事做起，守时间、守标准、守规定。按规定穿工作服、戴安全帽上岗。在岗位上认真履行个人职责，力争把工作做得更完美。为增强企业团队精神，注意训练提高员工沟通能力，组织定期大扫除等集体活动。训练员工处理紧急情况的能力，增强忧患意识。要求每天坚持锻炼身体，提高员工身体素质和心理素质。建立"5S管理"长效机制，编写和遵守"5S管理"手册，深入开展"5S管理"，不留死角不出现空白区，组织互相实地检查5S环境，定期做好总结评估和奖励工作。

## 习　题

6-1　提高职业素质将给自己带来什么好处？

6-2　机械制造车间内有哪些不安全的因素，怎样贯彻"安全第一、预防为主"的方针？

6-3　对照切削加工安全操作规程，你在金工实习、实训中哪些做得较好，哪些做得还有些欠缺？

6-4　学习了切削加工通用工艺守则，你有哪些收获？

6-5　什么叫工艺纪律，它主要包括哪些内容？

6-6　请你介绍一下遵守劳动纪律的体会和感受。

6-7　为什么企业特别重视员工的责任心？有责任心的员工有怎样的表现？

6-8　什么是定置管理？试将定置管理引入你现在的生活和学习中，并写下你的做法和效果。

6-9　有哪些原因能造成取放物品耗费时间？

6-10　什么是"5S管理"？针对宿舍、班级和校园的现状，请你提出施行"5S管理"的设想。

# 第7章  机械加工工艺规程设计

学习了机械加工工艺系统的基本知识以后，就要着手编制零件机械加工的工艺文件，即机械加工工艺规程。结合典型零件(包括轴类零件、箱体类零件和杠杆零件)加工，本章重点介绍两类工艺文件的编制方法，分别是机械加工工艺过程卡片和机械加工工序卡片。配合具体加工实例，本章对数控加工的特点、基准选择、工序划分、加工路线的确定等内容也作了较详细的分析与介绍。

## 7.1  概述

规定产品或零部件制造工艺过程和操作方法等的工艺文件称为机械加工工艺规程，简称工艺规程。工艺规程设计的主要任务是为被加工零件选择合理的加工方法和加工顺序，以便能按设计要求生产出合格的成品零件。它是以规定的表格形式设计成的技术文件，是指导企业生产的重要文件。

**1. 机械加工工艺规程的作用**

工艺规程设计是优化配置工艺资源，合理编排工艺过程的一门艺术。它是生产准备工作的第一步，也是连接产品设计与产品制造的桥梁。以文件形式确定下来的工艺规程是进行工装制造和零件加工的主要依据，它对组织生产、保证产品质量、提高生产率、降低成本、缩短生产周期及改善劳动条件等都有直接的影响，因此是生产中的关键性工作。

1) 机械加工工艺规程是组织车间生产的主要技术文件。机械加工工艺规程是车间中一切从事生产的人员都要严格、认真贯彻执行的工艺技术文件，按照它组织生产，就能做到各工序科学地衔接，实现优质、高产、低消耗。

2) 机械加工工艺规程是生产准备和计划调度的主要依据。有了机械加工工艺规程，在产品投入生产之前就可以根据它进行一系列的准备工作，如原材料和毛坯的供应，机床的调整，专用工艺装备(如专用夹具、刀具和量具)的设计和制造，生产作业计划的编排，劳动力的组织，以及生产成本的核算等。有了机械加工工艺规程，就可以制订所生产产品的进度计划和相应的调度计划，使生产均衡、顺利地进行。

3) 机械加工工艺规程是新建或扩建工厂、车间的基本技术文件。在新建或扩建工厂、车间时，只有根据机械加工工艺规程和生产纲领，才能准确地确定生产所需机床的种类和数量，工厂或车间的面积，机床的平面布置，生产工人的工种、等级、数量以及各辅助部门的安排等。

**2. 设计工艺规程的基本要求**

工艺规程的设计原则是在保证产品质量的前提下，努力提高生产率和降低工艺成本；在充分利用本企业现有生产条件的基础上，尽可能采用国内外先进生产技术，并保证具有良好和安全的劳动条件；同时工艺规程设计还应做到正确、完整、清晰和统一，所用术语、符号、单位、编号等都要符合最新的国家标准或相关的国际标准。

表 7-1　机械加工工艺过程卡片

| 机械加工工艺过程卡片 | | 产品型号 | (2) | 零件图号 | (4) | 共　页 | |
|---|---|---|---|---|---|---|---|
| | | 产品名称 | | 零件名称 | | 第　页 | (6) |
| 材料牌号 | (1) | 毛坯种类 | (2) | 毛坯外形尺寸 | (3) | 每毛坯可制件数 | 每台件数 | (5) | 备注 |

| 工序号 | 工序名称 | 工序内容 | 车间 | 工段 | 设备 | 工艺装备 | 工时 | |
|---|---|---|---|---|---|---|---|---|
| | | | | | | | 准终 | 单件 |
| (7) | (8) | (9) | (10) | (11) | (12) | (13) | (14) | (15) |

描图
描校
底图号
装订号

| 标记 | 处数 | 更改文件号 | 签字 | 日期 | 标记 | 处数 | 更改文件号 | 签字 | 日期 | 设计（日期） | 审核（日期） | 标准化（日期） | 会签（日期） |
|---|---|---|---|---|---|---|---|---|---|---|---|---|---|

**表7-2　机械加工工序卡片格式**

| 机械加工工序卡片 | | 产品型号 | | 零件图号 | | 共　页 |
|---|---|---|---|---|---|---|
| | | 产品名称 | | 零件名称 | | 第　页 |

| 车间 | 工序号 | 工序名称 | 材料牌号 |
|---|---|---|---|
| (2) | (3) | (4) | (5) |
| 毛坯种类 | 毛坯外形尺寸 | 每毛坯可制件数 | 每台件数 |
| (6) | (7) | (8) | (9) |
| 设备名称 | 设备型号 | 设备编号 | 同时加工工件数 |
| (10) | (11) | (12) | (13) |

(1)

| 夹具编号 | 夹具名称 | 切削液 |
|---|---|---|
| (14) | (15) | (16) |
| 工位器具编号 | 工位器具名称 | 工序工时 |
| | | 准终　　单件 |
| (17) | (18) | (19)　　(20) |

| 工步号 | 工步内容 | 工艺装备 | 主轴转速/(r/min) | 切削速度/(m/min) | 进给量/(mm/r) | 背吃刀量/mm | 进给次数 | 工步工时 机动 | 辅助 |
|---|---|---|---|---|---|---|---|---|---|
| (21) | (22) | (23) | (24) | (25) | (26) | (27) | (28) | (29) | (30) |

| | | 设计(日期) | 审核(日期) | 标准化(日期) | 会签(日期) |
|---|---|---|---|---|---|
| 描图 | | | | | |
| 描校 | | | | | |
| 底图号 | | | | | |
| 装订号 | | | | | |
| 标记 | 处数 | 更改文件号 | 签字 | 日期 | 标记　处数　更改文件号　签字　日期 |

### 3. 设计工艺规程的主要依据

工艺规程设计时必须具备下列原始资料：

1）产品的全套技术文件。包括产品图样、技术说明书和产品验收的质量标准。

2）产品的生产纲领。

3）工厂的生产条件。包括毛坯的生产条件或协作关系，工厂的设备和工艺装备情况，专用设备和专用工艺装备的制造能力，工人的技术等级等。

4）各种技术资料。包括有关的手册、标准以及国内外先进的工艺技术资料等。

### 4. 制订工艺规程的主要步骤

工艺规程设计的步骤一般可按如下步骤进行：

1）根据产品的生产纲领决定生产类型。这里主要是指在成批生产时，要确定零件的生产批量；在大批流水生产时，要确定各工序、各工步或工位上的生产节拍。

2）分析研究产品图样。首先要熟悉产品的性能、用途和工作原理，明确零件的作用，审查视图、尺寸、技术条件、零件的结构工艺性和材料选用等方面是否完整合理。若发现问题，可会同产品设计人员共同商讨，按规定手续作修改或补充。

3）选择毛坯。选择毛坯的种类和制造方法应根据图样要求、生产类型及毛坯生产车间的具体情况综合考虑，使零件的生产总成本降低，质量提高。

4）拟订工艺路线。主要包括选择定位基准及各表面的加工方法，划分加工阶段，工序的组合和安排等。

5）工序设计。包括确定加工余量，计算工序尺寸及公差，确定切削用量，计算工时定额及选择机床和工艺装备等。

6）填写工艺文件。按照标准格式和要求编制工艺文件。最常用的工艺文件有机械加工工艺过程卡片和机械加工工序卡片。两类工艺文件的格式及填写规则分别见表7-1～表7-4。

**表7-3　机械加工工艺过程卡片的填写**

| 空 格 号 | 填 写 内 容 |
| --- | --- |
| （1） | 材料牌号按设计图样要求填写 |
| （2） | 毛坯种类填写铸件、锻件、钢条、板钢等 |
| （3） | 进入加工前的毛坯外形尺寸 |
| （4） | 每毛坯可制零件数 |
| （5） | 每台件数按产品图样要求填写 |
| （6） | 备注可根据需要填写 |
| （7） | 工序号 |
| （8） | 各工序名称 |
| （9） | 各工序和工步加工内容和主要技术要求，工序中的外协序也要填写，但只写工序名称和主要技术要求，如热处理的硬度和变形要求、电镀层的厚度等；产品图样标有配作、配钻时，应在配作前的最后一道工序另起一行注明，如："××孔与××件装配时配钻"、"××部位与××件装配后加工"等 |
| （10）、（11） | 分别填写加工车间和工段的代号或简称 |
| （12） | 填写设备的型号或名称，必要时可填写设备编号 |
| （13） | 填写工序（或工步）所使用的夹、模、辅具和刀、量具，其中属专用的，按专用工艺装备的编号（名称）填写；属标准的，填写名称、规格和精度，有编号的也可填写编号 |
| （14）、（15） | 分别填写准备与终结时间和单位时间定额 |

表 7-4　机械加工工序卡片的填写

| 空格号 | 填写内容 |
|---|---|
| (1) | 对一些难以用文字说明的工序或工步内容，应绘制工序示意图。对工序或工步示意图的要求：①根据零件加工或装配情况可画向视图、剖视图、局部视图；允许不按比例绘制。②加工表面应用粗实线表示，其他非加工表面细实线表示。③标明定位基面、加工部位、精度要求、表面粗糙度、测量基准等。④标注定位夹紧符号，按 JB/T 5061—2006 选用。⑤其他技术要求，如具体的加工要求、热处理、清洗等 |
| (2) | 执行该工序的车间名称或代号 |
| (3)~(9) | 按机械加工过程卡片的内容填写 |
| (10)~(12) | 该工序所用设备的名称和型号 |
| (13) | 在机床上同时加工的件数 |
| (14)、(15) | 该工序所用的各种夹具的编号(或标准)和名称 |
| (16) | 机床所用的切削液的名称和牌号 |
| (17)、(18) | 该工步所用的工位器具的编号和名称 |
| (19)、(20) | 工序工时的准终、单件时间 |
| (21) | 工步号 |
| (22) | 各工步的名称、加工内容和主要技术要求 |
| (23) | 各工步所用的模辅具、刀具、量具 |
| (24)~(28) | 切削规范，一般工序可不填 |
| (29)、(30) | 分别填写本工序机动时间和辅助时间定额 |

# 7.2　零件的工艺分析

## 7.2.1　零件图分析

对零件图进行工艺分析和审查的主要内容有：图样上规定的各项技术条件是否合理；零件的结构工艺性是否良好；图样上是否缺少必要的尺寸、视图或技术条件。过高的精度、过低的表面粗糙度值和其他过高的技术条件会使工艺过程复杂，加工困难；同时，应尽可能减少加工量，达到容易制造的目的。如果发现存在任何问题，应及时提出，与有关设计人员共同讨论研究，通过一定手续对图样进行修改。

对于较复杂的零件，很难将全部的问题考虑周全，因此必须在详细了解零件的构造后，再对重点问题进行深入的研究与分析。

**1. 零件主次表面的区分和主要表面的保证**

零件的主要表面是和其他零件相配合的表面，或是直接参与工作过程的表面。主要表面以外的表面称为次要表面。

主要表面的本身精度要求一般都比较高，而且零件的结构形状、精度、材料的加工难易程度等，都会在主要表面的加工中反映出来。主要表面的加工质量对零件工作的可靠性与寿命有很大的影响。因此，在制订工艺路线时，首先要考虑如何保证主要表面的加工要求。

根据主要表面的尺寸精度、形位公差和表面质量要求，可初步确定在工艺过程中应该采用哪些最后加工方法来实现这些要求，并且对在最后加工之前所采取的一系列的加工方法也可一并考虑。

如某零件的主要表面之一的外圆表面，尺寸精度为 IT6 级，表面粗糙度值 $R_a$ 为 $0.8\mu m$，需要依次用粗车、半精车和磨削加工才能达到要求。若对一尺寸精度要求为 IT7 级，并且还有表面形状精度要求，表面粗糙度值 $R_a$ 为 $0.8\mu m$ 的内圆表面，则需采用粗镗、半精镗和磨削加工的方法方能达到图样要求。其他次要表面的加工可在主要表面的加工过程中给以兼顾。

**2. 重要技术条件分析**

技术条件一般指表面形状精度和表面之间的相互位置关系精度，静平衡、动平衡要求，热处理、表面处理、检测要求和气密性试验等。

重要的技术条件是影响工艺过程制订的重要因素之一。严格的表面相互位置精度要求（如同轴度、平行度、垂直度等）往往会影响到工艺过程中各表面加工时的基准选择和先后次序，也会影响工序的集中和分散。零件的热处理和表面处理要求，对于工艺路线的安排也有重大的影响，因此应该根据不同的热处理方式，在工艺过程中合理安排它们的位置。

零件所用的材料及其力学性能对于加工方法的选择和加工用量的确定也有一定的影响。

**3. 零件图上表面位置尺寸的标注**

零件上各表面之间的位置精度是通过一系列工序加工后获得的。这些工序的加工顺序与工序尺寸和相互位置关系的标注方式有直接关系。例如，图 7-1a 所示为坐标式标注法。这种标注法的特点是所有表面的位置尺寸都从一个表面注起。为了使最终工序的尺寸能直接取自零件图的尺寸，应首先将表面 A 加工好，其他表面的加工顺序可以是任意的，因为其他表面之间并无尺寸联系。图 7-1b 所示为链接式标注法。在这种标注法中，位置尺寸是前后衔接的，各表面加工顺序按尺寸标注的次序进行。即先加工好 A 面，其后加工顺序为 B、C、D、E 面。这样，最终工序的工序尺寸就可以直接取自零件图的尺寸。图 7-1c 所示为混合式标注法。这种标注法是坐标式和链接式组合而成的。绝大多数零件是采用这种方法标注尺寸的。这种标注法的加工顺序可以是先加工 A 面，然后可任意加工 B、C、E 面，D 面应在 C 面加工后再进行。

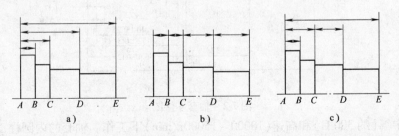

图 7-1  位置尺寸注法

a) 坐标式标注法   b) 链接式标注法   c) 混合式标注法

　　由此可见，对零件图进行工艺分析时应从结构形状、技术要求、材料各方面进行分析，尤其是对主要表面、重要技术条件和重要的位置尺寸的标注应作重点研究，从而掌握零件在加工过程中的工艺关键，以及次要工序的大致内容、数目与顺序，为具体地编制工艺规程奠定基础。

### 4. 零件图分析实例

　　现以某型号航空发动机的轴套零件为例，进行零件图的研究和工艺分析，如图 7-2 所示。

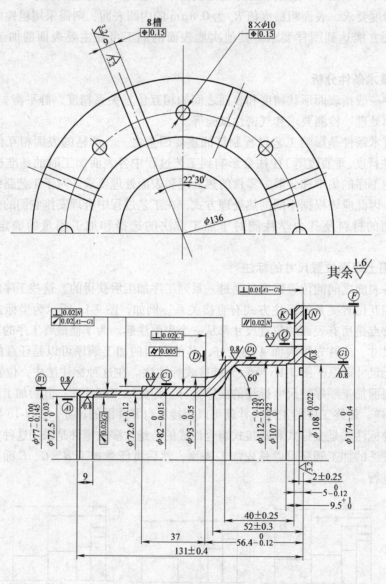

图 7-2　轴套零件图

　　轴套在中温（约 300℃）和高速（10000~15000r/min）下工作。轴套的内圆柱面 A1、G1 及端面 N 和轴配合；表面 B1、D1 和封严环配合；表面 C1、D 和轴承配合；轴套内腔及端面 N 上的 8 个槽是冷却空气的通道；8 个 ϕ10mm 的孔通过螺钉和轴连接。

轴套从结构形式来看，各个表面并不复杂，但从零件的整体结构来看，则是一个刚度很低的薄壁件，最小壁厚为 2mm。

从精度方面来看，主要工作表面的精度是 IT5～IT8 级，C1 的圆柱度为 0.005mm，工作表面的表面粗糙度值 $R_a$ 为 0.8μm，非配合表面的表面粗糙度值 $R_a$ 为 1.6μm（在高转速下工作，为提高零件的抗疲劳强度）。位置关系精度，如平行度、垂直度、圆跳动等，均在 0.01～0.02mm 范围内。

在材料方面，高合金钢 40CrNiMoA 要求进行淬火后回火，保持硬度为 32～36HRC，最后进行表面氧化处理。按零件图要求，毛坯采用模锻件。

（1）零件上重要表面的加工方法选择　外圆表面 B1、C1、D1 是配合表面，表面粗糙度要求为 $R_a$ = 0.8μm，所以是零件的主要表面，最后加工方法应选用磨削，以前的准备工序应为粗车及半精车；内圆柱面 G1 为 φ108H6，A1 表面为 φ72.5H7，它们的表面粗糙度要求均为 $R_a$ = 0.8μm，所以应选用粗镗、半精镗和磨削加工的方法来保证加工要求。

（2）零件上主要技术条件的保证　重要技术条件是影响工艺路线制订的重要因素之一，特别是位置关系精度要求较高时，就会有较大的影响。

轴套上表面 A1 对 G1 的圆跳动为 0.02mm，则加工 A1 和 G1 时最好在一次安装中加工出来；外圆表面 B1、C1、D1 对一组基准 A1、G1 有 0.02mm 的圆跳动要求，这时，最好以 A1、G1 为基准来加工这三个外圆表面。

（3）热处理要求的影响　零件需要进行淬火后回火，所以主要表面的精加工都采用磨削加工的方法。

## 7.2.2　零件结构分析

机械零件的常见结构类型可分为回转体类零件与非回转体零件两类。回转体类零件以轴类零件为典型；非回转体零件中，又以箱体零件的加工最为典型。机械零件不同的结构特点，决定了加工方法、毛坯类型、基准选择等方面的不同。

### 1. 回转体类零件

机械零件中，具有一个或多个共同回转轴线的零件称为回转体零件。

1）回转体零件的分类。按零件的结构特征，回转体零件可分为圆柱形回转体和异形回转体（曲轴、凸轮轴、偏心轴等）两大类。按最大长度 L 与最大外径 D 的比值，圆柱形回转体可分为盘盖类（L/D≤0.5）、短轴类（0.5＜L/D＜3）、长轴类（L/D≥3，其中 L/D≤10 为刚性轴，L/D＞10 为细长轴）零件；异形回转体则分为短异形轴（盘）类（L/D≤2）、长异形轴类（L/D＞2）零件。

从内、外表面的几何要素来看，还可以从有无中心通（不通）孔，内外表面有无台阶、螺纹、锥度、功能槽加辅助加工等来区分回转体零件。

2）回转体零件的技术要求和加工工艺特点。回转体零件的技术要求对产品的使用性能、寿命有很大影响。技术要求不同，其工艺方案、设备精度不同，加工成本差别很大。技术要求主要有：

① 尺寸精度。轴径和内孔等配合表面都有一定的尺寸精度要求。一般机械零件配合表面的精度等级通常为 IT6～IT9，机床主轴等重要零件的配合面可高达 IT5 级。回转体零件的

轴向尺寸一般要求较低。

② 形状精度。为保证配合质量，对轴径、基准内孔等重要表面的圆度、圆柱度的精度要求一般为 6~9 级，形状精度的选择要和尺寸精度相适应。

③ 位置精度。重要圆柱表面间的同轴度、径向圆跳动、轴心线与基准端面间的垂直度、端面圆跳动等，一般为 5~10 级。

④ 表面粗糙度。对配合要求高的轴颈，其内孔表面粗糙度一般为 $R_a = 0.1~1.6\mu m$。零件的回转速度越高，要求表面粗糙度值越小，选择时要与形状精度相协调。

⑤ 平衡。对于回转速度较高的零件或异形回转体，还要对其进行静、动平衡。

回转体零件的加工工艺过程一般比较简单，但主轴、曲轴等重要零件的加工工艺相当复杂，生产周期也较长。此外，如本书 5.2 节所述，深孔的加工也比较困难。

**2. 箱体类零件的结构和工艺特点**

箱体类零件是箱体部件装配时的基准件，由它将轴、套、齿轮、轴承、离合器等零件和组件装配在一起，使其保持正确的相互位置，彼此能按照一定的传动关系运动。箱体还要以其安装基面装配到机体上去，与其他部件保持一定的相互位置关系。因此，箱体的加工质量对机器的精度、性能和寿命都有直接的影响。在机体上装有许多零部件，有的部件还在机体的导轨上运动。所以，机体是整台机器的装配和调整基准，机器各部件的相互位置精度以及某些部件的运动精度都与机体本身的精度直接相关。

箱体零件按结构可分为整体式箱体和分离式箱体；按外形可分为狭义箱体（近似长方体）和壳体（非近似长方体）；按用途可分为具有主轴支承孔的箱体和没有主轴支承孔的箱体。机体零件的类型也不少，如机床的床身、立柱等。箱体、机体零件的结构形状虽然随着机器的结构和它们在机器中的功用不同而变化，但由于它们都是机器的装配基准件，因而仍有一些共同的结构特点和工艺特点。

（1）箱体类零件主要结构特点

1）属于非回转体零件。结构形状一般比较复杂，轮廓尺寸和质量较大，内部呈腔形，带有加强肋板。

2）箱体的主要表面是平面和轴承孔。安装基面和轴承孔分别是总装和部装的装配基准。机体的主要表面是连接平面、导轨面（平面的组合）及轴承孔。例如，车床床身的主要表面是连接平面和导轨面；铣床床身除有上述平面外，还有轴承孔。连接平面是确定机体上各零部件相对位置的表面，导轨面则是装在机体上的某些部件相对运动的导向表面。

（2）箱体类零件主要工艺特点

1）加工表面比较多，工艺路线较长，加工成本高。

2）主要加工表面是平面和孔，而且箱体的安装基面、轴承孔以及机体的导轨面和连接平面等基准表面，都有较高的加工质量要求。如何保证轴承孔与轴承孔、轴承孔与基准平面之间的位置精度要求，以及导轨面的形状精度、位置精度和表面质量都是箱体类零件工艺规程制订过程中需要解决的关键问题。

## 7.3 机械加工工艺过程卡片的制订

### 7.3.1 加工方法的选择

机械零件是由大量的外圆、内孔、平面或复杂的成形表面组合而成的。在分析研究零件图的基础上，应首先根据组成表面所要求的加工精度、表面粗糙度和零件的结构特点，选用相应的加工方法和加工方案予以保证。

（1）工件的加工精度、表面粗糙度和其他技术要求　在分析研究零件图的基础上，根据各加工表面加工质量要求，选择合适的加工方法。常用查表或经验来确定，有时还要根据实际情况进行工艺验证。

（2）工件材料的性质　例如淬火钢的精加工常用磨削，有色金属的精加工为避免磨削时堵塞砂轮，则要用高速精细车或精细镗（金刚镗）等方法进行加工。

（3）工件的形状和尺寸　例如套类零件，孔精度为IT7级，表面粗糙度值$R_a$为$1.6\mu m$，常用磨削或拉削；箱体上精度为IT7级、表面粗糙度值$R_a$为$1.6\mu m$的孔常用镗孔或铰孔的方法进行加工。

（4）生产类型、生产率和经济性　在大批大量生产中可选用高效率设备和专用工艺装备。例如平面和孔加工可以采用拉削加工；单件小批生产则采用刨、铣平面和钻、扩、铰孔。

（5）工厂设备、人员情况　选择加工方法时应首先考虑充分利用工厂现有设备，挖掘企业潜力，并注意设备负荷的平衡，避免少数设备超负荷而影响生产计划的完成。

表7-5～表7-7列出了常见表面的加工方法及适用范围。

**表7-5　外圆表面加工方法及适用范围**

| 序号 | 加 工 方 法 | 经济精度(IT) | 表面粗糙度 $R_a/\mu m$ | 适用范围 |
|---|---|---|---|---|
| 1 | 粗车 | 11～13 | 25～6.3 | 适用于淬火钢以外的各种金属 |
| 2 | 粗车→半精车 | 8～10 | 6.3～3.2 | |
| 3 | 粗车→半精车→精车 | 6～9 | 1.6～0.8 | |
| 4 | 粗车→半精车→精车→滚压（或抛光） | 6～8 | 0.2～0.025 | |
| 5 | 粗车→半精车→磨削 | 6～8 | 0.8～0.4 | |
| 6 | 粗车→半精车→粗磨→精磨 | 5～7 | 0.4～0.1 | 适于淬水钢、未淬水钢 |
| 7 | 粗车→半精车→粗磨→精磨→超精加工 | 5～6 | 0.1～0.012 | |
| 8 | 粗车→半精车→粗磨→精磨→研磨 | 5级以上 | <0.1 | |
| 9 | 粗车→半精车→粗磨→精磨→超精磨（或镜面磨） | 5级以上 | <0.05 | |
| 10 | 粗车→半精车→精车→金刚车 | 5～6 | 0.2～0.025 | 适于有色金属 |

**表 7-6　内圆表面加工方法及适用范围**

| 序号 | 加 工 方 法 | 经济精度(IT) | 表面粗糙度 $R_a/\mu m$ | 适用范围 |
|---|---|---|---|---|
| 1 | 钻 | 12 ~ 13 | 12.5 | 加工未淬火钢及铸铁的实心毛坯,也可用于加工有色金属(但表面粗糙度值稍大),孔径 15 ~ 20mm |
| 2 | 钻→铰 | 8 ~ 10 | 3.2 ~ 1.6 | |
| 3 | 钻→粗铰→精铰 | 7 ~ 8 | 1.6 ~ 0.8 | |
| 4 | 钻→扩 | 10 ~ 11 | 12.5 ~ 6.3 | 同上,但孔径 15 ~ 20mm |
| 5 | 钻→扩→粗铰→精铰 | 7 ~ 8 | 1.6 ~ 0.8 | |
| 6 | 钻→扩→铰 | 8 ~ 9 | 3.2 ~ 1.6 | |
| 7 | 钻→扩→机铰→手铰 | 6 ~ 7 | 0.4 ~ 0.1 | |
| 8 | 钻→(扩)→拉 | 7 ~ 9 | 1.6 ~ 0.1 | 大批量生产,精度视拉刀精度而定 |
| 9 | 粗镗(或扩孔) | 11 ~ 13 | 12.5 ~ 6.3 | 毛坯有铸孔或锻孔的未淬火钢 |
| 10 | 粗镗(粗扩)→半精镗(精扩) | 9 ~ 10 | 3.2 ~ 1.6 | |
| 11 | 扩(镗)→铰 | 9 ~ 10 | 3.2 ~ 1.6 | |
| 12 | 粗镗(扩)→半精镗(精扩)→精镗(铰) | 7 ~ 8 | 1.6 ~ 0.8 | |
| 13 | 镗→拉 | 7 ~ 9 | 1.6 ~ 0.1 | |
| 14 | 粗镗(扩)→半精镗(精扩)→浮动镗刀块精镗 | 6 ~ 7 | 0.8 ~ 0.4 | 毛坯有铸孔或锻孔的铸件及锻件(未淬火) |
| 15 | 粗镗→半精镗→磨孔 | 7 ~ 8 | 0.8 ~ 0.2 | 淬火钢或非淬火钢 |
| 16 | 粗镗(扩)→半精镗→粗磨→精磨 | 6 ~ 7 | 0.2 ~ 0.1 | |
| 17 | 粗镗→半精镗→精镗→金刚镗 | 6 ~ 7 | 0.4 ~ 0.05 | 有色金属加工 |
| 18 | 钻→(扩)→粗铰→精铰→珩磨<br>钻→(扩)→拉→珩磨<br>粗镗→半精镗→精镗→珩磨 | 6 ~ 7 | 0.2 ~ 0.025 | 黑色金属高精度大孔的加工 |
| 19 | 粗镗→半精镗→精镗→研磨 | 6 级以上 | 0.1 以下 | |
| 20 | 钻→(粗镗)→扩(半精镗)→精镗→金刚镗→脉冲滚压 | 6 ~ 7 | 0.1 | 有色金属及铸件上的小孔 |

**表 7-7　平面加工方法及适用范围**

| 序号 | 加 工 方 法 | 经济精度(IT) | 表面粗糙度 $R_a/\mu m$ | 适用范围 |
|---|---|---|---|---|
| 1 | 粗车 | 10 ~ 11 | 12.5 ~ 6.3 | 未淬硬钢、铸铁、有色金属端面加工 |
| 2 | 粗车→半精车 | 8 ~ 9 | 6.3 ~ 3.2 | |
| 3 | 粗车→半精车→精车 | 6 ~ 7 | 1.6 ~ 0.8 | |
| 4 | 粗车→半精车→磨削 | 7 ~ 9 | 0.8 ~ 0.2 | 钢、铸铁端面加工 |

（续）

| 序号 | 加 工 方 法 | 经济精度(IT) | 表面粗糙值 $R_a/\mu m$ | 适用范围 |
|---|---|---|---|---|
| 5 | 粗刨（粗铣） | 12 ~ 14 | 12.5 ~ 6.3 | |
| 6 | 粗刨（粗铣）→半精刨（半精铣） | 11 ~ 12 | 6.3 ~ 1.6 | 不淬硬的 |
| 7 | 粗刨（粗铣）→精刨（精铣） | 7 ~ 9 | 6.3 ~ 1.6 | 平面 |
| 8 | 粗刨（粗铣）→半精刨（半精铣）→精刨（精铣） | 7 ~ 8 | 3.2 ~ 1.6 | |
| 9 | 粗铣→拉 | 6 ~ 9 | 0.8 ~ 0.2 | 大量生产未淬硬的小平面 |
| 10 | 粗刨（粗铣）→精刨（精铣）→宽刃刀精刨 | 6 ~ 7 | 0.8 ~ 0.2 | 未淬硬的钢件、铸铁件及有色金属件 |
| 11 | 粗刨（粗铣）→半精刨（半精铣）→精刨（精铣）→宽刃刀低速精刨 | 5 | 0.8 ~ 0.2 | |
| 12 | 粗刨（粗铣）→精刨（精铣）→刮研 | 5 ~ 6 | 0.8 ~ 0.1 | 淬硬或未淬硬的黑色金属工件 |
| 13 | 粗刨（粗铣）→半精刨（半精铣）→精刨（精铣）→刮研 | 5 ~ 6 | 0.8 ~ 0.1 | |
| 14 | 粗刨（粗铣）→精刨（精铣）→磨削 | 6 ~ 7 | 0.8 ~ 0.2 | |
| 15 | 粗刨（粗铣）→半精刨（半精铣）→精刨（精铣）→磨削 | 5 ~ 6 | 0.4 ~ 0.2 | |
| 16 | 粗铣→精铣→磨削→研磨 | 5 级以上 | <0.1 | |

　　在选择加工方法时，首先选定主要表面的最后加工方法，然后选定最后加工前一系列准备工序的加工方法，接着再选次要表面的加工方法。

　　在各表面的加工方法初步选定以后，还应综合考虑各方面工艺因素的影响。如轴套内孔 $\phi76^{+0.03}_{0}mm$，其精度为IT7级，表面粗糙度值 $R_a$ 为 1.6μm，可以采用精镗的方法来保证，但 $\phi76^{+0.03}_{0}mm$ 的内孔相对于内孔 $\phi108^{+0.022}_{0}mm$ 有同轴度要求，因此，两个表面应安排在一个工序，均采用磨削来加工。

## 7.3.2　加工阶段的划分

　　工件各个表面的加工方法确定后，往往不是依次完成各个表面的加工，常常要把加工质量要求较高的主要表面的工艺过程，按粗、精分开的原则划分成几个阶段，其他加工表面的工艺过程也应作相应划分，并分别安排到由主要表面所确定的各个加工阶段中去，这样就可以得到由各个加工阶段所组成的、包含零件全部加工内容的零件的加工工艺过程。

　　**1. 加工阶段划分**

　　（1）粗加工阶段　其任务是切除大部分的加工余量，使各加工表面尽可能接近图样尺寸，并加工出精基准，因此主要问题是如何获得高的生产率。

　　（2）半精加工阶段　其任务是使主要表面消除粗加工留下来的误差，为精加工作好准备（达到一定的加工精度，保证一定的精加工余量），并完成次要表面加工（如钻孔、攻螺纹、铣键槽等）。半精加工一般在热处理之前进行。

　　（3）精加工阶段　其任务是保证各主要表面达到图样规定的加工质量和技术要求。

　　（4）光整加工阶段　其任务是进一步提高尺寸精度和降低表面粗糙度数值（尺寸精度达

到 IT6 级以上,$R_a < 1.6\mu m$),提高表面层的物理-力学性能,一般不能用来纠正被加工表面的几何形状误差和表面之间的相对位置误差。

有时若毛坯的加工余量特别大,表面极其粗糙,在粗加工前设有去皮加工阶段,称为荒加工。荒加工常常在毛坯准备车间进行。

**2. 划分加工阶段的必要性**

(1) 保证加工质量   粗加工阶段因切削力和切削热引起的变形,可在半精、精加工阶段逐步得到纠正。粗加工阶段工件由于表面金属层被切除而内应力将重新分布会产生变形。粗、精加工分开后,一方面各阶段之间的时间间隔相当于自然时效,有利于内应力消除;另一方面不会破坏已精加工过的表面精度。

(2) 合理的使用机床设备   粗加工时选用功率大、刚性好、一般精度的高效率机床;精加工时可采用高精度机床。这样能充分发挥机床设备各自的性能特点,延长高精度机床的使用寿命。

(3) 便于及时发现毛坯缺陷   毛坯的各种缺陷如气孔、砂眼、裂纹和加工余量不足等,在粗加工后即可发现,便于及时修补或决定报废,以免后期发现而造成工时浪费。精加工、光整加工安排在后,可减少工件表面的损伤,有利于保证表面质量。

(4) 便于安排热处理工序,使冷、热加工配合协调   例如粗加工前可安排预备热处理:退火或正火;粗加工后可安排时效或调质;半精加工之后安排淬火处理;淬硬后安排精加工工序。热处理引起的变形逐渐消除。冷、热加工工序交替进行,配合协调,有利于保证加工质量和提高生产效率。

上述加工阶段的划分并不是一成不变的,在应用时要灵活掌握。当加工质量要求不高,工件刚性足够,毛坯质量好,加工余量小时,可以少划分或不划分加工阶段。因为严格划分加工阶段,不可避免地要增加工序的数目,使成本提高。对于重型零件,由于安装运输费时,常常不划分加工阶段,而在一次装夹下完成全部粗、精加工。考虑到工件变形对加工质量的影响,在粗加工后松开夹紧机构,让变形恢复,然后用较小的力再夹紧工件,继续进行精加工。

## 7.3.3   毛坯选择

**1. 毛坯选择的重要性**

毛坯是根据零件所要求的形状、工艺尺寸等制成的机械加工对象。它是制订机械加工工艺规程的基础。毛坯的不同种类及制造方法对零件工艺过程影响很大,零件工艺过程中的工序数量、材料消耗、机械加工劳动量等在很大程度上取决于所选的毛坯,故正确选择毛坯具有重要的技术经济意义。

**2. 毛坯选择的原则**

在传统工艺设计中,选择毛坯主要考虑经济性问题,很少顾及毛坯生产对环境的影响。而在绿色制造过程中,选择毛坯不仅要考虑各种毛坯及制造方法的经济性,还要考虑它们对环境的影响,对资源、能源的消耗状况以及对社会生产可持续性的影响。在绿色制造思想指导下的毛坯选择应遵循以下原则:

(1) 经济合理性原则   选择毛坯时,毛坯的形状和尺寸越接近于成品零件,毛坯材料利用率就越高,机械加工劳动量就越少,机械加工费用也就越低,但这样对毛坯的制造要求就提高了，相应地毛坯制造设备的投资费用增加。反之，若毛坯制造精度低，毛坯制造设备的投资费用少，但以后的机械加工劳动量就大，材料利用率低，零件加工成本将增加，这两方面是相互矛盾的。但在工艺设计时应遵从"经济合理性"原则，综合考虑毛坯制造和以此为基础的机械加工费用来确定，以最终达到最佳的经济效益为目的。

（2）功能适应性原则　所选毛坯种类及制造方法要能可靠地保证毛坯在性能、质量、生产率等方面的要求。众所周知，即使相同的材料，当采用不同的毛坯制造方法时，得到的力学性能也往往不同。通常毛坯强度要求高的，多采用锻件。但近年来，随着铸造技术水平的提高，铸铁的力学性能在不断改善，有些指标接近或超过钢。选择毛坯时，还要考虑零件的形状、尺寸等因素，否则难以保证毛坯的质量要求。如形状复杂和薄壁毛坯不能采用金属型铸造，否则会产生铸造缺陷；又如，尺寸较大的毛坯，不能采用模锻、压铸和精铸等毛坯制造方法。

（3）资源最佳利用原则　资源最佳利用原则包含两层意思：一是节省原材料消耗；二是充分利用现有设备资源。

（4）能量消耗最小原则　从使用的能源的类型、能量有效利用率等方面采取措施，节省能源，尽量减少能量的消耗，使生产中的能源消耗达到最小。

（5）环境保护原则　面向绿色制造的毛坯选择，注重毛坯制造过程中的环境保护。人们对环境问题的态度已从过去的生产过程的"末端治理"，发展到"全面预防污染"的源削减阶段。在毛坯生产过程中，无论在毛坯工艺设计、毛坯制造设备选择，还是在毛坯生产过程管理上，都应尽力采取措施避免产生环境污染，"零污染"是绿色制造追求的最终目标。在生产中尽力采用绿色的新材料、新工艺、新方法。如在锻造生产中采用非石墨型润滑材料，在砂型铸造中采用非煤粉型砂，可有效地避免产生污染。又如，在铸造生产中，用射压、静压造型机取代噪声极大的振击式造型机；在模锻生产中，用电液传动的曲柄热模锻压力机、高能螺旋压力机等新原理的设备取代老式噪声、振动、能耗都很大的模锻锤，可大大减小车间的噪声和振动污染。

（6）安全宜人原则　绿色制造还对生产过程中操作者的劳动保护提出要求，避免对操作者身心健康造成伤害。

综上所述，面向绿色制造的毛坯选择原则可以归纳为三类：一是经济性原则；二是功能适应性原则；三是环境协调性原则。这三类原则在毛坯选择过程中，互相作用，互相影响，共同影响毛坯的选择。

**3. 毛坯种类**

（1）铸件　适用于做形状复杂的零件毛坯。

（2）锻件　适用于要求强度较高、形状比较简单的零件。

（3）型材　热轧型材的尺寸较大，精度低，多用作一般零件的毛坯；冷拉型材尺寸较小，精度较高，多用于制造毛坯精度较高的中小型零件，适于自动机加工。

（4）焊接件　对于大件来说，焊接件简单方便，特别是单件小批生产可以大大缩短生产周期。但焊接件的零件变形较大，需要经过时效处理后才能进行机械加工。

（5）冷冲压件　适用于形状复杂的板料零件，多用于中小尺寸零件的大批、大量生产。

**4. 毛坯发展趋势**

随着资源保护和环境保护呼声越来越高，迫使毛坯制造工艺向精密成形工艺方向发展，即毛坯成形的形状、尺寸精度正从近净成形（Near Net Shape Forming）向净成形（Net Shape Forming）即近无余量成形方向发展。将来"毛坯"与"零件"的界限可能越来越小，有的毛坯可能已接近或达到零件的最终形状和尺寸，磨削后即可装配。正因如此，精密毛坯制造工艺最近几年来得到快速发展，主要有精密铸造、精密锻造、精密冲裁、精密轧制、粉末冶金以及快速原型制造等先进工艺方法。

环境问题已成为国际社会关注的焦点，保护环境已成为人们的共识。生产绿色产品的绿色制造过程将成为未来工业制造过程的规范。目前，我国绿色产品的发展与世界发达国家相比，无论是在范围上还是在数量上都有很大的差距，尚处于初期阶段。要赶上世界发达国家水平，还要付出巨大努力。我国至今仍然沿用着粗放型经营的传统工业模式，能耗高、效益低、环境污染严重。因此，从理论和方法上开展系统的清洁化生产研究，促进我国绿色产品的迅速发展，适应国际市场的需求，迎接未来挑战，已是我国产业发展的当务之急。

### 7.3.4  工序组合原则

在选定了工件上各个表面的加工方法和划分了加工阶段之后，就要确定工序的数目，即工序的组合。工序的组合可采用工序集中原则和工序分散的原则。

**1. 工序集中**

工序集中是使每道工序包括尽可能多的加工内容，因而使总工序数减少。工序集中具有以下特点：

1）减少工件的安装次数，缩短了辅助时间，易于保证加工表面之间的位置精度。

2）便于采用高效的专用机床设备和工艺装备，提高生产率。

3）工序数目少，缩短了工艺流程，可简化生产组织与计划安排，减少设备数量，相应地减少工人人数和生产所需的面积。

4）操作、调整、维修费时费事，生产准备工作量大。

**2. 工序分散**

工序分散则正好相反，每道工序的加工内容较少，有些工序只包含一个工步，整个工艺过程安排的工序数较多。工序分散主要有以下特点：

1）由于每台机床完成较少的加工内容，所以机床、夹具、刀具结构简单，调整方便，对工人的技术水平要求低。

2）便于选择合理的切削用量。

3）生产适应性强，转换产品较容易。

4）所需设备及工人人数多，生产周期长，生产所需面积大，运输量也较大。

在拟订工艺路线时，工序集中或分散的程度，主要取决于生产类型、零件的结构特点和技术要求。生产批量小时，多采用工序集中；生产批量大时，可采用工序集中，也可用工序分散。由于工序集中的优点较多，以及加工中心机床、柔性制造单元和柔性制造系统的发展，现代生产多趋于工序集中。

### 7.3.5  加工顺序的安排

在工艺规程设计过程中，工序的组合原则确定之后，就要合理地安排工序顺序，主要包括机械加工工序、热处理工序和辅助工序的安排。

**1. 机械加工工序的安排**

（1）基面先行　工件的精基准表面，应安排在起始工序先进行加工，以便尽快为后续工序的加工提供精基准。工件上主要表面精加工之前，还必须对精基准进行修整。若基准不统一，则应按基准转换顺序逐步提高精度的原则安排基准面加工。

（2）先主后次　先安排主要表面加工，后安排次要表面加工。主要表面指装配表面、工作表面等。次要表面包括键槽、紧固用的光孔或螺孔等。由于次要表面加工量较少，而且又和主要表面有位置精度要求，因此一般应放在主要表面半精加工结束后，精加工或光整加工之前完成。

（3）先粗后精　先安排粗加工，中间安排半精加工，最后安排精加工或光整加工。

（4）先面后孔　对于箱体、支架和连杆等工件，应先加工平面后加工孔。这是因为平面的轮廓平整，安放和定位比较稳定可靠。若先加工平面，就能以平面定位加工孔，保证平面和孔的位置精度。此外，平面先加工好，对于平面上的孔加工也带来方便。刀具的初始工作条件能得到改善。

**2. 热处理工序的安排**

（1）预备热处理　一般安排在机械加工之前，主要目的是改善切削性能，使组织均匀，细化晶粒，消除毛坯制造时的内应力。常用的预备热处理方法有退火和正火。调质可提高材料的综合力学性能，也能为后续热处理工序作准备，可安排在粗加工后进行。

（2）去除内应力处理　安排在粗加工之后，精加工之前进行。它包括人工时效、退火等。一般精度的铸件在粗加工之后安排一次人工时效，消除铸造和粗加工时产生的内应力，减少后续加工的变形；要求精度高的铸件、则应在半精加工后安排第二次时效处理，使加工精度稳定；要求精度很高的零件，如丝杆、主轴等应安排多次去应力处理；对于精密丝杆、精密轴承等为了消除残留奥氏体，稳定尺寸，还需采用冰冷处理，一般在回火后进行。

（3）最终热处理　主要目的是提高材料的强度、表面硬度和耐磨性。变形较大的热处理如调质、淬火、渗碳淬火应安排在磨削前进行，以便在磨削时纠正热处理变形。变形较小的热处理如氮化等，应安排在精加工后。表面的装饰性镀层和发蓝工序一般安排在工件精加工后进行。电镀工序后应进行抛光，以增加耐蚀性和美观。耐磨性镀铬则放在粗磨和精磨之间进行。

**3. 辅助工序的安排**

辅助工序包括工件的检验、去毛刺、倒棱边、去磁、清洗和涂防锈油等。其中检验工序是主要的辅助工序，是保证质量的重要措施。除了每道工序操作者自检外，检验工序应安排在粗加工结束、精加工之前；重要工序前后；送外车间加工前后；加工完毕，进入装配和成品库前应进行最终检验，有时还应进行特种性能检验，如磁粉检测、密封性检验等。

## 7.3.6　定位基准选择

在制订工艺过程时，不但要考虑获得表面本身的精度，而且还必须保证表面间的位置精度要求。这就需要考虑工件在加工过程中的定位、测量等基准问题。

零件图中通过设计基准、设计尺寸来表达各表面的位置要求。在加工时是通过工序基准及工序尺寸来保证这些位置要求的。而工序尺寸方向上的位置，是由定位基准来保证的。加工后工件的位置精度是通过测量基准进行检验的。

因此，基准选择主要是研究加工过程中的表面位置精度要求及其保证的方法。

**1. 粗基准与精基准**

在零件加工的第一道工序中，只能使用未经加工过的毛坯表面进行定位，这种未经加工过的基准就称为粗基准。在粗基准定位加工出光洁的表面以后，就可以采用已经加工过的表面进行定位，加工过的基准称为精基准。为了便于装夹和易于获得所需的加工精度，在工件上特意作出的定位表面称为辅助基准。

由于粗基准和精基准的情况和用途都不相同，所以在选择两者时考虑问题的侧重点不同。

**2. 粗基准的选择**

选择粗基准时，考虑的重点是如何保证各加工表面有足够的余量，不加工表面的尺寸、位置符合图样要求。因此粗基准的选择原则是：

（1）保证不加工表面与加工表面相互位置要求原则　若零件上有某个表面不需要加工，则应选择这个不需加工的表面作为粗基准。这样做能提高加工表面和不加工表面之间的相互位置精度。如图 7-3a 所示零件，为了保证壁厚均匀，粗基准选用不加工的内孔和内端面。

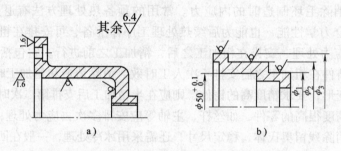

图 7-3　用不加工表面作粗定位基准

若零件上有很多不加工表面，则应选择其中与加工表面有较高相互位置精度要求的表面作为粗基准。如图 7-3b 所示的零件，径向有三个不加工表面，若要求 $\phi_2$ 与 $\phi 50^{+0.1}_{0}$ mm 之间的壁厚均匀，则应取 $\phi_2$ 作为径向的粗基准。

（2）保证各加工表面的加工余量合理分配的原则

1）为了保证重要加工表面的加工余量均匀，应选重要加工表面为粗基准。例如床身导轨面不仅精度要求高，而且要求导轨表面有均匀的金相组织和较高的耐磨性，这就要求导轨面的加工余量较小而且均匀。原因是铸件表面不同深度处的耐磨性能相差很多，较大深度处

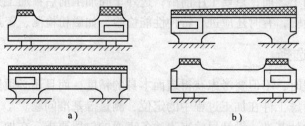

图 7-4　床身加工粗基准选择的两种方案比较

a）正确　b）不正确

耐磨性较低。因此，首先应以导轨面为粗基准加工床身的底平面，然后再以床身的底平面为精基准加工导轨面（见图 7-4a）；反之，若选床身平面为粗基准，会使导轨面的加工余量大而不均匀，降低导轨面的耐磨性（见图 7-4b）。

当工件上有多个重要加工面要求保证余量均匀时，则应选择余量要求最严的表面为粗基准。

2）应以余量最小的表面作为粗基准，以保证每个表面都有足够的加工余量。如图 7-5 所示的毛坯，表面 $\phi A$ 的余量比 $\phi B$ 大，采用表面 $\phi B$ 作为粗基准就比较合适。

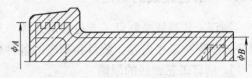

图 7-5　柱塞杆粗定位基准选择

（3）保证定位准确、夹紧可靠以及夹具结构简单、操作方便原则　为了保证定位准确、夹紧可靠，首先要求选用的粗基准尽可能平整、光洁和有足够大的尺寸，不允许有锻造飞边、铸造浇冒口或其他缺陷，不能选分型面作为粗基准。

（4）粗基准尽量不重复使用的原则　当毛坯精度较低时，如果在两次安装中重复使用同一粗基准，就会造成相当大的定位误差（有时可达几毫米）。因此，一般情况下粗基准只能使用一次。在用粗基准定位加工出其他表面后，就应以加工出的表面作为精基准进行其他表面的加工。

**3. 精基准的选择**

选择精基准时，主要是要解决两个问题：一是保证加工精度；二是使装夹方便。

1）基准重合原则。选择工序基准作为定位基准称为基准重合原则。这样可消除基准不重合误差，有利于提高加工精度。

2）基准统一原则。在工件加工过程中应尽可能选用统一的定位基准称为基准统一原则。例如，轴类零件加工常采用中心孔作为统一基准加工各外圆柱表面，不但能在一次安装中加工大多数表面，而且能保证各段外圆柱表面的同轴度要求以及端面与轴心线的垂直度要求。柴油机机体加工自动线上，通常以一面两孔作为统一基准进行平面和孔系的加工。

采用基准统一的原则，可以简化工艺过程，减少夹具种类，有利于保证各加工表面间的位置精度，避免基准转换而产生的定位误差。

3）自为基准原则。当精加工或光整加工工序要求余量尽可能小而均匀时，应选择加工表面本身作为精基准，即遵循"自为基准"原则。该加工表面与其他表面间的位置精度要求由先行工序保证。

4）互为基准原则。为了获得均匀的加工余量或较高的位置精度，可遵循"互为基准"原则，反复加工各表面。

5）所选的定位基准，应能使工件定位准确、稳定、变形小，夹具结构简单。

上述基准选择的各项原则，都是在保证工件加工质量的前提下，从不同角度提出的工艺要求和措施，有时这些要求和措施会出现相互矛盾。在制订工艺规程时，应根据具体情况进行综合的分析，分清主次，解决主要矛盾，灵活运用各项原则。

**4. 辅助定位基准**

在加工过程中，有时找不到合适的表面作定位基准，为了便于安装和易于获得所需要的加工精度，可以在工件上特意做出供定位用的表面，或把工件上原有的某些表面提高精度，这类用作定位的表面称之为辅助定位基准。

辅助定位基准在加工中是常用的，典型的例子是轴类零件的中心孔。利用中心孔就能很方便地将轴安装在两顶尖间进行加工。

## 7.3.7　工艺路线的拟定

制订工艺路线是制订工艺过程的总体布局。其任务是确定工序的内容、数目和顺序。所以要分析影响工序内容、数目和顺序的各种影响因素。

**1. 制订工艺路线的原则**

制订工艺路线时，在工艺上常采取下列措施来保证零件在生产中的质量、生产率和经济性要求：

1）合理地选择加工方法，以保证获得精度高、结构复杂的表面。

2）为适应零件上不同表面刚度和精度的不同要求，可将工艺过程划分成阶段进行加工，以逐步保证技术要求。

3）根据工序集中或分散的原则，合理地将表面的加工组合成工序，以利于保证精度和提高生产率。

4）合理地选择定位基准，以利于保证位置精度的要求。

5）正确地安排热处理工序，以保证获得规定的力学性能，同时有利于改善材料的可加工性和减小变形对精度的影响。

**2. 工艺路线制订实例**

在制订工艺路线时，首先要根据零件图、产量和生产条件来分析加工过程中的质量、生产率和经济性问题。

在分析的基础上，就可以着手制订工艺路线。制订工序路线时要考虑表面加工方法的选择、阶段的划分，按工序集中或分散的原则将各表面加工组合成工序，选择定位基准，安排热处理及其他辅助工序等。

现以图 7-2 所示的轴套零件为例，分析其工艺路线的制订，其工艺路线见表 7-8。

整个工艺过程划分为三个阶段，以保证低刚度时的高精度要求。工序 5～15 是粗加工阶段，工序 30～55 是半精加工阶段，工序 60 以后是精加工阶段。

毛坯采用模锻件，因内孔径不大，不能铸出通孔，所以余量较大。

### 表 7-8　轴套加工工艺路线

| 轴套工艺路线 | 符号：⋀ 定位　↑ 夹紧 |
|---|---|
| 工序 0<br>毛坯为模<br>锻件硬度为<br>179～269HBW | 工序 5<br>粗车小端 |

（续）

| 轴套工艺路线 | | 符号：定位 夹紧 | |
|---|---|---|---|
| 工序 10<br>粗车大端<br>及内孔 | 6.3 | 工序 15<br>粗车外圆<br>注：<br>工序 20 为<br>中检，工序<br>25 为热处理<br>HB＝285－321 | 6.3 |
| 工序 30<br>车大端外圆，<br>内腔 | 其余 6.3<br>1.6<br>1.6 | 工序 35<br>半精车外圆 | 6.3 |
| 工序 40<br>磨外圆 | 1.6<br>$\phi 112.5_{-0.03}^{0}$ | 工序 45<br>钻孔 | 6.3<br>8×$\phi$10<br>0.15 |
| 工序 50<br>半精镗内腔表面 | 1.6 | 工序 55<br>铣槽 | 3.2<br>8槽<br>0.15 |
| 工序 60<br>磨内孔及端面 | 0.8<br>⊥ 0.01 A1-G1<br>G1<br>$\phi 72.5_{0}^{+0.03}$<br>$\phi 108_{0}^{+0.022}$<br>A1<br>0.02 G1 | 工序 65<br>磨外圆<br>注：<br>工序 70 为磁<br>粉检测工序 75<br>为终检工序 80<br>为氧化 | 0.8<br>0.01 A1-G1<br>⊥ 0.02 N<br>// 0.02 C1<br>⊥ 0.02 C1<br>G1<br>C1<br>0.05<br>A1<br>N |

（1）工序5、10、15　这三个工序组成粗加工阶段。工序5采用 $F$ 面和 $N$ 面作为粗基准。因为 $F$ 的外径较大，易于传递较大的转矩，而且其他外圆的拔模斜度较大，不便于夹紧。径向取 $F$ 定位，则轴向应选用 $N$ 面为基准，这样可使夹具简单。工序5主要是加工外圆，为下一工序准备定位基准，同时切除内孔的大部分余量。

工序10是加工 $F$ 面和 $N$ 面，并加工大端内腔。这一工序的目的是切除余量，同时也为下一工序作定位基准的准备。

工序15是加工外圆表面，用工序10加工好的 $F$ 面和 $N$ 面作定位基准，切除外圆表面的大部分余量。

粗加工有三道工序，用相互作定位基准的方法，其目的是使加工时的余量均匀，并使加工后的表面位置比较准确，从而使以后工序的加工顺利进行。

（2）工序20、25　工序20是中间检验。因下一工序为热处理工序，需要转换车间，所以一般应安排一个中间检验工序。

工序25是热处理。因为零件的硬度要求不高（285~312HBW），所以安排在粗加工阶段之后进行，对半精加工不会带来困难。同时，因为粗加工时余量较大，必须消除粗加工产生的内应力。

（3）工序30、35、40　工序30的主要目的是修复基准。因为热处理后有变形，原来基准的精度遭到破坏。同时，半精加工的精度要求较高，也有必要提高定位基准的精度。所以把 $F$ 和 $N$ 面加工准确。

另外，在工序30中，还安排了内腔表面的加工，这是因为工件的刚度较差，半精加工余量留得多一些，所以在这里先加工一次。

工序35是用修复后的定位基准，进行外圆表面的半精加工，完成外锥面的最终要求，其他表面留有余量，为精加工作准备。

工序40是磨削工序，其主要任务是提高 $D1$ 的精度，为以后工序作定位基准用。

（4）工序45、50、55　这三个工序是继续进行半精加工，定位基准均采用 $D1$ 和 $K$。这是用同一基准的方法来保证小孔和槽的相对位置精度。为了避免在半精加工时产生过大的夹紧变形，所以这三道工序均采用 $N$ 面作轴向夹紧。

这三道工序在顺序安排上，钻孔应在铣槽之前进行。因为保证槽和孔的角向相对位置时，用孔作角向定位基准比较合适。半精镗内腔也应在铣槽工序之前进行，其原因是镗孔口时可避免断续切削而改善加工条件。至于钻孔和镗内腔表面这两个工序的顺序，相互间没有多大影响，可任意安排。

在工序50和55中，由于工序要求的位置尺寸精度不高，所以虽然有定位误差存在，但只要在工序40中规定一定的加工精度，就可将定位误差控制在一定的范围内，这样，加工就不会有很大的困难。

（5）工序60、65　这两个工序属于精加工工序。外圆与内孔的加工顺序，一般来说，采用"先孔后外圆"的方法，因为孔定位所用的夹具比较简单。

在工序60中，用 $D1$ 和 $K$ 面定位，用 $D1$ 夹紧。为了减少夹紧变形，故采用均匀夹紧的方法。在工序中对 $A1$、$G1$ 和 $N$ 采用一次安装加工，其目的是为保证其同轴度和垂直度。

在工序65加工外圆表面时，采用 $A1$、$G1$ 和 $N$ 定位，虽然 $A1$ 和 $G1$ 同时作径向定位基准，是过定位的形式，但由于 $A1$ 和 $G1$ 是在一次安装中加工出来的，相互位置比较准确，不会因过定位而造成困难。所以为了较好地保证定位的稳定可靠,采用这一组表面作为定位基准。

(6) 工序70、75、80 工序70为磁粉检测,主要是检验磨削的表面裂纹,一般安排在机械加工以后进行。工序75为终检,检验工件的全部精度和其他有关要求。检验合格后的工件,最后进行表面保护(工序80,氧化)。

由以上分析可知,影响工序内容、数目和顺序的因素很多,而且这些因素之间彼此有联系。所以在制订工艺路线时,要进行综合分析。另外,每一个零件的加工过程,都有其特点,主要的问题也各不相同。因此,要特别注意工艺关键的分析。如轴套,是薄壁件,精度要求高,所以要特别注意变形对精度的影响。

**3. 工艺路线优化**

伴随着现代科学技术的飞速发展,制造系统正向集成化、智能化方向迈进。传统的工艺设计方法,已远远不能满足要求。计算机辅助工艺过程设计(CAPP)也就应运而生,它对于机械制造业具有重要意义。

在CAPP中,工艺路线的优化是一个极其重要而又复杂的内容。它包括两个优化过程:纵向的工序优化和横向的工步优化(如切削参数优化)。这两个层次的优化是互相影响的,必须并行优化才能达到工艺设计的全局优化。

由于工艺路线优化的影响因素众多,工艺路线安排很难用逻辑表达式表述,因此工艺路线优化是一个十分困难棘手的问题。

很多研究人员在从事工艺过程优化方面的研究工作,如将遗传算法应用于工艺路线优化。利用遗传算法的全局搜索策略,通过遗传算法的复制、杂交、变异等操作进行工艺路线决策,从而更加智能地进行工艺路线排序。但这种解决方法存在一些弊端,如不能同时考虑到工序和工步,从而占用了较大的系统资源,且简单交叉和变异无法满足复杂的工艺路线优化。所以又有研究人员尝试基于遗传算法和动态规划法的工艺过程优化。该方法将工艺过程的优化分解为两个并行层次:工序层和工艺路线层,用改进的遗传算法求解工序层中的工艺参数优化问题,同时利用动态规划法实现工艺路线层次的优化,最后将两个层次优化有机结合,在局部优化的基础上进行整体优化,最终实现整个工艺过程的优化。

## 7.3.8 机床设备与工艺装备的选择

在设计工序时,需要具体选定所用的机床、夹具、切削工具和量具。

**1. 机床的选择原则**

机床的选择,对工序的加工质量、生产率和经济性有很大的影响,为使所选定的机床性能符合工序的要求,必须考虑下列因素:

1) 机床的工作精度应与工序要求的加工精度相适应。

2) 机床工作区的尺寸应与工件的轮廓尺寸相适应。

3) 机床的生产率应与该零件要求的年生产纲领相适应。

4) 机床的功率与刚度应与工序的性质和合理的切削用量相适应。

在选择时,应该注意充分利用现有设备,并尽量采用国产机床。为扩大机床的功能,必要时可进行机床改装,以满足工序的需要。

有时在试制新产品和小批生产时，较多地选用数控机床，以减少工艺装备的设计与制造，缩短生产周期和提高经济性。

在设备选定以后，有时还需要根据负荷的情况来修订工艺路线，调整工序的加工内容。

**2. 夹具的选择**

选择夹具时，一般应优先考虑采用通用夹具。在产量不大、产品多变的情况下，采用专用夹具，不但要增长生产周期，而且要提高成本。为此，研究夹具的通用化、标准化问题，如推广组合夹具以及成组夹具等，就有着十分重要的意义。

**3. 切削工具的选择**

切削工具的类型、构造、尺寸和材料的选择，主要取决于工序所采用的加工方法，以及被加工表面的尺寸、精度和工件的材料等。

为提高生产率和降低成本，应充分注意切削工具的切削性能，合理地选择切削工具的材料。

在一般情况下，应尽量优先采用标准的切削工具。在按工序集中原则组织生产时，常采用专用的复合切削工具。

**4. 量具的选择**

选择量具时，首先应考虑所要求检验的精度，以便正确地反映工件的实际精度。至于量具的形式，则主要取决于生产类型。在单件小批生产时，广泛地采用通用量具。在大批大量生产时，主要采用界限量规和高生产率的专用检验量具，以提高生产率。

# 7.4 机械加工工序卡片的制订

## 7.4.1 加工余量的确定

确定工序尺寸时，首先要确定加工余量。正确地确定加工余量具有很大的经济意义。若毛坯余量过大，不仅要浪费材料，而且要增加机械加工的劳动量，从而使生产率下降，产品成本提高。反之，若余量过小，一方面使毛坯制造困难，另一方面在机械加工时，也因余量过小而被迫使用划线、找正等工艺方法，也能产生废品。

**1. 总加工余量和工序加工余量**

为了得到零件上某一表面所要求的精度和表面质量，而从毛坯这一表面所切去的全部金属层的厚度，称为该表面的总加工余量。完成一个工序时从某一表面所切去的金属层称为工序加工余量。

总加工余量与工序加工余量的关系为

$$Z_0 = \sum_{i=1}^{n} Z_i$$

式中　$Z_0$——总加工余量；

　　　$Z_i$——工序加工余量；

　　　$n$——工序数目。

在加工过程中，由于工序尺寸有公差，实际切除的余量是有变化的。因此加工余量又有公称余量（名义加工余量）、最大加工余量和最小加工余量之分。通常所说的加工余量，是指公称余量而言，其值等于前后工序的基本尺寸之差（见图7-6），即

$$Z_1 = |L_2 - L_1|$$

对于最大加工余量和最小加工余量，因加工内、外表面的不同而计算方法各异。

（1）外表面加工

$$Z_{1max} = L_{2max} - L_{1min} = L_2 - (L_1 - \delta_1) = Z_1 + \delta_1$$
$$Z_{1min} = L_{2min} - L_{1max} = (L_2 - \delta_2) - L_1 = Z_1 - \delta_2$$
$$\delta Z = Z_{1max} - Z_{1min} = \delta_1 + \delta_2$$

（2）内表面加工

$$Z_{1max} = L_{1max} - L_{2min} = (L_1 + \delta_1) - L_2 = Z_1 + \delta_1$$
$$Z_{1min} = L_{1min} - L_{2max} = L_1 - (L_2 + \delta_2) = Z_1 - \delta_2$$
$$\delta Z = Z_{1max} - Z_{1min} = \delta_1 + \delta_2$$

式中　　$L_1$、$\delta_1$——本道工序基本尺寸及其公差；

$L_2$、$\delta_2$——前道工序基本尺寸及其公差；

$\delta Z$——本工序余量公差。

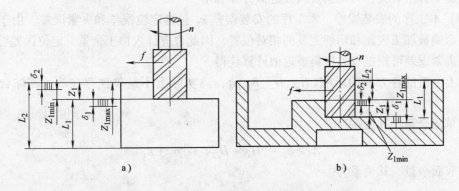

图 7-6　名义加工余量、最大加工余量和最小加工余量

上述计算结果说明，实际的加工余量是变化的，其变化范围等于本工序与前工序的尺寸公差之和。

工序余量还有单面和双面之分。如图 7-6 所示的平面加工，余量 $Z_1$ 为单面余量。对于图 7-7 所示的圆柱面加工（回转体类工件），则有单面余量和双面余量之分，即（$\phi_2 - \phi_1$）为双面余量，而 $\frac{1}{2}(\phi_2 - \phi_1)$ 为单面余量。一般来讲，回转体表面都采用双面余量进行分析与计算。

**2. 影响加工余量的因素**

工序加工余量的大小，应当使被加工表面经过本工序加工后，不再留有前道工序的加工痕迹和缺陷。因此，在确定加工余量时，应考虑以下因素：

（1）前道工序的表面质量　前道工序加工后，表面凹凸不平的最大高度和表面缺陷层的深度（见图7-8），应当在本工序加工时切除。

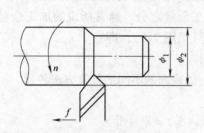

图 7-7 单面与双面余量 　　　　　　　图 7-8 表面缺陷层

图 7-8 中的表面粗糙度 $H_a$ 和表面缺陷层 $D_a$ 的大小和加工方法有关，可以查相关表得知。

（2）前道工序的尺寸公差　由于在前道工序加工中，加工后的表面存在着尺寸误差和形状误差（如平面度、圆柱度等）。这些误差的总和，一般不超过前道工序的尺寸公差 $\delta_2$。所以，当考虑加工一批工件时，为了纠正这些误差，本工序的加工余量中应计入 $\delta_2$。

（3）前道工序的位置关系误差　在前道工序加工后的位置关系误差，并不包括在尺寸公差范围内（如同轴度、平行度、垂直度），在考虑确定余量时，应计入这部分误差 $\rho_2$。$\rho_2$ 的数值与加工方法有关，可根据资料或近似计算确定。

（4）本工序的安装误差　本工序的安装误差 $\varepsilon_1$ 包括定位误差和夹紧误差。由于这部分误差要影响被加工表面和切削工具的相对位置，因此也应计入加工余量。定位误差可以进行计算，夹紧误差可根据有关资料或近似计算获得。

以上分析的各方面的影响（$H_{a2}$、$D_{a2}$、$\delta_2$、$\rho_2$、$\varepsilon_1$）实际上不是单独存在的，需综合考虑其影响。

对单面余量，其关系为

$$Z_1 \geqslant \delta_2 + (H_{a2} + D_{a2}) + |\vec{\rho_2} + \vec{\varepsilon_1}|$$

对双面余量，其关系为

$$2Z_1 \geqslant \delta_2 + 2(H_{a2} + D_{a2}) + 2|\vec{\rho_2} + \vec{\varepsilon_1}|$$

上述公式有助于分析余量的大小。在具体使用时，应结合加工方法本身的特点进行分析。如用浮动铰刀铰孔时，一般只考虑前道工序的尺寸公差和表面质量的影响；在超精研磨和抛光时，一般只考虑前道工序表面质量的影响。

此外，在加工过程中，还有其他因素的影响，如热处理变形等。由于加工情况复杂，影响因素多，目前尚难以用计算法来确定余量的大小，一般采用经验法或查表法确定。

各种表面粗、精加工加工余量的选择参见附录 A。

## 7.4.2　工序尺寸的确定

工艺路线拟订以后，即应确定每道工序的加工余量、工序尺寸及其公差。加工余量可根据查表法确定。而在确定工序尺寸与公差的过程中，常常会遇到两种情况：其一是在加工过程中，工件选定的定位基准与工序基准重合，可由已知的零件图的尺寸一直推算到毛坯尺寸，即采用"由后往前推"方法确定中间各工序的工序尺寸；其二是在工件的加工过程中，基准发生多次转换，需要建立工艺尺寸链来求解中间某工序的尺寸。

### 1. 工艺尺寸链

（1）尺寸链的定义与组成 用来决定某些表面间相互位置的一组尺寸，按照一定次序排列成封闭的链环，称为尺寸链。

在零件图或工序图上，为了确定某些表面间的相互位置，可以列出一些尺寸链，在设计图上的称为设计尺寸链，在工序图上的称为工艺尺寸链。图7-9a所示为某一零件的轴向尺寸图，底的厚度$F_1$由设计尺寸$A_1$、$A_2$、$A_3$所确定。尺寸$A_1$、$A_2$、$A_3$加上$F_1$就组成了一个设计尺寸链。图7-9b所示为该零件的两个工序简图，凸缘厚度$A_3$由工序尺寸$H_1$、$H_3$确定，尺寸$H_1$、$H_3$和$A_3$组成一个工艺尺寸链。工序尺寸$H_1$、$H_2$则和$F_1$组成另一个工艺尺寸链。

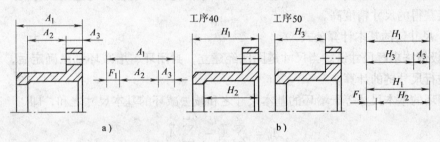

图7-9 设计尺寸链和工艺尺寸链

尺寸链中的每一个尺寸称为尺寸链的环。每个环按其性质不同可分为两类，即组成环和封闭环。按其对封闭环的影响，组成环又可进一步划分为增环和减环。

1）组成环。直接形成的尺寸称为组成环，如设计图上直接给定的尺寸$A_1$、$A_2$、$A_3$；在工序图上直接保证的尺寸$H_1$、$H_2$、$H_3$等。

2）封闭环。由其他尺寸间接保证的尺寸称为封闭环。如设计尺寸链中，$F_1$是由$A_1$、$A_2$、$A_3$所确定的，所以$F_1$是间接形成的，是这个设计尺寸链的封闭环。在工艺尺寸链中，$A_3$是由$H_1$、$H_3$所决定的，所以$A_3$是该工艺尺寸链的封闭环。同理，在$H_1$、$H_2$和$F_1$组成的工艺尺寸链中，$F_1$是封闭环。

3）增环和减环 组成环按其对封闭环的影响又可分为增环和减环。当组成环增大时，封闭环也随着增大，则该组成环称为增环；而当组成环增大时，封闭环随之减小，则该组成环称为减环。如在$A_3$、$H_1$、$H_3$组成的工艺尺寸链中，$H_1$增大会使$A_3$增大，所以$H_1$是增环；而$H_3$增大反而使$A_3$减小，所以$H_3$是减环。

在一个尺寸链中，封闭环只有一个，可以有两个或两个以上的组成环，可以没有减环，但不能没有增环。

（2）增减环的判定法则 尺寸链计算的关键在于画出正确的尺寸链图后，先正确地确定封闭环，然后确定增环和减环。确定增、减环的方法如下：

如图7-10所示，先任意规定回转方向（顺时针或逆时针），然后从封闭环（$\overleftarrow{Z}$）开始，像电流一样形成回路。凡是箭头方向与封闭环相反者，为增环（如尺寸$11_{-0.1}^{0}$和尺寸$50_{-0.4}^{0}$），以向右箭头表示，即表示为$\overrightarrow{11}_{-0.1}^{0}$、$\overrightarrow{50}_{-0.4}^{0}$；凡是箭头方向与封闭环相同者为减环（如尺寸$50_{-0.2}^{0}$和尺寸$12_{-0.3}^{0}$），以向左箭头表示，表示为$\overleftarrow{50}_{-0.2}^{0}$和$\overleftarrow{12}_{-0.3}^{0}$。

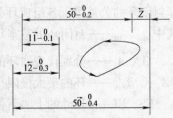

图7-10 增减环的判定法则

（3）尺寸链的主要特征　由于定位基准和工序基准不重合，往往必须提高工序尺寸的加工精度（图 7-13 中的 $H_1$、$H_3$）来保证图样尺寸 $A_3$ 的加工精度。这里要注意尺寸 $H_1$、$H_3$ 是在加工过程中直接获得的，而尺寸 $A_3$ 是间接保证的。因而尺寸链的主要特征是：

1）尺寸链是由一个间接获得的尺寸和若干个对此有影响的尺寸（即直接获得的尺寸）所组成。

2）各尺寸按一定的顺序首尾相连。

3）尺寸链必然是封闭的。

4）直接获得的尺寸精度都对间接获得的尺寸精度有影响，因此直接获得的尺寸精度总是比间接获得的尺寸精度高。

（4）尺寸链的基本计算公式

1）极值法求解尺寸链。当尺寸链图已经建立，封闭环、增减环都已确定后，就可以用极值法进行尺寸链的计算。

封闭环的基本尺寸等于增环的基本尺寸之和减去减环的基本尺寸之和，即

$$A_0 = \sum_{i=1}^{m} \vec{A}_i - \sum_{j=m+1}^{n-1} \overleftarrow{A}_j \tag{7-1}$$

封闭环的最大极限尺寸等于增环的最大极限尺寸之和减去减环的最小极限尺寸之和，即

$$A_{0max} = \sum_{i=1}^{m} \vec{A}_{imax} - \sum_{j=m+1}^{n-1} \overleftarrow{A}_{jmin} \tag{7-2}$$

封闭环的最小极限尺寸等于增环的最小极限尺寸之和减去减环的最大极限尺寸之和，即

$$A_{0min} = \sum_{i=1}^{m} \vec{A}_{imin} - \sum_{j=m+1}^{n-1} \overleftarrow{A}_{jmax} \tag{7-3}$$

由式（7-2）减去式（7-1），得

$$ES(A_0) = \sum_{i=1}^{m} ES(\vec{A}_i) - \sum_{j=m+1}^{n-1} EI(\overleftarrow{A}_j) \tag{7-4}$$

即封闭环的上偏差等于增环的上偏差之和减去减环的下偏差之和。

由式（7-3）减去式（7-1），得

$$EI(A_0) = \sum_{i=1}^{m} EI(\vec{A}_i) - \sum_{j=m+1}^{n-1} ES(\overleftarrow{A}_j) \tag{7-5}$$

即封闭环的下偏差等于增环的下偏差之和减去减环的上偏差之和。

由式（7-4）减去式（7-5），得

$$\delta(A_0) = \sum_{i=1}^{m} \delta(\vec{A}_i) + \sum_{j=m+1}^{n-1} \delta(\overleftarrow{A}_j) \tag{7-6}$$

即封闭环的公差等于各组成环公差之和。

式中　　$A_0$——封闭环的基本尺寸；

$\vec{A}_i$、$\overleftarrow{A}_j$——分别代表增环的基本尺寸和减环的基本尺寸；

$A_{max}$、$A_{min}$——环的最大极限尺寸和最小极限尺寸；

ES、EI——尺寸的上、下偏差；

$\delta$——尺寸公差；

$n$、$m$——分别代表包括封闭环在内的总环数和增环的数目。

极值法的特点是简单可靠,但在封闭环的公差较小且组成环数较多时,各组成环的公差将会很小,使加工困难,制造成本增加。因此,它主要用于组成环的环数少或组成环的环数虽多,但封闭环公差较大的场合。

2) 概率法求解尺寸链。当生产量较大而组成环数较多(一般大于4)时,应用概率论理论计算尺寸链能扩大组成环的制造公差,降低生产成本。但计算较极值法复杂。

① 各环公差的计算。若组成环的误差遵循正态分布,则其封闭环也是正态分布的。如取封闭环公差 $\delta = 6\sigma$,则封闭环的公差 $\delta(A_0)$ 和组成环公差 $\delta(A_i)$ 之间的关系如下:

$$\delta(A_0) = \sqrt{\sum_{i=1}^{n-1} \delta^2(A_i)}$$

设组成环的公差值相等,即 $\delta_i = \delta_M$,则可得到各组成环的平均公差值为

$$\delta_M(A_i) = \frac{\delta(A_0)}{\sqrt{n-1}} = \frac{\sqrt{n-1}}{n-1}\delta(A_0)$$

概率法与极值法相比较,概率法计算将组成环的平均公差扩大了 $\sqrt{n-1}$ 倍。

② 各环算术平均值的计算。根据概率论推知,封闭环的算术平均值等于各组成环的算术平均值的代数和。

当各组成环的尺寸分布遵循正态分布,且分布中心与公差带中心重合时,则各环的平均尺寸和平均偏差为

$$A_M(A_i) = A_i + \Delta_i$$

$$A_M(A_0) = \sum_{i=1}^{m} A_M(\vec{A_i}) - \sum_{j=m+1}^{n-1} A_M(\overleftarrow{A_j})$$

$$\Delta_i = \frac{ES(A_i) + EI(A_i)}{2}$$

$$\Delta_0 = \frac{ES(A_0) + EI(A_0)}{2} = \sum_{i=1}^{m} \Delta_i(\vec{A_i}) - \sum_{j=m+1}^{n-1} \Delta_j(\overleftarrow{A_j})$$

(5) 尺寸链的最短路线原则　由式(7-6)可知,封闭环的公差等于所有组成环的公差之和。为了增加各组成环的公差,从而便于零件的加工制造,应使组成环的数目尽量减少,这就是尺寸链计算的最短路线原则。

(6) 工艺尺寸链

1) 工艺尺寸链的定义。在零件加工过程中,由有关工序尺寸、设计要求尺寸或加工余量等所组成的尺寸链为工艺尺寸链。它是由机械加工工艺过程、加工的具体方法所决定的。加工时的装夹方式、表面尺寸形成方法、刀具的形状,都可能影响工艺尺寸链的组合关系。

2) 工艺尺寸链的封闭环。工艺尺寸链的封闭环,是由加工过程和加工方法所决定的,是最后形成、间接保证的尺寸。当封闭环为设计尺寸时,其数值必须按要求严格保证,当封闭环为未注公差尺寸或余量时,其数值由工艺人员根据生产条件自行决定。

在大批量生产中采用调整法加工,封闭环取决于工艺方案。封闭环的正确判断是计算工艺尺寸链的关键问题之一。

3) 工艺尺寸链的组成环。工艺尺寸链的组成环,通常是中间工序的加工尺寸、对刀调整尺寸和进给行程尺寸等。其公差值可根据加工方法的经济加工精度决定。

4) 工艺尺寸链的协调。经工艺尺寸链分析计算,发现原设计要求无法保证时,可以改

进工艺方案，以改变工艺尺寸链的组成，变间接保证为直接保证；或采取措施，提高某些组成环的加工精度。

5）工艺尺寸链的计算方法。工艺尺寸链的计算，一般采用"极值法"。只有在大批大量生产条件下，当所计算的工序尺寸公差偏严而感到不经济时，可应用"概率法"。

**2. 确定工序尺寸**

（1）定位基准与工序基准重合时工序尺寸及公差的计算　在定位基准、工序基准重合时，某一表面需经多道工序加工，才能达到设计要求，为此必须确定各工序的工序尺寸及其公差。

图 7-11 所示为加工外表面时各工序尺寸之间的关系。其中，$L_1$ 为最终工序基本尺寸，$L_5$ 为毛坯基本尺寸，$L_2$、$L_3$、$L_4$ 为中间工序的基本尺寸。则前道工序的基本尺寸等于本工序的基本尺寸加上本工序的余量，即

$$L_2 = L_1 + Z_1$$
$$L_3 = L_2 + Z_2 = L_1 + Z_1 + Z_2$$
$$L_4 = L_3 + Z_3 = L_1 + Z_1 + Z_2 + Z_3$$
$$L_5 = L_4 + Z_4 = L_1 + Z_1 + Z_2 + Z_3 + Z_4$$

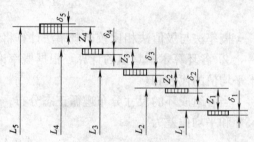

因此，在定位基准和工序基准重合的情况下，外表面加工时中间各工序的基本尺寸可由最终尺寸及余量推得。即采用"由后往前推"的方法，由零件图的基本尺寸，一直推算到毛

图 7-11　工序尺寸的确定

坯的基本尺寸。各工序尺寸的公差则按经济加工精度确定，并按"入体原则"确定上下偏差。

根据"由后往前推"的方法，已知零件图的尺寸，同理可以确定内表面加工时中间各工序的基本尺寸和偏差。应该注意内表面和外表面的区别，同时也应注意单面和双面余量问题。

**例 7-1**　某箱体主轴孔铸造尺寸公差等级为 IT10，其主轴孔设计尺寸为 $\phi100H7(^{+0.035}_{0})$，加工工序为粗镗—半精镗—精镗—浮动镗四道工序，试确定各中间工序尺寸及其公差。

**解**：各工序的公称余量及经济加工精度可查表得知，分别填入表 7-9 的第二列和第三列内；对于孔加工，按上道工序的基本尺寸等于本工序的基本尺寸减去本工序公称余量的关系逐一算出各工序基本尺寸，填入表第四列内；再按"入体原则"确定各工序尺寸的上下偏差，填入表 7-9 的第五列内，毛坯公差一般按上、下偏差标注。

表 7-9　主轴孔各中间工序的尺寸及公差　　　　　　　　（单位：mm）

| 工序名称 | 工序公称余量 | 经济加工精度 | 工序基本尺寸 | 工序尺寸及其公差 |
|---|---|---|---|---|
| 浮动镗 | 0.1 | H7($^{+0.035}_{0}$) | 100 | $\phi100^{+0.035}_{0}$ |
| 精镗 | 0.5 | H8($^{+0.054}_{0}$) | 100 − 0.1 = 99.9 | $\phi99.9^{+0.054}_{0}$ |
| 半精镗 | 2.4 | H10($^{+0.14}_{0}$) | 99.9 − 0.5 = 99.4 | $\phi99.4^{+0.14}_{0}$ |
| 粗镗 | 5.0 | H13($^{+0.44}_{0}$) | 99.4 − 2.4 = 97.0 | $\phi97.0^{+0.44}_{0}$ |
| 毛坯 | 8.0 | CT10($\pm1.60$) | 97.0 − 5.0 = 92.0 | $\phi92.0\pm1.60$ |

（2）工艺尺寸换算　加工过程中，从一组基准转换到另一组基准，就形成了两组互相联系的尺寸和公差系统。工艺尺寸换算就是以适宜于制造的工艺尺寸系统去保证零件图上的设计尺寸系统，即保证零件图所规定的尺寸和公差。

因此，尺寸换算主要是在基准转换过程中由于基准不重合而引起的。在制订工艺过程时，主要有以下几种形式的换算：

1）工序基准与设计基准不重合。在最终工序中，由于工序基准与设计基准不重合，工序的尺寸和公差，就无法直接取用零件图上的尺寸和公差，必须进行工艺尺寸换算。

**例7-2**　图 7-12 所示为某型压气机盘。图 7-12a 所示为零件图的部分尺寸要求；图 7-12b 所示为加工外形面的最终工序简图；图 7-12c 所示为有关尺寸链。试计算加工外形面时 $H$ 的尺寸大小及公差。

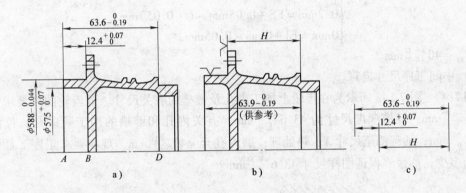

图 7-12　工序基准与设计基准不重合时的尺寸换算

**解**：在加工端面 $D$ 时，其设计基准是 $A$ 面，因工序基准要便于测量而选在 $B$ 面。因此，尺寸 $H$ 必须通过换算求得。

尺寸链的封闭环为 $63.6_{-0.19}^{\ 0}$ mm，尺寸 $12.4_{\ 0}^{+0.07}$ mm（已加工完毕）和 $H$ 为增环，由尺寸链方程：

$$\begin{cases} 63.6\,\mathrm{mm} = H + 12.4\,\mathrm{mm} \\ 0\,\mathrm{mm} = \mathrm{ES} + 0.07\,\mathrm{mm} \\ -0.19\,\mathrm{mm} = \mathrm{EI} + 0\,\mathrm{mm} \end{cases}$$

求得 $H = 51.2_{-0.19}^{-0.07}$ mm，换算成入体形式：$H = 51.13_{-0.12}^{\ \ 0}$ mm。

由于在尺寸换算后要压缩公差，当本工序经压缩后的公差较小而使加工可能产生废品时，则最好将原设计尺寸作为"供参考"尺寸一同标注在工序图上。

在上例中，尺寸 $H$ 做成 50.94mm，按工序尺寸检验要报废，若尺寸 $12.4_{\ 0}^{+0.07}$ mm 做成上限 12.47mm 时，则总长尺寸是 63.41mm，仍能保证零件图的要求。所以，当工序尺寸的超差值小于公差的压缩值时，有可能仍是合格品。因此，在这种情况下，需要进行复检，以防止出现"假废品"。

2）定位基准与设计基准不重合。

**例7-3**　图 7-13 所示为套筒零件（径向尺寸从略），加工表面 $A$ 时，要求保证图样尺寸 $10_{\ 0}^{+0.2}$ mm。在铣床上加工此表面，定位基准为 $B$，试计算此工序的工序尺寸 $H_{\mathrm{EI}}^{\mathrm{ES}}$。

**解**：此题属于定位基准与工序基准不重合的情况。因基准不重合，故铣削 $A$ 面时其工序尺寸 $H$ 就不能按图样尺寸来标注，而需经过换算后得到。图样尺寸 $30_{\ 0}^{+0.05}$ mm 和（60 ±

0.05）mm 在前面工序均已加工完毕，是由加工直接获得的，故可根据此加工顺序建立尺寸链图，计算 $H_{EI}^{ES}$。

从尺寸链图中可以看出，图样需要保证的尺寸 $10_{0}^{+0.2}$ mm 是通过加工间接保证的，为封闭环；尺寸 $H_{EI}^{ES}$ 和 $30_{0}^{+0.05}$ mm 为增环；尺寸（$60 \pm 0.05$）mm 为减环。

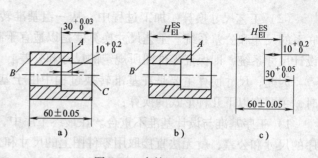

图 7-13　套筒工艺尺寸链
a）零件图　b）铣削工序图　c）尺寸链图

根据尺寸链计算公式求解：

$$\begin{cases} 10\text{mm} = H + 30\text{mm} - 60\text{mm} \\ 0.2\text{mm} = ES + 0.05\text{mm} - (-0.05)\text{mm} \\ 0\text{mm} = EI + 0\text{mm} - 0.05\text{mm} \end{cases}$$

求得 $H_{EI}^{ES} = 40_{+0.05}^{+0.12}$ mm。

3）中间工序尺寸换算。

**例 7-4**　图 7-14a 所示为在齿轮上加工内孔及键槽的有关尺寸。该齿轮图样要求的孔径是 $\phi40_{0}^{+0.06}$ mm，键槽深度尺寸为 $43.6_{0}^{+0.34}$ mm。有关内孔和键槽的加工顺序是：镗内孔至 $\phi39.6_{0}^{+0.1}$ mm；插键槽至尺寸 $X$；热处理；磨内孔至 $\phi40_{0}^{+0.06}$ mm。现在要求工序 2 插键槽尺寸 $X$ 为多少，能最终保证图样尺寸 $43.6_{0}^{+0.34}$ mm？

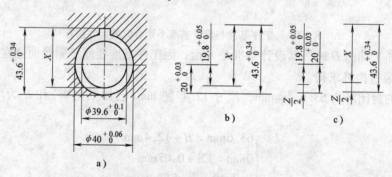

图 7-14　齿轮内孔键槽的尺寸关系

**解：**要解此题，可以有两种不同的尺寸链图。图 7-14b 所示的尺寸链是一个四环尺寸链，它表示 $X$ 和其他三个尺寸的关系，其中 $43.6_{0}^{+0.34}$ mm 为封闭环，这里看不到工序间余量与尺寸链的关系。图 7-14c 是把图 7-14b 的尺寸链分成两个三环尺寸链，并引进半径余量 $Z/2$。从图 7-14c 的左图可看到 $Z/2$ 是封闭环；在右图中，尺寸 $43.6_{0}^{+0.34}$ mm 是封闭环，$Z/2$ 是组成环。由此可见，要保证 $43.6_{0}^{+0.34}$ mm，就要控制余量 $Z$ 的变化，而要控制这个余量的变化，就要控制它的组成环 $19.8_{0}^{+0.05}$ mm 和 $20_{0}^{+0.03}$ mm 的变化。工序尺寸 $X$ 可以由图 7-14b 或图 7-14c 求出，前者便于计算，后者便于分析。

现通过图 7-14b 所示的尺寸链计算，尺寸链图中 $X$ 和 $20_{0}^{+0.03}$ mm 为增环，$19.8_{0}^{+0.05}$ mm 为减环。利用公式计算：

$$\begin{cases} 43.6\text{mm} = X + 20\text{mm} - 19.8\text{mm} \\ 0.34\text{mm} = \text{ES}(X) + 0.03\text{mm} - 0\text{mm} \\ 0\text{mm} = \text{EI}(X) + 0\text{mm} - 0.05\text{mm} \end{cases}$$

求得 $X = 43.4^{+0.31}_{+0.05}\text{mm}$。

标注工序尺寸时，采用"入体原则"，故 $X = 43.45^{+0.26}_{0}\text{mm}$。

4）多尺寸保证。在加工过程中，多尺寸保证的表现形式一般有下列几种：

① 主设计基准最后加工。在零件上往往有很多尺寸与主设计基准有联系，而它本身的精度又比较高，一般都要进行精加工，而其他非主要表面在半精加工阶段均已加工完毕，所以常常产生多尺寸保证问题而需要进行换算。

**例 7-5**　如图 7-15 所示，图 7-15a 所示为衬套零件的部分尺寸要求，图 7-15b 所示为最后几个有关的加工工序。计算小孔加工时的工序尺寸。

**解**：该衬套的轴向主设计基准为 $B$ 面，与之相联系的尺寸有 $9^{0}_{-0.09}\text{mm}$、$(10 \pm 0.18)\text{mm}$、$32^{0}_{-0.062}\text{mm}$ 三个尺寸。其中尺寸 $9^{0}_{-0.09}\text{mm}$ 和尺寸 $32^{0}_{-0.062}\text{mm}$ 可在工序 80 中直接获得。而小孔在半精加工阶段已加工完毕，因此尺寸 $(10 \pm 0.18)\text{mm}$ 是间接保证的，钻孔尺寸需要进行换算后才能得到。

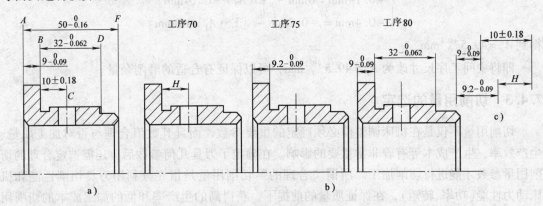

图 7-15　主设计基准最后加工时多尺寸保证

建立尺寸链图，如图 7-15c 所示。其中，$(10 \pm 0.18)\text{mm}$ 为封闭环，尺寸 $9.2^{0}_{-0.09}\text{mm}$ 和 $H$ 为增环，$9^{0}_{-0.09}\text{mm}$ 为减环。根据尺寸链方程有

$$10\text{mm} = H + 9.2\text{mm} - 9\text{mm}$$

$$0.18\text{mm} = \text{ES} + 0\text{mm} - (-0.09)\text{mm}$$

$$-0.18\text{mm} = -\text{EI} + (-0.09)\text{mm} - 0\text{mm}$$

求得 $H = (9.8 \pm 0.09)\text{mm}$。

② 余量校核。工序余量一般可按手册进行选择。本工序尺寸的偏差和前道工序有关尺寸的偏差都会影响余量的变化。另外，余量是在确定工序尺寸时，同时被间接保证的。因此，余量作为尺寸链的"一环"，也是多尺寸保证的一种形式，需要通过换算来校核其大小是否合适。

**例 7-6**　图 7-16 所示小轴，顶尖孔已钻好，其轴向尺寸的加工过程为：车端面 $A$；车肩面 $B$（保证尺寸 $49.5^{+0.3}_{0}\text{mm}$）；车端面 $C$，保证总长 $80^{0}_{-0.2}\text{mm}$；热处理；磨肩面 $B$，以 $C$ 定位，保证 $30^{0}_{-0.14}\text{mm}$。试校核磨肩面 $B$ 的余量。

解：尺寸链图如图7-16b所示，因为余量是间接获得的，是封闭环；$A_1 = 49.5^{+0.3}_{0}$ mm 和 $A_3 = 30^{0}_{-0.14}$ mm 为减环；$A_2 = 80^{0}_{-0.2}$ mm 为增环。

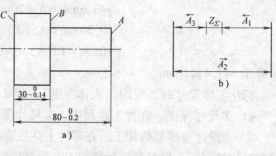

图7-16　余量校核

根据尺寸链方程，得

$$Z_0 = 80\text{mm} - 49.5\text{mm} - 30\text{mm}$$
$$ES(Z_0) = 0\text{mm} - (0 - 0.14)\text{mm}$$
$$EI(Z_0) = -0.2\text{mm} - (0.3 + 0)\text{mm}$$

求得 $Z_0 = 0.5^{+0.14}_{-0.5}$ mm，其中 $Z_{0\max} = 0.64$ mm，$Z_{0\min} = 0$ mm。

由于余量的最小值为零，因此在磨肩面 $B$ 时，有的零件可能磨不着。因此必须加大最小余量，定义 $Z_{0\min} = 0.1$ mm。为此必须变动中间工序尺寸 $49.5^{+0.3}_{0}$ mm（因为尺寸 $80^{0}_{-0.2}$ mm 和 $30^{0}_{-0.14}$ mm 为零件图上的设计尺寸，不能改动）来满足封闭环的变动需要。

根据尺寸链公式，列出方程：

$$\begin{cases} 0.5\text{mm} = 80\text{mm} - A_1 - 30\text{mm} \\ +0.14\text{mm} = 0\text{mm} - [EI(A_1) - 0.14\text{mm}] \\ -0.4\text{mm} = -0.2\text{mm} - [ES(A_1) + 0\text{mm}] \end{cases}$$

得到 $A_1 = 49.5^{+0.2}_{0}$ mm。

即将中间工序尺寸改为 $A_1 = 49.5^{+0.2}_{0}$ mm，可以保证有合适的磨削余量。

## 7.4.3　切削用量的选定

切削用量不仅是在机床调整前必须确定的重要参数，而且其数值合理与否对加工质量、生产效率、生产成本等有着非常重要的影响。在确定了刀具几何参数后，还需选定合理的切削用量参数才能进行切削加工。所谓"合理的"切削用量是指充分利用刀具切削性能和机床动力性能（功率、转矩），在保证质量的前提下，获得高的生产率和低的加工成本的切削用量。选择合理的切削用量是切削加工中十分重要的环节，选择合理的切削用量时，必须考虑合理的刀具寿命。

**1. 切削用量的选择原则**

切削用量与刀具使用寿命有密切关系。在制定切削用量时，应首先选择合理的刀具使用寿命，而合理的刀具使用寿命则应根据优化的目标而定。一般分最高生产率刀具使用寿命和最低成本刀具使用寿命两种。前者根据单件工时最少的目标确定；后者根据工序成本最低的目标确定。

（1）粗车切削用量的选择　对于粗加工，在保证刀具一定使用寿命前提下，要尽可能提高在单位时间内的金属切除率。在切削加工中，金属切除率与切削用量三要素 $a_p$、$f$、$v$ 均保持线性关系，即其中任何一参数增大一倍，都可使生产率提高一倍。然而由于刀具使用寿命的制约，当其中任一参数增大时，其他两个参数必须减小。因此，在制订切削用量时，三要素要获得最佳组合，此时的高生产率才是合理的。由刀具使用寿命的经验公式知道，切削用量各因素对刀具使用寿命的影响程度不同，切削速度对使用寿命的影响最大，进给量次之，背吃刀量影响最小。所以，在选择粗加工切削用量时，当确定刀具使用寿命合理数值后，应首先考虑增大 $a_p$，其次增大 $f$，然后根据 $T$、$a_p$、$f$ 的数值计算出 $v$，这样既能保持刀具使用寿命，发挥刀具切削性能，又能减少切削时间，提高生产率。背吃刀量应根据加工余量和加工系统的刚度确定。

（2）精加工切削用量的选择　选择精加工或半精加工切削用量的原则是在保证加工质量的前提下，兼顾必要的生产率。进给量根据工件表面粗糙度的要求来确定。精加工时的切削速度应避开积屑瘤区，一般硬质合金车刀采用高速切削。

**2. 切削用量制定**

目前许多工厂是通过切削用量手册、实践总结或工艺实验来选择切削用量的。制订切削用量时应考虑加工余量、刀具使用寿命、机床功率、表面粗糙度值、刀具刀片的刚度和强度等因素。

切削用量制定的步骤：背吃刀量的选择→进给量的选择→切削速度的确定→校验机床功率。

（1）背吃刀量的选择　背吃刀量 $a_p$ 应根据加工余量确定。粗加工时，除留下精加工的余量外，应尽可能一次进给切除全部粗加工余量，这样不仅能在保证一定的刀具使用寿命的前提下使 $a_p$、$f$、$v$ 的乘积最大，而且可以减少进给次数。在中等功率的机床上，粗车时背吃刀量可达 $8 \sim 10\,\mathrm{mm}$；半精车（表面粗糙度值 $R_a$ 一般为 $10 \sim 5\,\mu\mathrm{m}$）时，背吃刀量可取 $0.5 \sim 2\,\mathrm{mm}$；精车（表面粗糙度值 $R_a$ 一般为 $2.5 \sim 1.25\,\mu\mathrm{m}$）时，背吃刀量可取 $0.1 \sim 0.4\,\mathrm{mm}$。

在加工余量过大或工艺系统刚度不足或刀片强度不足等情况下，应分成两次以上进给。这时，应将第一次进给的背吃刀量取大些，可占全部余量的 $2/3 \sim 3/4$，而使第二次进给的背吃刀量小些，以使精加工工序获得较小的表面粗糙度值及较高的加工精度。

切削零件表层有硬皮的铸、锻件或不锈钢等冷硬较严重的材料时，应使背吃刀量超过硬皮或冷硬层，以避免使切削刃在硬皮或冷硬层上切削。

（2）进给量的选择　背吃刀量选定以后，应进一步尽量选择较大的进给量 $f$，其合理数值应该保证机床、刀具不致因切削力太大而损坏；切削力所造成的工件挠度不致超出零件精度允许的数值；表面粗糙度值不致太大。粗加工时，限制进给量的主要因素是切削力；半精加工和精加工时，限制进给量的因素主要是表面粗糙度值。

粗加工进给量一般多根据经验查表选取。这时主要考虑工艺系统刚度、切削力大小和刀具的尺寸等。

（3）切削速度的确定　当 $a_p$ 和 $f$ 选定后，应当在此基础上再选用最大的切削速度 $v$。此速度主要受刀具使用寿命的限制。但在较旧较小的机床上，限制切削速度的因素也可能是机床功率等。因此，在一般情况下，可以先按刀具使用寿命来求出切削速度，然后再校验机床功率是否超载，并考虑修正系数。切削速度的计算式为

$$v = \frac{C_v}{T^m f y_v a_p x_v} k_v$$

$a_p$、$f$ 及 $T$ 值计算出的 $v$ 值已列成切削速度选择表，可以在机械加工工艺手册中查到。确定精加工及半精加工的切削速度时，还要注意避开积屑瘤的生长区域。

式中的 $k_v$ 是修正系数，用它表示除 $a_p$、$f$ 及 $T$ 以外其他因素对切削速度的影响。

（4）校验机床功率　切削用量选定后，应当校验机床功率是否过载。

切削功率 $P_m$ 可按下式计算

$$P_m = \frac{F_c v}{60 \times 1000}$$

式中　　$F_c$——切削力（N）；

　　　　$v$——切削速度（m/min）。

机床的有效功率为

$$P'_E = P_E \eta_m$$

式中　　$P_E$——机床电动机功率；

　　　　$\eta_m$——机床传动效率。

如果 $P_m < P'_E$，则所选取的切削用量可用，否则应适当降低切削速度。

### 7.4.4　工艺定额

工艺定额包括工时定额和材料定额两部分内容。

**1. 制订工时定额**

工时定额是为劳动消耗而规定的衡量标准。简单地说，工人制造单位产品所消耗的必要劳动时间；或是说，在一定的生产技术组织条件下，在合理地使用设备、劳动工具的基础上，完成一项工作所必需的时间消耗，叫做工时定额。

（1）工时定额制订的目的　为了提高公司计划管理水平，增加公司经济效益，并为成本核算、劳动定员提供数据，体现按劳分配的原则，规定时间定额。

（2）工时定额制订的原则

1）制订工时定额应有科学依据，力求做到先进合理。

2）制订工时定额要考虑各车间、各工序、各班组之间的平衡。

3）制订工时定额必须贯彻"各尽所能，按劳分配"的方针。

4）制订工时定额必须要"快、准、全"。

5）同一工序、同一产品只有一个定额，称为定额的统一性。

（3）工时定额制订的方法

1）经验估工法。工时定额员和老工人根据经验对产品工时定额进行估算的一种方法，主要应用于新产品试制。

2）统计分析法。对多人生产同一种产品测出数据进行统计，计算出最优数、平均达到数、平均先进数，以平均先进数为工时定额的一种方法，主要应用于大批、重复生产的产品工时定额的修订。

3）类比法。主要应用于有可比性的系列产品。

4）技术定额法。测时法和计算法是目前最常用的两种方法。

**2. 材料定额**

材料消耗定额是指在一定的生产技术和生产组织的条件下，为制造单位产品或完成某项生产任务，合理地消耗材料的标准数量。

（1）制订材料定额的意义

1）材料消耗定额是正确地核算各类材料需要量，编制材料物资供应计划的重要依据。工业企业的材料物资供应计划，主要是根据计划期的生产任务和单位产品的消耗定额，先算出各类材料的需要量，再考虑到材料的内部资源而确定的。因此，消耗定额是确定材料需要量的依据，如果没有定额，计划指标就失去依据，也就不可能编制正确的材料物资供应计划。

2）材料消耗定额是有效地组织限额发料，监督材料物资有效使用的工作标准。有了先进合理的消耗定额，才能使企业供应部门按照生产进度，定时、定量地组织材料供应，实行严格的限额发料制度。并在生产过程中，对消耗情况进行有效地控制，监督材料消耗定额的贯彻执行，千方百计地节约使用材料。

3）材料消耗定额是制订储备定额和核定流动资金定额的计算尺度。工业企业在计算材料储备定额和流动资金的储备资金定额中，都有一个"每日平均需要量"的因素，而"每日平均需要量"又取决于每日平均生产量和单位产品的材料消耗定额两个因素。由此可见，单位产品材料消耗定额的高低，直接关系到材料储备定额和储备资金的数量。因此要制订切实可行的材料储备定额和储备资金定额，必须要确定先进合理的材料消耗定额。

（2）材料定额的表示方法　一般制造企业的材料消耗定额是用绝对数来表示的。例如制造一台车床，需要多少千克的钢材；完成一台设备的维修，需要多少材料等。

材料消耗定额的制订应当是全面的和系统的。除了正常生产的产品以外，还应该包括新产品试制、技术改造和设备维修等方面所需要的各种原料、材料、燃料，都应有年相应材料消耗定额。在机械制造和其他装配式生产的企业中，由于装配式生产的特点，材料消耗定额又可分为单项定额和综合定额。单项定额一般是指制造某一种零件的材料消耗定额；综合定额实际上是单项定额的汇总，一般指整机产品（如电视机、机床等）的材料消耗定额。这两种定额既互有联系，又各有不同的作用。单项定额主要为小生产车间发送材料的依据，又可以用来核算和分析实际消耗与定额消耗的差异，综合定额主要用于编制材料物资的供应计划。

（3）制订材料消耗定额的方法　通常制订材料定额的方法有技术分析法、统计分析法和经验估计法三种。

1）技术分析法。技术分析法是根据设计图样、工艺规格、材料利用等有关技术资料来分析计算材料消耗定额的一种办法。这种方法的特点是，在研究分析产品设计图样和生产工艺的改革，以及企业经营管理水平提高的可能性的基础上，根据有关技术资料，经过严密、细致地计算来确定的消耗定额。例如，在机械加工行业中，通常是根据产品图样和工艺文件，对产品的形状、尺寸、材料进行分析，先计算其净重部分，然后，对各道工序进行技术分析确定其工艺损耗部分，最后，将这两部分相加，得出产品的材料消耗定额。

2）统计分析法。统计分析法是根据某一产品原材料消耗的历史资料与相应的产量统计数据，计算出单位产品的材料平均消耗量。在这个基础上考虑到计划期的有关因素，确定材料的消耗定额。

用统计分析法来制订消耗定额的情况下，为了求得定额的先进性，通常可按以往实际消耗的平均先进数（或称先进平均数）作为计划定额。平均先进数就是将一定量时期内比总平均数先进的各个消耗数再求一个平均数，这个新的平均数即为平均先进数。

3）经验估计法。经验估计法主要是根据生产工人的生产实践经验，同时参考同类产品的材料消耗定额，通过与干部、技术人员和工人相结合的方式，来计算各种材料的消耗定额。

通常凡是有设计图样和工艺文件的产品，其主要原材料的消耗定额可以用技术分析法计算，同时参照必要的统计资料和职工生产实践中的工作经验来制订。辅助材料、燃料等的消耗定额，大多可采用经验估计法或统计分析法来制订。

# 7.5　数控加工工艺设计

采用数控加工技术解决了传统的机械加工技术难以解决甚至无法解决的问题，如复杂型面零件的加工问题。数控加工技术使机械制造业进入了一个高精度、高效率、高度自动化的崭新时代，大幅度地提高了机械制造业的制造水平。

机床的数字控制或数控（Numerical Control，简称 NC），是指用数字化方法对机床运动及其加工过程进行控制的方法，由机床数控装置或系统实现。数控加工实质上就是由数控装置或系统，代替人操纵机床进行机械零件加工的自动化加工方法。所用机床设备称为数字控制机床，简称数控机床或 NC 机床。

数控加工工艺，就是用数控机床加工零件的工艺方法。

## 7.5.1　数控加工工艺的基本特点和主要内容

数控加工与通用机床加工在方法与内容上由许多相似之处，不同点主要表现在控制方式上。以机械加工为例，用通用机床加工零件时，就某道工序而言，其工步的安排，机床运动的先后次序、位移量、进给路线及有关切削参数的选择等，都是由操作工人自行考虑和确定的，且是用手工操作方式进行控制。如果采用自动车床、仿形铣床加工，虽然也能达到对加工过程自动控制的目的，但其控制方式是通过预先配置的凸轮、挡块或靠模来实现的。

数控机床加工时，情况就完全不同了。在数控机床加工前，要把原先在通用机床上加工时需要操作工人考虑和决定的操作内容及动作，例如工步的划分与顺序、进给路线、位移量和切削参数等，按规定的数码形式编排程序，然后输入数控机床的控制系统，由其对输入信息进行运算与控制，并不断地向直接指挥机床运动的机电功能转换部件——机床伺服机构发送信号，伺服机构对信息进行转换与处理，然后由传动机构驱动机床按所编程序进行运动，就可以加工出所要求的零件形状。这样的工作过程就决定了数控加工工艺具有以下特点：

**1. 较大的切削用量**

数控机床比普通机床的刚度高，所配的刀具也较好，因而在同等条件下，所采用的切削用量通常要比普通机床大，加工效率也较高。

**2. 工序集中**

由于数控机床功能复合化程度越来越高，因此，工序集中是现代数控加工工艺的特点。明显表现为工序数目少，工序内容多。为了充分发挥数控机床高精度、高效率的性能，数控加工的工序内容要比普通机床加工的内容复杂。

**3. 工序内容合理、正确**

在通用机床上加工工件时，工艺规程中的很多内容，如工步的安排、进给路线、切削用量的选用等大多由操作工人确定。而零件的数控加工完全是由数控系统执行给定的数控程序，即加工过程中所需的所有工艺参数必须在零件的数控程序中准确地表达出来。因此，数控加工程序要具有极高的准确性和合理性，不能有丝毫的错误，否则就不能保证零件的加工精度。

**4. 夹具设计合理**

由于数控机床加工的零件比较复杂,因此在确定装夹方式和夹具设计时,要特别注意刀具与夹具、工件的干涉问题。

## 7.5.2　数控加工工艺分析

数控加工具有自动化程度高、精度稳定、可多坐标联动、便于工序集中的优点,但价格昂贵、操作技术要求高。因此,若加工对象选择不当往往会造成较大的误差和损失。为了既能充分发挥数控加工的优点,又能达到良好的经济效益,在选择加工对象时要非常慎重,甚至有时还要在不改变工件原有性能的前提下,对其形状、尺寸、结构等作适当的修改,以适应数控加工的要求。

**1. 检查零件尺寸标注的合理性**

图样尺寸的标注方法是否便于编程;构成工件轮廓图形的各种几何元素的条件是否充要;各几何元素的相互关系(如相切、相交、垂直和平行等)是否明确;有无引起矛盾的多余尺寸或影响工序安排的封闭尺寸等。

**2. 检查零件精度要求的合理性**

零件所要求的加工精度、尺寸公差是否都可以得到保证? 不能因数控加工精度高而放弃这种分析。特别要注意过薄的腹板与缘板的厚度公差,因为加工时产生的切削力及薄板的弹性退让极易产生切削面的振动。根据实践经验,当面积较大的薄板厚度小于 3mm 时,就应充分重视这样的问题。

**3. 检查表面间转接圆弧的半径及表面相交处的圆弧半径是否合理**

内槽与缘板之间的内转接半径 $R$ 是否过小? 因为这种内圆弧半径常常限制刀具的直径。如图 7-17 所示,如工件的被加工轮廓的高度低,转接圆弧半径也大,可以采用较大直径的铣刀来加工。加工其腹板面时,进给次数也相应减少,表面加工质量也会好一些,因此工艺性较好。反之,数控铣削工艺性较差。一般来说,当 $R < 0.2H$($H$ 为被加工轮廓面的最大高度)时,可以判定为零件该部位的工艺性不好。

零件铣削面的槽底圆角,或腹板与缘板相交处的圆角半径 $r$ 是否太大? 如图 7-18 所示,当 $r$ 越大,铣刀端刃铣削平面的能力越差,效率也越低,当 $r$ 大到一定程度时,甚至必须用球头刀进行加工,这是应当尽量避免的。

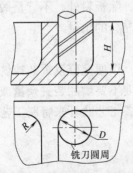

图 7-17　缘板高度和内转接
圆弧对加工工艺性的影响

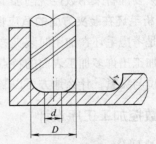

图 7-18　零件底面圆弧对
加工工艺性的影响

#### 4. 检查零件图中各加工面的凹圆弧是否统一

零件图中各加工面的凹圆弧（$R$ 与 $r$）是否过于零乱，是否可以统一？因为在数控机床上，多换一次刀要增加不少新问题，如增加铣刀规格，增加计划停车次数和对刀次数等，不但给编程带来麻烦，增加了生产准备时间而降低生产效率，而且也会因频繁换刀，增加了工件加工面上的接刀阶差而降低了表面质量。一般来说，即使不能完全统一，也要力求将数值相近的圆弧半径分组靠拢，达到局部统一，以尽量减少铣刀规格和换刀次数。

#### 5. 检查零件上是否有统一定位基准

零件上是否有统一基准，以保证两次装夹加工后其相对位置的正确性？有些工件需要在铣完一面后再重新装夹铣削另一面。由于数控铣削时，不能使用通用铣床加工时常用的试削方法来接刀，往往会因为工件的重新安装而接不好刀，即与上道工序的加工面接不齐，或造成本来要求一致的两对应面上的轮廓错位。因此，零件上最好有合适的孔作为定位基准孔。如果零件上没有基准孔，也可以专门设置工艺孔作为定位基准，如在毛坯上增加工艺凸耳，或在后继工序要铣去的余量上设基准孔。如实在无法制出基准孔，起码也要用经过精加工的面作为统一基准。如果连这也无法满足，则最好只加工其中一个最复杂的面，另一面放弃数控铣削而改用通用铣床加工。

#### 6. 分析零件加工过程中的变形影响

分析零件的形状及原材料的热处理状态，会不会在加工过程中变形，哪些部位最容易变形？因为数控铣削不允许工件在加工时变形。这种变形不但无法保证加工质量，而且经常使加工不能继续进行，造成"半途而费"。这时就应当采取一些必要的工艺措施进行预防，如对钢件进行调质处理，对铸铝件进行退火处理；对不能采用热处理方法解决的，也可考虑精加工及对称余量等常规方法。此外，还要分析加工后的变形问题，采取什么工艺措施进行解决等。

#### 7. 检查毛坯的加工余量是否充分及稳定

毛坯的加工余量是否充分，批量生产时的毛坯余量是否稳定？毛坯主要指锻、铸件，因模锻时的欠压量与允许的错模量，会造成余量多少不等；铸造时也会因砂型误差、收缩量及金属液体的流动性差，不能充满型腔等造成余量不等。此外，锻、铸后，毛坯的翘曲与扭曲变形量的不同，也会造成加工余量不充分、不稳定。在通用铣削工艺中，对上述情况常常采用划线时串位借料的方法进行解决。但是在数控铣削时，一次定位将决定工件的"命运"，加工过程的自动化很难照顾到何处余量不足的问题。因此，除板料外，不管是锻件、铸件还是型材，只要准备采用数控铣削加工，其加工面均应有较充分的余量。

#### 8. 分析毛坯在装夹方面的适应性

主要是考虑毛坯在加工时装夹方面的可靠性与方便性，以便充分发挥数控铣削在一次装夹中，能加工出许多加工表面的特点；另一方面，也考虑要不要增加装夹余量或增设工艺凸台进行定位与夹紧，什么地方可以制出工艺孔，或另外准备工艺凸耳来特制工艺孔。

### 7.5.3　数控加工工序设计

#### 1. 工序划分

（1）工序划分原则　数控加工工序划分的原则与普通机械加工类似，即刀具集中原则、先粗后精原则、基准先行原则和先面后孔原则。

（2）工序划分的方法　数控机床与普通机床加工相比，加工工序更加集中。工序划分方法如下：

1）以一次安装加工作为一道工序。适应加工内容不多的工件。

2）以同一把刀具加工的内容划分工序。适合一次装夹的加工内容很多、程序很长的工件，以减少换刀次数和空行程时间。

3）以加工部位划分工序。适应加工内容很多的工件。按零件的结构特点将加工部位分成几部分，如内形、外形、曲面或平面等，每一部分的加工都作为一个工序。

4）以粗、精加工划分工序。对易产生加工变形的工件，应将粗、精加工分在不同的工序进行。

划分工序要视零件的结构与工艺性，机床功能，零件数控加工内容的多少，安装次数及本单位生产组织状况，灵活掌握，力求合理。

**2. 加工路线的确定**

所谓加工路线，是指数控机床在加工过程中刀具中心相对于被加工工件的运动轨迹和方向。确定加工路线就是确定刀具的运动轨迹和方向。

（1）加工路线的确定　加工路线的设定是很重要的环节，它不仅包括加工时的加工路线，还包括刀具到位、对刀、换刀和退刀等一系列过程的刀具运动路线。如铣削平面零件外轮廓时，刀具切入工件应避免沿零件外轮廓的法向切入，而应沿外轮廓曲线延长线的切向切入，以避免在切入处产生刀具的刻痕而影响表面质量，保证零件外轮廓曲线平滑过渡，如图7-19所示。同理，在切离工件时，也应避免在工件的轮廓处直接退刀，而应该沿零件外轮廓延长线的切向逐渐切离工件。

（2）最短路线原则　确定数控加工路线时，应使进给路线尽量短，减少刀具空行程时间，如图7-20所示。按照一般习惯，总是先加工均布于同一圆周上的孔（见图7-20a）。但是，对于点位控制的数控机床，定位过程应尽可能快，因此这类机床应按空行程最短来安排进给路线（见图7-20b），以节省加工时间。

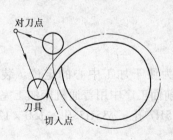

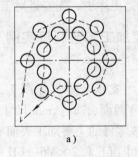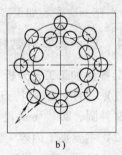

a)　　　　b)

图7-19　外轮廓加工
刀具的切入和切出过渡

图7-20　最短加工路线选择

**3. 切削用量的确定**

（1）背吃刀量 $a_p$　在机床、工件和刀具刚度允许的情况下，数控加工背吃刀量就等于加工余量。为了保证零件的加工精度和表面粗糙度要求，一般应留有一定的余量进行精加工。数控机床的精加工余量可略小于普通机床。

（2）切削宽度 $b_D$　一般与刀具直径 $d$ 成正比，与背吃刀量成反比。经济型数控加工中，一般切削宽度的取值范围为 $(0.6 \sim 0.9)d$。

（3）切削速度 $v$　提高 $v$ 也是提高生产率的一个措施，但 $v$ 与刀具寿命的关系比较密切。随着 $v$ 的增大，刀具使用寿命急剧下降，故 $v$ 的选择主要取决于刀具使用寿命。另外，切削速度与加工材料也有很大关系。例如用立铣刀铣削合金钢 30CrNi2MoVA 时，$v$ 可取 8m/min 左右；而用同样的立铣刀铣削铝合金时，$v$ 可取 200m/min。

（4）主轴转速 $n$　主轴转速一般根据切削速度 $v$ 来选定。

数控机床的控制面板上一般备有主轴转速修调（倍率）开关，可在加工过程中对主轴转速进行整数倍调整。

（5）进给速度 $v_f$　$v_f$ 是数控机床切削用量中的重要参数，应根据零件的加工精度和表面粗糙度要求以及刀具和工件材料选择。$v_f$ 的增加也可以提高生产效率。

确定进给速度的原则：加工表面粗糙度要求低时，$v_f$ 可取大些，一般在 100 ~ 200mm/min范围内选取；在切断、加工深孔或采用高速钢刀具时，宜选择较低的进给速度，一般在 20 ~ 50mm/min 范围内选取；刀具空行程时，特别是远距离"回零"时，可以选定该机床数控系统设定的最高进给速度。在加工过程中，$v_f$ 也可以通过机床控制面板上的修调开关进行人工调整，但是最大进给速度要受到设备刚度和进给系统性能等因素的限制。

**4. 基准选择**

进行数控加工的零件，一般采用统一基准定位，因此零件上最好有合适的孔作为定位基准。如果零件上没有基准孔，也可以专门设置工艺孔作为定位基准。

**5. 加工顺序的安排**

加工顺序的安排应根据工件的结构和毛坯状况，选择工件定位和安装方式，重点保证工件的刚度不被破坏，尽量减少变形。因此，加工顺序的安排应遵循以下原则：

1）上道工序的加工不能影响下道工序的定位与夹紧。

2）先加工工件的内腔，后加工工件的外轮廓。

3）尽量减少重复定位与换刀次数。

4）在一次安装加工多道工序中，先安排对工件刚度破坏较小的工序。

## 7.5.4　支承套零件数控加工工艺制订实例

**1. 零件加工工艺分析**

（1）零件的结构特点　支承套零件如图 7-21 所示，为便于加工中心的定位、装夹，$\phi100f9$ 外圆、$80^{+0.5}_{0}$mm 尺寸两面、$78^{0}_{-0.5}$mm 尺寸左面均在前面工序中用普通机床加工完成。

（2）主要加工内容　该零件的主要加工表面有：$2 \times \phi15H7$ 孔、$\phi35H7$ 孔、$\phi60 \times 12$ 沉孔、$2 \times \phi11$ 孔、$2 \times \phi17 \times 11$ 沉孔和 $2 \times M6$—6H 螺孔。

（3）零件材料　零件材料选用 45 钢。

**2. 毛坯选择**

由于本零件材料为 45 钢，结构形状比较简单，且成批大量生产，考虑到综合经济因素，固选用棒料或锻件。

**3. 数控加工工艺分析及工序设计**

（1）确定各表面的加工方法　根据各加工表面的精度要求和表面粗糙度要求，$2 \times \phi15H7$ 孔采用钻、扩、铰孔；$\phi35H7$ 孔采用钻→粗镗→半精镗→铰孔；$2 \times \phi11$mm 孔采用钻削；$2 \times$

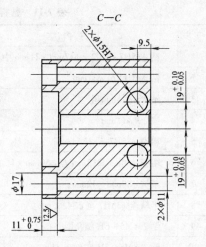

技术要求:无毛刺,倒角为*C*1。

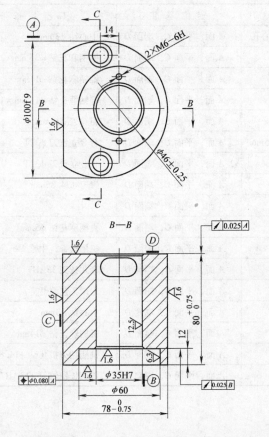

图 7-21　支承套

$\phi 17$mm $\times 11$mm 沉孔采用锪钻进行加工；$\phi 60$mm $\times 12$mm 沉孔的加工方法为粗铣→精铣。

（2）确定加工工艺路线　普通机床加工支承套工艺方案见表 7-10。

表 7-10　普通机床加工支承套工艺方案

| 工 序 号 | 工 序 内 容 | 定 位 基 准 | 工 艺 装 备 |
|---|---|---|---|
| 10 | 钻 $\phi 35$H7 至 $\phi 31$mm，钻 $2 \times \phi 17 \times 11$ 孔，锪 $2 \times \phi 17$ | *A* 面，平面 *C*，端面 *D* | 钻床，钻头，中心孔钻头，锪钻，专用夹具 |
| 20 | 粗镗 $\phi 35$H7 至 $\phi 34$mm，粗镗 $\phi 60$mm $\times 12$mm 至 $\phi 59$mm $\times 11.5$mm，精镗 $\phi 60$mm $\times 12$mm，半精镗 $\phi 35$H7 至 $\phi 34.85$，钻 $2 \times$ M6—6H 螺孔中心孔，钻 $2 \times$ M6—6H 底孔至 $\phi 5$mm，攻 $2 \times$ M6—6H 螺纹，铰 $\phi 35$H7 孔 | *A* 面，平面 *C*，端面 *D* | 镗铣床，镗刀，钻头，锪钻，丝锥，铰刀，专用夹具 |
| 30 | 在 $\phi 35$H7 孔中手动装入工艺堵，钻 $2 \times \phi 15$H7 中心孔至 $\phi 14$mm，扩 $2 \times \phi 15$H7 至 $\phi 14.85$mm，铰 $2 \times \phi 15$H7 孔 | *A* 面，平面 *C*，端面 *D* | 钻床，钻头，扩孔刀，铰刀，专用夹具 |

数控机床加工支承套的工艺方案见表 7-11。

表 7-11　数控机床加工支承套工艺方案

| 工序 | 工步 | 工序内空 | 定位基准 | 工艺装备 |
|---|---|---|---|---|
| 1 | 1 | 钻 $\phi$35H7 孔，$2 \times \phi17mm \times 11mm$ 中心孔 | A 面，平面 C，端面 D | 中心钻 $\phi$3mm |
| | 2 | 钻 $\phi$35H7 至 $\phi$31mm | A 面，平面 C，端面 D | 锥柄麻花钻 $\phi$31 mm |
| | 3 | 钻 $2 \times \phi11mm$ 孔 | A 面，平面 C，端面 D | 锥柄麻花钻 $\phi$11mm |
| | 4 | 锪 $2 \times \phi17mm$ | A 面，平面 C，端面 D | 锥柄埋头钻 $\phi17mm \times 11mm$ |
| | 5 | 粗镗 $\phi$35H7 至 $\phi$34mm | A 面，平面 C，端面 D | 粗镗刀 $\phi$34mm |
| | 6 | 粗镗 $\phi60mm \times 12mm$ 至 $\phi59mm \times 11.5mm$ | A 面，平面 C，端面 D | 合金立铣刀 $\phi$32T |
| | 7 | 精铣 $\phi60mm \times 12mm$ | A 面，平面 C，端面 D | 合金立铣刀 $\phi$32T |
| | 8 | 半精镗 $\phi$35H7 至 $\phi$34.85mm | A 面，平面 C，端面 D | 镗刀 $\phi$34.85mm |
| | 9 | 钻 $2 \times$ M6—6H 螺孔中心孔 | A 面，平面 C，端面 D | 中心钻 $\phi$3mm |
| | 10 | 钻 $2 \times$ M6—6H 底孔至 $\phi$5mm | A 面，平面 C，端面 D | 直柄麻花钻 $\phi$5mm |
| | 11 | 攻 $2 \times$ M6—6H 螺纹 | A 面，平面 C，端面 D | 机用丝锥，中锥 M6 |
| | 12 | 铰 $\phi$35H7 孔 | A 面，平面 C，端面 D | 套式铰刀 35AH7 |
| | 13 | 在 $\phi$35H7 中手动装入工艺堵 | A 面，平面 C，端面 D | 专用工艺堵 II |
| | 14 | 钻 $2 \times \phi15$H7 孔中心孔 | A 面，平面 C，端面 D | 中心钻 $\phi$3mm |
| | 15 | 钻 $2 \times \phi15$H7 至 $\phi$14mm | A 面，平面 C，端面 D | 锥柄麻花钻 $\phi$14mm |
| | 16 | 扩 $2 \times \phi15$H7 至 $\phi$14.85mm | A 面，平面 C，端面 D | 锥柄端刃扩孔钻 $\phi$14.85mm |
| | 17 | 铰 $2 \times \phi15$H7 孔 | A 面，平面 C，端面 D | 锥柄长铰铰刀 $\phi$15AH7 |

两种方案对比可见：

1）普通机床加工需三道工序，而加工中心仅需一道工序。采用数控加工后，工件在一次装夹下完成铣、镗、钻、扩、铰、攻螺纹等多种加工，因此数控加工集成了传统加工工艺多道工序的内容，体现了数控加工工艺的"复合性"。

2）普通机床加工需三套夹具，而加工中心仅需一套夹具。这使得零件加工所需的专用夹具数量大为减少，零件装夹次数及周转时间也显著降低，从而使加工精度和生产效率有了很大的提高，体现了数控加工的高精度和高效率。

综合以上分析，在支承套的加工制造中，选用数控加工方案为佳。

（3）支承套数控加工工序卡片　根据以上信息制订支承套数控加工工序卡片，见表7-12。支承套数控加工程序见附录 B。

表 7-12　支承套数控加工工序卡片

| 数控加工工序卡片 | | 产品型号 | X6125 | 零件名称 | 支承套 | 程序号 | | 07030 |
|---|---|---|---|---|---|---|---|---|
| | | 零件图号 | 70300A | 材　料 | 45 | 编　制 | | |
| 工步 | 工序内容 | | 刀　具 | | 辅　具 | | 切削用量 | |
| | | T 码 | 规格种类 | | | | S | F |
| 1 | B0、G54 | | | | | | | |
| 2 | 钻 $\phi$35H7 孔，$2 \times \phi17mm \times 11mm$ 中心孔 | T01 | 中心钻 $\phi$3mm | | JT40—Z6—45 | | 1200 | 40 |

（续）

| 数控加工工序卡片 | | 产品型号 | X6125 | 零件名称 | 支承套 | 程序号 | | 07030 |
|---|---|---|---|---|---|---|---|---|
| | | 零件图号 | 70300A | 材　料 | 45 | 编　制 | | |

| 工步 | 工 序 内 容 | 刀 具 | | 辅 具 | 切削用量 | |
|---|---|---|---|---|---|---|
| | | T 码 | 规格种类 | | S | F |
| 3 | 钻 φ35H7 至 φ31mm | T14 | 锥柄麻花钻 φ31mm | JT40—M3—75 | 150 | 30 |
| 4 | 钻 2×φ11mm 孔 | T02 | 锥柄麻花钻 φ11mm | JT40—M1—35 | 500 | 70 |
| 5 | 锪 2×φ17mm | T03 | 锥柄埋头钻 φ17 ×11mm | JT40—M2—50 | 150 | 15 |
| 6 | 粗镗 φ35H7 至 φ34mm | T04 | 粗镗刀 φ34mm | JT40—TQV30—165 | 400 | 30 |
| 7 | 粗铣 φ60mm ×12mm 至 φ59mm ×11.5mm | T05 | 合金立铣刀 φ32T | JT40—MW4—85 | 500 | 70 |
| 8 | 精铣 φ60mm ×12mm | T06 | 合金立铣刀 φ32T | JT40—MW4—85 | 600 | 45 |
| 9 | 半精镗 φ35H7 至 φ34.85mm | T07 | 镗刀 φ34.85mm | JT40—TZC30—165 | 450 | 35 |
| 10 | 钻 2×M6—6H 螺孔中心孔 | T01 | | | | |
| 11 | 钻 2×M6—6H 底孔至 φ5mm | T08 | 直柄麻花钻 φ5mm | JT40—Z6—45JZM6 | 650 | 35 |
| 12 | 2×M6—6H 孔口倒角 | T02 | | | 500 | 20 |
| 13 | 攻 2×M6—6H 螺纹 | T09 | 机用丝锥，中锥 M6 | JT40—G1JT3 | 100 | 100 |
| 14 | 铰 φ35H7 孔 | T10 | 套式铰刀 35AH7 | JK40—K19—140 | 100 | 50 |
| 15 | M01 | | | | | |
| 16 | 在 φ35H7 中手动装入工艺堵 | | 专用工艺堵 Ⅱ29—54 | | | |
| 17 | B90°、G55 | | | | | |
| 18 | 钻 2×φ15H7 孔中心孔 | T01 | 中心钻 φ3mm | | | |
| 19 | 钻 2×φ15H7 至 φ14mm | T11 | 锥柄麻花钻 φ14mm | JT40—M1—35 | 450 | 60 |
| 20 | 扩 2×φ15H7 至 φ14.85mm | T12 | 锥柄端刃扩孔钻 φ14.85mm | JT40—M2—50 | 200 | 40 |
| 21 | 铰孔 2×φ15H7 | T13 | 锥柄长铰铰刀 φ15AH7 | JT40—M2—50 | 100 | 60 |

# 7.6　工艺设计的技术经济分析

　　机械制造工艺设计所要解决的基本问题是如何用最小的劳动（活劳动和物化劳动）消耗，生产出符合规定质量要求的产品。因此，必须重视技术经济分析。

## 7.6.1　产品工艺方案的技术经济分析

　　同一种机械产品的生产，往往可以采用几种不同的工艺方案完成。不同的工艺方案取得的效益和消耗的劳动不同。对工艺方案进行全面的技术经济分析，就是要选出既能符合技术标准要求，又具有良好技术经济效果的最佳工艺方案。

　　**1. 表示产品工艺方案技术经济特性的指标**

　　（1）产品工艺方案技术经济特性主要指标　常常从花费的劳动量、设备构成、工艺装备、工艺过程的分散程度、材料消耗及占用生产面积几个方面来评价产品工艺方案的优劣。

1）劳动消耗量。用工时数和台时数表示，说明消耗劳动的多少，标志生产率的高低。

2）设备构成比。所采用的各种设备占设备总数的比例。高生产率设备占的比例大，活劳动消耗小，但设备负荷系数小，会导致产品成本增加。

3）工艺装备系数。采用的专用夹具、量具、刀具的数目与所加工零件的个数之比。这个系数大，加工所用劳动量就少，但会引起投资与使用费用的增加和生产准备时间的延长。产品产量不大时，可能引起工艺成本增加。

4）工艺过程的集中分散程度。用每个零件的平均工时数表示。通常单件小批生产中用分散工序的方法可获得较好的经济效果；在大批大量生产时，用自动、多刀、多轴等机床可获得良好的经济效益。

5）金属消耗量。取决于选用毛坯的种类和毛坯车间工艺过程的特征。计算金属消耗量时，需要把毛坯生产的工艺方案和机械加工工艺方案综合起来进行分析。

6）占用生产面积。在设计新车间或改建现有车间时，厂房面积与选择合理的工艺过程方案密切相关。

（2）机械加工工艺过程技术特性指标　机械加工工艺过程技术特性指标主要包括：出产量(件/年)；毛坯种类；毛坯质量；制造毛坯所需金属质量；毛坯净重；毛坯的成品率；材料的成品率；机械加工工序总数(调整工序、自动工序、手动工序的数目)；各类机床总数(专用机床、自动机床数量)；机床负荷系数；设备总功率；机动时间系数；专用夹具数量(其中包括多工位夹具、自动化夹具)；专用夹具装备系数；机床工作总台时；操作工人的平均等级；钳工修整劳动量及其占机床工作量的比例；生产面积总数、总面积；平均每台机床占用生产面积；平均每台机床占用总面积。

对不同工艺方案进行概略评价时，必须综合分析上述指标，只有当其他指标没有明显差异时，才可集中分析某一有限制差异的指标。如果认为这样的概略分析没有把握说明工艺方案的经济合理性时，就应再作工艺成本分析。

**2. 工艺成本的构成**

工艺成本仅指与工艺方案有关的费用的总额，与工艺方案无关的费用，进行工艺方案经济分析时无需考虑。对机械加工工艺方案进行经济分析时常用的工件工艺成本项目见表7-13；工艺成本与年产量的关系见表7-14；工艺成本的计算公式可参考有关的教材或工艺手册。

表7-13　工件工艺成本项目

| 与年产量有关的可变费用 $V$ | 与年产量无关的不变费用 $C$ |
|---|---|
| $S_1$——材料费<br>$S_2$——机床工人工资<br>$S_3$——机床电费<br>$S_4$——万能机床折旧费<br>$S_5$——万能机床维护折旧费<br>$S_6$——刀具维护及折旧费 | $S_7$——专用夹具维护及折旧费<br><br>$S_8$——专用机床维护折旧费<br><br>$S_9$——调整工人工资与调整杂费 |

表 7-14  工艺成本与年产量的关系

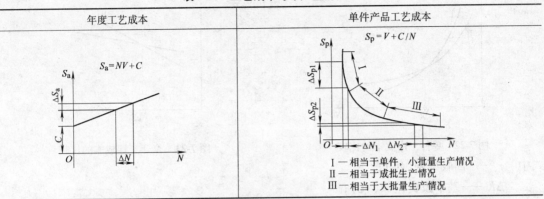

| 年度工艺成本 | 单件产品工艺成本 |
|---|---|

$S_a = NV + C$

$S_p = V + C/N$

Ⅰ——相当于单件,小批量生产情况
Ⅱ——相当于成批生产情况
Ⅲ——相当于大批量生产情况

注:$S_a$——工艺方案年度工艺成本;$S_p$——工艺方案单件产品(零件)工艺成本;$V$——工艺成本中单位产品的可变费用(元/件);$C$——工艺成本中年度假定不变费用(元/年);$N$——采用该工艺方案生产的产品产量(件/年)。

### 3. 工艺方案的经济评定

制订工艺规程时,对生产纲领较大的主要零件的工艺方案,应通过计算来评定其经济性;对于一般零件,可利用各种技术经济指标,如每台机床的年产量(件/台)、每个生产工人的年产量(件/人)、每平方米生产面积的年产量(件/m²)、材料利用率、设备负荷率等,结合生产经验,对不同方案进行经济论证,从而决定取舍。

(1) 工艺方案的基本投资相近或都采用现有设备时

1) 两方案中少数工序不同,多数工序相同。这种情况下,可通过计算少数不同工序的单件工序成本进行比较:

$$S_{p1} = V_1 + \frac{C_1}{N} \qquad S_{p2} = V_2 + \frac{C_2}{N}$$

产量 $N$ 为定数时,可根据上式直接算出 $S_{p1}$ 及 $S_{p2}$,若 $S_{p1} > S_{p2}$,则第二方案经济性好。

若产量 $N$ 为一变量时,则可根据上述方程式作出曲线进行比较(见图 7-22),产量 $N$ 小于临界产量 $N_k$ 时,第二方案可取,否则选第一方案。

2) 两方案中多数工序不同,少数工序相同。这种情况下,必须对该零件的全年工艺成本进行比较:

$$S_{a1} = NV_1 + C_1 \qquad S_{a2} = NV_2 + C_2$$

产量 $N$ 为定数时,可根据上式直接算出 $S_{a1}$ 及 $S_{a2}$,若 $S_{a1} > S_{a2}$,则取第二方案。

若产量 $N$ 为一变量时,则可根据上述方程式作图进行比较(见图 7-23),当 $N < N_k$ 时,宜采用第二方案;当 $N < N_k$ 时宜采用第一方案。

临界产量:

$$N_k = \frac{C_2 - C_1}{V_2 - V_1}$$

(2) 两种工艺方案的基本投资差额较大时  此时,在考虑工艺成本的同时,还应考虑基本建设差额的回收期限:

$$\tau = \frac{K_1 - K_2}{S_{a1} - S_{a2}} = \frac{\Delta K}{\Delta S}$$

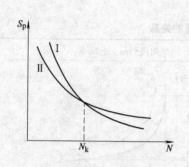

图 7-22　单件工序成本的比较　　　　图 7-23　全年工序成本的比较

式中　$\tau$——回收期限(年)；

　　　$\Delta K$——基本投资差额(元)；

　　　$\Delta S$——全年生产费用的节约额(元/年)。

回收期限越短，经济效果越好。一般回收期限 $\tau$ 应满足以下要求：

1）回收期限应小于所采用的设备或工艺装备的使用期限。

2）回收期限应小于该产品由于结构性能及国家计划安排等因素所决定的生产年限。

3）回收期限应小于国家所规定的标准回收期限。例如采用新夹具的标准回收期通常规定为 2～3 年，采用新机床则规定为 4～6 年。

## 7.6.2　提高劳动生产率的工艺途径

### 1. 时间定额

时间定额是在一定的生产条件下，规定生产一件产品或完成一道工序所需消耗的时间，用 $t_i$ 表示。时间定额是安排生产计划、成本核算的主要依据，在设计新厂时，是计算设备数量、布置车间、计算工人数量的依据。时间定额由下述部分组成：

1）基本时间。直接改变生产对象的尺寸、形状、相对位置、表面状态或材料性质等工艺过程所消耗的时间，用 $t_m$ 表示。

2）辅助时间。为实现工艺过程所必须进行的各种辅助动作所消耗的时间，用 $t_a$ 表示。

基本时间和辅助时间的总和称为作业时间，即直接用于制造产品零、部件消耗的时间，用 $t_b$ 表示。

3）布置工作地时间。为使加工正常进行，工人照管工作地(如更换刀具、润滑机床、清理切屑、收拾工具等)所消耗的时间，用 $t_s$ 表示。一般按作业时间的百分数 $\alpha$ 计算。

4）休息与生理需要时间。工人在工作班内为恢复体力和满足生理上的需要所消耗的时间，用 $t_r$ 表示，一般按作业时间的百分数 $\beta$ 表示。

5）准备与终结时间。

### 2. 提高机械加工劳动生产率的途径

劳动生产率是用工人在单位时间内制造合格产品的数量来评定的。对于机械加工来说，在保证产品质量的前提下提高劳动生产率，其主要工艺途径是缩减单件工时，采用高效自动化加工及数控加工。

（1）缩短单件工时　缩短单件工时是提高劳动生产率的根本途径，特别是要缩减占时间定额比重较大的那部分时间。

1）缩短基本时间。缩短基本时间的方法有：①提高切削用量：提高切削速度、进给量和背吃刀量都可以缩减基本时间，减少单件工时。②减少切削行程长度：例如用几把刀具同时加工一个表面，用宽砂轮作切入法磨削等可极大地提高生产率。③合并工步：用几把刀具或一把复合刀具对工件的几个表面或同一表面同时进行加工，使工步合并，机动时间重合，减少基本时间。④采用多件加工（见图 7-24）：顺序多件加工可减少刀具切入和切出的时间，并可将辅助时间分摊到若干个工件上去；平行多件加工所需的基本时间与加工一个工件相同，即分摊到每个工件上的基本时间可大大减少；平行顺序多件加工是上述两种方法的综合，适用于工件较小、批量较大的场合。

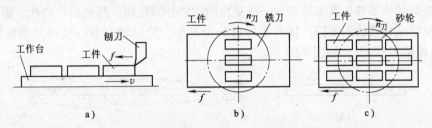

图 7-24　多件加工示意图

a）顺序多件加工　b）平行多件加工　c）平行顺序多件加工

2）缩短辅助时间。缩短辅助时间有两种方法：一是尽量使辅助动作机械化和自动化，如采用高效气动、液压等快速夹紧装置；其次是使辅助时间与基本时间重合。

3）缩减布置工作地时间。缩减布置工作地时间主要是减少换刀次数、换刀时间和调整刀具时间。另外要加强工作地的组织管理，及时供应毛坯，运送成品，保证机械加工井然有序地进行。

4）缩减准备与终结时间。在中小批生产中，准备终结时间在单件工时中占有较大的比重。要提高生产率，应积极采用成组工艺，增大批量。同时尽量减少调整机床、夹具、刀具的时间。

（2）采用先进工艺方法　工艺设计人员应密切注视国内外机械加工工艺的发展动向，获取先进工艺信息，开展工艺试验，不断探索提高生产率的途径。采用先进的毛坯制造方法，如采用粉末冶金、压力铸造、精密铸造、精锻、冷挤压、热挤压等新工艺，能有效地提高毛坯精度，减少机械加工量并节约原材料。

对于特硬、特脆、特韧及一些复杂型面，采用特种加工能极大地提高生产率。如用电火花加工锻模、线切割加工冲模等。

采用少、无切削工艺代替常规切削加工方法，既能提高生产率，还能使工件的加工精度和表面质量提高。如用冷挤压齿轮代替剃齿，表面粗糙度值 $R_a$ 可达 $1.25 \sim 0.63\mu m$，生产率可以提高 4 倍。

（3）进行高效及自动化加工　对于大批量生产可采用流水线、自动线的生产方式。广泛应用专用机床、组合机床及工件运输装置，能达到较高的生产率。对于中、小批生产多采用数字控制机床（NC）、加工中心机床（MC）、柔性制造单元（FMC）及柔性制造系统（FMS）等来组织生产。无论是何种生产类型，运用计算机辅助制造（CAM）都是一个提高生产率的有效途径。

## 7.7　典型零件加工

### 7.7.1　轴类零件加工工艺

#### 1. 概述

（1）轴类零件的功用与结构特点　轴类零件是机械加工中的典型零件之一。在机器产品中，轴类零件的功用是用来支承传动件（如齿轮、带轮、离合器等）、传递转矩和承受载荷。轴类零件是旋转体零件，其加工表面一般是由同轴的外圆柱面、圆锥面、内孔、螺纹和花键等组成。根据结构形状的不同，轴类零件可分为光轴、阶梯轴、空心轴和异型轴（如曲轴、偏心轴、凸轮轴等）四类，如图 7-25 所示。

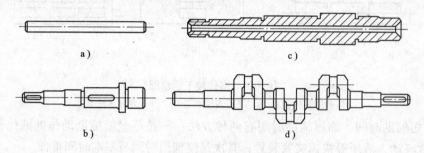

图 7-25　常见的轴类零件
a）光轴　b）阶梯轴　c）空心轴　d）曲轴

（2）轴的材料和毛坯　轴类零件以 45 钢、45Cr 钢用得最多，其价格也比较便宜，可通过调质改善力学性能。调质状态抗拉强度 $R_m = 560 \sim 750\text{MPa}$，屈服强度 $\sigma_S = 360 \sim 550\text{MPa}$。对于要求较高的轴，可用 40MnB、40CrMnMo 钢等，这些材料的强度高，如 40CrMnMo 钢调质状态的 $R_m = 1000\text{MPa}$，$\sigma_S = 800\text{MPa}$，但其价格较高。对于某些形状复杂的轴，也可采用球墨铸铁，如曲轴可用 QT600—02。

轴类零件常用的毛坯是圆钢料和锻件。对于光滑轴、直径相差不大的阶梯轴，多采用热轧或冷轧圆钢料。对于直径相差悬殊的阶梯轴，多采用锻件。这不仅节约材料，减少机加工时，而且锻造毛坯能使纤维组织合理分布，从而得到较高的抗拉、抗弯强度。单件小批生产一般采用自由锻，大批、大量生产多采用模锻。

（3）阶梯轴的结构　阶梯轴是轴类零件中用得最多的一种。随着用途的不同，阶梯轴的结构也不尽相同。阶梯轴一般有外圆、轴肩、螺纹、螺尾退刀槽、砂轮越程槽和键槽等组成，如图 7-26 所示。外圆多用于安装轴承、齿轮、带轮等（其中安装轴承的外圆称为支承轴颈；安装齿轮、带轮等传动件的外圆称为配合轴颈）；轴肩用于轴上零件和轴本身的轴向定位；螺纹用于安装各种锁紧螺母和调整螺母；螺尾退刀槽供加工螺纹退刀用；砂轮越程槽的作用是磨削时避免砂轮与工件台肩相撞；键槽用于安装键，以传递转矩。此外，轴的端面和轴肩一般有倒角，以便于装配；轴肩根部有的需要倒圆（圆角），使轴在较大交变载荷下减少断裂的可能性，在淬火过程中也不易产生裂纹，倒圆多用于重型或受力大的轴类零件。

（4）阶梯轴的技术要求　由于使用条件不同，轴类零件的技术要求也不尽相同。图 7-26 所示传动轴的轴系装配图如图 7-27 所示。结合该装配图介绍阶梯轴的技术要求如下：

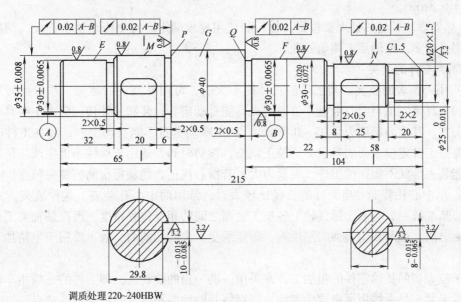

图 7-26　传动轴

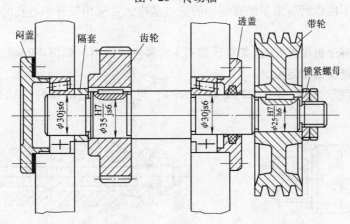

图 7-27　剖分式减速箱轴系装配简图

1）尺寸精度和形状精度。配合轴颈尺寸公差等级通常为 IT8～IT6，该轴配合轴颈 M、N 为 IT6；支承轴颈一般为 IT7～IT6，精密的为 IT5，该轴支承轴颈 E、F 为 IT6；轴颈的形状精度（圆度、圆柱度）应限制在直径公差范围之内，要求较高的应在工作图上标明，该轴形状公差均未注出。

2）位置精度。配合轴颈对支承轴颈一般有径向圆跳动或同轴度要求，装配定位用的轴肩对支承轴颈一般有端面圆跳动要求。径向圆跳动和端面圆跳动公差通常为 0.01～0.03mm，该轴均为 0.02mm。

3）表面粗糙度。轴颈的表面粗糙度值 $R_a$ 应与尺寸公差等级相适应。公差等级为 IT5 的轴颈，其 $R_a = 0.4～0.2\mu m$；公差等级为 IT6 的轴颈，其 $R_a = 0.8～0.4\mu m$；公差等级为

IT8 ~ IT7 的轴颈，其 $R_a = 1.6 \sim 0.8\,\mu m$。装配定位用的轴肩，$R_a = 1.6 \sim 0.8\,\mu m$。非配合的次要表面，$R_a = 6.3\,\mu m$。该轴的轴颈和定位轴肩的 $R_a = 0.8\,\mu m$，键槽两侧面 $R_a = 3.2\,\mu m$，其余表面 $R_a = 6.3\,\mu m$。

4）热处理。轴的热处理要根据其材料和使用要求确定。对于传动轴，正火、调质和表面淬火用得较多。该轴要求调质处理。

**2. 轴类零件的装夹**

（1）用外圆表面装夹　当工件的长径比不大时，可用外圆表面装夹，并传递转矩。通常使用的夹具是三爪自定心卡盘。该通用夹具能自动定心，装卸工件快。但由于夹具的制造和装夹误差，其定心精度为 0.05 ~ 0.10mm。四爪单动卡盘不能自动定心，装夹工件时四个卡爪需要按工件定位表面的形状分别校正调整，很费时间，适用于单件小批生产。但四爪单动卡盘能装夹形状不规则的工件，夹紧力大，若精心找正，能获得很高的装夹精度。

（2）用中心孔装夹　当工件的长径比较大时，常用两中心孔装夹。这种装夹方式的优点是定位基准统一，有利于保证轴上各加工表面之间的相互位置精度，因而是轴类工件最常用的装夹方法。但两顶尖装夹的刚性差，不能承受太大的切削力，故主要用于半精加工和精加工。

对于较大型的长轴零件的粗加工，常采用一夹一顶的装夹法，即工件的一端用车床主轴上的卡盘夹紧，另一端用尾座顶尖支承，以克服其刚性差不能承受重切削的缺点。

（3）用内孔表面装夹　对于空心的轴类零件，在加工出内孔后，作为定位基准的中心孔已不存在，为了使以后各道工序有统一的定位基准，常采用带有中心孔的各种堵头和拉杆心轴装夹工件。

当空心轴端有小锥度锥孔时（如莫氏锥孔），常使用锥堵，如图 7-28 所示。若为圆柱孔时，也可采用小锥度锥堵定位。

当锥孔的锥度较大时（如 7:22 或 1:10 等），可用带锥堵的拉杆心轴装夹，如图 7-29 所示。

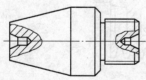

图 7-28　锥堵

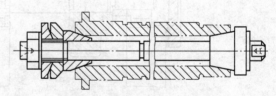

图 7-29　带锥堵的拉杆心轴

当空心轴端无锥孔，也不允许做出锥孔时，可用自动定心的弹簧堵头，如图 7-30 所示。它利用顶尖压力使弹簧套扩张，夹紧工件。

当空心轴内孔直径不是很大时，也可将孔端做成长 2 ~ 3mm 的 60°圆锥孔，然后直接用顶尖装夹。

采用各种堵头和拉杆心轴时应注意，堵头要有足够的精度（特别是用以定位的表面必须与中心孔同轴）；装堵头的内孔或锥孔最好经过精车或磨削；工件在加工过程中最好不要中途更换或重装堵头，以保证定位误差最小。

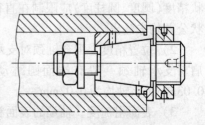

图 7-30　弹簧堵头

### 3. 阶梯轴的加工

下面以图 7-26 所示的传动轴为例，介绍阶梯轴的典型工艺过程。

该传动轴的材料为 45 钢，由于各外圆直径相差不大，且批量只有 5 件，其毛坯可选择 $\phi$45mm 的热轧圆钢料。该传动轴首先车削成形，对于精度较高、表面粗糙度值较小的外圆 $E$、$F$、$M$、$N$ 和轴肩 $P$、$Q$，在车削之后还应磨削。车削和磨削时以两端的中心孔作为定位基准，中心孔可在粗车之前进行加工。因此，该传动轴的工艺过程主要有加工中心孔、粗车、半精车和磨削四个阶段。

要求不高的外圆在半精车时加工到规定尺寸；退刀槽、越程槽、倒角和螺纹在半精车时加工；键槽在半精车之后进行划线和铣削；调质处理安排在粗车和半精车之间，调质后要修研一次中心孔，以消除热处理变形和氧化皮；在磨削之前，一般还应再次修研中心孔，进一步提高定位基准的精度。

综合上述分析，传动轴的工艺过程如下：下料→车两端面，钻中心孔→粗车各外圆→调质→修研中心孔→半精车各外圆，切槽，倒角→车螺纹→划键槽加工线→铣键槽→修研中心孔→磨削→检验。其工艺过程见表 7-15。

表 7-15　传动轴的工艺过程

| 工序号 | 工种 | 工序内容 | 定位基准 | 装夹方式 | 设备 |
|---|---|---|---|---|---|
| 10 | 下料 | $\phi$45mm×220mm | | | |
| 20 | 车 | 车端面见平，钻中心孔；调头，车另一端面，控制总长 215mm，钻中心孔 | 毛坯外圆表面 | 三爪自定心卡盘 | 车床 |
| 30 | 车 | 粗车三个台阶，直径上均留 3mm 余量；调头，粗车另一端三个台阶，直径上均留 3mm 余量 | 两中心孔 | 顶尖、鸡心夹头 | 车床 |
| 40 | 热处理 | 调质处理保证 220~240HBW | | | |
| 50 | 钳 | 修研两端中心孔 | | | 车床 |
| 60 | 车 | 半精车三个台阶，$\phi$40mm 车到图样规定尺寸，其余直径上留余量 0.5mm；切槽 2mm×0.5mm 两个，倒角 $C1$ 两个。调头，半精车余下的三个台阶，其中螺纹台阶车到 $\phi20_{-0.2}^{-0.1}$mm，其余直径上留余量 0.5mm；切槽 2mm×0.5mm 两个，2mm×2mm 一个，倒角 $C1$ 两个，$C1.5$ 一个 | 两中心孔 | 顶尖、鸡心夹头 | 车床 |
| 70 | 车 | 车螺纹 M20×1.5 | 两中心孔 | 顶尖、鸡心夹头 | 车床 |
| 80 | 钳 | 划两个键槽加工线 | | | |
| 90 | 铣 | 铣两个键槽 | 两端面 | 平口钳装夹 | 立铣 |
| 100 | 钳 | 修研两端中心孔 | | | 车床 |
| 110 | 磨 | 磨外圆 $E$、$M$ 到图样规定尺寸，靠磨轴肩 $P$；调头，磨外圆 $F$、$N$ 到图样规定尺寸，靠磨轴肩 $Q$ | 两中心孔 | 顶尖、鸡心夹头 | 外圆磨床 |
| 120 | 检 | 检验 | | | |

一般阶梯轴的基本工艺过程如图 7-31 所示。其中上部方框中的内容，应视零件的具体要求决定取舍。任何一种阶梯轴，不管其复杂程度如何，其基本工艺过程均与此大同小异。

因此，在拟定阶梯轴的工艺过程时，只要根据复杂程度和具体要求，在此基础上增减一些工序或作一些调整即可。

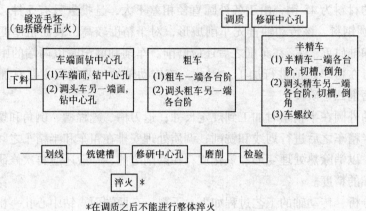

*在调质之后不能进行整体淬火

图 7-31　一般阶梯轴的基本工艺过程

### 4. 带孔阶梯轴的加工特点

带孔阶梯轴的结构特点是轴线位置有圆柱孔、螺纹孔或圆锥孔。

车削和磨削带孔阶梯轴也应采用顶尖装夹。由于轴线位置有孔，端面上无法加工出中心孔，需要在孔端设计和加工出 60°坡口代替中心孔，并在外缘处加工出 120°的保护锥面。

一般说，带孔阶梯轴加工的主要特点是孔和 60°坡口的加工应在加工中心孔的阶段进行。若零件粗加工余量太大或孔的精度要求较高，在加工孔和 60°坡口前应对各外圆进行粗车。与中心孔一样，如果 60°坡口在多次使用过程中被损坏，或者经过热处理，也应安排修研 60°坡口工序。

## 7.7.2　箱体类零件加工工艺

### 1. 概述

（1）箱体的功用和结构特点　箱体类零件是机器的基础件之一。它将轴、套、传动轮等零件组装在一起，使各零件保持正确的位置关系，以满足机器或部件的工作性能要求。

箱体类零件结构一般比较复杂，由许多精度较高的支承孔和平面，还有许多精度较低的紧固孔、油孔和油槽等。箱体不仅加工部位较多，而且加工难度也较大。

（2）箱体的技术要求　箱体的技术要求如下：

1）支承孔的精度和表面粗糙度。一般支承孔的公差等级为 IT8 ~ IT7，表面粗糙度值 $R_a = 1.6 ~ 0.8\mu m$，圆度公差控制在尺寸公差之内；精密支承孔的公差等级为 IT6，$R_a = 0.8 ~ 0.4\mu m$，圆度公差为 0.005 ~ 0.01mm。

2）支承孔之间的位置精度。支承孔之间的孔距尺寸公差为 0.03 ~ 0.12mm，同一轴线孔的同轴度公差为 0.01 ~ 0.04mm，各平行孔轴线的平行度公差在全长上可取 0.03 ~ 0.08mm。

3）主要平面的精度和表面粗糙度。平面度公差一般为 0.03 ~ 0.1mm，表面粗糙度值 $R_a = 3.2 ~ 0.8\mu m$。

4）支承孔与主要平面之间的位置精度。这项要求一般根据具体情况确定。例如车床主轴箱支承孔轴线与底面之间的距离尺寸为未注公差尺寸,但在加工过程中应保证主轴孔与尾座孔等高;而主轴孔轴线与底面的平行度公差为 0.1mm/600mm。

(3) 箱体的材料、毛坯和热处理　由于灰铸铁有一系列技术上(如耐磨性、铸造性、可加工性以及吸振性都比较好)和经济上(材源易、成本低)的优点,常作为箱体类零件的材料。根据需要可选用 HT100 ~ HT400 各种牌号的灰铸铁。常用牌号为 HT200(如 CA6140 床头箱箱体材料)。选用箱体材料要根据具体条件和需要。例如,坐标镗床主轴箱选用耐磨铸铁;某些负荷较大的箱体,可采用铸钢件。只有单件生产或某些简易机床的箱体,为了缩短毛坯制造周期可采用钢材焊接结构。

II 级灰铸铁的总余量,大批大量生产时,平面为 6 ~ 10mm,孔(半径上)为 7 ~ 12mm;单件小批生产时,平面为 7 ~ 12mm,孔(半径上)为 8 ~ 14mm。成批生产时小于 $\phi$30mm 的孔不预先铸出,单件小批生产时,$\phi$50mm 以上的孔才铸出。

为了尽量减少铸件内应力对以后加工质量的影响,零件浇铸后应设退火工序,然后按有关铸件技术条件验收。

(4) 箱体加工的一般原则

1) 先面后孔原则。先加工平面,后加工支承孔,是箱体类零件加工的一般规律。其原因在于:箱体类零件的加工一般是以平面为精基准来加工孔,按先基准、后其他的原则,作为精基准的表面应先加工;平面的面积较大,定位准确可靠,先面后孔容易保证孔系的加工精度;支承孔多分布在箱体外壁平面上,先加工平面可切去铸件表面的凹凸不平及夹砂等缺陷,对孔加工有利。如减少钻头引偏、刀具崩刃等。

2) 粗、精分开,先粗后精原则。由于箱体的结构形状复杂,主要表面的精度高,一般应将粗、精工序分开,并分别在不同精度的机床上加工。这样可以消除粗加工所造成的内应力、切削力、夹紧力和切削热对加工精度的影响,保证箱体的加工质量。此外,粗加工可以发现毛坯缺陷,及时报废或修补。

3) 先主后次原则。紧固螺钉孔、油孔等小孔的加工,一般应放在支承孔粗加工半精加工之后、精加工之前进行。

4) 合理安排时效处理。对普通精度的箱体类零件,一般在毛坯铸造之后安排一次人工时效即可;对一些高精度或形状特别复杂的箱体,应在粗加工之后再安排一次人工时效,以消除粗加工产生的内应力,保证箱体加工精度的稳定性。

根据上述原则,精度较高的箱体零件的工艺过程为:铸造毛坯→退火→划线→粗加工主要平面→粗加工支承孔→时效→划线→精加工主要平面→精加工支承孔→加工其他次要表面→检验。

**2. 箱体的结构工艺性**

箱体加工表面数量多,要求高,机械加工劳动量大。因此,箱体机械加工的结构工艺性对实现优质、高产、低成本具有重要的意义。

(1) 箱体的孔分类

1) 基本孔。箱体的基本孔,可分为通孔、阶梯孔、不通孔、交叉孔等几类。最常见为通孔,在通孔内又以长径比 $L/D \le 1 \sim 1.5$ 的短圆柱孔工艺性为最好(箱体孔壁上多为这种孔)。

阶梯孔的工艺性与"孔径比"有关。孔径相差越小则工艺性越好;孔径相差越大,且其中最小孔径又很小,则工艺性很差。

相贯通的交叉孔的工艺性也较差，如图 7-32a 所示，$\phi100^{+0.035}_{0}$ mm 孔与 $\phi70^{+0.03}_{0}$ mm 孔贯通相交，在加工主轴孔的过程中，当刀具进给到贯通部位时，由于刀具径向受力不均，使孔的轴线产生偏移。为保证加工质量，如图 7-32b 所示，$\phi70^{+0.03}_{0}$ mm 孔不铸通，当主轴孔加工完毕后再加工 $\phi70^{+0.03}_{0}$ mm 孔，以保证主轴孔的加工质量。

不通孔的工艺性最差，因为在精镗或精铰不通孔时，要用手动送进，或采用特殊工具送进。此外，不通孔内端面的加工也特别困难，故应尽量避免。

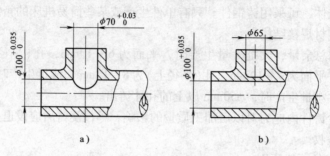

图 7-32　相贯通的交叉孔的工艺性
a）交叉孔　b）交叉孔毛坯

2）同轴线上的孔。箱体上同轴孔的排列方式有三种，如图 7-33 所示。图 7-33a 所示为孔径大小向一个方向递减，且相邻两孔直径差大于孔的毛坯加工余量。这种排列方式可使镗孔时，镗杆从一端伸入，逐个加工或同时加工同轴线上的几个孔，对于单件小批生产，这种结构加工最为方便。图 7-33b 所示为孔径大小从两边向中间递减，加工时刀杆可从两边进入，这样不仅可以缩短镗杆长度，提高了镗杆刚性，而且为双面同时加工创造了条件，所用大批量生产的箱体，常采用此种孔径分布。图 7-33c 所示为孔径大小不规则排列，工艺性差，应尽量避免。

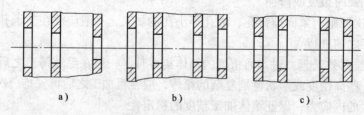

图 7-33　同轴线上孔径的排列方式
a）孔径大小单向排列　b）孔径大小双向排列　c）孔径大小无规则排列

（2）孔系分类　箱体上一系列有相互位置要求的孔称为孔系。孔系可分为平行孔系、同轴孔系和交叉孔系，如图 7-34 所示。

**3. 孔系加工**

孔系加工是箱体加工的关键。根据箱体生产批量和孔系精度要求的不同，所用的加工方法也不一样。

（1）平行孔系的加工　平行孔系的加工，主要是考虑如何保证各孔间位置精度的保证问题，包括各孔轴线之间、轴线与基准之间的尺寸精度和平行度等。采用的加工方法如下：

1）找正法。找正法是工人在通用机床上，利用辅助工具找正要加工孔的正确位置的加工方法。这种方法加工效率低，一般只适用于单件小批生产。常见的方法有：

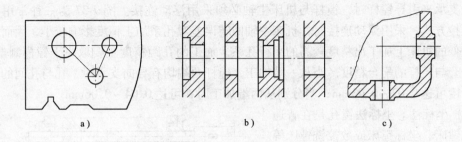

图 7-34　孔系分类

a) 平行孔系　b) 同轴孔系　c) 交叉孔系

① 划线法加工。划线法是加工孔系最简单的方法。先在已加工过的工件表面上精确地划出各孔加工线,并用中心冲在各孔的中心处冲出中心孔,然后在车床、钻床或镗床上按照划线逐个找正和加工。因为划线和找正都具有较大的误差,各孔间的相对位置精度比较低,一般孔距误差为 0.25 ~ 0.5mm。

② 心轴和量规找正法加工。找正法是在普通镗床、铣床等通用机床上,借助一些辅助装置来找正每个被加工孔的正确位置的。如图 7-35 所示,镗第一排孔时将心轴插入主轴孔内(或直接利用镗床主轴插入主轴孔内),然后根据孔和定位基准的距离,组合一定尺寸的量规来校正主轴位置(见图 7-35a)。校正时用塞尺测定量规与心轴之间的间隙,以避免量规与轴直接接触损伤量规。镗第二排孔时,分别在机床主轴和已加工孔中插入心轴,采用同样的方法来校正主轴轴线的位置,以保证孔距的精度(见图 7-35b),这种找正法的孔距精度可达 ±0.03mm。

③ 样板找正加工。如图 7-36 所示,用 10 ~ 20mm 厚的钢板制成样板 1,装在垂直于各孔的端面上(或固定于机床工作台上),样板上的孔距精度较箱体孔系的孔距精度高(一般为 ±0.01 ~ ±0.03mm),样板上的孔径较工件的孔径大,以便于镗杆通过。样板上孔的直径精度要求不高,但具有较高的形状精度和较小的表面粗糙度值。当样板精确地装到工件上后,在机床主轴上装以千分表(或千分表定心器)2,按样板找正机床主轴,找正后即换上镗刀加工。此法加工孔系不易出错,找正方便,孔距精度可达 ±0.05mm。这种加工方法成本低,单件小批的大型箱体加工常采用这种方法。

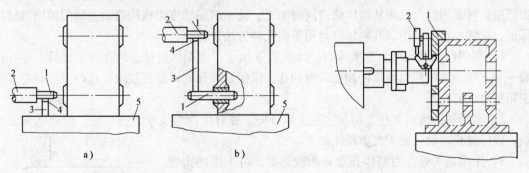

图 7-35　用心轴和量规找正加工

a) 第一工位　b) 第二工位

1—心轴　2—镗床主轴　3—量规　4—塞尺　5—镗床工作台

图 7-36　样板找正法

1—样板　2—千分表

2) 镗模法。用镗模加工孔系,工件装夹在镗模上,镗杆被支承在镗模的导套内,增加了系统的刚性。这样,镗杆便通过模板上的孔将工件上相应的孔加工出来。当用两个或两个以上的支承来引导镗杆时，镗杆与机床主轴必须采用浮动连接。图 7-37 为一种常用的镗杆活动连接方式。采用浮动连接时，机床主轴回转误差对孔系加工精度影响较小，因而可以在精度较低的机床上加工出精度较高的平行孔系。加工的孔距精度主要取决于镗模制造精度、镗杆导套与镗杆的配合精度。当从一端加工，镗杆两端均有导向支承时，孔与孔间的同轴度和平行度可达 0.02 ~ 0.03mm；当分别从两端加工时，可达 0.04 ~ 0.06mm。

3）坐标法。坐标法镗孔是在普通卧式铣镗床、坐标镗床或数控铣镗床等设备上，借助于测量装置，调整机床主轴与工件间在水平和垂直方向的相对位置，以保证孔距精度的一种镗孔方法。

采用坐标法加工孔系，需将加工孔系的孔心距尺寸换算成两个互相垂直的坐标尺寸，然后按此坐标尺寸，精确地调整机床主轴与工件的相对位置，通过坐标镗削或坐标磨削来保证孔距的相互位置精度。在这个过程中，要特别注意选择基准孔和镗孔顺序，否则坐标尺寸的累积误差会影响孔距精度。基准孔应尽量选择本身精度高、表面粗糙度值小的孔（一般为主

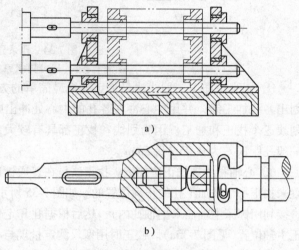

a)

b)

图 7-37　用镗模加工孔系

a）镗模　b）镗杆活动连接头

轴孔），以便于加工过程中检验其坐标尺寸。有孔距精度要求的两孔应连在一起加工，加工时应尽量使工作台朝同一方向移动，以减小传动元件反向间隙对坐标精度的影响。

坐标法镗孔的孔距精度取决于坐标的移动精度，也就是取决于机床坐标测量装置的精度。这类坐标测量装置的形式很多，有普通刻线尺与游标卡尺加放大镜测量装置（精度为 0.1 ~ 0.3mm）、精密刻线尺与光学读数头测量装置（读数精度 0.01mm），还有光栅数字显示装置和感应同步器测量装置（精度可达 0.0025 ~ 0.01mm）、磁栅和激光干涉仪等。

（2）同轴孔系的加工　成批生产中箱体同轴孔系的同轴度几乎都由镗模保证。大批量生产中，可采用组合机床从箱体两边同时加工，孔系的同轴度由机床两端主轴间的同轴精度保证；单件小批生产中，其同轴度可用下面几种方法来保证：

1）利用已加工孔作为支承导向。如图 7-38 所示，当箱体前壁上的孔加工好后，在孔内装一导向套，支承和引导镗杆加工后壁的孔，以保证两孔的同轴度要求。这种方法只适于加工箱壁较近的孔系。

2）利用铣镗床后立柱上的导向套支承导向。镗杆由两端支承，刚性好。但此法调整麻烦，镗杆很长，故只适于大型箱体加工。

3）采用调头镗。当箱体孔壁相距较远时，可采用调头镗，工件在一次装夹下，镗好一面孔后，将镗床工作台回转 180°，调整工作台位置，使已加工孔与镗床主轴同轴，然后加工另一面上的孔。

（3）交叉孔系的加工　交叉孔系的主要技术要求是控制有关孔的同轴度，在卧式铣镗床上主要依靠机床工作台上的 90°

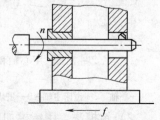

图 7-38　利用已加工孔导向

对准装置。90°对准装置是挡铁装置,结构简单,对准精度低(T68 铣镗床的出厂精度为 0.04mm/900mm,相当于 8″)。目前国内有些铣镗床如 TM617,采用了端面齿定位装置,90° 定位精度达 5″,还有的用了光学瞄准仪作为对准装置。

**4. 箱体上的平面加工**

箱体内端面加工比较困难,必须加工时,在设计中应尽可能使内端面尺寸小于刀具需穿过的孔加工前的直径,如图 7-39a 所示。这样可以避免伤及另外的孔。若如图 7-39b 所示,加工时镗杆伸进后才能装刀,镗杆推出前又要将刀具卸下,加工时很不方便。当内端面尺寸较大时,还需采用径向进给装置。

箱体的外凸台应尽可能在同一平面上,如图 7-40a 所示;若采用图 7-40b 的形式,加工要麻烦一些。

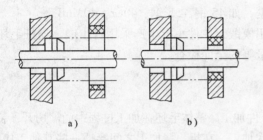
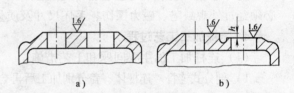

图 7-39　箱体孔内端面的结构工艺性　　　　　　　图 7-40　箱体孔外端面的结构工艺性
a)外大内小　b)外小内大　　　　　　　　　　　　a)工艺性好　b)工艺性差

## 7.7.3　连杆加工

**1. 连杆的功用和结构特点**

连杆是发动机的主要传力部件之一,在工作过程中承受剧烈的载荷变化。因此,连杆应具有足够的强度和刚度,还应尽量减少自身的质量,以减小惯性力的作用。

连杆可分为剖分式和非剖分式两种结构,如图 7-41 和图 7-42 所示。

非剖分式连杆,由于是整体结构,结构简单,便于制造,只能用于工作行程短、曲轴采用偏心结构的情况。

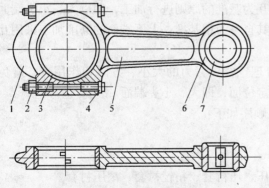
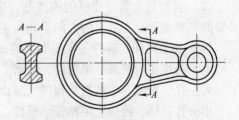

图 7-41　剖分式连杆　　　　　　　　　　　　　图 7-42　非剖分式连杆

1—连杆盖　2—连杆螺母　3—大头轴瓦
4—连杆螺栓　5—杆身　6—连杆小头　7—小头衬套

活塞工作行程较大时，则采用剖分式连杆。为了减少磨损并便于修理，在连杆小头压入青铜衬套，大头孔也衬有钢质基底的耐磨巴氏合金轴瓦。

**2. 连杆的主要技术要求**

1) 小头底孔的尺寸精度为 IT7 ~ IT8 级，大头底孔的尺寸公差为 IT6 ~ IT7 级，孔的形状误差一般在直径公差的 1/2 范围内。大、小头孔压入衬套进行滚压加工后，表面粗糙度值 $R_a$ 为 $0.4\mu m$。

2) 大小头两孔中心线的不平行度允差为 100:0.03。

3) 大头孔两端面对大头孔中心线的不垂直度允差为 100:0.05。

4) 两螺栓孔中心线对结合面的不垂直度允差为 100:0.25。

**3. 连杆的材料和毛坯**

连杆的材料一般都采用高强度碳钢和合金钢，如 45 钢、55 钢、40Cr、40MnB 等。

连杆毛坯一般采用锻造毛坯，成批生产采用模锻，单件小批生产采用自由锻。连杆毛坯必须经过外观缺陷、磁力探伤、毛坯尺寸及质量等的全面检查。

**4. 连杆加工工艺过程**

(1) 连杆加工的主要问题和工艺措施

1) 剖分式连杆。连杆体、盖分别加工后再合件加工。整体毛坯在加工过程中尚需切开，装成连杆总成后还需继续加工。重要表面应进行多次加工，在粗、精加工之间穿插一些其他工序，使内应力有充分时间重新分布，促使变形及早发生、及早纠正，最终保证连杆的各项技术要求。

2) 先加工定位面后加工其他面。一般从基面加工开始(大小头端面、小头孔、大头外侧的工艺凸台)，再加工主要面(大头孔、分开面、螺栓孔)，然后进行连杆总成的精加工(大、小头孔及端面)。

3) 各主要表面的粗精加工分开。

4) 为使活塞销和连杆小头孔的配合间隙小而均匀，采用分组选择装配。

(2) 定位基准的选择 一般选择大、小头端面为主要定位基准。同时，选择小头孔和大头连杆体的外侧作为第二、第三定位基准。

在粗磨上下端面时，采用互为基准的原则进行加工。为了保持壁厚均匀，在钻、粗镗小头孔时，选择端面及小头外轮廓为粗基准。

精加工时，采用基准统一、自为基准及互为基准的原则进行加工，即以大、小头端面和大头外侧面为统一的精基准，小头孔加工以其自身为精基准，上下端面的磨削加工采用互为基准的原则。

(3) 合理的夹紧 连杆的刚度差，应合理选择夹紧力的大小、方向和作用点，避免不必要的夹紧变形。夹紧力的方向应朝向主要定位面，即大、小头端面。

(4) 加工路线 连杆各主要表面的加工顺序如下：

上下两端面：粗磨、半精磨、精磨。

大头孔：粗镗、半精镗、精镗、滚压。

小头孔：钻、粗镗、半精镗、精镗、滚压、压衬套、精镗衬套、滚压衬套。

其他次要表面的加工，可安排在工艺过程的中间或后面进行。

某柴油机生产企业连杆加工的工艺过程见表 7-16，其中工序 70 粗磨上下面的工序卡片见表 7-17。

表 7-16　连杆加工工艺过程卡片

| 工艺过程卡片 | 产品型号 | 4102 | 零件图号 | | 编号 | |
|---|---|---|---|---|---|---|
| | 产品名称 | 柴油机 | 零件名称 | 连杆 | 共 3 页 | 第 1 页 |

| 材料牌号 | 毛坯种类 | 毛坯外形尺寸 | 每毛坯可制件数 | 单件净重 | 备注 |
|---|---|---|---|---|---|
| 40Cr | 锻件 | 外协毛坯 | | (1.6±0.1) kg | |
| | 材料消耗定额 | 单件用料 下料尺寸 | | | |

| 生产部门 | 工序号 | 工种 | 工　序　内　容 | 设备名称 | 型号 | 单件工时定额/min | 备注 |
|---|---|---|---|---|---|---|---|
| 质量部 | 10 | | 1. 按连杆毛坯图，检查锻件各部分尺寸，外形应光洁，不允许有裂纹、折痕、氧化皮等缺陷，分模面的飞边高度不大于 0.8mm<br>2. 总剖面金属宏观组织其纤维方向应沿着连杆中心线并与连杆外形相符，不得有环形曲及断裂，并且不允许有裂纹、气泡、夹灰及其他非金属杂物等缺陷存在 | | | | |
| 质量部 | 20 | | 1. 检查硬度，应为 223~280HB，同一副连杆硬度差不超过 30 单位<br>2. 连杆的纤维组织应为均匀的细晶粒组织，铁素体只允许呈细小夹杂状存在 | | | | |
| 铸造公司 | 40 | | 喷瓦处理（处理后不得涂漆，立即送生产厂，防止生锈） | | | | |
| 金工二 | 50 | | 毛坯检查 | | | | |
| 金工二 | 60 | | 磁粉探伤 | 磁粉探伤机 | CJW—2000 | 0.75 | |
| 金工二 | 70 | 磨 | 粗磨上、下面，磨后退磁 | 圆盘磨/退磁机 | M74125/1TCJ2 | 0.2 | |
| 金工二 | 80 | 钻 | 钻小头孔 | 钻孔专机 | EQ2535 | 0.6 | |
| 金工二 | 90 | 镗 | 粗镗小头孔 | 镗孔专机 | EQ2536 | 0.4 | |
| 金工二 | 100 | 钻 | 小头孔倒角 | 立钻 | Z525WJ | 0.4 | |
| 金工二 | 120 | 镗 | 镗大头两半圆孔 | 四轴镗床 | CS180 | 0.1 | |
| 金工二 | 130 | 磨 | 半精磨上下面，磨后退磁 | 圆盘磨/退磁机 | MA7480<br>M7475B<br>TCJ—2 | 0.4<br>0.32 | |

| 设　计 | 校　对 | 审　核 | 标准化 | 会　签 | 批　准 |
|---|---|---|---|---|---|

| 标记 | 处数 | 更改文件号 | 签字 | 日期 | | | | | |
|---|---|---|---|---|---|---|---|---|---|

（续）

| 工艺过程卡片 | | 产品型号 | 4102 | 零件图号 | | 共3页 | 第2页 | 编号 |
|---|---|---|---|---|---|---|---|---|
| | | 产品名称 | 柴油机 | 零件名称 | 连杆 | | | |

| 材料牌号 | 40Cr | 毛坯种类 | 锻件 | 外协毛坯 | 单件用料 | 下料尺寸 | 单件净重 (1.6±0.1)kg | 每毛坯可制件数 |
|---|---|---|---|---|---|---|---|---|
| | | 材料消耗定额 | | | | | | |

| 生产部门 | 工序号 | 工种 | 工序内容 | 设备型号 | 设备名称 | 单件工时定额 额定/min | 备注 |
|---|---|---|---|---|---|---|---|
| 金工二 | 140 | 镗 | 半精镗小头孔 | T740 | 金刚镗 | 0.35 | |
| 金工二 | 145 | 车 | 小头孔两端倒角 | C620 | 车床 | 0.3 | |
| 金工二 | 150 | 车 | 车大头两侧面 | CA6140 | 车床 | 0.41 | |
| 金工二 | 160 | 钳 | 打标记 | AQD | 智能气动标记机 | 0.3 | |
| 金工二 | 170 | 铣 | 粗铣螺钉面 | X6140 | 卧铣 | 0.36 | |
| 金工二 | 180 | 铣 | 体、盖切开 | DU4402 | 切断专机 | 0.42 | |
| 金工二 | 200 | 磨 | 磨分切开 | MS74100A | 圆盘磨 | 1 | |
| 金工二 | 200A | | 精铣分开面，钻、铰、攻螺纹孔 | E2—UX054—868 | 自动线 | 0.625 | |
| 金工二 | 210 | 铣 | 精铣盖螺钉面 | X52K X5030 | 立铣 | 0.36 | |
| 金工二 | 220 | 钻 | 钻孔 | DLU019 | 钻孔专机 | 1 | |
| 金工二 | 230 | 车 | 镗体窝 | CW6140A | 车床 | 0.38 | |
| 金工二 | 250 | 专机 | 扩、铰、攻螺纹 | DU4403 | 专机 | 0.875 | |
| 金工二 | 260 | 钻 | 体盖螺纹孔倒角 | ZQ4116 | 台钻 | 0.3 | |
| 金工二 | 270 | 洗 | 中间清洗 | DHQX019 | 清洗机 | 0.2 | |
| 金工二 | 290 | 钳 | 合对 | ESTIC036 | 转矩机 | 0.42 | |
| 金工二 | 300 | 镗 | 粗镗大头孔 | CS183 | 四轴镗床 | 0.35 | |
| 金工二 | 310 | 车 | 大头孔两端端倒角 | C620 | 车床 | 0.4 | |

| 标记 | 处数 | 更改文件号 | 签字 | 日期 | 设计 | 校对 | 审核 | 标准化 | 会签 | 批准 |
|---|---|---|---|---|---|---|---|---|---|---|
| | | | | | | | | | | |

（续）

| 工艺过程卡片 | | 产品型号 | 4102 | 零件图号 | | 编号 | 共3页　第3页 |
|---|---|---|---|---|---|---|---|
| | | 产品名称 | 柴油机 | 零件名称 | 连杆 | | |

| 材料牌号 40Cr | 毛坯种类 | 锻件 | 外协毛坯 | | 单件净重 | (1.6±0.1)kg | | |
|---|---|---|---|---|---|---|---|
| | 材料消耗定额 | | 单件用料 | 下料尺寸 | | 每毛坯可制件数 | | |

| 生产部门 | 工序号 | 工种 | 工序内容 | 设备型号 | 设备名称 | 单件工时定额/min | 备注 |
|---|---|---|---|---|---|---|---|
| 金工二 | 340 | 磨 | 精磨上下面，退磁 | MA7480 TCJ2 | 圆盘磨退磁机 | 0.42 | |
| 金工二 | 350 | 镗 | 半精镗大头孔，精镗小头底孔 | T760 | 金刚镗 | 0.46 | |
| 金工二 | 355 | 钻 | 滚压小头底孔 | Z5150A | 立钻 | 0.2 | |
| 金工二 | 360 | 压 | 压衬套 | Y41—10A | 滚压机 | 0.2 | |
| 金工二 | 370 | 钻 | 钻油孔 | Z5150A | 立钻 | 0.2 | |
| 金工二 | 390 | 镗 | 精镗大头孔及小头衬套孔 | T760A T760 | 金刚镗 | 0.46 | |
| 金工二 | 400 | 磨 | 滚压大头孔 | Z5150A | 立钻 | 0.2 | |
| 金工二 | 410 | 钻 | 滚压小头衬套孔 | Z5150A | 立钻 | 0.2 | |
| 金工二 | 420 | 钳 | 称重，写数字 | YLP或LWD-3 AQD | 电子天平/重量分选仪/智能气动标记机 | 0.2 | |
| 金工二 | 430 | 钳 | 检查 | FJG05006 | 连杆检测仪 | 1 | |
| 金工二 | 440 | 钳 | 松对 | | | 0.15 | |
| 金工二 | 445 | 检 | 检查分开面，螺栓孔位置度 | | | 1.5 | |
| 金工二 | 450 | 铣 | 铣瓦片槽 | X6130A | 卧铣 | 0.2 | |
| 金工二 | 460 | 洗 | 清洗 | DHQX014 | 清洗机 | 0.2 | |
| 金工二 | 470 | 钳 | 合对、分组、总检、转入总装厂 | | | 0.3 | |

| | 设计 | 校对 | 审核 | 标准化 | 会签 | 批准 |
|---|---|---|---|---|---|---|
| 标记 处数 更改文件号 签字 日期 | | | | | | |

表7-17　连杆加工工序卡片

| 机械加工工序卡片 | 产品型号 | 4102 | 零件图号 | 4102.04.03/04 | 编号 | 11-2040-2004019 |
|---|---|---|---|---|---|---|
| | 产品名称 | 柴油机 | 零件名称 | 连杆 | 共1页 | 第1页 |

| 工序号 | 70 |
|---|---|
| 工序名称 | 粗磨上下面，磨后退磁 |
| 工时定额（分） | 0.6 |
| 设备名称 | 圆盘磨　退磁机 |
| 设备型号 | M7125/1　TCJ—2 |
| 设备编号 | |
| 材料牌号 | 40Cr |
| 工装代号 | 名称及规格 |
| 刀具 | 砂瓦 WP150×80×25 A24K5B30 |
| 量具 | GB/T 2488—1984　游标卡尺 0.02 0—125 |
| | GB/T 1214.2—1996　高度游标卡尺 0020—300 |
| | GB/T 1214.3—1996　磁强计 XCJ—A |
| 辅料 | 乳化金属切削液 |

杆身无字号一侧　　39±0.15　　3.2

技术要求：1. 大、小头（39±0.15）mm 所指两端面的对称面的对称中心线和杆身的对称中心线之间的偏移允差0.6mm。
2. 退磁后剩磁量不大于 $2×10^{-4}$ Wb/m²。

| 工步号 | 工步内容 | 主轴转速（r/min） | 切削速度（m/min） | 进给量（mm/r） | 背吃刀量/mm | 进给次数 |
|---|---|---|---|---|---|---|
| 1 | 杆身有字号一侧大平面为基准磨另一侧大平面 | 750 | 1740 | 0.13 | 约1 | 自动 |
| 2 | 以磨好平面为基准，磨削杆身有字号一侧大平面 | 750 | 1740 | 0.13 | 约1 | 自动 |
| 3 | 退磁 | | | | | |

| | 设 计 | 审 核 | 标 准 化 | 会 签 | 批 准 |
|---|---|---|---|---|---|
| 签字 | | | | | |
| 日期 | | | | | |

| 标记 | 处数 | 更改文件号 | | | |

### 5. 连杆加工的主要工序

（1）连杆大、小头端面的加工　在大批量生产时，连杆大、小头端面的加工，多采用磨削进行；在中小批生产时，可采用铣削。

铣削大、小头端面，可在专用的双面铣床上同时铣削两端面。若毛坯精度较高，可采用互为基准的方法加工。两端面的精加工采用磨削。为了不断改善定位基准的精度，在粗加工大、小头孔前粗磨端面，在精加工大、小头孔前精磨端面。

（2）连杆大、小头孔的加工　小头孔在作为定位基准之前，经过了钻和粗镗两工序；在车大头孔两侧的定位基面前，对小头孔进行修整（半精镗），以提高定位精度；在精镗小头孔及滚压小头衬套孔时，都采用了自为基准的方式，以提高小头孔的精度水平。

大头孔采用粗镗去除大部分余量，连杆体和连杆盖合对后，在金刚镗床上对大头孔进行半精镗和精镗，大头孔的最终工序是滚压加工。

（3）连杆螺栓孔的加工　螺栓孔的加工安排在连杆体和连杆盖切开及分开面精铣后进行，经过钻、扩、铰工序达到加工要求。螺栓孔与分开面有垂直度要求，按基准重合的原则，应以分开面定位加工螺栓孔，但接合面面积很小，定位不可靠，装夹不方便。因此，可采用基准统一的原则，即连杆体以小头孔、侧定位面、杆身无字号一侧大平面为基准，连杆盖以螺钉面、侧定位面、与连杆体同侧大平面为基准，加工螺栓孔。

## 习　题

7-1　试叙述基准、设计基准、工序基准、定位基准、测量基准和装配基准的概念，并举例说明它们之间的区别。

7-2　试举例说明在零件加工过程中，定位基准（包括粗基准和精基准）选择的原则。

7-3　试举例说明若在零件加工过程中不划分粗加工、半精加工和精加工等阶段时，将对零件的加工精度产生哪些影响？

7-4　试举例说明在不同生产批量下，各种典型表面（外圆、内孔、平面、齿形等）的合理加工方案。

7-5　如图7-43所示活塞，除内壁不加工外，其余表面都要加工，且要求壁厚均匀。现以端面及止口作统一精基准进行加工，试选择合适的粗基准，并以两种可能的方案进行比较分析。

7-6　试分析图7-44所示零件在加工时，粗基准应如何选择？

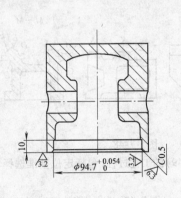

图　7-43

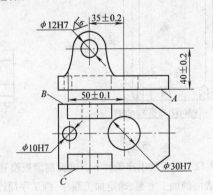

图　7-44

7-7　加工图7-45所示零件，在成批生产条件下，试计算在外圆表面加工中各道中间工序的工序尺寸及其公差。

7-8　图 7-46 所示的主轴箱体零件，试计算前主轴孔（$\phi 160^{+0.022}_{+0.004}$ mm，$R_a = 0.2\,\mu m$）加工中各道工序的工序尺寸及其公差。

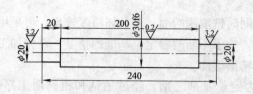

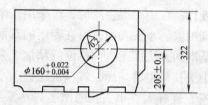

图　7-45　　　　　　　　　　　　图　7-46

7-9　在大批生产中，加工图 7-46 所示的车床床头箱零件时，常常以箱体上顶面及其上两个定位销孔定位加工主轴孔，试通过换算重新标注工序尺寸。

7-10　中批生产图 7-47 箱体零件，其工艺路线为粗、精刨底面→粗、精刨顶面→粗、精铣两端面→在卧式镗床上镗孔：①粗镗、半精镗、精镗 $\phi 80H7$ 孔；②将工作台准确移动（100 ± 0.03）mm，粗镗、半精镗、精镗 $\phi 60H7$ 孔。试分析上述工艺路线存在哪些问题，并提出改进方案。

7-11　图 7-48 床身的主要加工内容如下：

加工导轨面 A、B、C、D、E、F：粗铣、半精刨、粗磨、精磨；加工底面 J：粗铣、半精刨、精刨；加工压板面及齿条安装面 G、H、I：粗刨、半精刨；加工床头箱安装定位面 K、L：粗铣、精铣、精磨；其他：划线，人工时效，导轨面高频淬火。

试将上述加工内容安排成合理的工艺路线，并指出各工序的定位基准。零件为小批生产。

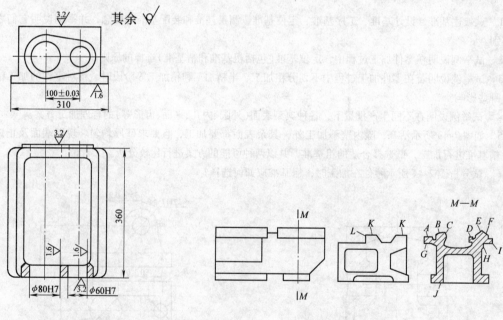

图　7-47　　　　　　　　　　　　图　7-48

7-12　在成批生产条件下，试编制溜板箱Ⅶ轴零件（见图 7-49）的工艺过程（包括定位基准选择、确定各加工表面的加工方案、确定加工顺序、画工序简图）。

7-13　在卧式铣床上采用调整法对车床溜板箱Ⅶ轴这个零件（见图 7-49）进行铣削加工。在加工中选取大端端面轴向定位时，试对其轴向尺寸进行换算。

7-14　如图 7-50 所示的套筒零件，加工表面 A 时要求保证尺寸 $10^{+0.20}_{0}$，若在铣床上采用调整法加工时：

（1）以左端面定位，试标注此工序的工序尺寸。

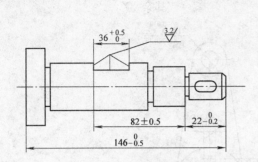

图 7-49   溜板箱Ⅶ轴

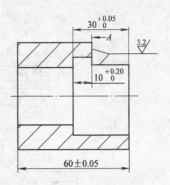

图 7-50

（2）试分别画出以右端端面定位及以大孔底面定位的工艺尺寸链图，从基准选择和定位误差最小分析，上述方案中哪个最好？

7-15   如图 7-51 所示零件，先以左端外圆定位在车床上加工右端端面及 $\phi 65\mathrm{mm}$ 外圆至图样要求尺寸，$\phi 30\mathrm{mm}$ 内孔镗孔至 $\phi 50\mathrm{H}8$ 并保证孔深尺寸 $L$，然后再调头以已加工的右端端面及外圆定位加工其他表面至图样要求尺寸，试计算在调头前镗孔孔深 $L$ 的尺寸及其公差。

7-16   如图 7-52 所示的大型圆筒零件，其内孔 $\phi 820^{+0.40}_{0}\mathrm{mm}$ 已加工好，要求保证尺寸 $450^{0}_{-0.50}\mathrm{mm}$。为便于度量现需改为度量 $a$ 和 $b$ 之间的距离，试计算并重新标注本工序的工序尺寸。

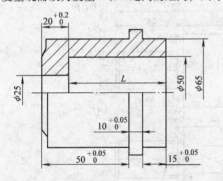

图   7-51

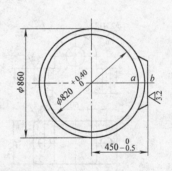

图   7-52

7-17   如图 7-53 所示的零件，其加工过程如下：

（1）以 $A$ 面及外圆定位车 $D$ 面、$\phi 20\mathrm{mm}$ 外圆及 $B$ 面，保持尺寸 $20^{0}_{-0.20}\mathrm{mm}$。

（2）调头以 $D$ 面定位车 $A$ 面及钻镗内孔至 $C$ 面。

（3）以 $D$ 面定位精磨 $A$ 面至图样要求尺寸 $30^{0}_{-0.50}\mathrm{mm}$。

试确定上述各道工序的加工余量及工序尺寸。

7-18   中批生产如图 7-54 所示零件，毛坯为铸件（孔未铸出），试拟定其机械加工工艺路线（按工序号、工序内容及要求、定位基准等列表表示），并绘制工序图。

7-19   批量生产如图 7-55a、b 所示的零件，试拟定其机械加工工艺路线（按工序号、工序内容及要求、定位基准等列表表示），并绘制工序图。

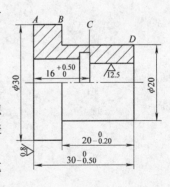

图   7-53

7-20   对于精度要求较高的阶梯轴，在磨削前为什么要安排修研中心孔工序？

7-21   试制定如图 7-56 所示连接套零件的工艺过程。

7-22   拟定如图 7-55、图 7-56 所示零件的数控加工工艺方案和工序卡片。

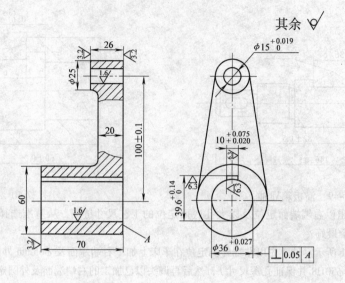

图　7-54

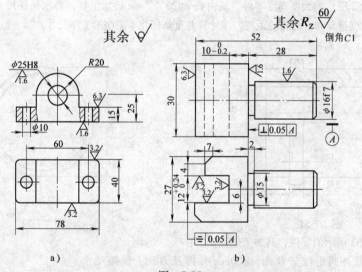

a)　　　　　　　b)

图　7-55

a) 支架（HT200）　b) 接头（45 钢）

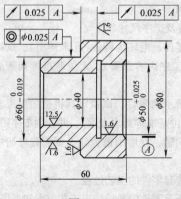

图　7-56

# 第8章 机械产品装配

机器装配是整个机械产品制造过程中的最后一个阶段，是决定产品（机器）质量的关键环节。在机械产品的装配工作中如何保证和提高装配质量，达到经济高效的目的，是机械装配工艺研究的核心。

## 8.1 产品结构的装配工艺性

产品结构工艺性是指所设计的产品在能满足使用要求的前提下，制造、维修的可行性和经济性。其中，装配工艺性对产品结构的要求，主要是装配时应保证装配精度、缩短生产周期、减少劳动量等。产品结构装配工艺性包括零部件一般装配工艺性和零部件自动装配工艺性等内容。

**1. 零部件一般装配工艺性要求**

1）产品应划分成若干单独部件或装配单元，在装配时应避免有关组成部分的中间拆卸和再装配。

如图 8-1 所示传动轴的安装，箱体孔径 $D_1$ 小于齿轮直径 $d_2$，装配时必须先在箱体内装配齿轮，再将其他零件逐个装在轴上，装配不方便。应增大箱体孔壁的直径，使 $D_1 > d_2$。装配时，可将轴及其上零件组成独立组件后再装入箱体内，装配工艺性好。

2）装配件应有合理的装配基面，以保证他们之间的正确位置。例如，两个有同轴度要求的零件连接时，应有合理的装配基面，图 8-2a 所示的结构不合理，而图 8-2b 所示的结构合理。

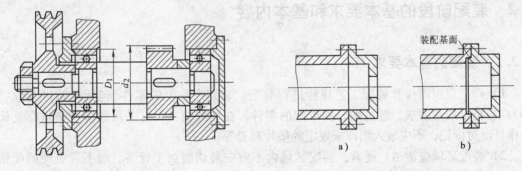

图 8-1 传动轴
的装配工艺性

图 8-2 有同轴度要求的
连接件装配基面的结构图

3）避免装配时的切削加工和手工修配；应尽量避免装配时采用复杂工艺装备。

4）便于装配、拆卸和调整；各组成部分的连接方法应尽量保证能用最少的工具快速装拆。例如，图 8-3a 所示轴肩直径大于轴承内圈外径；图 8-3c 所示内孔台肩轴肩小于轴承外圈内径，轴承将无法拆卸；如改为图 8-3b、d 所示的结构，轴承即可拆卸。

图 8-4 所示为泵体孔中镶嵌衬套的情况。图 8-4a 所示的结构衬套更换时难以拆卸；若

改成图 8-4b 所示的结构，在泵体上设置三个螺孔，拆卸衬套时可用螺钉顶出。

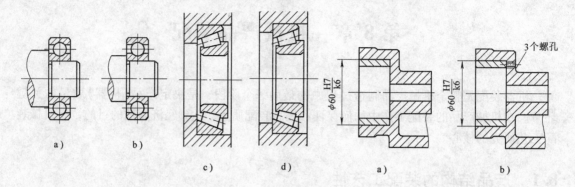

a)　　　　b)　　　　　c)　　　　d)　　　　　　a)　　　　　　b)

图 8-3　便于轴承拆卸的结构（一）　　　　图 8-4　便于轴承拆卸的结构（二）

5）注意工作特点、工艺特点，考虑结构合理性；质量大于 20kg 的装配单元或其组成部分的结构中，应具有吊装的结构要素。

6）各种连接结构形式应便于装配工作的机械化和自动化。

**2. 零部件自动装配工艺性要求**

1）最大程度地减少零件的数量，有助于减少装配线的设备。因为减少一个零件，就会减少自动装配过程中的一个完整工作站，包括送料器、工作头、传送装置等。

2）应便于识别，能互换，易抓取，易定向，有良好的装配基准，能以正确的空间位置就位，易于定位。

3）产品要有一个合适的基础零件作为装配依托，基础零件要有一些在水平面上易于定位的特征。

4）尽量将产品设计成叠层形式，每一个零件从上方装配；要保证定位，避免机器转体期间在水平力的作用下偏移；还应避免采用昂贵费时的固定操作。

## 8.2　装配阶段的基本要求和基本内容

### 8.2.1　装配的基本要求

1）产品应按图样和装配工艺规程进行装配。装到产品上的零件（包括外购件、标准件等）均应符合质量要求。过盈配合和单配的零件，在装配前，对有关尺寸应严格进行复检，并作好配对标记，不应放入图样未规定的垫片和套等。

2）装配环境应清洁。通常，装配区域内不宜安装切削加工设备。对不可避免的配钻、配铰、刮削等装配工序间的加工，要及时清理切屑，保持场地清洁。

3）零部件应清理干净（去净毛刺、污垢、锈蚀等）。装配过程中，加工件不应磕、碰、划伤和锈蚀，配合面和外露表面不应有修锉和打磨等痕迹。

4）装配后的螺栓、螺钉头部和螺母端面，应与被紧固的零件平面均匀接触，不应倾斜和留有间隙。装配在同一部位的螺钉，其长度一般应一致。紧固的螺钉、螺栓和螺母不应有松动；影响精度的螺钉，紧固力应一致。

5）螺母紧固后，各种止动垫圈应达到制动要求。根据结构需要，可采用在螺纹部分涂低强度的防松胶代替止动垫圈。

6）移动、转动部件在装配后，运动应平稳、灵活、轻便，无阻滞现象。变位机构应保证准确可靠地定位。

7）高速旋转的零部件应作平衡试验。

8）按装配要求选择合适的工艺和装备。对特殊产品要考虑特殊措施。如在装配精密仪器、轴承、机床时，装配区域除了要严格避免金属切屑及灰尘干扰外，按装配环境要求，需要考虑空调、恒温、恒湿、防尘、隔振等措施。对有高精度要求的重大关键机件，需要具备超慢速的起吊设备。

9）液压、气动、电气系统的装配应符合国家专项标准规定。

## 8.2.2 装配的基本内容

装配是整个机械产品制造过程中的最后一个阶段。装配阶段的主要工作有清洗、平衡、刮削、各种方式的连接、校正、检验、调整、试验、涂装、包装等。

### 1. 清洗

零件进入装配前，必须清洗表面的各种浮物，如尘埃、金属粉尘、铁锈，油污等。否则可能会出现诸如"抱轴"、气缸"拉毛"、导轨"咬合"等现象，致使摩擦副、配合副过度磨损，产品精度丧失。

1）清洁度。清洗质量的主要评价指标是产品的清洁度。划分清洁度等级的依据是零件经清洗后在其表面残留污垢量的大小，其单位为 $mg/cm^2$（或 $g/m^2$）。我国至今尚未制订出完整统一的标准。

表 8-1 是国外工件表面清洁度等级标准，可供清洗作业时参考。

表 8-1　工件表面清洁度等级　　　　　　　　（单位：$mg \cdot cm^{-2}$）

| 级　　别 | 0 | 1 | 2 | 3 | 4 | 5 | 6 | 7 | 8 | 9 | 10 |
|---|---|---|---|---|---|---|---|---|---|---|---|
| 残留污垢量 | ≥5 | 2.5 | 1.6 | 1.25 | 1.00 | 0.75 | 0.55 | 0.40 | 0.25 | 0.10 | 0.01 |

2）清洗液。清洗时，应正确选择清洗液。金属清洗液，大多数按助剂（Builder, 用 B 表示）、含表面活性剂的乳化剂（Emulsion, 用 E 表示）、溶剂（Solvent, 用 S 表示）、水（Water, 用 W 表示）四种基本组分来配置。按基本组分的不同配置，常用清洗液的分类、成分和性能特点见表 8-2。

表 8-2　清洗液的分类、成分和性能

| 分类 | 代　号 | 成　　分 | 性　　能 |
|---|---|---|---|
| 单组份 | W | 纯净水 | 对电解液，无机盐和有机盐有很好的溶解力。如灰尘、铁锈、抛光膏和研磨膏的残留物、淬火后的溶盐残留液。但不能去除有机物污垢 |
| | S | 石油类：汽油、柴油、煤油<br>有机类：二甲醇、丙醇<br>氯化类：三氯乙烯、氟里昂113 | 常温下对各种油脂、石蜡等有机污物具有很强的清洗作用，缺点为安全性能差、防火防爆要求高，易污染及危害健康、能源耗费大 |

（续）

| 分类 | 代号 | 成　分 | 性　能 |
|---|---|---|---|
| 双组份 | BS 和 ES | 在 S 型溶液中加入少量的助剂和表面活性剂。其中以三氟三氯乙烷为主要组成的清洗液（氟里昂 TF）应用最广 | 具有特别强的脱脂和去污能力；不损伤清洗件；不燃、无毒、安全性好；易于回收重复使用；沸点低，气相清洗后迅速蒸发，清洗时间短。常适用于清洗流水线上使用 |
| | BW | 属碱性清洗液，在水中加入氢氧化钠、碳酸钠、硅酸钠、磷酸钠等化合物组成 | 清洗油垢、浮渣、尘粒、积碳等。而配置成本低，使用时经加热（70～90℃），清洗后易锈蚀，故须加缓蚀剂 |
| | EW | 由一种或数种非离子型表面活性剂的金属清洗剂（＜清洗液质量的5%）和水（＞清洗液质量的95%）配置而成 | 除了能清洗工件表面的油污外，还能清除前道工序残留在工件表面上的切削液、研磨膏、抛光膏、盐浴残液等。如进行合理配置还可清除积碳和具有缓蚀作用 |
| 三组份 | BEW | 是在 EW 型的基础上加入一定的助剂配制而成，常用的助剂有无机盐类和有机盐类两类 | 能充分发挥表面活性剂的作用，提高清洗效果，增加清洗液的缓蚀、消泡、调节 HP 值以及增强化学稳定性，抗硬水性等功能 |
| 四组份 | BESW | 由 BEW 型清洗液加水配制，或在 BEW 型的基础上加所需要的助剂（B）配制而成 | 按所加助剂不同，其去污力、（对污垢的）分散力、消泡性、缓蚀性等可以分别获得提高。具有较好的综合功能 |

3）清洗方法。清洗的方法主要取决于污垢的类型和与之相适应的清洗液种类；工件的材料、形状及尺寸、质量大小；生产批量、生产现场的条件等因素。常用的清洗方法有擦洗、浸洗、高压喷射清洗、气相清洗、电解清洗、超声波清洗。

**2. 平衡**

在生产中常用静平衡法和动平衡法来消除由于质量分布不均匀而造成的旋转体的不平衡。对于盘类零件一般采用静平衡法消除静力不平衡。而对于长度较大的零件（如电动机转子和机床主轴等）则需采用动平衡法。平衡的办法有加重（采用铆、焊、胶接、压装、螺纹连接、喷涂等）、去重（采用钻、铣、刨、偏心车削、打磨、抛光、激光熔化等）、调节转子上预先设置的可调重块的位置等方法。

**3. 连接**

装配工作的完成要依靠大量的连接，常用的连接方式一般有两种：

（1）可拆卸连接　是指相互连接的零件拆卸时不受任何损坏，而且拆卸后还能重新装在一起，如螺纹连接、键连接、弹性环连接、楔连接、榫连接和销钉连接等。

（2）不可拆卸连接　是指相互连接的零件在使用过程中不拆卸，若拆卸将损坏某些零件，如焊接、铆接、胶接、胀接、锁接及过盈连接等。

**4. 校正、调整与配作**

（1）校正　校正是指在装配过程中对相关零部件的位置进行找正、校平及相应的调整工作，在产品总装和大型机械的基础件装配中应用较多。常用的校正工具有平尺、角尺、水平仪、光学准直仪及相应检具（如心棒和过桥）等。

（2）调整　调整是指在装配过程中对相关零部件相互位置的具体调节工作。它除了配合校正工作去调节零部件的位置精度以外，还用于调节运动副间的间隙。例如，轴承间隙、导轨副间隙及齿轮与齿条的啮合间隙等。

（3）配作　配作通常指配钻、配铰、配刮和配磨等，这是装配中附加的一些钳工和机械加工工作，并应与校正、调整工作结合起来进行。只有经过校正、调整，保证相关零件间的正确位置后，才能进行配作。

**5. 性能检验**

产品装配完毕，应按产品技术性能和验收技术条件制定检测和试验规范。它包括检测和试验的项目及检验质量指标；检测和试验的方法、条件与环境要求；检测和试验所需的工艺装备的选择或设计；质量问题的分析方法和处理措施。

性能检验是机械产品出厂前的最终检验工作。它是根据产品标准和规定，对其进行全面的检验和试验。各类产品的验收内容、步骤及方法各有不同。

例如，金属切削机床验收试验工作的主要步骤和内容有：

1）检查机床的几何精度。包括相对运动精度（如溜板在导轨上的移动精度、溜板移动对主轴轴线的平行度等）和相对位置精度（如距离精度、同轴度、平行度、垂直度等）两个方面。

2）空运转试验。即在不加负载的情况下，使机床完成设计规定的各种运动。对变速运动需逐级或选择低、中、高三级运转进行运转试验，在运转中检验各种运动及各种机构工作的准确性和可靠性，检验机床的噪声、温升及其电气、液压、气动、冷却润滑系统的工作情况等。

3）机床负荷试验。即在规定的切削力、转矩及功率的条件下使机床运转，在运转中所有机构应工作正常。

4）机床工作精度试验。即对车床切削完成的工件进行加工精度检验，如螺纹的螺距精度、圆柱面的圆度、圆柱度、径向圆跳动等。

**6. 涂装**

一般情况下，机械产品在出厂前其非加工面都需要涂装的。涂装是用涂料在金属和非金属基体材料表面形成有机覆层的材料保护技术。涂层光亮美观、色彩鲜艳，可改变基体的颜色，具有装饰的作用。涂层能将基体材料与空气、水、阳光及其他酸、碱、盐、二氧化硫等腐蚀介质隔离，免除化学腐蚀和锈蚀。涂层的硬膜可减轻外界物质对基体材料的摩擦和冲撞，具有一定的机械防护作用。另外，有些特殊的涂层还能降噪、吸振、抗红外线、抗电磁波、反光、导电、绝缘、杀虫、防污等，因此人们把涂装喻为"工业的盔甲"或"工业的外衣"。

涂装有多种方法，常见的有刷涂、辊涂、浸涂、淋涂、流涂、空气喷涂、静电喷涂、电泳涂覆、无气涂覆、高压无气喷涂、粉末涂装等。

# 8.3　装配精度与装配尺寸链

## 8.3.1　零件加工精度与装配精度的关系

机械产品的质量，是以其工作性能、使用寿命等综合指标来评定的。机械产品的质量主要取决于三个方面：机械结构设计的正确性、机械零件的加工质量和机械的装配精度。机械产品设计时，首先需要正确的确定整机的装配精度，根据整机的装配精度，逐步规定各部件、组件的装配精度，以确保产品的质量及制造经济性。同时，装配精度也是选择装配方法、制订装配工艺的重要依据。机械产品的装配精度，必须依据国家标准、企业标准或其他有关的资料予以确定。

零件的加工精度是保证装配精度的基础。一般情况下，零件的加工精度越高，装配精度也越高。例如，车床主轴定心轴颈的径向圆跳动这一指标，主要取决于滚动轴承内环上滚道的径向圆跳动和主轴定心轴颈的径向圆跳动。因此，要合理地控制这些相关零件的加工精度，才能满足装配精度的要求。

对于某些要求高的装配精度项目，如果完全由零件的加工精度来直接保证，则零件的加工精度将提得很高，从而给零件的加工造成很大的困难，甚至用现代的加工方法还无法满足。在实际生产中，希望能按经济加工精度来确定零件的精度要求，使之易于加工，而在装配时采用相应的装配方法和装配工艺措施，使装配出的机械产品仍能达到高的装配精度。这种方法特别适用于精密机械产品的装配工作。

## 8.3.2　装配尺寸链的概念、建立和计算方法

### 1. 装配尺寸链的概念

机械产品的装配精度是由相关零件的加工精度和合理的装配方法共同保证的。装配尺寸链是查找影响装配精度的环节、选择合理的装配方法和确定相关零件加工精度的有效工具。

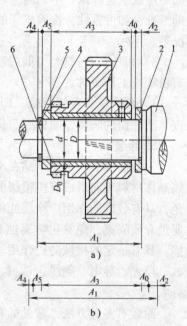

图 8-5a 所示是 CA6140 卧式车床主轴局部的装配简图。双联齿轮在主轴上是空套的，其径向配合间隙 $D_0$，决定于衬套内径尺寸 $D$ 和配合处主轴的尺寸 $d$，且 $D_0 = D - d$。这三者构成了一个最简单的装配尺寸链，其孔轴配合要求和尺寸公差的确定，可按公差与配合国家标准选用，不必另行计算。其次，双联齿轮在轴向也需要有适当的间隙，以保证转动灵活，又不致于引起过大的轴向窜动。故规定此轴向间隙量 $A_0$ 为 $0.1 \sim 0.35\mathrm{mm}$，$A_0$ 的大小决定于 $A_1$、$A_2$、$A_3$、$A_4$、$A_5$ 各尺寸的数值，即

$$A_0 = A_1 - A_2 - A_3 - A_4 - A_5$$

上述尺寸组成的尺寸链称为装配尺寸链，如图 8-5b 所示。装配尺寸链中的尺寸均为长度尺寸，且处于平行状态，这种装配尺寸链称为直线装配尺寸链。通过对装配尺寸链的解算可确定 $A_1$、$A_2$、$A_3$、$A_4$ 和 $A_5$ 的尺寸和上下偏差，并保证 $A_0$ 的要求。

可见，装配尺寸链是在机器的装配过程中，由相关零件的有关尺寸(表面或轴线间距离)或相互位置关系(平行度、垂直度或同轴度等)所组成的尺寸链。其基本特征是封闭图形，其中组成环由相关零件的尺寸或相互位置关系所组成。组成环可分为增环和减环，其定义与工艺尺寸链相同。封闭环为装配过程中最后形成的一环，即装

图 8-5　CA6140 卧式车床主轴局部的装配简图

a) 局部装配图　b) 尺寸链图

1—主轴　2—隔套　3—双联齿轮　4—弹性挡圈　5—垫圈　6—轴套

配后获得的精度或技术要求。这种精度要求是装配完成后才最终形成和保证的。

**2. 装配尺寸链的建立方法**

建立装配尺寸链时，应将装配精度要求确定为封闭环，然后通过对产品装配图作装配关系的分析，就可查明其相应的装配尺寸链的组成。具体方法为：取封闭环两端的零件为起始点，沿着装配精度要求的方向，以装配基准面为联系线索，分别查找出装配关系中影响装配精度要求的那些相关零件，直至找到同一个基准零件，甚至是同一个基准表面为止。这样，所有相关零件上直接连接两个装配基准面间的位置尺寸或位置关系，便是装配尺寸链的全部组成环。

例如，图 8-6a 所示是传动箱的一部分。齿轮轴在两个滑动轴承中转动，因此两个轴承的端面处应留有间隙。为了保证获得规定的轴向间隙，在齿轮轴上装有一个垫圈（为便于检查将间隙均推向右侧）。

影响传动机构轴向间隙的装配尺寸链的建立可按下列步骤进行：

（1）判别封闭环 传动机构要求有一定的轴向间隙，但传动轴本身的轴向尺寸并不能完全决定该间隙的大小，而是要由其他零件的轴向尺寸来共同决定的。因此轴向间隙是装配精度所要求的项目，即为封闭环，此处用 $A_0$ 表示。

（2）判别组成环 传动箱中，沿间隙 $A_0$ 的两端可以找到相关的六个零件（传动箱由七个零件组成，其中箱盖与封闭环无关），影响封闭环大小的相关尺寸为 $A_1$、$A_2$、$A_3$、$A_4$、$A_5$、$A_6$。

（3）画出尺寸链图 图 8-6b 所示即为装配尺寸链图，从中可清楚地判别出增环和减环，便于进行求解。

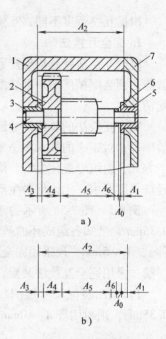

图 8-6 传动轴轴向
装配尺寸链的建立
a) 结构简图 b) 尺寸链图
1—传动箱体 2—大齿轮 3—左轴承 4—齿轮轴 5—右轴承 6—垫圈 7—箱盖

**3. 建立装配尺寸链的最短路线原则**

建立装配尺寸链时，不能将与装配精度无直接关系的尺寸列为组成环。

当封闭环精度一定时，尺寸链的组成环越少，则每个环分配到的公差越大，这有利于降低加工难度和制造成本。因此，在结构设计时，应尽可能使影响封闭环精度的零件数量最少，做到结构简化；在结构既定的条件下，使每一个相关零件仅有一个组成环列入尺寸链。该尺寸无论在零件上或组件上，在装配之前均应能独立检查。

**4. 装配尺寸链的计算方法**

装配尺寸链的计算方法有两种，即极值法和概率法，可参考第 7 章工艺尺寸链部分的内容。

# 8.4 保证装配精度的工艺方法

为了达到装配精度，人们根据产品的结构特点、性能要求、生产纲领和生产条件，创造出许多行之有效的装配方法。常用的装配方法有互换法、选配法、修配法和调整法。

## 8.4.1 互换法

根据互换程度不同,互换法可分为完全互换法和不完全互换法。

**1. 完全互换法**

完全互换法就是机械产品在装配过程中每个待装配零件不需挑选、修配和调整,装配后就能达到装配精度的一种装配方法。这种方法是用控制零件的制造精度来保证机械产品的装配精度。

完全互换法的装配尺寸链是按极值法计算的。完全互换法的优点是装配过程简单、生产效率高;对工人的技术水平要求低;便于组织流水作业及实现自动化装配;便于采用协作生产方式,组织专业化生产,降低成本;备件供应方便,利于维修等。因此只要满足零件加工经济精度要求,无论何种生产类型,首先应考虑采用完全互换装配法。

**例 8-1** 图 8-5a 所示为车床主轴部件的局部装配图,要求装配后轴向间隙 $A_0 = 0.1 \sim 0.35\text{mm}$。已知各组成环的基本尺寸为:$A_1 = 43\text{mm}$,$A_2 = 5\text{mm}$,$A_3 = 30\text{mm}$,$A_4 = 3\text{mm}$(标准件),$A_5 = 5\text{mm}$,现采用完全互换法装配。试确定各组成环公差和极限偏差。

**解**:采用完全互换法装配,装配尺寸链应用极值法进行计算。

1)画出装配尺寸链图(见图 8-5b),校验各环基本尺寸。依题意,轴向间隙为 $0.1 \sim 0.35\text{mm}$,则封闭环 $A_0 = 0\text{mm}$,封闭环公差 $\delta_0 = 0.25\text{mm}$。本装配尺寸链共有 5 个组成环,其中 $\overrightarrow{A_1}$ 为增环,$\overleftarrow{A_2}$、$\overleftarrow{A_3}$、$\overleftarrow{A_4}$、$\overleftarrow{A_5}$ 为减环,封闭环 $A_0$ 的基本尺寸为

$$A_0 = \overrightarrow{A_1} - (\overleftarrow{A_2} + \overleftarrow{A_3} + \overleftarrow{A_4} + \overleftarrow{A_5}) = 43\text{mm} - (5 + 30 + 3 + 5)\text{mm} = 0\text{mm}$$

由计算可知,各组成环基本尺寸的已定数值正确。

2)确定各组成环的公差。封闭环公差 $\delta_0 = 0.25\text{mm}$,组成环的平均公差 $\delta_{\text{av}}$ 为

$$\delta_{\text{av}} = \frac{\delta_0}{n-1} = \frac{0.25}{6-1}\text{mm} = 0.05\text{mm}$$

根据各组成环基本尺寸大小与零件加工难易程度,以各环平均公差为基础,确定各组成环公差。

$A_1$ 和 $A_3$ 尺寸大小和加工难易程度大体相当,故取 $\delta_1 = \delta_3 = 0.06\text{mm}$;$A_2$ 和 $A_5$ 尺寸大小和加工难易相当,故取 $\delta_2 = \delta_5 = 0.045\text{mm}$;$A_4$ 为标准件,其公差为已定值 $\delta_4 = 0.04\text{mm}$。

$\sum \delta_i = \delta_1 + \delta_2 + \delta_3 + \delta_4 + \delta_5 = (0.06 + 0.045 + 0.06 + 0.04 + 0.045)\text{mm} = 0.25\text{mm} = \delta_0$

从计算可知,各组成环公差之和未超过封闭环公差。

3)确定各组成环的极限偏差。在组成环中选择一个组成环为协调环,协调环极限偏差按尺寸链公式求得,其余组成环的极限偏差按"入体原则"分布。协调环不能选取标准件或公共环,应选易于加工、测量的零件。本例将 $A_3$ 作为协调环,其余组成环的极限偏差为

$A_1 = 43^{+0.06}_{0}\text{mm}$,$A_2 = 5^{0}_{-0.045}\text{mm}$,$A_4 = 3^{0}_{-0.04}\text{mm}$,$A_5 = 5^{0}_{-0.045}\text{mm}$。

协调环 $A_3$ 的上下偏差($\text{ES}_3$、$\text{EI}_3$)计算如下:

$$+0.35\text{mm} = 0.06\text{mm} - (-0.045\text{mm} + \text{EI}_3 - 0.045\text{mm} - 0.04\text{mm})$$

$$\text{ES}_3 = \delta_3 - \text{EI}_3 = 0.06\text{mm} + (-0.16)\text{mm} = -0.10\text{mm}$$

求得 $A_3 = 30^{-0.10}_{-0.16}\text{mm}$。

**2. 不完全互换法**

当机械产品的装配精度要求较高、相关零件的数目较多时，用极值法计算各组成环公差很小，难于满足零件经济加工精度要求。因此，在大批大量的生产条件下采用概率法计算装配尺寸链，用不完全互换法保证机器的装配精度。

采用不完全互换法装配时，零件的加工误差可以放大一些，使零件加工容易，成本降低，同时也达到部分互换的目的。其缺点是将会出现一部分产品的装配精度超差。这需要采取一些补救措施，或进行经济论证以决定能否采用不完全互换法。

**例 8-2**　已知条件与例 8-1 相同，现采用不完全互换法装配，试确定各组成环公差和极限偏差。

**解：** 1）画装配尺寸链图，校验各环基本尺寸，其方法与例 8-1 相同。

2）确定各组成环公差和极限偏差。因为该产品在大批大量生产条件下，工艺过程稳定，各组成环、封闭环尺寸趋近正态分布，则各组成环的平均公差为

$$\delta_{av} = \frac{\delta_0}{\sqrt{n-1}} = \frac{0.25}{\sqrt{6-1}} \text{mm} \approx 0.112 \text{mm}$$

然后，以 $\delta_{av}$ 作参考，根据各组成环基本尺寸的大小和加工难易程度确定各组成环的公差。取 $\delta_1 = 0.15 \text{mm}$，$\delta_2 = \delta_5 = 0.10 \text{mm}$，$\delta_4 = 0.04 \text{mm}$（标准件）。

选 $A_3$ 为协调环，其公差 $\delta_3$ 可按下式计算：

$$\delta_3 = \sqrt{\delta_0^2 - \sum_{i=1}^{n-2} \delta_i^2} = \sqrt{0.25^2 - (0.15^2 + 0.10^2 + 0.10^2 + 0.04^2)} \text{mm} \approx 0.13 \text{mm}$$

除协调环 $A_3$ 和标准件 $A_4 = 3_{-0.04}^{0} \text{mm}$ 外，其他组成环均按入体原则确定其极限偏差，即 $A_1 = 43_{0}^{+0.15} \text{mm}$，$A_2 = A_5 = 5_{-0.10}^{0} \text{mm}$。

计算协调环 $A_3$ 的上下偏差 $ES_3$、$EI_3$。各组成环中间偏差为：$\Delta_1 = 0.075 \text{mm}$，$\Delta_2 = \Delta_5 = -0.05 \text{mm}$，$\Delta_4 = -0.02 \text{mm}$；封闭环的中间偏差 $\Delta_0 = 0.225 \text{mm}$，先计算协调环的中间偏差 $\Delta_3$：

$$0.225 \text{mm} = 0.075 \text{mm} - (-0.05 \text{mm} + \Delta_3 - 0.02 \text{mm} - 0.05 \text{mm})$$

$$\Delta_3 = -0.03 \text{mm}$$

协调环 $A_3$ 的上下偏差 $ES_3$、$EI_3$ 为

$$ES_3 = \Delta_3 + \frac{\delta_3}{2} = (-0.03 + \frac{0.13}{2}) \text{mm} = +0.035 \text{mm}$$

$$EI_3 = \Delta_3 - \frac{\delta_3}{2} = (-0.03 - \frac{0.13}{2}) \text{mm} = -0.095 \text{mm}$$

于是 $A_3 = 30_{-0.095}^{+0.035} \text{mm}$。

## 8.4.2　选配法

在成批或大量生产的条件下，若相关零件不多，但装配精度很高时，采用互换法将使零件制造公差过严，甚至超过了加工工艺的可能性。在这种情况下，可采用选配法进行装配。采用这种方法时，相关零件按经济加工精度加工，然后选择合适的零件进行装配，以保证规定的装配精度。根据选配的方法不同，选配法又分三种类型。

**1. 直接选配法**

直接选配法是由装配工人从许多待装的零件中，凭经验挑选合适的零件装配在一起，从

而保证装配精度。这种方法的优点是简单，但是工人挑选零件的时间可能较长，而装配精度在很大程度上取决于工人的技术水平，且不宜用于大批大量的流水线装配。

**2. 分组装配法**

此方法先将相关零件公差增大若干倍(一般为 2～4 倍)，使相关零件可以按经济加工精度加工，再将实际加工的相关零件测量分组，分组数应与公差放大倍数相同，并按对应组进行装配。同组零件具有互换性，且保证全部零件装配达到装配精度。

如图 8-7a 所示活塞销孔与活塞销的连接。根据装配技术要求，活塞销孔 $D$ 与活塞销外径 $d$ 在冷态装配时，应有 0.0025～0.0075mm 的过盈量，配合公差为 0.005mm。若活塞销孔与活塞销采用完全互换法装配，且按"等公差"的原则分配孔与销的直径公差，则其各自的公差只有 0.0025mm。考虑到活塞销同时与活塞销孔、连杆小头孔有配合要求，且配合性质不同，因此采用基轴制配合，则活塞销尺寸为 $d = 28_{-0.0025}^{0}$ mm，相应活塞销孔尺寸

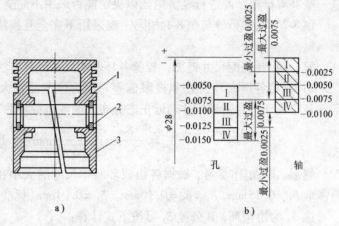

图 8-7  活塞销孔与活塞销的连接
1—活塞销  2—挡圈  3—活塞

为 $D = 28_{-0.0075}^{-0.005}$ mm。显然加工是十分困难的。

现将它们的公差按同方向放大四倍($d = 28_{-0.010}^{0}$ mm，$D = 28_{-0.015}^{-0.005}$ mm)，用高效率的无心磨床和金刚镗床去加工，然后用精密量具测量，并按尺寸大小分成四组，涂上不同的颜色，以便进行分组装配。具体的分组情况见图 8-7b 和表 8-3。

表 8-3  活塞销与活塞销孔分组装配情况　　　　　　　　（单位:mm）

| 分组组别 | 标志颜色 | 活塞销直径 $d = 28_{-0.010}^{0}$ | 活塞孔直径 $D = 28_{-0.015}^{-0.005}$ | 配合性质 | |
|---|---|---|---|---|---|
| | | | | 最大过盈 | 最小过盈 |
| Ⅰ | 红 | $\phi28_{-0.0025}^{0}$ | $\phi28_{-0.0075}^{-0.0050}$ | | |
| Ⅱ | 白 | $\phi28_{-0.0050}^{-0.0025}$ | $\phi28_{-0.0100}^{-0.0075}$ | 0.0075 | 0.0025 |
| Ⅲ | 黄 | $\phi28_{-0.0075}^{-0.0050}$ | $\phi28_{-0.0125}^{-0.0100}$ | | |
| Ⅳ | 绿 | $\phi28_{-0.0100}^{-0.0075}$ | $\phi28_{-0.0150}^{-0.0125}$ | | |

采用分组装配法应当注意以下几点：

1) 为了保证分组后各组的配合公差符合原设计要求，配合件公差增大的方向应当相同，增大的倍数要等于分组数。

2) 为了便于配合件分组、保管，运输及装配工作，分组不宜过多。

3）分组后配合件尺寸公差放大但形位公差、表面粗糙度值不能扩大，仍按原设计要求制造。

4）分组后应尽使组内相配零件数相等，如不相等，待不配套的零件集中一定数量后，专门加工一些零件与其相配。

**3. 复合选配法**

复合选配法是上述两种方法的复合。先将零件预先测量分组，装配时再在各对应组内凭工人的经验直接选择装配。这一方法的特点是配合件公差可以不等，装配质量高，且装配速度较快，能满足一定的生产节拍要求。例如汽车发动机中气缸的组装多采用这种方法。

## 8.4.3　修配法

在单件小批生产中，装配精度要求很高且相关零件数目很多时，各组成环先按经济加工精度制造，而对其中某一组成环（称补偿环或修配环）预留一定的修配量，在装配时用钳工或机械加工的方法，去除补偿环的部分材料以改变其尺寸大小，从而保证机械产品的装配精度。这种装配方法称为修配法。修配法的优点是能用较低的制造精度，来获得很高的装配精度。其缺点是修配劳动量大，不能实现互换，要求工人技术水平高，不便组织流水作业。

**1. 修配方法**

（1）单件修配法　这种方法就是在装配尺寸链中，选择一个相关零件作为修配环，通过补充加工，以达到装配精度要求的装配方法，在生产中应用很广。

（2）合并加工修配法　这种方法是将两个或多个相关零件合并一起进行加工修配。合并加工所得尺寸作为一个修配环，并视作"一个零件"参与装配，从而减少了组成环的环数，且相应减少了修配的劳动量，又能满足装配精度要求。合并加工修配法在装配时不能进行互换，相配零件要打上号码以便对号装配，给生产组织管理工作带来不便，因此多用于单件及小批生产。

（3）自身加工修配法　利用机床本身具有的切削能力，在装配过程中，将预留在修配环零件表面上的修配量去除，使装配对象达到装配精度要求。这种方法常用于金属切削机床的总装过程中。

**2. 修配环的选择**

采用修配法应正确选择修配环，选择时应遵循以下原则：

1）尽量选择结构简单、质量轻、加工面积小、易加工的零件。

2）尽量选择容易独立安装和拆卸的零件。

3）选择的修配件，修配后不影响其他装配精度。因此不能选择公共环。

**3. 修配环尺寸的确定**

修配环在修配时对封闭环尺寸变化（装配精度）的影响分两种情况：一种是使封闭环尺寸变小；另一种是使封闭环尺寸变大。因此，用修配法解尺寸链时，应根据具体情况分别进行。

（1）修配环被修配时，封闭环尺寸变小的情况（简称"越修越小"）　由于各组成环均按经济加工精度制造，加工公差增大，从而导致封闭环实际误差值 $\delta_c$ 大于封闭环规定的公差值 $\delta_0$，即 $\delta_c > \delta_0$，如图 8-8a 所示。为此，要通过修配方法使 $\delta_c \leqslant \delta_0$。但是，修配环处于"越修越小"的状态，所以封闭环实际尺寸最小值 $A'_{0min}$ 不能小于封闭环最小尺寸 $A_{0min}$。因此，$\delta_c$ 与 $\delta_0$ 之间的相对位置如图 8-8a 所示，即 $A'_{0\min} = A_{0\min}$。

根据封闭环实际尺寸的最小值 $A'_{0\min}$ 和公差增大后的各组成环(包括修配环)之间的关系，按极值法计算可求出修配环的一个极限尺寸(修配环为增环时可求出最小极限尺寸，为减环时可求出最大极限尺寸)，即

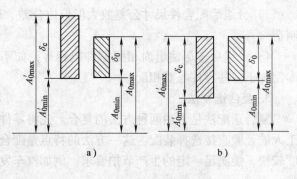

图 8-8　修配环调节作用示意图
a) 越修越小　b) 越修越大

$$A'_{0\min} = A_{0\min} = \sum_{i=1}^{m} \vec{A}_{i\min} - \sum_{i=m+1}^{n-1} \overleftarrow{A}_{i\max}$$

修配环的公差可按经济加工精度给出。求出修配环的一个极限尺寸后，另一个极限尺寸也可以确定。

(2) 修配环被修配时，封闭环尺寸变大的情况(简称"越修越大")　修配前 $\delta_c$ 相对于 $\delta_0$ 的位置如图 8-8b 所示，即 $A'_{0\max} = A_{0\max}$。修配环的一个极限尺寸可按下式计算：

$$A'_{0\max} = A_{0\max} = \sum_{i=1}^{m} \vec{A}_{i\max} - \sum_{i=m+1}^{n-1} \overleftarrow{A}_{i\min}$$

修配环的另一个极限尺寸，在公差按经济加工精度给定后也随之确定。

**4. 修配量 $F_{\max}$ 的确定**

修配量可由 $\delta_c$ 与 $\delta_0$ 之差直接算出：

$$F_{\max} = \delta_c - \delta_0$$

**例 8-3**　已知条件与例 8-1 相同，现采用修配法装配，试确定各组成环公差和极限偏差。

**解**：1) 画装配尺寸链图，确定封闭环为 $A_0 = 0^{+0.35}_{+0.10}$ mm，并校验各环基本尺寸，其方法与例 8-1 相同。

2) 选择修配环。按修配环的选择原则，选垫圈 $A_5$ 为修配环。

3) 确定各组环(除修配环)公差和极限偏差，并确定修配环公差。根据经济加工精度和"入体原则"确定 $A_1 = 43^{+0.20}_{0}$ mm，$A_2 = 5^{0}_{-0.10}$ mm，$A_3 = 30^{0}_{-0.20}$ mm，$A_4 = 3^{0}_{-0.05}$ mm。修配环 $A_5$ 的公差为 $\delta_5 = 0.10$ mm。

4) 确定修配环的极限尺寸。修配环垫圈 $A_5$ 通过去除材料的方法修配加工后，使主轴部件轴向装配间隙即封闭环尺寸变大，属于"越修越大"的情况，所以封闭环实际尺寸最大值 $A'_{0\max}$ 不能大于封闭环设计最大尺寸 $A_{0\max}$，即

$$A'_{0\max} = A_{0\max}$$

然后按极限值法计算公式确定修配环垫圈 $A_5$ 的上下偏差。修配环垫圈 $A_5$ 在装配尺寸链中属减环，故

$$0.35\text{mm} = 0.20 - (-0.10\text{mm} - 0.20\text{mm} - 0.05\text{mm} + EI_5)$$

$$ES_5 = EI_5 + \delta_5 = (0.20 + 0.10)\text{mm} = 0.30\text{mm}$$

求得 $A_5 = 5^{+0.30}_{+0.20}$ mm。

5) 修配量 $F_{\max}$ 的计算：

$$\delta_c = \sum_{i=1}^{n-1} \delta_i = \delta_1 + \delta_2 + \delta_3 + \delta_4 + \delta_5 = 0.65\text{mm}$$

最大修配量：$F_{max} = \delta_c - \delta_0 = (0.65 - 0.25)\,mm = 0.40\,mm$

最小修配量：$F_{min} = A'_{max} - A_{0max} = 0\,mm$

当选定的修配环有较高的配合精度时，在装配时对修配环要进行刮研，因此要留有刮研量。最小修配量 $F_{min}$ 不能等于零。为了满足修配环具有最小修配量（即刮研量）的要求，可在修配环的基本尺寸上加上刮研量，其数值一般为 0.10～0.20mm。

### 8.4.4 调整法

调整法与修配法相似，各组成环按经济加工精度加工，但所引起的封闭环累积误差的扩大，不是装配时通过对修配环的补充加工来实现补偿，而是采用调整的方法改变某个组成环（称补偿环或调整环）的实际尺寸或位置，使封闭环达到其公差和极限偏差的要求。

根据调整方法的不同，常见的调整法可分为以下几种：

**1. 可动调整法**

在装配尺寸链中，选定某个零件为调整环，根据封闭环的精度要求，采用改变调整环的位置，即移动、旋转或移动旋转同时进行，以达到装配精度，这种方法称为可动调整法。

在机械产品装配中，可动调整法的应用较多。如图 8-9 所示，卧式车床横刀架采用楔块来调整丝杆 3 和螺母间隙的装置就是可动调整法。该装置中，将螺母分成前螺母 1 和后螺母 4，前螺母的右端做成斜面，在前、后螺母之间装入一个左端也做成斜面的楔块 5。调整间隙时，先将前螺母固定螺钉放松，然后拧紧楔块的调节螺钉 2，将楔块向上拉，由于前螺母右端斜面和楔块左端斜面的作用，使前螺母向左移动，从而消除丝杆和螺母之间的间隙。

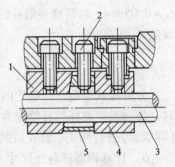

图 8-9 采用楔块调整丝杆和螺母间隙装置
1—前螺母 2—调节螺钉 3—丝杆 4—后螺母 5—楔块

可动调整法不但调整方便，能获得比较高的精度，而且可以补偿由于磨损和变形等所引起的误差，使机械产品恢复原有精度。所以，在一些传动机械或易磨损机构中，常用可动调整法。但是，可动调整法因可动调整件的出现，削弱机构的刚性，因而在刚性要求较高或机构比较紧凑、无法安排可动调整件时，可采用其他的调整法。

**2. 固定调整法**

在装配尺寸链中选择一个组成环为调整环，调整环的零件是按一定尺寸间隔制成的一组零件。装配时根据封闭环超差的大小，从中选出某一尺寸的调整环零件来进行补偿，从而保证规定的装配精度，这种方法称为固定调整法。作为调整环的零件应加工容易，装拆方便，通常选用的有垫圈、垫片、轴套等。固定调整法关键在于确定调整环的组数和各组尺寸，下面通过实例来说明。

**例 8-4** 已知条件与例 8-1 相同，试按固定调整法装配确定调整件的组数及各组尺寸。

**解**：1）画装配尺寸链图。确定封闭环为 $A_0 = 0^{+0.35}_{+0.10}\,mm$，如图 8-10a 所示。

2）选择调整环。按调整环选择原则选垫圈 $A_5$ 为调整环。

3）确定组成环公差和极限偏差。根据经济加工精度和"入体原则"确定 $A_1 =$

$43^{+0.20}_{0}$mm，$A_2 = 5^{0}_{-0.10}$mm，$A_3 = 30^{0}_{-0.20}$mm，$A_4 = 3^{0}_{-0.04}$mm，调整环 $A_k = A_5$，其公差取 $\delta_5 = 0.05$mm。

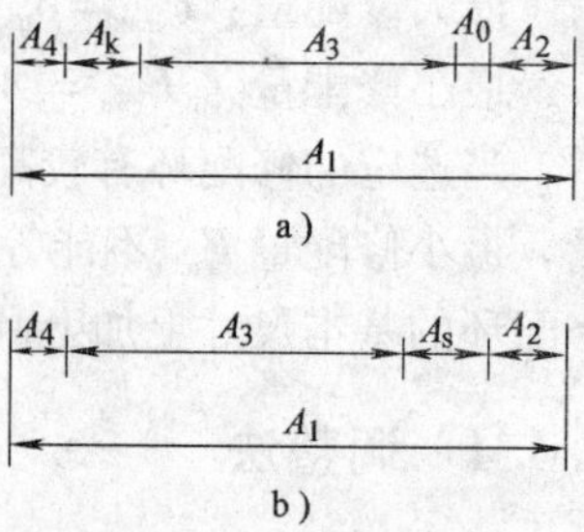

4）计算调整环的调整范围 $\delta_s$。当组成环 $A_1$、$A_2$、$A_3$、$A_4$ 装入车床主轴部件，而调整环 $A_k(A_5)$ 尚未装入，这时反映在装配尺寸链上，则出现了一个空位 $A_s$，如图 8-10b 所示。$A_s$ 的基本尺寸为

$$A_s = \overrightarrow{A_1} - (\overleftarrow{A_2} + \overleftarrow{A_3} + \overleftarrow{A_4}) = [43 - (5 + 30 + 3)]\,\text{mm} = 5\,\text{mm}$$

$A_s$ 的极限尺寸为

$$A_{s\max} = \overrightarrow{A_{1\max}} - (\overleftarrow{A_{2\min}} + \overleftarrow{A_{3\min}} + \overleftarrow{A_{4\min}}) = 5.54\,\text{mm}$$

图 8-10 固定调整法实例
a) 装配尺寸链 b) 空位示意

$$A_{s\min} = \overrightarrow{A_{1\min}} - (\overleftarrow{A_{2\max}} + \overleftarrow{A_{3\max}} + \overleftarrow{A_{4\max}}) = 5\,\text{mm}$$

调整环调整范围 $\delta_s$ 为

$$\delta_s = A_{s\max} - A_{s\min} = (5.54 - 5.00)\,\text{mm} = 0.54\,\text{mm}$$

则空位尺寸 $A_s = 5^{+0.54}_{0}$mm。

5）确定调整环的分级数 $m$。欲使该部件达到装配精度 $\delta_0 = (0.35 - 0.1)\,\text{mm} = 0.25\,\text{mm}$，则调整环的尺寸（若调整环没有制造误差）须分为 $\delta_s / \delta_0$ 级。但由于调整环 $A_k$ 本身具有公差 $\delta_5 = 0.05$mm，故调整环的补偿能力为 $\delta_0 - \delta_5 = (0.25 - 0.05)\,\text{mm} = 0.20\,\text{mm}$，调整环尺寸的级数 $m$ 则为

$$m = \frac{\delta_s}{\delta_0 - \delta_5} = \frac{0.54}{0.25 - 0.05} = 2.7$$

分级应取整数，一般均向数值大的方向圆整。本例 $m$ 取 3。当调整环的尺寸分为 2.7 级时，每一级调整环的补偿能力为 0.2mm，现圆整后取分级数 $m = 3$，故需对原有的补偿能力（即级差）进行修正。修正后的级差为 $(\delta_s / m) = (0.54 / 3)\,\text{mm} = 0.18\,\text{mm}$。

6）计算调整环各级尺寸 $A_{ki}$。当空隙 $A_s$ 为最小时，则应用最小尺寸级别的调整环（设其尺寸为 $A_{k1}$）装入。$A_{k1}$ 在装配尺寸链中为减环，其尺寸可按下式计算：

$$0.1\,\text{mm} = 43\,\text{mm} - (5\,\text{mm} + 30\,\text{mm} + 3\,\text{mm} + A_{k1\max})$$

$$A_{k1\max} = 4.9\,\text{mm}$$

因为调整环 $A_{ki}(A_5)$ 的公差 $\delta_5$ 为 0.05mm，所以 $A_{k1\min} = A_{k1\max} - \delta_5 = 4.85\,\text{mm}$，即

$$A_{k1} = 4.9^{0}_{-0.05}\,\text{mm}$$

$$A_{k2} = (4.9 + 0.18)^{0}_{-0.05}\,\text{mm} = 5.08^{0}_{-0.05}\,\text{mm}$$

$$A_{k3} = (5.08 + 0.18)^{0}_{-0.05}\,\text{mm} = 5.26^{0}_{-0.05}\,\text{mm}$$

与调整环的尺寸分为 3 级相对应，空位 $A_s$ 也分 3 级，即 5.00 ～ 5.18mm；5.18 ～ 5.36mm；5.36 ～ 5.54mm。现将车床主轴部件调整环尚未装入后空位尺寸和选用对应的调整环尺寸及调整后的实际间隙列入表 8-4。

表 8-4 调整环的尺寸系列         （单位:mm）

| 分组 | 空位尺寸 | 调整环尺寸($A_5$) | 调整后的实际间隙 |
|---|---|---|---|
| 1 | 5 ～ 5.18 | $49^{0}_{-0.05}$ | 0.1 ～ 0.33 |
| 2 | 5.18 ～ 5.36 | $5.08^{0}_{-0.05}$ | 0.1 ～ 0.33 |

(续)

| 分组 | 空位尺寸 | 调整环尺寸($A_5$) | 调整后的实际间隙 |
|---|---|---|---|
| 3 | 5.36 ~ 5.54 | $5.26_{-0.05}^{0}$ | 0.1 ~ 0.33 |

从表 8-4 中可以清楚地看出不同档次的空位大小，应选用不同尺寸级别的调整件，从而均能保证装配精度在 0.1 ~ 0.35mm 范围内。

**3. 误差抵消调整法**

这种方法是在总装或部装时，通过对尺寸链中某些组成环误差的大小和方向的合理配置，达到使加工误差相互抵消或使加工误差对装配精度的影响减少的目的。

以上讲述了四种保证装配精度的装配方法。一般地说应优先选用互换法；在生产批量较大、组成环又较多时，应考虑采用不完全互换法；在封闭环的精度较高，组成环的环数较少时，可以采用选配法；只有在应用上述方法使零件加工困难或不经济时，特别是在中小批生产时，尤其是单件生产时才宜采用修配法或调整法。

# 8.5 编制装配工艺规程

装配工艺规程是指导装配生产的技术文件，是制订装配生产计划和技术准备，以及设计或改建装配车间的重要依据。装配工艺规程对保证装配质量，提高装配生产效率，缩短装配周期，减轻工人的劳动强度，缩小装配占地面积和降低成本等都有重要的影响。下面讨论制订装配工艺规程中的有关问题。

装配工艺规程应满足下列基本要求：

1）保证产品的装配质量。从机械加工和装配的全过程达到最佳效果的前提下，选择合理和可靠的装配方法。

2）提高生产率。合理安排装配顺序和装配工序，尽量减少钳工装配的工作量。提高装配机械化和自动化程度，缩短装配周期，满足装配规定的进度计划要求。在充分利用本企业现有生产条件的基础上，尽可能采用国内外先进工艺技术。

3）减少装配成本。要减少装配生产面积，减少工人的数量和降低对工人技术等级要求，减少装配投资等。

4）装配工艺规程应做到正确、完整、协调、规范。所使用的术语、符号、代号、计量单位、文件格式等要符合相应标准的规定，并尽可能与国际标准接轨。

5）在充分利用本企业现有装配条件的基础上，尽可能采用国内外先进的装配工艺技术和装配经验。

6）制订装配工艺规程时要充分考虑安全生产和防止环境污染问题。

## 8.5.1 制订装配工艺规程的原始资料

**1. 产品图样及验收技术条件**

产品图样包括总装配图、部件装配图及零件图等。从装配图上可以了解产品和部件的结构、装配关系、配合性质、相对位置精度等装配技术要求，从而决定装配的顺序和装配的方法。某些零件图是作为在装配时对其补充加工或核算装配尺寸链时的依据。验收技术条件主要规定了产品主要技术性能的检验，试验工作的内容和方法，是制订装配工艺规程的主要依据之一。

**2. 产品的生产纲领**

生产纲领决定了产品的生产类型。各种生产类型的装配工艺特征见表 8-5，在装配工艺规程设计时可作参考。

**3. 现有生产条件和标准资料**

它包括现有装配设备、工艺设备、装配车间面积、工人技术水平、机械加工能力及各种工艺资料和标准等，以便能切合实际地从机械加工和装配的全局出发制订合理的装配工艺规程。

## 8.5.2　制订装配工艺规程的步骤及其内容

**1. 研究产品的装配图样及验收技术条件**

1）审查图样的完整性和正确性，明确各零、部件间的装配关系。

2）分析产品结构的装配工艺性。在分析过程中发现问题，可会同产品设计人员对产品结构进行改进。

3）审核产品的装配精度要求和验收技术条件；掌握装配中的技术关键；制订相应的装配工艺措施和确定检查验收方法。

4）进行必要的装配尺寸链计算，确保产品的装配精度。

**2. 确定装配方法与装配的组织形式**

选择合理的装配方法，是保证装配精度的关键。要结合产品的生产类型、工厂生产条件，从机械加工和装配的全过程统筹考虑，应用装配尺寸链理论进行分析计算。会同产品设计人员一起确定装配方法。装配的组织形式选择，主要取决与产品的结构特点（包括质量、尺寸和复杂程度）、生产类型和现有生产条件。装配方法和组织形式的选择可参照表 8-5。

表 8-5　各种生产类型的装配工艺特征

| 装配工艺特征 | 生 产 类 型 | | |
| --- | --- | --- | --- |
| | 单件小批生产 | 中批生产 | 大批大量生产 |
| 产品特点 | 产品经常变换，很少重复生产 | 产品周期重复 | 产品固定不变，经常重复 |
| 组织形式 | 采用固定式装配或固定流水装配 | 重型产品采用固定流水装配，批量较大时采用流水装配，多品种平行投产时用变节拍流水装配 | 多采用流水装配线和自动装配线，有间隙移动、连续移动和变节拍移动等方式 |
| 装配方法 | 常用修配法，互换法比例较少 | 优先采用互换法，装配精度要求高时，灵活应用调整法（环数多时）和修配法以及分组法（环数少时） | 优先采用完全互换法，装配精度要求高时，环数少，用分组法；环数多，用调整法 |

（续）

| 装配工艺特征 | 生 产 类 型 | | |
| --- | --- | --- | --- |
| | 单件小批生产 | 中批生产 | 大批大量生产 |
| 工艺过程 | 工艺灵活掌握，也可适当调整工序 | 适合批量大小，尽量使生产均衡 | 工艺过程划分较细，力求达到高度的均衡性 |
| 设备及工艺装备 | 一般为通用设备及工艺装备 | 较多采用通用设备及工艺装备，部分是高效的工艺装备 | 宜采用专用、高效设备及工艺装备，易于实现机械化和自动化 |
| 手工操作量和对工人技术水平的要求 | 手工操作比重大，需要技术熟练的工人 | 手工操作比重较大，需要有一定熟练程度的技术工人 | 手工操作比重小，对操作工技术要求较低 |
| 工艺文件 | 仅有装配工艺过程卡 | 有装配工艺过程卡，复杂产品要有装配工序卡 | 有装配工艺过程卡和工序卡 |
| 应用实例 | 重型机械、重型机床、汽轮机和大型内燃机等 | 机床、机车车辆等 | 汽车、拖拉机、内燃机、滚动轴承、手表和缝纫机等 |

### 3. 划分装配单元，选择装配基准，确定装配顺序

（1）划分装配单元　将产品划分成可进行独立装配的单元是制订装配工艺规程中最重要的一个步骤。这对于大批大量生产结构复杂的机器装配尤为重要。

机械产品通常由零件、合件、组件、部件等独立装配单元经过总装而成的，如图 8-11 所示。

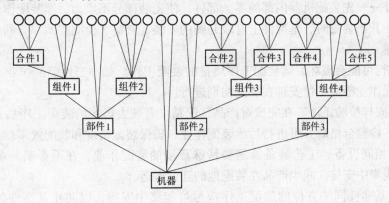

图 8-11　装配单元系统

1）零件。零件是组成机器的基本单元。零件一般都预先装成合件、组件和部件后才安装到机器上，直接装入机器的零件并不多。

2）合件。合件是由若干零件永久连接（铆或焊）而成或连接后再加工而成。如装配式齿轮、发动机连杆等。

3）组件。组件是指一个或几个合件与零件的组合，没有显著的完整作用，如主轴箱中轴与其上的齿轮、套、垫片、键和轴承的组合体即为组件。

4）部件。部件是由若干组件、合件及零件的组合体，并在机器中能完成一定的完整功能。如普通车床中的主轴箱、进给箱、溜板箱等。机器则是由上述各装配单元结合而成的整体，具有完整的，独立的功能。

划分装配单元时，应便于零件的装合和拆开；应选择好各单元件的基体，并明确装配顺序和相互关系；尽可能减少进入总装的单独零件，缩短总装的周期。

（2）选择装配基准 装配基准是装配时用来确定零件或部件在产品中的相对位置所采用的点、线或面。

无论哪一级的装配单元，都要选定某一零件或比它低一级的装配单元作装配基准件。装配基准件的选择应遵循如下原则：

1）通常选择产品的基体或主干零部件为装配基准件，这样有利于保证产品的装配精度。

2）装配基准件应有较大的体积和质量，有足够支承面，以满足陆续装入零、部件时的作业要求和稳定性要求。

3）装配基准件补充加工量应最少，尽可能不再有后续加工工序。

4）选择的装配基准件应有利于装配过程的检测，工序间的传递运输和翻身转位等作业。

例如，在机床产品的装配过程中，常选择床身零件作为床身组件的装配基准件；床身组件是床身部件的装配基准件；床身部件是机床产品的装配基准件。

（3）确定装配顺序 划分好装配单元，确定了装配基准件后，就可以安排装配顺序。一般装配顺序的安排是：

1）预处理工序在前。如零件的倒角、去毛刺、飞边、清洗、防锈、防腐处理、涂装、干燥等。

2）先下后上。首先进行基础零、部件的装配，使机器在装配过程中重心处于最稳定状态；先内后外——先装配机器内部的零、部件，使先装部分不成为后续装配作业的障碍；先难后易——在开始装配时，基准件上有较开阔的安装、调整、检测空间，有利于较难零、部件的装配。

3）先进行可能会破坏后续装配工序质量的装配工作。如冲击性装配作业、压力装配作业、加热装配作业等应尽量安排在装配初期进行。

4）及时安排检验工序。在完成对产品装配精度有较大影响的装配工序后，必须及时安排检验工序，检验合格后方可进行后续装配作业，确保装配精度和装配效率。

5）使用相同设备、工艺装备及需要特殊环境的装配作业，在不影响装配节拍的情况下，应尽可能集中安排。减少产品在装配地的迂回搬运。

6）处于基准件同一方位的装配工序应尽可能集中安排，以防止基准件的多次转位和翻身。

7）电线、油（气）管路的安装应与相应工序同时进行，以防止零、部件的反复拆装。

8）易燃、易爆、易碎、有毒物质等零、部件的安装，尽可能放在最后，以减少安全防护工作量，保证装配工作顺利完成。

装配过程是较复杂的工艺过程。图解方法能将事情的内在联系形象直观地表达清楚。为了清晰表示装配顺序，常用装配单元系统图和装配工艺流程图来表示。

装配单元系统图又称装配系统图。它是表明产品零部件间相互装配关系及装配流程的示意图；是在详细分析产品装配图、零件图的基础上绘制的；是装配工艺规程制订中的主要文件之一，也是装配工序的依据。

装配单元系统图的画法是：首先画一条较粗的横线，横线右端箭头指向装配单元的长方格，横线左端为基准件的长方格。再按装配先后顺序，从左向右依次将装入基准件的零件、合件、组件和部件引入。表示零件的长方格画在横线上方；表示合件、组件和部件的长方格画在横线下方。每一长方格内，上方注明装配单元名称，左下方填写装配单元的编号，右下方填写装配单元的件数。

在装配单元系统图上加注所需的工艺说明，如焊接、配钻、配刮、冷压、热压和检验等，就形成装配工艺系统图。图 8-12 所示为床身部件装配单元系统图。

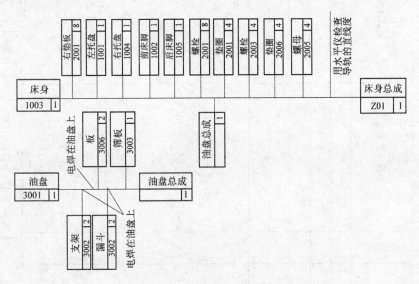

图 8-12 床身部件装配单元系统图

（4）划分装配工序 装配顺序确定后，就可将装配工艺过程划分为若干工序。其主要工作如下：

1）确定工序集中与分散的程度。

2）划分装配工序，确定各工序的内容。

3）制订工序的操作规范，如过盈配合所需的压力，变温装配的温度值，紧固螺栓连接的预紧转矩，以及装配环境要求等。

4）选择设备和工艺装备。若需要专用设备和工艺装备，则应提出设计任务书。

5）制订各工序装配质量要求及检测项目。

6）确定工时定额，并协调各工序内容。在大批大量生产时，要平衡工序的节拍，均衡生产，实现流水装配。

（5）填写工艺文件 单件小批生产时，通常不需制订装配工艺文件，即装配工艺过程卡，而用装配系统图来代替。装配时，按产品装配图及装配系统图进行装配；成批生产时，通常制订部件及总装的装配工艺过程卡，对复杂产品则还需填写装配工序卡；大批大量生产时，不仅要求填写装配工艺过程卡，而且要填写装配工序卡，以便指导工人进行装配。

装配工艺过程卡和装配工序卡的具体形式参见表 8-6 和表 8-7。

表 8-6　装配工艺过程卡片

| 装配工艺过程卡片 | 产品型号 | | 部件图号 | | 共　页 | 第　页 |
| --- | --- | --- | --- | --- | --- | --- |
| | 产品名称 | | 部件名称 | | | |

| 工序号 | 工序名称 | 工序内容 | 装配部门 | 设备及工艺装备 | 辅助材料 | 工时定额 /min |
| --- | --- | --- | --- | --- | --- | --- |
| | | | | | | |
| | | | | | | |
| | | | | | | |
| | | | | | | |

| | | | | 编制（日期） | 审核（日期） | 会签（日期） |
| --- | --- | --- | --- | --- | --- | --- |

| 描图 | | | | | | |
| --- | --- | --- | --- | --- | --- | --- |
| 描校 | | | | | | |
| 底图号 | 标记 | 处数 | 更改文件号 | 签字 | 日期 | |
| 装订号 | 标记 | 处数 | 更改文件号 | 签字 | 日期 | |

**表 8-7　装配工序卡片**

文件编号：

| 装配工序卡片 | | 产品型号 | | 部件图号 | | 共　页 | 第　页 |
|---|---|---|---|---|---|---|---|
| | | 产品名称 | | 部件名称 | | | |
| 工序号 | 工序名称 | 车间 | 工段 | 设备 | | 工序时间 | 工时定额/min |

简图

| 工序号 | 工步内容 | | 工艺设备 | 辅助材料 | |
|---|---|---|---|---|---|

| | | | 编制（日期） | 审核（日期） | 会签（日期） |
|---|---|---|---|---|---|

| 标记 | 处数 | 更改文件号 | 签字 | 日期 | 标记 | 处数 | 更改文件号 | 签字 | 日期 |
|---|---|---|---|---|---|---|---|---|---|

描图

描校

底图号

装订号

# 习 题

8-1 装配精度一般包括哪些内容？装配精度与零件的加工精度有何区别？它们之间又有何关系？试举例说明。

8-2 装配尺寸链是如何构成的？装配尺寸链封闭环是如何确定的？它与工艺尺寸链的封闭环有何区别？

8-3 说明装配尺寸链中的组成环、封闭环、协调环、补偿环和公共环的含义，各有何特点？

8-4 何谓装配单元？为什么要把机器划分成许多独立的装配单元？

8-5 轴和孔配合一般采用什么方法装配？为什么？

8-6 装配尺寸链建立的最短路线原则有什么实际指导意义？

8-7 现有一轴、孔配合，配合间隙要求为 $0.04 \sim 0.26$mm，一直轴的尺寸为 $\phi 50_{-0.10}^{\;\;\;0}$mm，孔的尺寸为 $\phi 50_{\;\;0}^{+0.20}$mm。若用完全互换法进行装配，能否保证装配精度要求？用不完全互换法能否保证装配精度要求？

8-8 设有一轴、孔配合，若轴的尺寸为 $\phi 80_{-0.10}^{\;\;\;0}$mm，孔的尺寸为 $\phi 80_{\;\;0}^{+0.20}$mm，试用完全互换法和不完全互换法装配，分别计算其封闭环公称尺寸、公差和分布位置。

8-9 图 8-13 所示为车床床鞍与床身导轨装配图，为保证床鞍在床身导轨上准确移动，装配技术要求规定，其配合间隙为 $0.1 \sim 0.3$mm。试用修配法确定各零件有关尺寸及其公差。

8-10 图 8-14 所示为传动轴装配图。现采用调整法装配，以右端垫圈为调整环 $A_k$，装配精度要求 $A_0 = 0.05 \sim 0.20$mm（双联齿轮的端面圆跳动量）。试采用固定调整法确定各组成零件的尺寸及公差，并计算加入调整垫片的组数及各组垫片的尺寸及公差。

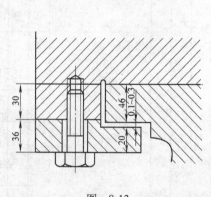

图 8-13

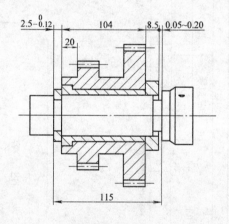

图 8-14

8-11 图 8-15 所示为机床床鞍、压板与床身装配示意图。要求配合间隙 $A_\Sigma = 0.03 \sim 0.13$mm。装配前各零件有关尺寸按 IT9 级制造：$A_1 = 46_{-0.062}^{\;\;\;0}$mm，$A_2 = 30_{\;\;0}^{+0.062}$mm，$A_3 = 16_{\;\;0}^{+0.05}$mm。试用修配法解此尺寸链。

8-12 图 8-16 为锥齿轮减速器简图，试查明和建立影响轴承盖与轴承外环端面之间的间隙 $0.05 \sim 0.10$mm 尺寸链。

8-13 图 8-17 所示为 CA6140 车床主轴法兰盘装配图，根据技术要求，主轴前端法兰盘与床头箱端面之间保持间隙 $N = 0.38 \sim 0.95$mm 范围内，试查明影响装配精度的有关零件上的尺寸，并求出其上、下偏差。

8-14 图 8-18 所示为对开齿轮箱部件，其各组成零件的基本尺寸如图所示。装配后要求齿轮轴的轴向窜动量为 $1 \sim 1.75$mm。试分别按极值法和概率法确定各组成零件有关尺寸的上、下偏差。

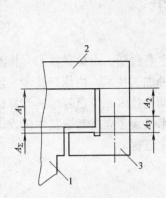

图 8-15 机床床鞍、压板与
床身装配图
1—床身 2—床鞍 3—压板

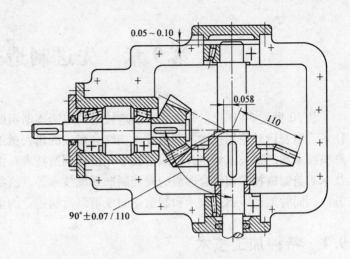

图 8-16 锥齿轮减速器简图

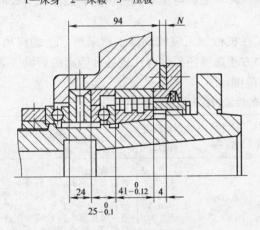

图 8-17 主轴局部装配图

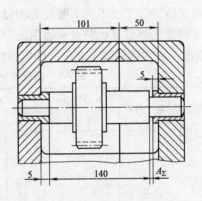

图 8-18 齿轮箱

# 第9章　先进制造技术

从 20 世纪 80 年代以来,先进制造技术的内涵逐渐明朗,主要包括:由信息技术、检测技术、精密运动控制技术与制造技术相结合形成的精密微细特种加工技术;由信息技术、计算机技术和制造技术相结合形成的数字化设计制造技术;由自动化技术、信息技术、计算机技术等与制造技术相结合形成的现代制造系统技术等。这些技术代表了先进制造技术的发展方向,同时推动了制造技术和制造业的变革以及制造业的全球化进程。

## 9.1　特种加工技术

特种加工是指对不属于传统的切削加工及成形加工以外的一些新型加工方法的总称。特种加工工艺是直接利用各种能量,如电能、光能、化学能、电化学能、声能、热能及机械能等形式,施加在工件上,实现材料的去除、改性、变形等。

由于特种加工技术的不断发展和完善,使其在机械加工领域获得了越来越广泛的应用。但每一种方法都有其优缺点和适用场合,具体的方法选择还要综合比较各种因素的影响。表9-1 给出了常用特种加工方法的性能指标和应用范围。

表 9-1　常用特种加工方法的性能指标和应用范围

| 加工方法 | 可加工材料 | 工具损耗率（%） | 特殊要求 | 材料去除率/（mm³/min） | 尺寸精度/mm | 表面粗糙度/μm | 主要适用范围 |
|---|---|---|---|---|---|---|---|
| 电火花加工 | 任何导电的金属材料。如:硬质合金、不锈钢、钛合金、耐热合金等 | 1 ~ 50 | 无 | 30 ~ 3000 | 0.005 ~ 0.05 | 0.1 ~ 6.3 | 从数微米的孔、槽到数米的超大型模具、工件等。如圆孔、异形孔、螺纹孔、微型孔、深孔以及冲模、锻模、塑料模、拉丝模等。还可刻字、表面强化、涂敷、磨削等加工 |
| 电火花线切割加工 | | 极小且可补偿 | 防腐蚀装置、环境保护措施 | 20 ~ 200 | 0.002 ~ 0.02 | 0.4 ~ 3.2 | 切割各种冲模、塑料模、片类零件、样板、喷丝板异形孔、磁钢、贵重稀有材料,也可切割半导体或非半导体 |
| 电解成形加工 | | 不损耗 | | 100 ~ 10000 | 0.03 ~ 0.1 | 0.1 ~ 0.8 | 从微小零件到超大型工件,如仪表微型小轴、涡轮叶片、炮管膛线、螺旋花键孔、各种异型孔、各种模具、抛光、切割、去毛刺等 |
| 复合电解磨削 | | 1 ~ 50 | | 1 ~ 100 | 0.001 ~ 0.02 | 0.02 ~ 0.8 | 难加工硬质合金刀具、细长杆件、量具小孔等磨削,还可进行深孔、超光整研磨珩磨 |
| 超声加工 | 任何脆性非金属及金属材料 | 0.1 ~ 10 | 无 | 1 ~ 50 | 0.005 ~ 0.03 | 0.1 ~ 0.4 | 加工硬脆材料,如玻璃、云母、石英、宝石、金刚石等;还可进行深孔、超光整研磨珩磨 |

（续）

| 加工方法 | 可加工材料 | 工具损耗率（%） | 特殊要求 | 材料去除率/（mm³/min） | 尺寸精度/mm | 表面粗糙度/μm | 主要适用范围 |
|---|---|---|---|---|---|---|---|
| 激光束加工 | 任何材料 | 不损耗 | 大功率激光管 | 瞬时去除率很高；受功率限制，平均去除率不高 | 0.001~0.01 | 0.1~6.3 | 精密加工小孔、窄缝及成形切割、刻蚀、焊接、热处理等；可加工各种金属、半导体和非半导体材料；可加工金刚石拉丝模、仪表宝石轴承；可在钛、铜、硅、石棉、玻璃等材料上打孔；切割贵重金属材料、复合材料、玻璃、石棉、木革等 |
| 电子束加工 | | | 真空装置 | | | | 在各种难加工材料上打微孔、镀膜、焊接、曝光、切缝、蚀刻 |
| 离子束加工 | | | | 很低 | 最高 0.01 | 最小为 0.006 | 对零件表面进行超精加工、超微量加工、抛光、蚀刻、注入、涂敷等 |
| 等离子弧加工 | | | | 15000 | 1.5 | 粗 | 焊接切割 |

## 9.1.1　电火花加工

电火花加工（Electrical Discharge Machining，简称 EDM），又称放电加工、电蚀加工、电脉冲加工，是在加工过程中，工具电极和工件之间不断产生脉冲火花放电，利用瞬时火花放电所产生的局部高温蚀除金属材料。因为放电过程中可见到火花出现，故称为电火花加工。

### 1. 电火花加工的基本原理

电火花加工的原理是利用工件电极与工具电极之间脉冲性火花放电所产生的瞬时局部高温蚀除多余的金属，完成零件成形。电火花加工过程是电力、磁力、热力和流体动力等综合作用的过程。电火花加工的原理如图 9-1 所示。

工件 1 与工具 4 分别与脉冲电源 2 的两个不同极性输出端相连接，自动进给调节装置 3 使工件和电极之间保持适当的放电间隙。两电极间加上脉冲电压后，在间隙最小或绝缘强度最低处将工作液介质击穿，形成火花放电。放电通道中等离子瞬时高温使工件和工具电极表面都被蚀除掉一小部分材料，各自形成一个微小的放电坑。从微观上看，加工表面是由很多个脉冲放电小孔组成的。脉冲放电结束后，经过一段时间，使工作液恢复绝缘，下一个脉冲电压又加在两极上，开始另一个放电循环。当这种过程以相当高的频率重复进行时，工具电极不断地调整与工件的相对位置，加工出所需的零件。

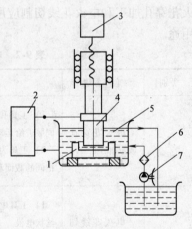

图 9-1　电火花加工原理图
1—工件　2—脉冲电源
3—自动进给调节装置　4—工具
5—工作液　6—过滤器　7—液压泵

电火花腐蚀金属的微观过程是电力、磁力、热力、流体动力和电化学综合作用的过程。

这一过程大致可分为：极间介质的电离、击穿、形成放电通道；介质热分解、电极材料熔化、汽化热膨胀；电极材料的抛出；极间介质的消电离这四个连续的阶段。

综上所述，电火花加工的基本条件如下：

1）工具和工件之间要有一定的间隙。这个间隙通常为几微米到几百微米，并能维持这一距离。

2）脉冲放电必须有足够大的能量密度。即放电通道要有很大的电流密度，一般为 $10^5 \sim 10^6 A/cm^2$，这样，放电时产生大量的热足以使金属局部熔化和气化，并在放电爆炸力的作用下，把熔化的金属抛出来。

3）放电应是短时间的脉冲放电。脉冲放电的持续时间为 $10^{-7} \sim 10^{-3} s$，在如此短的时间内，放电所产生的热量来不及传导扩散到其余部位，不会像持续电弧放电那样，产生大量热量，使金属表面局部熔化、烧伤。

4）脉冲放电需要在不同地点多次重复进行。脉冲放电在时间和空间上是分散的，即每次放电一般不在同一点进行，避免发生局部烧伤。

5）电火花加工必须在具有一定绝缘性能的液体介质中进行。液体介质必须具有较高的绝缘强度，以利于产生脉冲性的火花放电。同时，液体介质应及时清除电火花加工过程中产生的金属废屑、碳黑等电蚀产物，并对电极和工件表面有较好的冷却作用，以保证加工正常连续进行。

**2. 电火花加工方法分类**

按照工具电极和工件相对运动方式和用途的不同，电火花加工可分为电火花穿孔成形加工、电火花线切割、电火花磨削和镗磨、电火花同步共轭加工、电火花高速小孔加工、电火花表面强化和刻字加工六大类。前五类属于电火花成形、尺寸加工，是用于改变零件形状或尺寸的加工方法；后者则属于表面加工方法，用于改善或改变零件表面物理性质。其中，电火花穿孔加工和电火花线切割应用最为广泛。表9-2简要介绍了各类加工方法的主要特点和用途。

表9-2　电火花加工工艺方法的主要特点和用途

| 类别 | 工艺方法 | 特　点 | 用　途 |
|---|---|---|---|
| I | 电火花穿孔成形加工 | 1）工具和工件间主要只有一个相对的伺服进给运动<br>2）工具为成形电极，与被加工表面有相同的截面和相反的形状 | 1）型腔加工：加工各类型腔模及各种复杂的型腔零件<br>2）穿孔加工：加工各种冲模、挤压模、粉末冶金模、各种异形孔及微孔等 |
| II | 电火花线切割加工 | 1）工具电极为顺电极丝方向移动着的丝状电极<br>2）工具与工件在两个水平方向同时具有相对伺服进给运动 | 1）切割各种冲模及具有直纹的零件<br>2）下料、截割及窄缝加工 |
| III | 电火花内孔、外圆及成形磨削 | 1）工具与工件有相对的旋转运动<br>2）工具与工件间有径向和轴向进给运动 | 1）加工高精度、表面粗糙度值小的孔，如拉丝模、挤压模、微型轴承内环、钻套等<br>2）加工外圆、小模数滚刀等 |

（续）

| 类别 | 工艺方法 | 特　点 | 用　途 |
|---|---|---|---|
| Ⅳ | 电火花同步共轭回转加工 | 1）成形工具与工件均作旋转运动，但两者角速度相等或成整数倍，相对应接近的放电点可作切向相对运动速度<br>2）工具相对工件可作纵、横向进给运动 | 以同步回转、展成回转、倍角速度回转等不同方式，加工各种复杂型面的零件，如高精度的异形齿轮，精密螺纹环规，高精度、高对称度、表面粗糙度值小的内、外回转体表面等 |
| Ⅴ | 电火花高速小孔加工 | 1）采用细管（直径大于 0.3mm）电极，管内充入高压水基工作液<br>2）细管高速旋转<br>3）穿孔速度较高 | 1）线切割穿丝预孔<br>2）深径比很大的小孔，如喷嘴等 |
| Ⅵ | 电火花表面强化、刻字 | 1）工具在工件表面上振动<br>2）工具相对工件移动 | 1）模具刃口、刀、量具刃口表面强化和镀覆<br>2）电火花刻字、打印记 |

### 3. 电火花成形加工设备及加工基本条件

电火花加工设备种类繁多，不同厂家的设备在结构上略有差别。常见的电火花加工机床组成包括机床本体、电源箱、工作液循环过滤系统等几个部分。

（1）机床本体　机床本体由床身、立柱、主轴头、工作台等部件组成。其中床身和立柱为机床的基础部件。立柱与纵横导轨安装在床身上；床身和立柱具有足够的刚度，以防止主轴挂上一定质量的电极后将引起的立柱前倾和工作过程中立柱产生的强迫振动，尽量减少床身和立柱发生变形。床身工作台面与立柱导轨面间具有一定的垂直度要求和精度保持性，保证电极和工件在加工过程中的相对位置，确保加工精度。

工作台主要用于支撑装夹工件，通过转动纵横向丝杠来改变电极和工件的相对位置。工作台下装有工作液箱。

主轴头是电火花成形机的一个关键部件，是自动调节系统中的执行机构，对加工工艺指标的影响很大。通常对主轴头的要求是：结构简单、传动链短、传动间隙小、热变形小、具有足够的精度和刚度，以适应自动调节系统的惯性小、灵敏度好、能承受一定负载。

目前最普遍的主机结构是立柱式，并已发展为加工中心，带有自动换工具装置（工具库和机械手），能自动更换工具。

（2）脉冲电源　电火花成形机床的脉冲电源是整个设备的重要组成部分。它的作用是把工频交流电流转换成一定频率的单向脉冲电流，当电极和工件达到一定间隙时，工作液被击穿而形成脉冲火花放电。由于极性效应，每次放电而使工件材料被蚀除。

脉冲电源对电火花加工的生产率、表面质量、加工精度、加工过程稳当性和工具电极损耗等技术经济指标有很大影响。所以，在加工中应使脉冲电源的脉冲电压幅值、电流峰值、脉宽和间隔等满足加工要求，而且不受外界干扰，工作稳定可靠。

（3）工作液循环过滤系统　工作液循环过滤系统包括工作液箱、电动机、液压泵、过滤装置、工作液槽、油杯、管道、阀门和测量仪等。电火花加工是在液体介质中进行的，液体介质主要起绝缘作用，而液体的流动又起着排出电蚀产物和热量的作用。

**4. 电火花加工的特点**

（1）适用于任何难切削材料的加工　由于加工中材料的去除是靠电蚀作用实现的，材料的可加工性取决于材料的导电性和热学特性，与力学特性无关，避开了传统切削加工对刀具的限制，实现了利用软的工具加工较硬材料的工件。

（2）可加工特殊或复杂形状的表面和零件　电火花加工几乎无切削力，适于加工低硬度、易变形的工件及微细加工。此外，由于制作成形工具电极可直接复制到工件上，因此，特别适用于复杂表面形状工件的型面加工。

（3）生产率低　一般电火花加工速度较慢，导致生产率低，通常可采用特殊工作液和减小加工余量等方法来提高电火花加工的生产率。

（4）易于实现自动控制　电火花加工直接利用电能加工，加工过程中的参数易于实现数字控制、自适应控制、智能化控制，能方便地进行粗、半精、精加工各工序，简化工艺过程。目前，电火花加工绝大多数采用数控技术。

（5）工件表面存在电蚀硬层　这是在放电过程中形成的众多放电凹坑组成的，硬度较高，不易去除，影响后续工序的加工。

（6）存在电极损耗　电火花加工机理决定了工具电极易于损耗。因此，减小加工过程中的电极损耗一直是电火花加工的技术难点。此外，电极损耗多集中在尖角或底面，严重影响零件成形精度。

与传统加工相比，电火花加工具有很多优点，因此，已广泛应用于机械、航空航天、电子、精密机械、仪器仪表等行业，用于解决难加工材料、复杂形状零件以及微细加工问题。目前，加工范围已从几微米的小轴、孔、窄缝扩大到几米的超大模具的加工。

## 9.1.2　电火花线切割加工

### 1. 电火花线切割加工原理

电火花线切割加工是在电火花成形加工的基础上发展起来的，加工的原理也是直接利用电能、热能蚀除金属。电火花线切割无需制作电极，它是采用细的电极丝（钼丝或铜丝）对工件进行切割成形。图9-2所示为电火花线切割工艺及装置示意图。它是利用移动的细钼丝作电极进行切割的，传动轮7使钼丝作正反向交替运动，加工能量由脉冲电源3提供。在电极丝和工件之间浇注工作液，工作台在水平面的两个坐标方向各自按预定的控制程序，根据火花间隙状态作伺服进给运动，从而合成各种曲线轨迹，将工件切割成形。

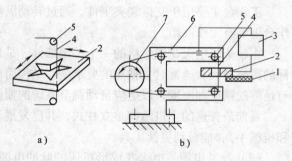

图9-2　电火花线切割工艺
1—绝缘底板　2—工件　3—脉冲电源
4—钼丝　5—导向轮　6—支架　7—传动轮

### 2. 线切割加工的特点

电火花线切割加工和电火花穿孔加工相比，具有如下特点：

1）效率高、自动化程度高、材料利用率高。电火花穿孔加工需要花费较多的时间制造电极，而线切割加工是用钼丝等作为电极，故不必另行制造电极，大大降低了成形工具电极的设计和制造费用，缩短了生产准备时间及模具加工周期。而且电火花加工自动化程度高，操作使用方便，可直接采用精加工或半精加工一次成形，一般不需要中途转换规准，易于实现微机控制。

电火花加工以切缝的形式按轮廓加工，蚀除量少，不仅生产率高，材料利用率也高。

2）不必考虑电极丝的损耗。电火花加工中的电极损耗是不可避免的，而在线切割加工中，采用移动的长金属丝进行加工，单位长度的金属丝损耗小，对加工精度的影响可以忽略不计，加工精度高。当重复使用的电极丝有显著损耗时，可以更换。

3）能加工出精密细小、形状复杂的零件。线切割加工用的电极丝非常细（直径为 0.04 ~ 0.2mm），对于形状复杂的微细模具、零件或电极，例如 0.05 ~ 0.07mm 的窄缝，小圆角半径的圆角（$R \le 0.03$mm）等，不必采用镶拼结构即能直接加工出来，而且具有较高的精度。

4）一般采用水质工作液，安全可靠，避免发生火灾。电火花线切割的缺点是不能加工不通孔及纵向阶梯表面。

**3. 数控线切割加工机床**

（1）机床分类　数控线切割机床主要由机床本体、脉冲电源、控制系统、工作液循环系统和机床附件等部分构成。图9-3 所示为快走丝线切割机床的组成；图9-4 所示为慢走丝线切割机床的组成。

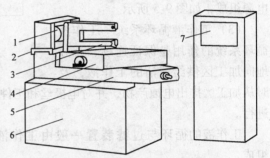

图 9-3　快走丝线切割机床的组成
1—卷丝筒　2—走丝溜板　3—丝架
4—上滑板　5—下滑板　6—床身　7—电源控制柜

快走丝线切割机床是我国生产和使用的主要品种，也是我国独创的数控线切割加工模式。这类机床采用直径为 0.08 ~ 0.18mm 的钼丝或直径为 0.03mm 左右的铜丝作电极，一般以 8 ~ 10m/s 的走丝速度作高速往复运动，成千上万次地反复通过加工间隙，直到断丝为止；工作液常用体积分数为 5% 左右的乳化液或去离子水。电极丝的快速移动可将工作液带入狭窄的加工缝隙进行冷却，同时将电蚀产物带出加工间隙，以保持加工间隙的清洁状态，有利于提高切割速度。快走丝数控线切割机床目前能达到的加工精度为 ±0.01mm，表面粗糙度值 $R_a$ = 2.5 ~ 0.63μm，最大切割速度可达 50mm/min 以上，切割厚度与机床的结构参数有关，最大可达 500mm，可满足一般模具的加工要求。

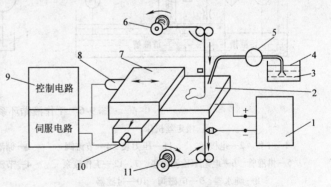

图 9-4　慢走丝线切割机床的组成
1—脉冲电源　2—工件　3—工作液箱　4—去离子水
5—工作液泵　6—放丝卷筒　7—工作台　8—X 轴电动机
9—数控装置　10—Y 轴电动机　11—收丝卷筒

慢走丝线切割机床采用0.03~0.05mm的铜丝作电极，一般以低于0.2m/s的低速作单向运动，电极丝不重复使用，可避免电极损耗对加工精度的影响。工作液主要是去离子水和煤油。慢走丝线切割机床的加工精度可达±0.001mm，表面粗糙度值 $R_a$ 小于 0.32μm。这类机床还能自动穿丝和自动卸除加工废料，自动化程度较高，能实现无人操作，但其价格比快走丝线切割机床高得多。

（2）脉冲电源　脉冲电源是数控线切割机床最重要的组成部分之一，是决定线切割加工工艺指标的关键装置。数控线切割加工的切割速度，被加工表面的表面粗糙度、尺寸和形状精度及线电极的损耗等，都将受到脉冲电源性能的影响。

线切割脉冲电源一般是由主振级（脉冲信号发生器）、前置放大器、功率放大器和供给各级的直流电源组成，如图9-5所示。

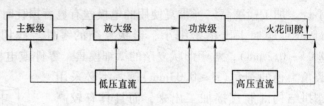

图9-5　脉冲电源的组成

（3）工作液循环系统　工作液循环系统的作用是保证连续、充分地向加工区供给清洁的工作液，及时从加工区排出电蚀产物，并对电极丝和工件进行冷却，以保持脉冲放电过程稳定而连续地进行。

工作液的循环与过滤装置一般由工作液泵、油箱、过滤器、管道和流量控制阀等组成。

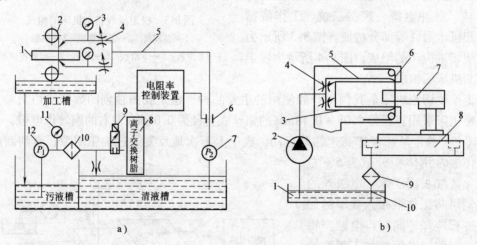

图9-6　工作液循环系统

a）慢走丝机床　　　　　　　　　　　　b）快走丝机床

1—工件　2—电极丝　3、11—压力表　4—节流阀　　　1—储液箱　2—工作液泵　3、5—上下供液管

5—供液管　6—电阻率检测电极　7、12—工作液泵　　4—节流阀　6—电极丝　7—工件　8—工作台

8—纯水器　9—电磁阀　10—过滤器　　　　　　　　　9—过滤器　10—回油管

## 9.2　制造业信息化

### 9.2.1　制造业信息化的内涵

#### 1. 制造业信息化的定义

在信息时代，信息技术是决定企业在经济上成功与否的关键因素。信息化是制造业提高自身竞争力的良好机遇，是制造业提高劳动生产率的必然之路，面对后浪推前浪的信息化大潮，制造业除了积极迎接挑战而别无选择。

中国电子信息产业发展研究院的专家对制造业信息化内涵有一系列系统的定义，其中包括了总述、形态特征、过程特征、阶段特征、效益隐性特征及基本框架等。他们认为，制造业信息化是制造业利用计算机、通信和网络为核心的现代信息技术，进行有效整合，提高制造业运行和资源利用、特别是信息资源深入广泛利用的效率，进而提高制造业的核心竞争力的过程。制造业信息化的形态特征，表现在制造业作业、管理、经营三个层面，实现设计自动化、生产自动化、办公自动化、决策辅助自动化和电子商务等制造业运行的全面自动化。

中国工程院院士、清华大学教授吴澄认为：工业或制造业的信息化就是要围绕市场竞争，从产品的各个环节做起，设计、制造、管理、营销、资源的优化利用都要有信息化。所以应该包括设计过程的信息化、管理的信息化、车间的信息化、加工生产线的信息化和自动化、制造业内部的信息集成和制造业之间的信息集成，即基于网络的供需链或电子商务。

制造业通过管理信息化带来的效益可以归纳为五点：

1）降低成本的重要举措。以联想为例，2000 年，联想公司通过信息化建设使库存周转天数、应收账周转天数、积压损失率分别由 72 天、28 天和 2%降至 22 天、14 天和 0.19%，每年节约资金约 10 亿元。

2）增强市场应变能力的必要条件。

3）是解决数据真实准确的可靠工具。

4）是堵塞采购、销售环节管理漏洞的有效手段。

5）是实现组织机构扁平化的技术保障。

可见，信息化是有关制造业"生死攸关"的大事。

因此，运用先进的信息技术改造和提升传统制造业不仅能够极大地提高制造水平和产品附加值，增强国际竞争能力，加快制造业的现代化，而且将促进制造业组织的优化和重组，提高制造业的运行效率。只有制造业信息化得到普及和应用，最终实现管理和生产的现代化，才能使我国制造业实现良性可持续发展，从而大幅度提升国家竞争力，全面促进经济和社会发展。推进制造业信息化是我国新型工业化道路的必然选择。

#### 2. 制造业信息化的组成

我国制造业信息化可以归结为五个数字化：设计数字化、制造装备数字化、生产过程数字化、管理数字化和制造业数字化。

（1）设计数字化　设计数字化技术实现了产品设计手段与设计过程的数字化，缩短了产品的开发周期，加快了新产品进入市场的时间。

常用的平面设计软件是 AutoCAD，其尺寸标注大约占绘图工作量的 40%，为了降低设计工作量和简化设计过程，二维设计逐渐被三维设计所取代。如日本丰田公司的模具设计已全部采用三维实体设计。

（2）制造装备数字化　制造装备数字化技术实现了加工和装配的自动化和精密化，能提高产品的精度和加工装配的效率。

制造装备数字化以各种数控设备为代表，其若干关键技术包括高速高精控制技术、智能控制技术、网络控制技术、极限控制技术及智能化驱动控制技术。

制造装备数字化控制系统研究的重点应为新型数控系统的研究，高速运动控制平台研究与开发，高速、高精、智能化驱动部件和控制技术，数控机床精度强化工程，数控设备群智能管理、控制技术及系统。

（3）生产过程数字化　生产过程数字化技术能够实现生产过程控制的自动化和智能化，包括生产计划管理数字化、工艺管理数字化、制造资源管理数字化、生产现场管理数字化在内的生产制造过程数字化管理。

1）生产计划管理数字化。随着全球经济一体化的发展，21世纪的中国制造业正面临着日益激烈的国际竞争，制造业在获得极大发展空间的同时也承受着威胁与挑战。产品的质量、价格和交货期将最终构成制造业核心的竞争力要素。生产制造作为产品的形成过程，尤其是承上启下的生产计划排程，是影响这些竞争力要素的决定性因素，是构成制造业核心竞争力的关键内容。

20世纪60年代出现的物料需求计划MRP（Material Require Planning）围绕物料转化组织制造资源，实现按需要准时生产。但MRP作出的计划缺乏弹性，不能适应市场的变化，而且它所涉及的仅仅是物流，而与物流密切相关的资金流不能反映出来，这对制造业的管理和决策都是很不方便的。

于是，在20世纪80年代，人们把生产、财务、销售、工程技术、采购等各个子系统集成为一个一体化的系统，并称为制造资源计划（Manufacturing Resource Planning）系统，英文缩写还是MRP，为了区别物料需求计划（缩写MRP），而记为MRP Ⅱ。

但MRP Ⅱ只考虑了单个制造业的计划问题，在经济全球化的趋势下，单个制造业只是所属行业的巨大的产业链的一环。因此，制造业资源计划ERP（Enterprise Resource Planning）应运而生。ERP的核心内容是面向供应链的管理。

2）工艺管理数字化。即所谓的计算机辅助编制工艺规程CAPP（Computer Aided Process Planning）。CAPP利用计算机技术辅助工艺人员设计零件从毛坯到成品的制造方法，是将制造业产品设计数据转换为产品制造数据的一种技术。CAPP编制工艺文件时要读取CAD已形成的图形文件与数据，完成工艺设计与文件编制。

3）制造资源管理数字化。即MRP Ⅱ和ERP的部分功能。MRP Ⅱ系统能对制造业生产中心、加工工时、生产能力等方面进行管理。

ERP除了MRP Ⅱ系统的制造、供销、财务功能外，在功能上还增加了支持物料流通体系的运输管理、仓库管理；支持生产保障体系的质量管理、设备维修和备品备件管理等。

4）生产现场管理数字化。即制造执行系统MES（Manufacturing Excecution System）。MES处于制造业资源计划系统ERP和过程控制系统PCS（Process Control System）的中间位置，MES与上层ERP等业务系统和底层PCS等生产设备控制系统一起构成了制造业数字化生产管理系统。MES一方面将业务计划的指令传达到生产现场，另一方面是将生产现场的信息及时收集、上传处理。MES 不单是面向生产现场的系统，而且是作为上下两个层次之间双方信息的传递系统，是连接现场层和经营层，改善生产经营效益的前沿系统。

（4）管理数字化　管理数字化技术实现制造业内外部管理的数字化和最优化，能够提高制造业管理水平。以 ERP 为代表，可以实现企业内外部管理的数字化和最优化，提高企业管理水平。应用 ERP 技术，企业可以集成产品设计、生产管理、物流管理、销售管理、供应链管理等企业经营的信息资源，对提高管理效率、降低管理成本、加强市场应变能力、提升企业决策的准确性和及时性有极大的促进作用。

（5）制造业数字化　在企业的设计数字化、装备数字化、生产过程数字化、管理数字化的支撑环境下，整个制造业也将实现数字化。制造业数字化技术实现了全球化环境下制造业内外部资源的集成和最佳利用，促进制造业的业务过程、组织结构与产品结构的调整，能够提高产品和工艺质量，降低成本和加快上市时间，提升我国制造业、区域和行业的竞争能力。

## 9.2.2　CAD/CAPP/CAM

**1. 计算机辅助设计**（Computer Aided Design，简称 CAD）

计算机辅助设计是在 20 世纪 50 年代末期随着计算机技术的发展而逐步形成的一门新技术。1972 年 10 月，国际信息处理联合会（IFIP）在荷兰召开的"关于 CAD 原理的工作会议"上给出如下定义：CAD 是一种技术，其中人与计算机结合为一个问题求解组，紧密配合，发挥各自所长，从而使其工作优于每一方，并为应用多学科方法的综合性协作提供了可能。CAD 是工程技术人员以计算机为工具，对产品和工程进行设计、绘图、造型、分析和编写技术文档等设计活动的总称。近 20 年来，在电子、机械、造船、航空、汽车及建筑等领域得到了广泛的应用，取得了突飞猛进的发展，被认为是当代最杰出的工程技术成就之一。CAD 技术的发展和应用水平已成为衡量一个国家科技现代化和工业现代化水平的重要标志。

（1）CAD 技术的产生和发展　在 CAD 软件发展初期，CAD 的含义仅仅是图板的替代品，意指计算机辅助画图（Computer Aided Drawing or Drafting），而非现在我们经常讨论的 CAD（Computer Aided Design）所包含的全部内容。

CAD 技术以二维绘图为主要目标的算法一直持续到 20 世纪 70 年代末期，以后作为 CAD 技术的一个分支而相对单独、平稳地发展。早期应用较为广泛的是 CADAM 软件，近 10 年来占据绘图市场主导地位的是 Autodesk 公司的 AutoCAD 软件。在今天中国的 CAD 用户特别是初期 CAD 用户中，二维绘图仍然占有相当大的比重。

1）第一次 CAD 技术革命——贵族化的曲面造型系统。20 世纪 60 年代出现的三维 CAD 系统只是极为简单的线框式系统。这种初期的线框造型系统只能表达基本的几何信息，不能有效表达几何数据间的拓扑关系。由于缺乏形体的表面信息，CAM 及 CAE 均无法实现。

进入 20 世纪 70 年代，正值飞机和汽车工业的蓬勃发展时期。此间飞机及汽车制造中遇到了大量的自由曲面问题，当时只能采用多截面视图、特征纬线的方式来近似表达所设计的自由曲面。由于三视图方法表达的不完整性，经常发生设计完成后，制作出来的样品与设计者所想象的有很大差异甚至完全不同的情况。设计者对自己设计的曲面形状能否满足要求也无法保证，所以还经常按比例制作油泥模型，作为设计评审或方案比较的依据。既慢且繁的制作过程大大拖延了产品的研发时间，要求更新设计手段的呼声越来越高。

2）第二次 CAD 技术革命——生不逢时的实体造型技术。有了表面模型，CAM 的问题可以基本解决。但由于表面模型技术只能表达形体的表面信息，难以准确表达零件的其他特性，如质量、重心、惯性矩等，对 CAE 十分不利，最大的问题在于分析的前处理特别困难。由于实体造型技术能够精确表达零件的全部属性，在理论上有助于统一 CAD、CAE、CAM 的模型表达，给设计带来了很大的方便性。它代表着未来 CAD 技术的发展方向。一时间，实体造型技术呼声越来越高。实体造型技术的普及应用标志 CAD 发展史上的第二次技术革命。

3）第三次 CAD 技术革命——一鸣惊人的参数化技术。正当 CV 公司业绩蒸蒸日上以及实体造型技术逐渐普及之时，CAD 技术的研究又有了重大进展——参数化实体造型方法。

进入 20 世纪 90 年代，参数化技术变得比较成熟起来，充分体现出其在许多通用件、零部件设计上存在的简便易行的优势。可以认为，参数化技术的应用主导了 CAD 发展史上的第三次技术革命。

4）第四次 CAD 技术革命——更上一层楼的变量化技术。众所周知，已知全参数的方程组去顺序求解比较容易。但在欠约束的情况下，其方程联立求解的数学处理和在软件实现上的难度是可想而知的。SDRC 攻克了这些难题，并就此形成了一整套独特的变量化造型理论及软件开发方法。

（2）CAD 系统的分类与应用　根据模型的不同，CAD 系统一般分为二维 CAD 和三维 CAD 系统。二维 CAD 系统一般将产品和工程设计图样看成是"点、线、圆、弧、文本……"等几何元素的集合，系统内表达的任何设计都变成了几何图形，所依赖的数学模型是几何模型，系统记录了这些图素的几何特征。

二维 CAD 系统一般由图形的输入与编辑、硬件接口、数据接口和二次开发工具等几部分组成。

三维 CAD 系统的核心是产品的三维模型。三维模型是在计算机中将产品的实际形状表示成为三维的模型，模型中包括了产品几何结构的有关点、线、面、体的各种信息。由于三维 CAD 系统的模型包含了更多的实际结构特征，使用户在采用三维 CAD 造型工具进行产品结构设计时，更能反映实际产品的构造或加工制造过程。

目前，高端的三维 CAD 系统主要包括 UG NX、CATIA、PRO/E 等软件系统。中端主流的三维 CAD 系统主要包括 SolidWorks、SolidEdge、Inventor 等。国产的三维 CAD 系统有 Solid3000 和 CAXA 实体工程师。而我国流行的二维 CAD 系统主要包括 AutoCAD、CAXA、中望、浩辰等。

**2. 计算机辅助工艺计划**（Compter Aided Process Planning，简称 CAPP）

（1）CAPP 的发展　工艺设计是优化配置工艺资源，合理编排工艺过程的一门艺术。它是生产准备工作的第一步，也是连接产品设计与产品制造的桥梁。以文件形式确定下来的工艺规程是进行工装制造和零件加工的主要依据。它对组织生产、保证产品质量、提高生产率、降低成本、缩短生产周期及改善劳动条件等都有直接的影响，因此是生产中的关键性工作。工艺设计的主要任务是为被加工零件选择合理的加工方法和加工顺序，以便能按设计要求生产出合格的成品零件。

计算机辅助工艺过程设计的基本原理正是基于人工设计的过程及需要解决的问题而提出的。随着机械制造生产技术的发展及多品种小批量生产的要求，特别是 CAD/CAM 系统向集成化、智能化方向发展，传统的工艺设计的方法，已远远不能满足要求，计算机辅助工艺过程设计（CAPP）也就应运而生。

（2）CAPP 系统分类 自从 1965 年 Niebel 首次提出 CAPP 思想，发展至今天，CAPP 领域的研究得到了极大的发展，期间经历了检索式、派生式、创成式、混合式、专家系统、工具系统等不同的发展阶段，并涌现了一大批 CAPP 原型系统和商品化的 CAPP 系统。

1）基于自动化思想的修订/创成式 CAPP 系统。在传统的 CAPP 研究开发中，人们依据工艺决策方式，将 CAPP 系统划分为两大类：修订式（Variant，也称派生式）CAPP 系统和创成式（Generative，也称生成式）CAPP 系统。根据技术发展及实际开发需求，也有兼容上述两种方法的混合式系统，以及影响更大的应用人工智能（Atificial Inteligent，简称 AI）及专家系统（Expert System，简称 ES）技术的 CAPP 专家系统。

这类系统以自动化为唯一目标，以期在工艺设计上代替工艺人员。因此，造成开发应用中的诸多问题：系统开发周期长、费用高、难度大；工艺人员在使用中需交互输入大量的零件信息，麻烦而又容易出错，难以掌握系统的使用；系统功能和应用范围有限（局限性大），缺乏适应生产环境变化的灵活性和适用性，难以推广应用。

2）基于计算机化思想的实用化 CAPP 系统。20 世纪 90 年代以来，CAPP 的实用化问题引起研究者和企业技术工作者的重视，以实现工艺设计的计算机化为目标或强调 CAPP 应用中计算机的辅助作用，实用化 CAPP 系统成为新的主题。这些实用 CAPP 系统或是专用开发，或是基于商品化系统的应用开发，大致可分为以下两大类：

① 基于 Word/Excel/AutoCAD 及其他图形系统的工艺卡片填写系统。由于以自动化为目标的修订/创成式 CAPP 应用存在的问题，许多企业自行基于 Word/Excel/AutoCAD 等通用软件开发工艺卡片填写系统。

② 基于结构化数据的 CAPP 系统。从信息系统开发角度，分析产品工艺文件中所涉及的数据/信息，建立结构化的数据模型，并以模型驱动进行工艺设计。一些企业开发的专用 CAPP 系统基本属于该类系统，大都采用通用数据库管理系统进行开发。

（3）当前 CAPP 应用中存在的问题

1）应用范围偏窄。目前绝大多数企业，CAPP 的应用集中在机械加工工艺的设计，CAPP 在企业的应用缺乏应有的广度。实际上，产品在整个生命周期内的工艺设计通常涉及到产品装配工艺、机械加工工艺、锻造工艺、钣金冲压工艺、焊接工艺、热表处理工艺、毛坯制造工艺等各类工艺设计。CAPP 应用应从以零组件为主体对象的局部应用走向以整个产品为对象的全生命周期的应用，实现产品工艺设计与管理的一体化，建立企业级的工艺信息系统。

2）应用水平偏浅。目前绝大部分企业 CAPP 的应用停留在工艺卡片的编辑、工艺信息的统计汇总、工艺流程和权限的管理与控制方面，这是 CAPP 应用的基础。但 CAPP 应用的深度还不够，还不能有效地总结行业工艺"设计经验"和"设计知识"，从根本上解决企业有经验的工艺师匮乏的问题。

3）与三维 CAD 的集成技术有待突破。随着三维 CAD 在国内制造业的广泛推广应用，三维 CAD 在不远的将来会成为我国企业产品设计的主流设计工具。随着设计手段的变革，工艺设计也需要变革。工艺如何和三维 CAD 进行集成，工艺如何基于三维 CAD 进行加工工艺设计和装配工艺设计等，目前在很多企业都有迫切的需求。

4）CAPP 系统与其他应用系统的集成。工艺是设计和制造的桥梁，工艺数据是产品全生命周期中最重要的数据之一。工艺数据同时是企业编排生产计划、制订采购计划、生产调度的重要基础数据，在企业的整个产品开发及生产中起着重要的作用。CAPP 需要与企业的各种应用系统进行集成，包括 CAD、PDM、ERP、MES 等。

5）CAPP 与产品数据管理（Product Date Management，简称 PDM）中的管理功能的冲突。近年来，随着 CAPP 功能不断扩展，一些 CAPP 系统逐渐增加了工艺管理的内容，包括权限管理、流程管理、更改管理，并在工艺部门得到了一些应用。随着企业 PDM 的实施推广应用，随之带来的不可忽视的问题是 CAPP 自身的管理功能和 PDM 的管理功能发生了冲突。商品化的 PDM 系统本身提供了完善的角色权限管理、流程管理、任务管理等功能，因此 CAPP 的工艺管理功能已经与 PDM 中管理功能发生了冲突和矛盾，不仅造成了企业集成上的困惑，也造成了企业在信息化过程中的重复投资。

（4）CAPP 的发展趋势　纵观 CAPP 的发展历程，可以看到 CAPP 的研究和应用始终围绕着两方面的需要展开：一是不断完善自身在应用中出现的不足；二是不断满足新的技术、制造模式对其提出的新的要求。因此，未来 CAPP 的发展，将在应用范围、应用的深度和水平等方面进行拓展，表现为以下的发展趋势：

1）面向产品全生命周期的 CAPP 系统。CAPP 的数据是产品数据的重要组成部分，CAPP 与 PDM/PLM 的集成是关键。基于 PDM/PLM 支持产品全生命周期的 CAPP 系统将是重要的发展方向。

2）基于知识的 CAPP 系统。CAPP 目前已经很好的解决了工艺设计效率和标准化的问题，下一步如何有效地总结、沉淀企业的工艺设计知识，提高 CAPP 的知识水平，将会是 CAPP 应用和发展的重要方向。

3）基于三维 CAD 的 CAPP 系统。随着企业三维 CAD 的普及应用，工艺如何支持基于三维 CAD 的应用，特别是基于三维 CAD 的装配工艺设计正成为企业需求的热点。可以预见，基于三维 CAD 的 CAPP 系统将成为研究的热点。国内开目、金叶等几家软件公司正在进行研究，并且开目公司目前已经推出了原型的应用系统。

4）基于平台技术、可重构式的 CAPP 系统。开放性是衡量 CAPP 的一个重要的因素。工艺的个性很强，同时企业的工艺需求可能会有变化，CAPP 必须能够持续满足客户的个性化和变化的需求。基于平台技术、具有二次开发功能、可重构的 CAPP 系统将是重要的发展方向。

**3. 计算机辅助制造**（Computer Aided Manufacturing，简称 CAM）

在机械制造业中，利用电子数字计算机通过各种数值控制机床和设备，自动完成离散产品的加工、装配、检测和包装等制造过程，简称 CAM。到目前为止，CAM 有狭义和广义的两个概念。CAM 的狭义概念指的是从产品设计到加工制造的一切生产准备活动，它包括 CAPP、NC 编程、工时定额的计算、生产计划的修订、资源需求计划的制订等。到今天，CAM 的狭义概念甚至进一步缩小为 NC 编程的同义词，CAM 被作为一个专门的子系统，而工时定额的计算、生产计划的制订、资源需求计划的制订则划分给 MRP Ⅱ/ERP 系统来完成。CAM 的广义概念包括的内容则广泛得多，除了上述 CAM 狭义定义所包含的所有内容外，它还包括制造活动中与物流有关的所有过程（价格、装配、检验、存储、输送）的监视、控制和管理。

（1）CAM 的发展概况　自 1946 年出现了世界上第一台计算机后，美国就不断地将计算机技术引入机械制造领域。1952 年成功研制数控机床，不同零件的加工只需更换 NC 程序即可实现，有效地解决了工序自动化的柔性问题。1955 年在通用计算机上成功应用 APT 语言的自动编程系统，实现了 NC 程序编制的自动化。1958 年研制成功了自动换刀的镗铣加工中心，能在一次装夹中完成多个工序的集中加工，进一步提高了 NC 机床的生产效率。1962 年在 NC 机床技术的基础上研制成功了第一台工业机器人，实现了物料搬运的柔性自动化。1966 年出现了用一台大型计算机集中控制多台 NC 机床的直接控制系统（Direct Numerical Control，简称 DNC），从而降低了机床 NC 装置的制造成本，提高了工作的可靠性。

NC 机床和计算机辅助 NC 程序编制的出现，标志着柔性制造时代的开始，称为 CAM 硬件、软件的开端。它将高效率与高柔性融合于一体，实现了单机的柔性自动化，为柔性制造技术的发展奠定了基础。

（2）CAM 的应用领域　采用计算机辅助制造零件、部件，可改善对产品设计和品种多变的适应能力，提高加工速度和生产自动化水平，缩短加工准备时间，降低生产成本，提高产品质量和批量生产的劳动生产率。

CAM 已广泛应用于飞机、汽车、机械制造业、家用电器和电子产品制造业。CAM 的应用领域包括：

1）机械产品的零件加工（切削、冲压、铸造、焊接、测量等）、部件组装、整机装配、验收、包装入库、自动仓库控制和管理。在金属切削加工中，计算机内预先建立有基本切削条件方程，根据测量系统测得的参数和机床工作状况，调整进给量、切削力、切削速度、切削操作顺序和切削液流量，在保证零件表面粗糙度和加工精度的条件下，使加工效率、刀具磨损和能源消耗达到最优。

2）电子产品元件器件的测试、筛选。包括元件器件自动插入印制电路板，波峰焊接，装置板、机箱布线的自动绕接，部件、整件和整机的自动测试等工作都可以由 CAM 系统控制完成。

3）各种机电产品的成品检验、质量控制。能完成人工方法不能完成的复杂产品（如飞机发动机、超大规模集成电路、电子计算机等）的大量测试工作。

### 9.2.3　虚拟制造（Virtual Manufacturing，简称 VM）

#### 1. 虚拟制造的概念和功能

虚拟制造是对真实产品制造的动态模拟，是一种在计算机上进行而不消耗物理资源的模拟制造软件技术。它具有建模和仿真环境，在真实产品的制造活动之前，就能预测产品的功能以及制造系统状态，从而可以作出前瞻性的决策和优化实施方案。

（1）虚拟制造的概念　由于虚拟制造研究的出发点、侧重点以及应用场合等方面的不同，因此存在对虚拟制造各种不同的定义。基于对当前虚拟制造研究的归纳总结和对虚拟制造的研究，虚拟制造的定义分为三个层次。

1）虚拟制造作为一种哲理、一种制造策略，为制造业的发展指明了方向，在制造企业组织管理、产品开发过程、资源、工作机制等方面集成基础之上，使其成为一个有机整体，以达到提高整体的运作及全局最优决策的效能和市场竞争力的目的。

2）虚拟制造作为一种现代制造环境下的制造理论和方法论，为整个制造企业的产品开发过程提供一种实施虚拟制造的方法，为实现企业的全面集成提供指导原则、实施方法和途径。

3）虚拟制造是一种在计算机技术支持下的集成的、虚拟的制造环境。

（2）虚拟制造的分类　为了更细致地了解 VM 的含义，美国的研究人员在一次专业会议上对三种类型的 VM 作如下解释：

1）以设计为中心的 VM。这类 VM 是将制造信息加入到产品设计和工艺设计中，并在计算机上进行数字化制造，仿真多种制造方案，评估各种生产情景，通过仿真制造来优化产品设计和工艺设计，以便作出正确决策。

2）以生产为中心的 VM。这类 VM 是将仿真能力加到生产计划模型中，以便快捷评价生产计划，检验工艺流程、资源需求状况以及生产效率，从而优化制造环境和生产供应计划。

3）以控制为中心的 VM。这类 VM 是将仿真能力加到控制模型中，提供对实际生产过程的仿真环境，即将机器控制模型用于仿真，其目标是实际生产中的过程优化，改进制造系统。

**2. 虚拟制造的核心技术**

虚拟制造是一种新的制造技术。它以信息技术、仿真技术和虚拟现实技术为支持。虚拟制造技术涉及面很广，如环境构成技术、过程特征抽取、元模型、集成基础结构的体系结构、制造特征数据集成、多学科交驻功能、决策支持工具、接口技术、虚拟现实技术、建模技术与仿真技术等。其中后 3 项是虚拟制造的核心技术。

（1）建模技术

虚拟制造系统 VMS（Virtual Manufacturing System）是现实制造系统 RMS（Real Manufacturing System）在虚拟环境下的映射，是 RMS 的模型化、形式化和计算机化的抽象描述和表示。VMS 的建模应包括：生产模型、产品模型和工艺模型的信息体系结构。

1）生产模型。可归纳为静态描述和动态描述两个方面。静态描述是指系统生产能力和生产特性的描述。动态描述是指在已知系统状态和需求特性的基础上预测产品生产的全过程。

2）产品模型。是制造过程中，各类实体对象模型的集合。目前产品模型描述的信息有产品结构明细表、产品形状特征等静态信息。而对 VMS 来说，要使产品实施过程中的全部活动集成，就必须具有完备的产品模型，所以虚拟制造下的产品模型不再是单一的静态特征模型，它能通过映射、抽象等方法提取产品实施中各活动所需的模型。

3）工艺模型。将工艺参数与影响制造功能的产品设计属性联系起来；以反应生产模型与产品模型之间的交互作用。工艺模型必须具备计算机工艺仿真、制造数据表、制造规划、统计模型以及物理和数学模型功能。

（2）仿真技术　仿真就是应用计算机对复杂的现实系统经过抽象和简化形成系统模型，然后在分析的基础上运行此模型，从而得到系统一系列的统计性能。由于仿真是以系统模型为对象的研究方法，而不干扰实际生产系统，同时仿真可以利用计算机的快速运算能力，用很短时间模拟实际生产中需要很长时间的生产周期，因此可以缩短决策时间，避免资金、人力和时间的浪费。计算机还可以重复仿真，优化实施方案。

仿真的基本步骤为：研究系统→收集数据→建立系统模型→确定仿真算法→建立仿真模

型→运行仿真模型→输出结果并分析。

（3）虚拟现实技术 VRT（Virtual Reality Technology）　　虚拟现实技术是在为改善人与计算机的交互方式、提高计算机可操作性中产生的。它是综合利用计算机图形系统、各种显示和控制等接口设备，在计算机上生成可交互的三维环境（称为虚拟环境）提供沉浸感觉的技术。

由图形系统及各种接口设备组成，用来产生虚拟环境并提供沉浸感觉，以及交互性操作的计算机系统称为虚拟现实系统 VRS（Virtual Reality System）。虚拟现实系统包括操作者、机器和人机接口三个基本要素。它不仅提高了人与计算机之间的和谐程度，也成为一种有力的仿真工具。利用 VRS 可以对真实世界进行动态模拟，通过用户的交互输入，并及时按输出修改虚拟环境，使人产生身临其境的沉浸感觉。虚拟现实技术是 VM 的关键技术之一。

**3. VM 在制造业的应用**

虚拟制造技术 VMT（Virtual Manufacturing Technology）首先在飞机、汽车等领域获得了成功的应用。美国波音（Boeing）公司在 777 新型客机机型设计过程中，利用 VMT 和三维模型进行管道布线等复杂装配过程的模拟获得成功。目前 VMT 应用在以下几个方面：

（1）虚拟企业　　虚拟企业建立，其中有一条最重要的原因是因为各企业本身无法单独满足市场需求，迎接市场挑战。因此，为了快速响应市场的需求，围绕新产品开发，利用不同地域的现有资源、不同的企业或不同地点的工厂，重新组织一个新公司。该公司在运行之前，必须分析组合是否最优，能否协调运行，并对投产后的风险、利益分配等进行评估。这种联作公司称为虚拟公司，或者叫作动态联盟，是一种虚拟企业，是具有集成性和实效性两大特点的经济实体。

虚拟企业的主要基础是：建立在先进制造技术基础上的企业柔性化；在计算机上制造数字化产品，从概念设计到最终实现产品整个过程的虚拟制造；计算机网络技术。上述三项内容是构成虚拟企业不可缺少的必要条件。

（2）虚拟产品设计　　例如，飞机、汽车的外形设计，其形状是否符合空气动力学原理，运动过程中的阻力，其内部结构布局的合理性等。在复杂管道系统设计中，采用虚拟技术，设计者可以"进入其中"进行管道布置，并可检查能否发生干涉。在计算机上的虚拟产品设计，不但能提高设计效率，而且能尽早发现设计中的问题，从而优化产品的设计。例如美国波音公司投资 40 亿美元研制波音 777 喷气式客机，从 1990 年 10 月开始到 1994 年 6 月仅用了 3 年零 8 个月时间就完成了研制，一次试飞成功，投入运营。波音公司分散在世界各地的技术人员可以从 777 客机数以万计的零部件中调出任何一种在计算机上观察、研究、讨论，所有零部件均是三维实体模型。

（3）虚拟产品制造　　应用计算机仿真技术，对零件的加工方法、工序顺序、工装的选用、工艺参数的选用，加工工艺性、装配工艺性、配合件之间的配合性、连接件之间的连接性、运动构件的运动性等均可建模仿真，可以提前发现加工缺陷，提前发现装配时出现的问题，从而能够优化制造过程，提高加工效率。

（4）虚拟生产过程　　产品生产过程的合理制订、人力资源、制造资源、物料库存、生产调度、生产系统的规划设计等，均可通过计算机仿真进行优化，同时还可对生产系统进行可靠性分析，对生产过程的资金进行分析预测，对产品市场进行分析预测等，从而对人力资源、制造资源的合理配置，对缩短产品生产周期，降低成本意义重大。

综上所述，虚拟制造技术在企业中的应用可以带来很多效益。虚拟产品设计可以提高设计质量、优化产品性能，缩短设计周期。虚拟产品制造可以提高制造质量，优化工艺过程，缩短制造周期。虚拟生产过程可以优化资源配置，缩短生产周期，降低生产成本。虚拟企业可以增强企业柔性，满足客户的特殊要求，形成企业的市场竞争优势。

# 9.3 现代制造系统技术

## 9.3.1 柔性制造系统

柔性制造系统(Flexible Manufacturing System,FMS)是由数控加工设备、物流储运装置和计算机控制系统组成的自动化制造系统。它包括多个柔性制造单元，能根据制造任务或生产环境的变化迅速进行调整，适用于多品种、中小批量生产。

**1. 柔性制造系统的结构原理**

FMS的结构可用图9-7来描述。图中垂直方向代表FMS的信息流动状况，水平方向代表物料流动状况。FMS由如下单元组合而成：

1) 加工设备。包括立式加工中心、卧式加工中心、五面加工中心、数控铣床、数控车床等。

2) 装配设备。例如，由装配站和机器人组成的装配单元。

3) 检测设备。有清洗机、三坐标测量仪、测量用机器人等。

4) 输送装置。有输送带、堆垛机、有轨运输车(Rail Guided Vehicle, RGV)、自动导向运输车(Automated Guided Vehicle, AGV)等。

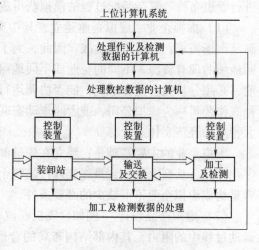

图9-7 FMS的结构

5) 交换装置。如托盘交换器(Automated Pallet Changer, APC)、上料机器人等。

6) 装卸站。毛坯安装到托盘上，工件从托盘上取下来，这一过程通常由人在装卸站完成。

7) 保管装置。如托盘缓冲站(平面仓库)、立体自动仓库等。

8) 信息管理及控制装置。它由计算机网络系统和FMS管理与控制软件组成，是管理FMS的信息、控制FMS各设备协调一致工作的网络系统。

**2. 柔性制造系统的分类与应用**

柔性制造系统可分为柔性制造单元(Flexible Manufacturing Cell,FMC)、柔性生产线(Flexible Transfer Line,FTL)和柔性制造系统(FMS)。

1) 柔性制造单元(FMC)。柔性制造单元由主机、工具交换装置(Automated Tool Changer,ATC)、托盘交换装置(Automated Pallet Changer, APC)三部分组成。若备有较大的托盘缓冲站，FMC可以实现长时间无人运转。FMC能承担由多种零件组成的混流作业计划，由此构成它的"柔性"。

一般柔性制造单元的构成分为如下两大类：

① 由加工中心配上自动托盘交换系统。这类柔性制造单元以托盘交换系统为特征，一般具备五个以上的托盘，组成环形或直线形的托盘库。

② 数控机床(或数控机床和加工中心)配以工业机器人。这类柔性制造单元的最一般形式是由两台数控机床配上机器人(或机械手)，加上工件传输系统组成。

2）柔性生产线(FTL)。柔性生产线(FTL)也可称为柔性自动线或可变自动线。机床多采用专用的高效机床，如数控组合机床、多轴头机床、换箱机床、转塔机床、专用数控机床等。工件一般装在托盘上输送。对于外形规整，由良好的定位、输送、夹紧条件的工件，也可以直接输送。柔性生产线的中央控制装置可选用带微处理机的顺序控制器和微型计算机。

柔性生产线是在传统组合机床及其自动线基础上，主要通过对各类工艺功能的组合机床进行数控化而形成的。它与传统刚性生产线的区别在于，它能同时或依次加工少量不同的工件。柔性生产线常用来作为大批量生产的制造系统，加工对象主要是箱体类工件。

3）柔性制造系统(FMS)。柔性制造系统是制造业更完善、更高级的发展阶段；适用于中小批量、较多品种的零件生产；具有高柔性、高智能特点。柔性制造系统由加工系统、物料储运系统、控制系统和软件系统组成。

① 柔性制造系统的加工系统。柔性制造系统的加工系统能以设定顺序自动加工各种工件，并能自动地更换刀具和工件。通常由若干台对工件进行加工的 CNC 机床和所使用的刀具构成。

② 柔性制造系统的物料储运系统。物料储运系统是 FMS 的重要组成部分。一个工件从毛坯到成品的整个生产过程中，只有相当小的一部分时间在机床上进行切削加工，大部分时间消耗于物料的储运过程中。合理地选择柔性制造系统的物料储运系统，可以大大减少物料的运送时间，提高整个制造系统的柔性和效率。物料储存输送设备的分类如图 9-8 所示。

③ 柔性制造系统的计算机控制系统。柔性制造系统中的信息由多级计算机进行处理和控制。其主要任务是：组织和指挥制造流程，并对制造流程进行控制和监控，向柔性制造系统的加工系统、物流系统(储存系统、输送系统及操作系统)提供全部控制信息并进行过程监视，反馈各种在线检测数据，以便修正控制信息，保证安全运行。

一般认为，FMC、FTL、FMS 有着较多的共同点。FMC 可以作为 FMS 中的基本单元，FMS 可以由若干个 FMC 发展组成。FMC 与 FMS 之间的区别可以归纳为：FMC 是由单台(或少数几台)制造设备构成的小系统，而 FMS 是由很多设备组成的大系统；FMC 只具有某一种制造功能，而典型 FMS 应该有多种制造功能，例如加工、检测、装配等；FMC 是自动化孤岛，而典型 FMS 应该与上位计算机系统联网并交换信息；一个小 FMS 的功能也比复杂 FMC 强大得多。FMS 与 FTL 的区别之一是，FTL 中的工件沿着一定的路线输送，而不像 FMS 那样可以灵活输送；FTL 更适合于大批量生产。

## 9.3.2　现代集成制造系统

集成制造系统的开发和应用经历了两个时期：前期主要是指计算机集成制造系统(Computer Integrated Manufacturing System,CIMS)，其特征是集成，使能技术是计算机技术；后期是现代集成制造系统(Comtemporary Integrated Manufacturing Sysgtem,CIMS)，其特征是集成和优化，使能技术是计算机技术和系统技术。

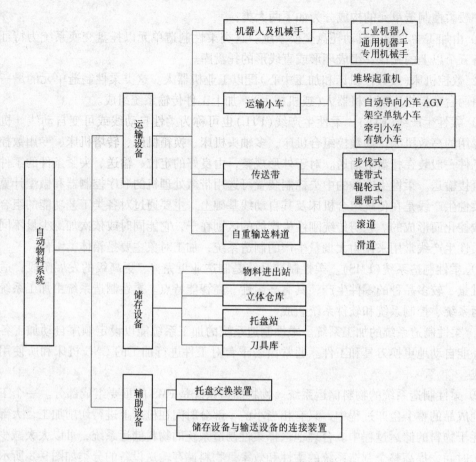

图 9-8　物料储存输送设备的分类

**1. 计算机集成制造系统**

（1）计算机集成制造系统的定义和特征　1973 年由美国学者约瑟夫·哈林顿（J Harrington）博士在其所著的《Computer Integrated Manufacturing》一书中提出了计算机集成制造的理念。哈林顿认为企业的生产组织和管理应该强调两个观点，即企业的各种生产经营活动是不可分割的，需要统一考虑；整个生产制造过程实质上是信息的采集、传递和加工处理的过程。哈林顿强调的一是整体观点，即系统观点；二是信息观点。两者都是信息时代组织、管理生产最基本、最重要的观点。可以说，CIM 是信息时代组织、管理企业生产的一种哲理，是信息时代新型企业的一种生产模式。按照这一哲理和技术构成的具体实现便是计算机集成制造系统。

计算机集成制造系统体现 CIM 理念，它是在自动化技术、信息技术和制造技术的基础上，通过计算机及其软件，将制造企业全部生产活动所需的各种分散的自动化系统有机地集成起来，是适合于多品种、中小批量生产的总体高效益、高柔性的智能制造系统。

（2）计算机集成制造系统的组成　根据 CIM 和 CIMS 的定义，通常认为系统集成包括经营、技术及人/机构三个要素。这三个要素互相作用、互相支持，使制造系统达到优化。

计算机集成制造系统涉及一个制造企业的设计、制造和经营管理三个方面，在分布式数据库、计算机网络和指导集成运行的系统技术等所形成的支撑环境下将三者集成起来。图

9-9 给出了计算机集成制造系统的组成。可以看出，企业 CIMS 主要由六部分组成，即四个应用分系统和两个支持分系统。

**2. 现代集成制造**

（1）现代集成制造的基本概念　现代集成制造系统这一概念是由我国科技人员在"国家高技术研究发展计划（863 计划）"十多年的实践基础上提出的，并从计算机集成制造系统发展而来的。现代集成制造系统在广度和深度上拓宽了计算机集成制造的内涵。863/CIMS 主题提出："现代集成制造是一种组织、管理和运行现代制造类企业的理念。它将传统的制造技术同现代信息技术、管理技术、自动化技术、系统工程技术等有机结合，使企业产品全生命周期活动中有关的人/组织、经营管理和技术三要素及其信息流、物料流

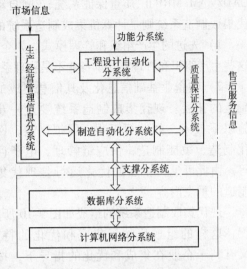

图 9-9　计算机集成制造系统组成

和价值流三流有机集成并优化运行，以使产品（P）上市快（T）、高质（Q）、低耗（C）、服务好（S）、环境清洁（E），进而提高企业的柔性、健壮性、敏捷性，使企业赢得市场竞争"。

现代集成制造系统是一种基于现代集成制造理念构成的数字化、信息化、智能化、绿色化、集成优化的制造系统，可以称之为具有现代化和信息时代特征的一种新型生产制造模式。这里的"制造"是"广义制造"的概念，它包括了产品全生命周期各类活动——市场需求分析、产品定义、研究开发、设计、生产、支持（包括质量、销售、采购、发送、服务）及产品最后报废、环境处理等的集合。其中，价值流是指以产品的 T、Q、C、S、E 等价值指标所体现的企业业务过程流，如成本流等。

表 9-3 为现代集成制造系统技术体系。

表 9-3　现代集成制造系统技术体系

| 现代集成制造系统技术体系 | | | | | |
|---|---|---|---|---|---|
| 总　体　技　术 | 支撑平台技术 | 设计自动化技术 | 加工生产<br>自动化技术 | 经营管理与<br>决策系统技术 | 流程制造业中的<br>生产过程控制技术 |
| 系统总体模式、系统集成方法论、系统集成技术、标准化技术、企业建模和仿真技术、CIMS 系统开发与实施技术 | 网络、数据库、集成平台/框　架、CAE、产品数据管理（PDM）、计算机支持的协同工作（CSCW）及人/机接口技术等 | CAD、CAPP、CAM、CAE、基于仿真的设计（SBD）、面向产品生命周期各/某环节的设计（DFX）及虚拟样机（VP）等 | 直接数字控制/分布式控制（DNC）、计算机数字控制（CNC）、柔性制造单元（FMC）、柔性制造系统（FMS）、虚拟加工及快速成形制造（RPM 技术）等 | MIS、办公自动化（OA）、物料需求技术（MRP II）、准时制生产（JIT）、CAQ、经营过程重构（BPR）、企业资源计划（ERP）、动态企业建模（DEM）、供应链及电子商务等 | 过程检测、先进控制、故障诊断和面向生产目标的建模、优化集成控制技术等 |

（2）现代集成制造系统的组成　计算机集成制造系统的组成是企业基础信息化（如

CAD/CAM、MRPⅡ、质量保证系统、车间自动化等)在网络和数据库支持下的信息集成,而现代集成制造系统则是计算机集成制造系统的扩展,包括:

1)先进的生产组织和管理模式。如企业经营过程重组、敏捷制造、大批量定制生产等。这些生产组织和管理模式本身并不是物理系统,但没有它们便不是一个现代集成制造系统。

2)在企业基础信息化及其信息集成的基础上的拓展。现代集成制造系统要进一步实施以下技术,如并行工程、虚拟制造、网络化制造、敏捷制造、供应链管理、电子商务等。由此可见,企业的优化运行是现代集成制造的重点内容。

现代集成制造系统的组成如图9-10所示。

这样的组成反映了集成和优化的特点,又有利于企业在集成和优化的指导下,按照企业的实际需要,选择合适的技术,从而进一步提高企业的市场竞争能力。

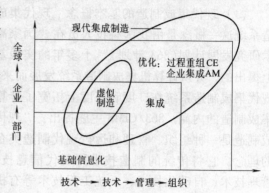

图9-10　现代集成制造系统的组成

(3)现代集成制造系统的特点　现代集成制造系统是在计算机集成制造系统基础上发展起来的,图9-11给出了后者向前者的转变过程。可见,计算机集成制造系统的核心是信息集成,而现代集成制造系统则是建立在价值链基础上的大系统,它以信息集成为基础,以企业优化为目标。

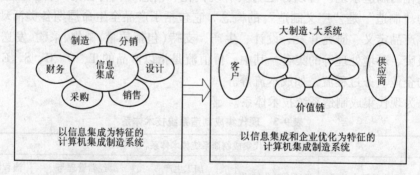

图9-11　计算机集成制造系统到现代集成制造系统的转变

**3. 现代集成制造系统的应用范围**

现代集成制造系统源于制造业,也首先在制造业应用并发展起来。目前,现代集成制造系统的生产管理一体化、信息化的系统设计思想已经应用到流程工业、加工业等众多工业领域。

### 9.3.3　智能制造系统

**1. 智能与智能制造系统的概念**

(1)智能、智能机器和智能系统　对智能和智能控制进行严格的定义是困难的。Albus在1991年给智能的定义是:系统在不确定环境下做出适当动作的能力。而"适当动作"是指增大成功概率的行为。"成功"指达到支持系统总目标的行为的子目标。

智能机器定义为:在具有一定不确定性的环境条件下,能够自治地或与操作者交互地实现拟人任务的机器。智能机器可以在危险的、乏味的、遥控的或高精度的场合代替人的劳动。例如，智能机器人也是典型的具有自治能力智能机器的例子。

智能系统是一台或多台智能机器，在智能控制驱动下，能具有一定自治能力地完成某种特定任务的系统。

（2）智能控制和智能控制系统　智能控制的明确概念是由 K. S. Fu 在 1971 年提出的。他提出智能控制是人工智能与自动控制系统两个学科互相渗透和交接的领域。1977 年，Saridis 把上述两大学科的交接扩充为三大学科领域的交接，即人工智能、自动控制系统和运筹学。经过很多科学家的努力，把各种不同的思想进行严格的定义，严格的规格化等工作，尽管对智能控制的定义和结构仍在争论之中，但作为一门新型交叉科学地位的确立是明确无疑的了。1985 年 IEEE 控制系统学会正式成立了智能控制技术委员会，国际性的智能控制学习研讨会每年定期召开。该学科的建立和发展促使智能控制理论的研究和运用在近年来取得了十分显著的进展。

根据上述智能、智能机器和智能系统的定义，可以把智能控制定义为：驱动智能机器自动达到其目的的机器。

**2. 智能控制和智能控制系统的基本方法**

（1）智能控制系统的基本结构和内涵　1977 年，Saridis 把智能控制扩充为人工智能、自动控制系统和运筹学三大学科领域的交集。图 9-12 所示是由 Saridis 提出的智能控制的体系结构。

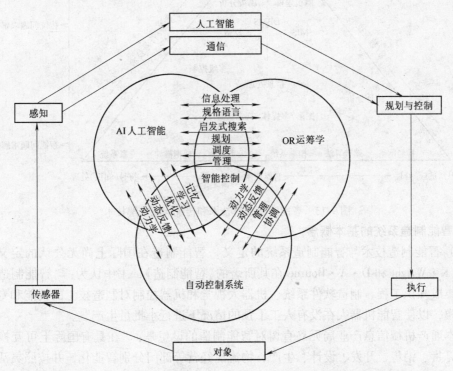

图 9-12　智能控制的结构

在人工智能与自动控制的交集中有记忆、学习、优化、动态反馈和动力学技术；在人工智能与运筹学的交集中，有信息处理、规格化语言、启发式搜索、规划、调动和管理；在自动控制与运筹学的交集中有动力学、动态反馈、管理和协调等技术。被控对象通过传感器获取信息，取得感知，再通过人工智能和通信功能进行动作行为的规划与控制，最后通过执行器(电动机、液压驱动器等)对被控对象进行操控以达到期望的目的。

（2）智能控制方法与理论　Cilian 把智能问题求解技术和传统问题求解技术用一个三角形来表述，如图9-13所示。三角形三个顶点分别表示数值处理(Numeric Processing)技术、符号(知识)处理[Symbolic(Knowledge)Processing]技术和亚符号(适应)处理技术[Subsymbolic(Adaptive)Processing]。三角形内部用虚线分为三部分，三角形右部是数值/符号技术，用于数据库管理系统(DBMS)和 DSS，包括仿真、多级控制、决策分析和优化。三角形左部是亚符号/数值技术，用于数据库管理系统(DBMS)和管理信息系统(MIS)，包括统计分析、算法、随机建模和优化。靠底边部分是图形/多媒体/视觉信息处理，所使用的方法为智能处理技术，包括专家系统、规则推导、人工智能、模糊系统、遗传算法和神经网络。可见，通常指的智能控制方法与理论是指专家系统、规则推导、人工智能、模糊系统、遗传算法和神经网络等方法和理论。

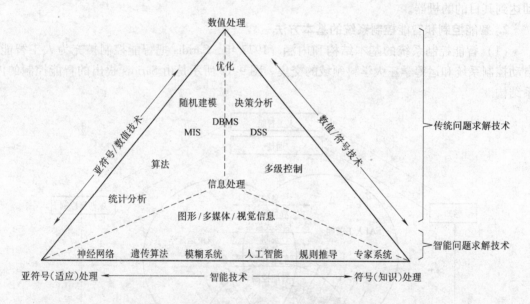

图9-13　智能问题求解技术和传统问题求解技术

### 3. 智能制造系统的基本概念

（1）智能制造技术与智能制造系统的定义　智能制造在国际上尚无公认的定义。1988年，P·K·Wright 和 D·A·Bourne 在其所著的《智能制造》一书中认为："智能制造的目的是通过集成知识工程、制造软件系统、机器人视觉和机器控制对制造技工的技能和专家知识进行建模，以使智能机器人在没有人工干预的情况下进行小批量生产"。

日本通产机械信息产业局元岛直树对智能制造的设想是："在具有国际上可互换性基础上，使订货、销售、开发、设计、生产、物流、经营等部门分别智能化，并按照灵活适应制造环境等原则，使整个企业网络集成化。"

目前比较通行的一种定义是：智能制造技术(IMT)是指在制造工业的各个环节以一种高度柔性与高度集成的方式，通过计算机模拟人类专家的智能活动，进行分析、判断、推理、构思和决策，旨在取代或代替制造环境中人的部分脑力劳动；并对人类专家的制造智能进行收集、存储、完善、共享、继承与发展。

很明显，智能制造系统应该是智能系统在制造中的运用。

（2）智能制造系统的特点 智能制造的研究开发对象是整个制造企业。智能制造技术是指在制造系统及制造过程的各个环节通过计算机来实现人类专家制造智能活动（分析、判断、推理、构思、决策等）的各种制造技术的总称。概略地说，智能制造技术是人工智能技术与制造技术的有机结合。

现代制造系统在产品设计、工艺规划、生产调度和过程控制等方面要求有更多的柔性。它要求具有一个能方便集成各种软件和硬件的结构，具有能积累制造经验的数据库系统和能收集制造环境信息并作出判断、决策、通信的机制，最后能通过如机床、机器人、物流传送系统等，完成制造的目的。但是，制造系统过于复杂，不确定因素大量存在，要完成上述任务将智能和智能控制技术引入制造系统就成为了一个必然趋势。智能制造系统的发展反过来也成为了智能和智能控制技术的主要研究领域和技术发展的推动力量。

20 世纪 50 年代末期，机械制造技术开始进入现代制造技术阶段。至今，机械制造技术有了长足的发展，表现为四个概念和形式有较大更新的阶段。

1）直接数字控制（DNC）技术。20 世纪 60 年代末形成了机床的数控技术，实现了机床加工过程自动化。

2）柔性制造系统（FMS）。机床装置了刀具和工件自动更换系统，实现了计算机在线的机床加工过程调度和规划，出现了完善的加工中心（从 20 世纪 70 年代开始，至今仍在继续发展之中）。

3）计算机集成制造系统（CIMS）。CIMS 的特点是 CAD、CAPP 和 CAM 技术的综合以及管理、经营、计划等上层生产活动的集成。该项技术目前已有一些投入工厂的运行。

4）智能制造系统（IMS）和智能制造技术 IMT。这种制造系统可以在确定性受到限制的或没有先验知识的、不能预测的环境下，根据不完全的、不精确的信息来完成拟人的制造任务。这是 20 世纪 80 年代以来由高度工业化国家首先提出的开发性技术和项目。

具体来说，IMS 就是要通过集成知识工程、制造软件系统、机器人视觉和机器人控制来对制造技术的技能与专家知识进行建模，以使智能机器在没有人工干预情况下进行生产。

和 CIMS 比较，CIMS 强调的是材料流和信息流的集成，而 IMS 强调的制造系统的自组织、自学习和自适应能力。实际上，IMS 是整个制造过程中贯穿智能活动，并将这种这种智能活动与智能机器有机融合。

## 习 题

9-1 先进制造技术的含义是什么？

9-2 CAD/CAM 技术的含义是什么？为什么说 CAD/CAM 是先进制造技术中的核心技术？

9-3 什么是特种加工技术？

9-4 简述 CAD 的发展历程和发展趋势。

9-5 为什么说 NC 技术是 CAM 的基础？

9-6 简述虚拟制造的应用特点。

9-7　虚拟制造的核心技术有哪些？

9-8　影响电火花加工精度的主要因素是什么？

9-9　为什么慢走丝比快走丝加工精度高？

9-10　计算机集成制造与现代集成制造的关系如何？

9-11　如何评价柔性制造系统的柔性？

9-12　智能制造系统的"智能"如何体现？

9-13　智能与智能制造技术对机械制造技术的发展有何推动作用？

# 附 录

## 附录 A   工序加工余量及偏差

### 1. 外圆加工余量及偏差（表 A-1 ~ 表 A-7）

表 A-1　粗车及半精车外圆加工余量及偏差　　　　　　（单位:mm）

| 零件基本尺寸 | 直 径 余 量 | | | | | | 直 径 偏 差 | |
|---|---|---|---|---|---|---|---|---|
| | 经或未经热处理零件的粗车 | | 半 精 车 | | | | 荒车 (h14) | 粗车 (h12 ~ h13) |
| | | | 未经热处理 | | 经热处理 | | | |
| | 折 算 长 度 | | | | | | | |
| | ≤200 | >200 ~ 400 | ≤200 | >200 ~ 400 | ≤200 | >200 ~ 400 | | |
| 3 ~ 6 | — | — | 0.5 | — | 0.8 | — | − 0.30 | − 0.12 ~ − 0.18 |
| >6 ~ 10 | 1.5 | 1.7 | 0.8 | 1.0 | 1.0 | 1.3 | − 0.36 | − 0.15 ~ − 0.22 |
| >10 ~ 18 | 1.5 | 1.7 | 1.0 | 1.3 | 1.3 | 1.5 | − 0.43 | − 0.18 ~ − 0.27 |
| >18 ~ 30 | 2.0 | 2.2 | 1.3 | 1.3 | 1.3 | 1.5 | − 0.52 | − 0.21 ~ − 0.33 |
| >30 ~ 50 | 2.0 | 2.2 | 1.4 | 1.5 | 1.5 | 1.9 | − 0.62 | − 0.25 ~ − 0.39 |
| >50 ~ 80 | 2.3 | 2.5 | 1.5 | 1.8 | 1.8 | 2.0 | − 0.74 | − 0.30 ~ − 0.45 |
| >80 ~ 120 | 2.5 | 2.8 | 1.5 | 1.8 | 1.8 | 2.0 | − 0.87 | − 0.35 ~ − 0.54 |
| >120 ~ 180 | 2.5 | 2.8 | 1.8 | 2.0 | 2.0 | 2.3 | − 1.00 | − 0.40 ~ − 0.63 |
| >180 ~ 250 | 2.8 | 3.0 | 2.0 | 2.3 | 2.3 | 2.5 | − 1.15 | − 0.46 ~ − 0.72 |
| >250 ~ 315 | 3.0 | 3.3 | 2.0 | 2.3 | 2.3 | 2.5 | − 1.30 | − 0.52 ~ − 0.81 |

注: 加工带凸台的零件时，其加工余量要根据零件的最大直径来确定。

表 A-2　半精车后磨外圆加工余量及偏差　　　　　　（单位:mm）

| 零件基本尺寸 | 直 径 余 量 | | | | | | | | | | 直 径 偏 差 | |
|---|---|---|---|---|---|---|---|---|---|---|---|---|
| | 第一种 | | 第二种 | | | | 第三种 | | | | 第一种磨削前半精车或第三种粗磨 (h10 ~ h11) | 第二种粗磨 (h8 ~ h9) |
| | 经或未经热处理零件的终磨 | | 热 处 理 后 | | | | 热处理前粗 磨 | | 热处理后半精磨 | | | |
| | | | 粗磨 | | 半精磨 | | | | | | | |
| | 折 算 长 度 | | | | | | | | | | | |
| | ≤200 | >200 ~ 400 | ≤200 | >200 ~ 400 | ≤200 | >200 ~ 400 | ≤200 | >200 ~ 400 | ≤200 | >200 ~ 400 | | |
| 3 ~ 6 | 0.15 | 0.20 | 0.10 | 0.12 | 0.05 | 0.08 | — | — | — | — | − 0.048 ~ − 0.075 | − 0.018 ~ − 0.030 |
| >6 ~ 10 | 0.20 | 0.30 | 0.12 | 0.20 | 0.08 | 0.10 | 0.12 | 0.20 | 0.20 | 0.30 | − 0.058 ~ − 0.090 | − 0.022 ~ − 0.036 |
| >10 ~ 18 | 0.20 | 0.30 | 0.12 | 0.20 | 0.08 | 0.10 | 0.12 | 0.20 | 0.20 | 0.30 | − 0.070 ~ − 0.110 | − 0.027 ~ − 0.043 |
| >18 ~ 30 | 0.20 | 0.30 | 0.12 | 0.20 | 0.08 | 0.10 | 0.12 | 0.20 | 0.20 | 0.30 | − 0.084 ~ − 0.130 | − 0.033 ~ − 0.052 |
| >30 ~ 50 | 0.30 | 0.40 | 0.20 | 0.25 | 0.10 | 0.15 | 0.20 | 0.25 | 0.30 | 0.40 | − 0.100 ~ − 0.160 | − 0.039 ~ − 0.062 |
| >50 ~ 80 | 0.40 | 0.50 | 0.25 | 0.30 | 0.15 | 0.20 | 0.25 | 0.30 | 0.40 | 0.50 | − 0.120 ~ − 0.190 | − 0.064 ~ − 0.074 |

（续）

| 零件基本尺寸 | 直径余量 | | | | | | | | | | 直径偏差 | |
|---|---|---|---|---|---|---|---|---|---|---|---|---|
| | 第一种 | | 第二种 | | | | 第三种 | | | | 第一种磨削前半精车或第三种粗磨（h10~h11） | 第二种粗磨（h8~h9） |
| | 经或未经热处理零件的终磨 | | 热处理后 | | | | 热处理前粗磨 | | 热处理后半精磨 | | | |
| | | | 粗磨 | | 半精磨 | | | | | | | |
| | 折算长度 | | | | | | | | | | | |
| | ≤200 | >200~400 | ≤200 | >200~400 | ≤200 | >200~400 | ≤200 | >200~400 | ≤200 | >200~400 | | |
| >80~120 | 0.40 | 0.50 | 0.25 | 0.30 | 0.15 | 0.20 | 0.25 | 0.30 | 0.40 | 0.50 | -0.140 ~ -0.220 | -0.054 ~ -0.087 |
| >120~180 | 0.50 | 0.80 | 0.30 | 0.50 | 0.30 | 0.50 | 0.30 | 0.50 | 0.50 | 0.80 | -0.160 ~ -0.250 | -0.063 ~ -0.100 |
| >180~250 | 0.50 | 0.80 | 0.30 | 0.50 | 0.30 | 0.50 | 0.30 | 0.50 | 0.50 | 0.80 | -0.185 ~ -0.290 | -0.072 ~ -0.115 |
| >250~315 | 0.50 | 0.80 | 0.30 | 0.50 | 0.30 | 0.50 | 0.30 | 0.50 | 0.50 | 0.80 | -0.210 ~ -0.320 | -0.081 ~ -0.130 |

### 表 A-3　无心磨外圆加工余量及偏差　　（单位:mm）

| 零件基本尺寸 | 直径余量 | | | | | | | | | 直径偏差 | |
|---|---|---|---|---|---|---|---|---|---|---|---|
| | 第一种 | | | | 第二种 | 第三种 | | 第四种 | | 终磨前半精车或第四种粗磨（h10~h11） | 第三种粗磨（h8~h9） |
| | 终磨未车过的棒料 | | | | 最终磨削 | 热处理后 | | 热处理前粗磨 | 热处理后半精磨 | | |
| | 未经热处理 | | 经热处理 | | | 粗磨 | 半精磨 | | | | |
| | 冷拉棒料 | 热轧棒料 | 冷拉棒料 | 热轧棒料 | | | | | | | |
| 3~6 | 0.3 | 0.5 | 0.3 | 0.5 | 0.2 | 0.10 | 0.05 | 0.1 | 0.2 | -0.048 ~ -0.075 | -0.018 ~ -0.030 |
| >6~10 | 0.3 | 0.6 | 0.3 | 0.7 | 0.3 | 0.12 | 0.08 | 0.2 | 0.3 | -0.058 ~ -0.090 | -0.022 ~ -0.036 |
| >10~18 | 0.5 | 0.8 | 0.6 | 1.0 | 0.3 | 0.12 | 0.08 | 0.2 | 0.3 | -0.070 ~ -0.110 | -0.027 ~ -0.043 |
| >18~30 | 0.6 | 1.0 | 0.8 | 1.3 | 0.3 | 0.12 | 0.08 | 0.2 | 0.4 | -0.084 ~ -0.130 | -0.033 ~ -0.052 |
| >30~50 | 0.7 | — | 1.3 | — | 0.4 | 0.20 | 0.10 | | 0.4 | -0.100 ~ -0.160 | -0.039 ~ -0.062 |
| >50~80 | — | — | — | — | 0.4 | 0.25 | 0.15 | 0.3 | 0.5 | -0.120 ~ -0.190 | -0.046 ~ -0.074 |

### 表 A-4　用金刚石刀精车外圆加工余量及偏差　　（单位:mm）

| 零件材料 | 零件基本尺寸 | 直径加工余量 |
|---|---|---|
| 轻合金 | ≤100 | 0.3 |
| | >100 | 0.5 |
| 青铜及铸铁 | ≤100 | 0.3 |
| | >100 | 0.4 |
| 钢 | ≤100 | 0.2 |
| | >100 | 0.3 |

注：1. 如果采用两次车削（半精车及精车），则精车的加工余量为 0.1mm。

2. 精车前，零件加工的公差按 h9、h8 确定。

3. 本表所列的加工余量，适用于零件的长度为直径的 3 倍为限。超过此限制后，加工余量应当加大。

表 A-5　研磨外圆加工余量　　　　　　（单位：mm）

| 零件基本尺寸 | 直 径 余 量 | 零件基本尺寸 | 直 径 余 量 |
|---|---|---|---|
| ≤10 | 0.005 ~ 0.008 | >50 ~ 80 | 0.008 ~ 0.012 |
| >10 ~ 18 | 0.006 ~ 0.009 | >80 ~ 120 | 0.010 ~ 0.014 |
| >18 ~ 30 | 0.007 ~ 0.010 | >120 ~ 180 | 0.012 ~ 0.016 |
| >30 ~ 50 | 0.008 ~ 0.011 | >180 ~ 250 | 0.015 ~ 0.020 |

注：经过精磨的零件，其手工研磨余量为 $3 ~ 8\mu m$，机械研磨余量为 $8 ~ 15\mu m$。

表 A-6　抛光外圆加工余量　　　　　　（单位：mm）

| 零件基本尺寸 | ≤100 | >100 ~ 200 | >200 ~ 700 | >700 |
|---|---|---|---|---|
| 直径余量 | 0.1 | 0.3 | 0.4 | 0.5 |

注：抛光前的加工精度为 IT7 级。

表 A-7　超精加工余量

| 上工序表面粗糙度 $R_a$ /μm | 直径加工余量/mm |
|---|---|
| >0.63 ~ 1.25 | 0.01 ~ 0.02 |
| >0.16 ~ 0.63 | 0.003 ~ 0.01 |

## 2. 内孔加工余量及偏差（表 A-8 ~ 表 A-13）

表 A-8　基孔制 7 级精度（H7）孔的加工　　　　　　（单位：mm）

| 零件基本尺寸 | 钻 第一次 | 钻 第二次 | 用车刀镗以后 | 扩孔钻 | 粗铰 | 精铰 |
|---|---|---|---|---|---|---|
| 3 | 2.8 | — | — | — | — | 3H7 |
| 4 | 3.9 | — | — | — | — | 4H7 |
| 5 | 4.8 | — | — | — | — | 5H7 |
| 6 | 5.8 | — | — | — | — | 6H7 |
| 8 | 7.8 | — | — | — | 7.96 | 8H7 |
| 10 | 9.8 | — | — | — | 9.96 | 10H7 |
| 12 | 11.0 | — | — | 11.85 | 11.95 | 12H7 |
| 13 | 12.0 | — | — | 12.85 | 12.95 | 13H7 |
| 14 | 13.0 | — | — | 13.85 | 13.95 | 14H7 |
| 15 | 14.0 | — | — | 14.85 | 14.95 | 15H7 |
| 16 | 15.0 | — | — | 15.85 | 15.95 | 16H7 |
| 18 | 17.0 | — | — | 17.85 | 17.94 | 18H7 |
| 20 | 18.0 | — | 19.8 | 19.8 | 19.94 | 20H7 |
| 22 | 20 | — | 21.8 | 21.8 | 21.94 | 22H7 |
| 24 | 22 | — | 23.8 | 23.8 | 23.94 | 24H7 |
| 25 | 23 | — | 24.8 | 24.8 | 24.94 | 25H7 |
| 26 | 24 | — | 25.8 | 25.8 | 25.94 | 26H7 |
| 28 | 26 | — | 27.8 | 27.8 | 27.94 | 28H7 |
| 30 | 15.0 | 28 | 29.8 | 29.8 | 29.93 | 30H7 |
| 32 | 15.0 | 30.0 | 31.7 | 31.75 | 31.93 | 32H7 |

（续）

| 零件基本尺寸 | 直　径 | | | | | |
|---|---|---|---|---|---|---|
| | 钻 | | 用车刀镗以后 | 扩孔钻 | 粗　铰 | 精　铰 |
| | 第一次 | 第二次 | | | | |
| 35 | 20.0 | 33.0 | 34.7 | 34.75 | 34.93 | 35H7 |
| 38 | 20.0 | 36.0 | 37.7 | 37.75 | 37.93 | 38H7 |
| 40 | 25.0 | 38.0 | 39.7 | 39.75 | 39.93 | 40H7 |
| 42 | 25.0 | 40.0 | 41.7 | 41.75 | 41.93 | 42H7 |
| 45 | 25.0 | 43.0 | 44.7 | 44.75 | 44.93 | 45H7 |
| 48 | 25.0 | 46.0 | 47.7 | 47.75 | 47.93 | 48H7 |
| 50 | 25.0 | 48.0 | 49.7 | 49.75 | 49.93 | 50H7 |
| 60 | 30 | 55.0 | 59.5 | 59.5 | 59.9 | 60H7 |
| 70 | 30 | 65.0 | 69.5 | 69.5 | 69.9 | 70H7 |
| 80 | 30 | 75.0 | 79.5 | 79.5 | 79.9 | 80H7 |
| 90 | 30 | 80 | 89.3 | — | 89.9 | 90H7 |
| 100 | 30 | 80 | 99.3 | — | 99.8 | 100H7 |
| 120 | 30 | 80 | 119.3 | — | 119.8 | 120H7 |
| 140 | 30 | 80 | 139.3 | — | 139.8 | 140H7 |
| 160 | 30 | 80 | 159.3 | — | 159.8 | 160H7 |
| 180 | 30 | 80 | 179.3 | — | 179.8 | 180H7 |

注：1. 在铸铁上加工直径小于 15mm 的孔时，不用扩孔钻和镗孔。

2. 在铸铁上加工直径为 30mm 与 32mm 的孔时，仅用直径为 28mm 与 30mm 的钻头各钻一次。

3. 如仅用一次铰孔，则铰孔的加工余量为本表中粗铰与精铰的加工余量之和。

4. 钻头直径大于 75mm 时，采用环孔钻。

## 表 A-9　基孔制 8 级精度（H8）孔的加工　　　　　　　　　（单位：mm）

| 零件基本尺寸 | 直　径 | | | | | 零件基本尺寸 | 直　径 | | | | |
|---|---|---|---|---|---|---|---|---|---|---|---|
| | 钻 | | 用车刀镗以后 | 扩孔钻 | 铰 | | 钻 | | 用车刀镗以后 | 扩孔钻 | 铰 |
| | 第一次 | 第二次 | | | | | 第一次 | 第二次 | | | |
| 3 | 2.9 | — | — | — | 3H8 | 24 | 22.0 | — | 23.8 | 23.8 | 24H8 |
| 4 | 3.9 | — | — | — | 4H8 | 25 | 23.0 | — | 24.8 | 24.8 | 25H8 |
| 5 | 4.8 | — | — | — | 5H8 | 26 | 24.0 | — | 25.8 | 25.8 | 26H8 |
| 6 | 5.8 | — | — | — | 6H8 | 28 | 26.0 | — | 27.8 | 27.8 | 28H8 |
| 8 | 7.8 | — | — | — | 8H8 | 30 | 15.0 | 28 | 29.8 | 29.8 | 30H8 |
| 10 | 9.8 | — | — | — | 10H8 | 32 | 15.0 | 30 | 31.7 | 31.75 | 32H8 |
| 12 | 11.8 | — | — | — | 12H8 | 35 | 20.0 | 33 | 34.7 | 34.75 | 35H8 |
| 13 | 12.8 | — | — | — | 13H8 | 38 | 20.0 | 36 | 37.7 | 37.75 | 38H8 |
| 14 | 13.8 | — | — | — | 14H8 | 40 | 25.0 | 38 | 39.7 | 39.75 | 40H8 |
| 15 | 14.8 | — | — | — | 15H8 | 42 | 25.0 | 40 | 41.7 | 41.75 | 42H8 |
| 16 | 15.0 | — | — | 15.85 | 16H8 | 45 | 25.0 | 43 | 44.7 | 44.75 | 45H8 |
| 18 | 17.0 | — | — | 17.85 | 18H8 | 48 | 25.0 | 46 | 47.7 | 47.75 | 48H8 |
| 20 | 18.0 | — | 19.8 | 19.8 | 20H8 | 50 | 25.0 | 48 | 49.7 | 49.75 | 50H8 |
| 22 | 20.0 | — | 21.8 | 21.8 | 22H8 | 60 | 30.0 | 55 | 59.5 | — | 60H8 |

（续）

| 零件基本尺寸 | 直　径 | | | | 零件基本尺寸 | 直　径 | | | | |
|---|---|---|---|---|---|---|---|---|---|---|
| | 钻 | | 用车刀镗以后 | 扩孔钻 | 铰 | | 钻 | | 用车刀镗以后 | 扩孔钻 | 铰 |
| | 第一次 | 第二次 | | | | | 第一次 | 第二次 | | | |
| 70 | 30.0 | 65 | 69.5 | — | 70H8 | 120 | 30.0 | 80.0 | 119.3 | — | 120H8 |
| 80 | 30.0 | 75 | 79.5 | — | 80H8 | 140 | 30.0 | 80.0 | 139.3 | — | 140H8 |
| 90 | 30.0 | 80.0 | 89.3 | — | 90H8 | 160 | 30.0 | 80.0 | 159.3 | — | 160H8 |
| 100 | 30.0 | 80.0 | 99.3 | — | 100H8 | 180 | 30.0 | 80.0 | 179.3 | — | 180H8 |

注：1. 在铸铁上加工直径为 30mm 与 32mm 的孔时，仅用直径为 28mm 与 30mm 的钻头各钻一次。

2. 钻头直径大于 75mm 时，采用环孔钻。

表 A-10　半精镗后磨孔加工余量及偏差　　　　　　（单位：mm）

| 基本尺寸 | 直　径　余　量 | | | | | | 直　径　偏　差 | |
|---|---|---|---|---|---|---|---|---|
| | 第一种 | 第二种 | | 第三种 | | | 终磨前半精镗或第三种粗磨（H10） | 第二种粗磨（H8） |
| | 经或未经热处理零件的粗车 | 热　处　理　后 | | 热处理后粗磨 | 热处理后半精磨 | | | |
| | | 粗　磨 | 半精磨 | | | | | |
| 6 ~ 10 | 0.2 | — | — | — | — | | — | — |
| >10 ~ 18 | 0.3 | 0.2 | 0.1 | 0.2 | 0.3 | | +0.07 | +0.027 |
| >18 ~ 30 | 0.3 | 0.2 | 0.1 | 0.2 | 0.3 | | +0.084 | +0.033 |
| >30 ~ 50 | 0.3 | 0.2 | 0.1 | 0.3 | 0.4 | | +0.10 | +0.039 |
| >50 ~ 80 | 0.4 | 0.3 | 0.1 | 0.3 | 0.4 | | +0.12 | +0.046 |
| >80 ~ 120 | 0.5 | 0.3 | 0.2 | 0.3 | 0.5 | | +0.14 | +0.054 |
| >120 ~ 180 | 0.5 | 0.3 | 0.2 | 0.5 | 0.5 | | +0.16 | +0.063 |

表 A-11　珩磨孔加工余量　　　　　　（单位：mm）

| 零件基本尺寸 | 直　径　余　量 | | | | | | 珩磨前偏差（H7） |
|---|---|---|---|---|---|---|---|
| | 精镗后 | | 半精镗后 | | 磨后 | | |
| | 铸铁 | 钢 | 铸铁 | 钢 | 铸铁 | 钢 | |
| ≤50 | 0.09 | 0.06 | 0.09 | 0.07 | 0.08 | 0.05 | +0.025 |
| >50 ~ 80 | 0.10 | 0.07 | 0.10 | 0.08 | 0.09 | 0.05 | +0.030 |
| >80 ~ 120 | 0.11 | 0.08 | 0.11 | 0.09 | 0.10 | 0.06 | +0.035 |
| >120 ~ 180 | 0.12 | 0.09 | 0.12 | — | 0.11 | 0.07 | +0.040 |
| >180 ~ 260 | 0.12 | 0.09 | — | — | 0.12 | 0.08 | +0.046 |

表 A-12　花键孔加工余量　　　　　　（单位：mm）

| 花　键　规　格 | | 定　心　方　式 | | 花　键　规　格 | | 定　心　方　式 | |
|---|---|---|---|---|---|---|---|
| 键数 $z$ | 外径 $D$ | 外径定心 | 内径定心 | 键数 $z$ | 外径 $D$ | 外径定心 | 内径定心 |
| 6 | 35 ~ 42 | 0.4 ~ 0.5 | 0.7 ~ 0.8 | 10 | 35 | 0.5 ~ 0.6 | 0.8 ~ 0.9 |
| 6 | 42 ~ 50 | 0.5 ~ 0.6 | 0.8 ~ 0.9 | 16 | 38 | 0.4 ~ 0.5 | 0.7 ~ 0.8 |
| 6 | 55 ~ 90 | 0.6 ~ 0.7 | 0.9 ~ 1.0 | 16 | 50 | 0.5 ~ 0.6 | 0.8 ~ 0.9 |
| 10 | 30 ~ 42 | 0.4 ~ 0.5 | 0.7 ~ 0.8 | | | | |

### 表 A-13　攻螺纹前钻孔用麻花钻直径简表　　　　　　（单位:mm）

#### （1）粗牙普通螺纹

| 公称直径 D | 螺矩 P | 麻花钻直径 d | 公称直径 D | 螺矩 P | 麻花钻直径 d | 公称直径 D | 螺矩 P | 麻花钻直径 d |
|---|---|---|---|---|---|---|---|---|
| 1.0 | | 0.75 | 5.0 | 0.8 | 4.20 | 24.0 | 3 | 21.00 |
| 1.1 | 0.25 | 0.85 | 6.0 | 1 | 5.00 | 27.0 | | 24.00 |
| 1.2 | | 0.95 | 7.0 | 1 | 6.00 | 30.0 | 3.5 | 26.50 |
| 1.4 | 0.3 | 1.10 | 8.0 | | 6.80 | 33.0 | | 29.50 |
| 1.6 | 0.35 | 1.25 | 9.0 | 1.25 | 7.80 | 36.0 | 4 | 32.00 |
| 1.8 | 0.35 | 1.45 | 10.0 | | 8.50 | 39.0 | | 35.00 |
| 2.0 | 0.4 | 1.60 | 11.0 | 1.5 | 9.50 | 42.0 | 4.5 | 37.50 |
| 2.2 | 0.45 | 1.75 | 12.0 | 1.75 | 10.20 | 45.0 | | 40.50 |
| 2.5 | | 2.05 | 14.0 | | 12.00 | 48.0 | 5 | 43.00 |
| 3.0 | 0.5 | 2.50 | 16.0 | 2 | 14.00 | 52.0 | | 47.00 |
| 3.5 | 0.6 | 2.90 | 18.0 | | 15.50 | 56.0 | 5.5 | 50.50 |
| 4.0 | 0.7 | 3.30 | 20.0 | 2.5 | 17.50 | | | |
| 4.5 | 0.75 | 3.70 | 22.0 | | 19.50 | | | |

#### （2）细牙普通螺纹

| 公称直径 D | 螺矩 P | 麻花钻直径 d | 公称直径 D | 螺矩 P | 麻花钻直径 d | 公称直径 D | 螺矩 P | 麻花钻直径 d |
|---|---|---|---|---|---|---|---|---|
| 2.5 | | 2.15 | 28.0 | 1 | 27.00 | 48.0 | | 46.50 |
| 3.0 | 0.35 | 2.65 | 30.0 | | 29.00 | 50.0 | 1.5 | 48.50 |
| 3.5 | | 3.10 | 10.0 | | 8.80 | 52.0 | | 50.50 |
| 4.0 | | 3.50 | 12.0 | 1.25 | 10.80 | 18.0 | | 16.00 |
| 4.5 | | 4.00 | 14.0 | | 12.80 | 20.0 | | 18.00 |
| 5.0 | 0.5 | 4.50 | 12.0 | | 10.50 | 22.0 | | 20.00 |
| 5.5 | | 5.00 | 14.0 | | 12.50 | 24.0 | | 22.00 |
| 6.0 | | 5.20 | 15.0 | | 13.50 | 25.0 | | 23.00 |
| 7.0 | | 6.20 | 16.0 | | 14.50 | 27.0 | | 25.00 |
| 8.0 | 0.75 | 7.20 | 17.0 | | 15.50 | 28.0 | | 26.00 |
| 9.0 | | 8.20 | 18.0 | | 16.50 | 30.0 | | 28.00 |
| 10.0 | | 9.20 | 20.0 | | 18.50 | 32.0 | 2 | 30.00 |
| 11.0 | | 10.20 | 22.0 | | 20.50 | 33.0 | | 31.00 |
| 8.0 | | 7.00 | 24.0 | | 22.50 | 36.0 | | 34.00 |
| 9.0 | | 8.00 | 25.0 | | 23.50 | 39.0 | | 37.00 |
| 10.0 | | 9.00 | 26.0 | | 24.50 | 40.0 | | 38.00 |
| 11.0 | | 10.00 | 27.0 | 1.5 | 25.50 | 42.0 | | 40.00 |
| 12.0 | | 11.00 | 28.0 | | 26.50 | 45.0 | | 43.00 |
| 14.0 | | 13.00 | 30.0 | | 28.50 | 48.0 | | 46.00 |
| 15.0 | | 14.00 | 32.0 | | 30.50 | 50.0 | | 48.00 |
| 16.0 | 1 | 15.00 | 33.0 | | 31.50 | 52.0 | | 50.00 |
| 17.0 | | 16.00 | 35.0 | | 33.50 | 30.0 | | 27.00 |
| 18.0 | | 17.00 | 36.0 | | 34.50 | 33.0 | | 30.00 |
| 20.0 | | 19.00 | 38.0 | | 36.50 | 36.0 | | 33.00 |
| 22.0 | | 21.00 | 39.0 | | 37.50 | 39.0 | 3 | 36.00 |
| 24.0 | | 23.00 | 40.0 | | 38.50 | 40.0 | | 37.00 |
| 25.0 | | 24.00 | 42.0 | | 40.50 | 42.0 | | 39.00 |
| 27.0 | | 26.00 | 45.0 | | 43.50 | 45.0 | | 42.00 |

（续）

| 公称直径 | 螺 矩 | 麻花钻直径 | 公称直径 | 螺 矩 | 麻花钻直径 | 公称直径 | 螺 矩 | 麻花钻直径 |
|---|---|---|---|---|---|---|---|---|
| $D$ | $P$ | $d$ | $D$ | $P$ | $d$ | $D$ | $P$ | $d$ |
| 48.0 | | 45.00 | 42.0 | | 38.00 | 52.0 | 4 | 48.00 |
| 50.0 | 3 | 47.00 | 45.0 | 4 | 41.00 | | | |
| 52.0 | | 49.00 | 48.0 | | 44.00 | | | |

## 3. 轴端面加工余量及偏差（表 A-14、表 A-15）

### 表 A-14　半精车轴端面加工余量及偏差 　　　　（单位：mm）

| 零件长度（全长） | 端面最大直径 | | | | | 粗车端面尺寸及偏差（IT12～IT13） |
|---|---|---|---|---|---|---|
| | ≤30 | >30～120 | >120～260 | >260～500 | >500 | |
| | 端 面 余 量 | | | | | |
| ≤10 | 0.5 | 0.6 | 1.0 | 1.2 | 1.4 | −0.15～−0.22 |
| >10～18 | 0.5 | 0.7 | 1.0 | 1.2 | 1.4 | −0.18～−0.27 |
| >18～30 | 0.6 | 1.0 | 1.2 | 1.3 | 1.5 | −0.21～−0.33 |
| >30～50 | 0.6 | 1.0 | 1.2 | 1.3 | 1.5 | −0.25～−0.39 |
| >50～80 | 0.7 | 1.0 | 1.3 | 1.5 | 1.7 | −0.30～−0.46 |
| >80～120 | 1.0 | 1.0 | 1.3 | 1.5 | 1.7 | −0.35～−0.54 |
| >120～180 | 1.0 | 1.3 | 1.5 | 1.7 | 1.8 | −0.40～−0.63 |
| >180～250 | 1.0 | 1.3 | 1.5 | 1.7 | 1.8 | −0.46～−0.72 |
| >250～500 | 1.2 | 1.4 | 1.5 | 1.7 | 1.8 | −0.52～−0.97 |
| >500 | 1.4 | 1.5 | 1.7 | 1.8 | 2.0 | −0.70～−1.10 |

注：1. 加工有台阶的轴时，每台阶的加工余量应根据台阶的直径及零件全长分别选用。

2. 表中余量指单边余量，偏差指长度偏差。

3. 加工余量及偏差适用于经热处理及未经热处理的零件。

### 表 A-15　磨轴端面加工余量及偏差 　　　　（单位：mm）

| 零件长度 | 端面最大直径 | | | | | 半精磨端面尺寸及偏差（IT11） |
|---|---|---|---|---|---|---|
| | ≤30 | >30～120 | >120～260 | >260～500 | >500 | |
| | 端 面 余 量 | | | | | |
| ≤10 | 0.2 | 0.2 | 0.3 | 0.4 | 0.6 | −0.09 |
| >10～18 | 0.2 | 0.3 | 0.3 | 0.4 | 0.6 | −0.11 |
| >18～30 | 0.2 | 0.3 | 0.3 | 0.4 | 0.6 | −0.13 |
| >30～50 | 0.2 | 0.3 | 0.4 | 0.4 | 0.6 | −0.16 |
| >50～80 | 0.3 | 0.3 | 0.4 | 0.5 | 0.6 | −0.19 |
| >80～120 | 0.3 | 0.3 | 0.5 | 0.5 | 0.6 | −0.22 |
| >120～180 | 0.3 | 0.4 | 0.5 | 0.6 | 0.7 | −0.25 |
| >180～250 | 0.3 | 0.4 | 0.5 | 0.6 | 0.7 | −0.29 |
| >250～500 | 0.4 | 0.5 | 0.6 | 0.7 | 0.8 | −0.40 |
| >500 | 0.5 | 0.6 | 0.7 | 0.7 | 0.8 | −0.44 |

注：1. 加工有台阶的轴时，每台阶的加工余量应根据台阶的直径及零件全长分别选用。

2. 表中余量指单边余量，偏差指长度偏差。

3. 加工余量及偏差适用于经热处理及未经热处理的零件。

### 4. 平面加工余量及偏差(表 A-16 ~ 表 A-22)

**表 A-16　平面第一次粗加工余量**　　　　　　　　　　（单位：mm）

| 平面最大尺寸 | 毛 坯 制 造 方 法 | | | | | |
|---|---|---|---|---|---|---|
| | 铸 件 | | | 热 冲 压 | 冷 冲 压 | 锻 造 |
| | 灰铸铁 | 青 铜 | 可锻铸铁 | | | |
| ≤50 | 1.0 ~ 1.5 | 1.0 ~ 1.3 | 0.8 ~ 1.0 | 0.8 ~ 1.1 | 0.6 ~ 0.8 | 1.0 ~ 1.4 |
| >50 ~ 120 | 1.5 ~ 2.0 | 1.3 ~ 1.7 | 1.0 ~ 1.4 | 1.3 ~ 1.8 | 0.8 ~ 1.1 | 1.4 ~ 1.8 |
| >120 ~ 160 | 2.0 ~ 2.7 | 1.7 ~ 2.2 | 1.4 ~ 1.8 | 1.5 ~ 1.8 | 1.0 ~ 1.4 | 1.5 ~ 2.5 |
| >260 ~ 500 | 2.7 ~ 3.5 | 2.2 ~ 3.0 | 2.0 ~ 2.5 | 1.8 ~ 2.2 | 1.3 ~ 1.8 | 2.2 ~ 3.0 |
| >500 | 4.0 ~ 6.0 | 3.5 ~ 4.5 | 3.0 ~ 3.4 | 2.4 ~ 3.0 | 2.0 ~ 2.6 | 3.5 ~ 4.5 |

**表 A-17　平面粗刨后精铣加工余量**　　　　　　　　　　（单位：mm）

| 平 面 长 度 | 平 面 宽 度 | | |
|---|---|---|---|
| | ≤100 | >100 ~ 200 | >200 |
| ≤100 | 0.6 ~ 0.7 | — | — |
| >100 ~ 250 | 0.6 ~ 0.8 | 0.7 ~ 0.9 | — |
| >250 ~ 500 | 0.7 ~ 1.0 | 0.75 ~ 1.0 | 0.8 ~ 1.1 |
| >500 | 0.8 ~ 1.0 | 0.9 ~ 1.2 | 0.9 ~ 1.2 |

**表 A-18　铣平面加工余量**　　　　　　　　　　（单位：mm）

| 零件厚度 | 荒铣后粗铣 | | | | | | 粗铣后半精铣 | | | | | |
|---|---|---|---|---|---|---|---|---|---|---|---|---|
| | 宽度≤200 | | | 宽度>200 ~ 400 | | | 宽度≤200 | | | 宽度>200 ~ 400 | | |
| | 平 面 长 度 | | | | | | | | | | | |
| | ≤100 | >100 ~ 250 | >250 ~ 400 | ≤100 | >100 ~ 250 | >250 ~ 400 | ≤100 | >100 ~ 250 | >250 ~ 400 | ≤100 | >100 ~ 250 | >250 ~ 400 |
| >6 ~ 30 | 1.0 | 1.2 | 1.5 | 1.2 | 1.5 | 1.7 | 0.7 | 1.0 | 1.0 | 1.0 | 1.0 | 1.0 |
| >30 ~ 50 | 1.0 | 1.5 | 1.7 | 1.5 | 1.5 | 2.0 | 1.0 | 1.0 | 1.0 | 1.0 | 1.2 | 1.2 |
| >50 | 1.5 | 1.7 | 2.0 | 1.7 | 2.0 | 2.5 | 1.0 | 1.3 | 1.5 | 1.3 | 1.5 | 1.5 |

**表 A-19　研磨平面加工余量**　　　　　　　　　　（单位：mm）

| 平 面 长 度 | 平 面 宽 度 | | |
|---|---|---|---|
| | ≤25 | >25 ~ 75 | >75 ~ 150 |
| ≤25 | 0.005 ~ 0.007 | 0.007 ~ 0.010 | 0.010 ~ 0.014 |
| >25 ~ 75 | 0.007 ~ 0.010 | 0.010 ~ 0.014 | 0.014 ~ 0.020 |
| >75 ~ 150 | 0.010 ~ 0.014 | 0.014 ~ 0.020 | 0.020 ~ 0.024 |
| >150 ~ 260 | 0.014 ~ 0.018 | 0.020 ~ 0.024 | 0.024 ~ 0.030 |

注：经过精磨的零件，手工研磨余量，每面0.003 ~ 0.005mm；机械研磨余量，每面为0.005 ~ 0.010mm。

表 A-20　磨平面加工余量　　　　（单位:mm）

| 零件厚度 | 第一种 | | | | | | 第二种 | | | | | | | | | | | |
|---|---|---|---|---|---|---|---|---|---|---|---|---|---|---|---|---|---|---|
| | 经热处理或未经热处理零件的终磨 | | | | | | 热 处 理 后 | | | | | | | | | | | |
| | | | | | | | 粗 磨 | | | | | | 半 精 磨 | | | | | |
| | 宽度≤200 | | | 宽度>200~400 | | | 宽度≤200 | | | 宽度>200~400 | | | 宽度≤200 | | | 宽度>200~400 | | |
| | 平面长度 | | | | | | | | | | | | | | | | | |
| | ≤100 | >100~250 | >250~400 | ≤100 | >100~250 | >250~400 | ≤100 | >100~250 | >250~400 | ≤100 | >100~250 | >250~400 | ≤100 | >100~250 | >250~400 | ≤100 | >100~250 | >250~400 |
| >6~30 | 0.3 | 0.3 | 0.5 | 0.3 | 0.5 | 0.5 | 0.2 | 0.2 | 0.3 | 0.2 | 0.3 | 0.3 | 0.1 | 0.1 | 0.2 | 0.1 | 0.2 | 0.2 |
| >30~50 | 0.5 | 0.5 | 0.5 | 0.5 | 0.5 | 0.5 | 0.3 | 0.3 | 0.3 | 0.3 | 0.3 | 0.3 | 0.2 | 0.2 | 0.2 | 0.2 | 0.2 | 0.2 |
| >50 | 0.5 | 0.5 | 0.5 | 0.5 | 0.5 | 0.5 | 0.3 | 0.3 | 0.3 | 0.3 | 0.3 | 0.3 | 0.2 | 0.2 | 0.2 | 0.2 | 0.2 | 0.2 |

表 A-21　铣及磨平面时的厚度偏差　　　　（单位:mm）

| 零件厚度 | 荒铣(IT14) | 粗铣(IT12~IT13) | 半精铣(IT11) | 精磨(IT8~IT9) |
|---|---|---|---|---|
| >3~6 | -0.30 | -0.12~-0.18 | -0.075 | -0.018~-0.030 |
| >6~10 | -0.36 | -0.15~-0.22 | -0.09 | -0.022~-0.036 |
| >10~18 | -0.43 | -0.18~-0.27 | -0.11 | -0.027~-0.043 |
| >18~30 | -0.52 | -0.21~-0.33 | -0.13 | -0.033~-0.052 |
| >30~50 | -0.62 | -0.25~-0.39 | -0.16 | -0.039~-0.062 |
| >50~80 | -0.74 | -0.30~-0.46 | -0.19 | -0.046~-0.074 |
| >80~120 | -0.87 | -0.35~-0.54 | -0.22 | -0.054~-0.087 |
| >120~180 | -1.00 | -0.43~-0.63 | -0.25 | -0.063~-0.100 |

表 A-22　切除渗碳层的加工余量简表　　　　（单位:mm）

| 渗碳层深度 | 直径加工余量 |
|---|---|
| 0.4~0.6 | 2.0 |
| >0.6~0.8 | 2.5 |
| >0.8~1.1 | 3.0 |
| >1.1~1.4 | 4.0 |
| >1.4~1.8 | 5.0 |

## 附录 B　支承套零件数控加工程序

O7030

N1 G30 Y0 M06 T01;

N2 B0;

N3 G00 G54 X0 Y0;

N4 G43 Z50. 0 H01 S1200 M03；

N5 G99 G81 Z-5. 0 R5. 0 F30；

N6 X-14. 0 Y39. 0；

N7 Y-39. 0；

N8 G00 G49 Z350. 0 M05；

N9 G30 Y0 M06 T14；

N10 X0 Y0；

N11 G43 Z50. 0 H14 S150 M03；

N12 G98 G81 Z-92. 0 R5. 0 F30；

N13 G00 G49 Z350. 0 M05；

N14 G30 Y0 M06 T02；

N15 X-14. 0 Y39. 0；

N16 G43 Z50. 0 H02 S500 M03；

N17 G99 G81 Z-88. 0 R5. 0 F40；

N18 Y-39. 0；

N19 G00 G49 Z350. 0 M05；

N20 G43 Z50. 0 H03 S150 M03；

N21 G99 G82 Z-11. 3 R5. 0 F30 P500；

N22 Y-39. 0；

N23 G00 G49 Z350. 0 M05；

N24 G30 Y0 M06 T04；

N25 X0 Y0；

N26 G43 Z50. 0 H04 S400 M03；

N27 G98 G81 Z-85. 0 R5. 0 F30；

N28 G00 G49 Z350 M05；

N29 G30 Y0 M06 T05；

N30 Y0；

N31 G43 Z-11. 5 H05 S500 M03；

N32 G01 G43 X29. 5 D05 F70；

N33 G03 I-29. 5；

N34 G01 G40 X0；

N35 G00 G49 Z350 M05；

N36 G30 Y0 M06 T06；

N37 X0 Y0；

N38 G43 Z-12. 0 H06 S600 M03；

N39 G01 G43 X30. 0 D06 F50；

N40 G03 I-30. 0；

N41 G01 G40 X0；

N42 G00 G49 Z300. 0 M05；

N43 G30 Y0 M06 T07;

N44 X0 Y0;

N45 G43 Z50.0 H07 S450 M03;

N46 G98 G81 Z-85.0 R-7.0 F35;

N47 G00 G49 Z350 M05;

N48 G30 Y0 M06 T01;

N49 X0 Y23.0;

N50 G43 Z-5.0 H01 S1200 M03;

N51 G99 G81 Z-17.0 R-7.0 F40;

N52 Y-23.0;

N53 G00 G49 Z350.0 M05;

N54 G30 Y0 M06 T08;

N55 Y23.0;

N56 G43 Z5.0 H08 S650 M03;

N57 G99 G81 Z-42.0 R7.0 F30;

N58 G00 G49 Z350 M05;

N59 G30 Y0 M06 T02;

N60 Y23.0;

N61 G43 Z15.0 H02 S500 M03;

N62 G98 G82 Z-12.5 R-5.0 F20 P500;

N63 Y-23.0;

N64 G00 G49 Z300 M05;

N65 G30 Y0 M06 T09;

N66 Y23.0;

N67 G43 Z10.0 H09 S100 M03;

N68 G98 G84 Z-37.0 R-7.0 F100;

N69 Y-23.0;

N70 G00 G49 Z300 M05;

N71 G30 Y0 M06 T10;

N72 X0 Y0;

N73 G43 Z50.0 H10 S80 M03;

N74 G98 G86 Z-95.0 R-7.0 F50;

N75 G00 G49 Z350 M05;

N76 M01;

N77 G30 Y0 M06 T01;

N78 B90; N79 G00 G55 X-70.5 Y19.025;

N80 G43 Z50.0 H01 S1200 M03;

N81 G99 G81 Z-5.0 R5.0 F40;

N82 Y-19.025;

N83 G00 G49 Z300. 0 M05;
N84 G30 Y0 M06 T11;
N85 Y19. 025;
N86 G00 G43 Z50. 0 H11 S450 M03;
N87 G99 G81 Z-85. 0 R5. 0 F40;
N88 Y-19. 025;
N89 G00 G49 Z350 M05;
N90 G30 Y0 M06 T12;
N91 Y19. 025;
N92 G00 G43 Z50. 0 H12 S200 M03;
N93 G99 G81 Z-85. 0 R5. 0 F40;
N94 Y-19. 025;
N95 G00 G49 Z350 M05;
N96 G30 Y0 M06 T13;
N97 Y19. 025;
N98 G00 G43 Z50. 0 H13 S100 M03;
N99 G99 G86 Z-95. 0 R5. 0 F60;
N100 Y-19. 025;
N101 G00 G49 Z350 M05;
N102 G28 X0 Y0;
N103 G28 Z0;
N104 M30;

# 参 考 文 献

[1] 王先逵. 机械加工工艺手册[M]. 2 版. 北京：机械工业出版社，2007.

[2] 国家自然科学基金委员会工程与材料科学部. 学科发展战略研究报告（2006 年～2010 年）：机械与制造科学[R]. 北京：科学出版社，2006.

[3] 机械工业工艺工装标准化技术委员会，中国标准出版社第三编辑室. 机械工艺工装标准汇编：上[S]. 北京：中国标准出版社，2007.

[4] 机械工业工艺工装标准化技术委员会，中国标准出版社第三编辑室. 机械工艺工装标准汇编：中[S]. 北京：中国标准出版社，2007.

[5] 劳动和社会保障部培训就业司职业技能鉴定中心. 国家职业标准汇编：第 1 分册[S]. 北京：中国劳动社会保障出版社，2003.

[6] 劳动和社会保障部培训就业司. 国家职业标准汇编：第 2 分册[S]. 北京：中国劳动社会保障出版社，2004.

[7] 王先逵. 机械制造工艺学[M]. 2 版. 北京：机械工业出版社，2007.

[8] 理查德 R 基比，约翰 E 尼利，罗兰 O 迈耶，等. 机械制造基础：上. 基础知识分册[M]. 孔繁明，张旭东，等译. 7 版. 北京：中国劳动社会保障出版社，2005.

[9] 王伟麟. 机械制造技术[M]. 南京：东南大学出版社，2001.

[10] 刘越. 机械制造技术[M]. 北京：化学工业出版社，2003.

[11] 《数控加工技师手册》编委会. 数控加工技师手册[M]. 北京：机械工业出版社，2006.

[12] 《数控机床维修技师手册》编委会. 数控机床维修技师手册[M]. 北京：机械工业出版社，2006.

[13] 劳动部教材办公室. 车工工艺学[M]. 北京：中国劳动社会保障出版社，2004.

[14] 劳动部职业技能开发司. 铣工工艺学[M]. 北京：中国劳动社会保障出版社，2005.

[15] 赵长明，刘万菊. 数控加工工艺及设备[M]. 北京：高等教育出版社，2006.

[16] 韩鸿鸾. 数控铣工加工中心操作工[M]. 北京：机械工业出版社，2006.

[17] 中国劳动社会保障部教材办公室. 车削工艺与技能训练[M]. 北京：中国劳动社会保障出版社，2006.

[18] 中国大百科全书出版社编辑部. 中国大百科全书：机械工程篇[M]. 北京：中国大百科全书出版社.

[19] 戴署. 金属切削机床[M]. 北京：机械工业出版社，2005.

[20] 黄鹤汀，吴善元. 机械制造技术[M]. 北京：机械工业出版社，2004.

[21] 邓建新，赵军. 数控刀具材料选用手册[M]. 北京：机械工业出版社，2005.

[22] 王启平. 机床夹具设计[M]. 哈尔滨：哈尔滨工业大学出版社，1985.

[23] 胡黄卿，陈金霞. 金属切削原理与机床[M]. 北京：化学工业出版社，2004.

[24] 孙风勤. 模具制造工艺与设备[M]. 北京：机械工业出版社，2007.

[25] 左敦稳. 现代加工技术[M]. 北京：北京航空航天大学出版社，2004.

[26] 周昌治，等. 金属切削原理与机床[M]. 重庆：重庆大学出版社，1993.

[27] 刘杰华，任昭蓉. 金属切削与刀具实用技术[M]. 北京：国防工业出版社，2006.

[28] 王峻. 现代深孔加工技术[M]. 哈尔滨：哈尔滨工业大学出版社，2005.

[29] 肖继德，陈宇平. 机床夹具设计[M]. 2 版. 北京：机械工业出版社，2000.

[30] 刘文龙. 如何提高薄壁零件的加工精度[J]. CADCAM 与制造业信息化，2005(11).

[31] 刘雁蜀，刘战锋，彭海. 深孔加工难题例解[J]. 新技术新工艺，2001(6).

［32］　王志红，等．基于遗传算法与动态规划法的工艺过程优化［J］．电子科技大学学报，2007，36（1）：146-149.

［33］　王忠宾，王宁生，陈禹六．基于遗传算法的工艺路线优化决策［J］．清华大学学报：自然科学版，2004，44（7）：988-992.

［34］　雨平，凤鸣．安全生产黄金法则［M］．北京：中国电力出版社，2005.

［35］　全国注册安全工程师执业资格考试辅导教材编审委员会．安全生产技术［M］．北京：煤炭工业出版社，2005.

［36］　劳动和社会保障部培训就业司中国就业培训指导中心．职业意识训练与指导［M］．北京：中国劳动社会保障出版社，2004.

［37］　王伟麟．机电综合实训［M］．北京：化学工业出版社，2006.

［38］　吴慧媛．机械制造技术［M］．西安：西安电子科技大学出版社，2006.

［39］　华茂发，谢骐．机械制造技术［M］．北京：机械工业出版社，2004.

［40］　荆长生．机械制造工艺学［M］．西安：西北工业大学出版社，1991.

［41］　张之敬，焦振学．先进制造技术［M］．北京：北京理工大学出版社，2007.

［42］　张钧．冷冲压模具设计与制造［M］．西安：西北工业大学出版社，1993.

［43］　章万国，等．基于三维的定量化 CAPP 及其关键技术研究［J］．中国机械工程，2003，14（22）：1296-1299.

［44］　赵长旭．数控加工工艺［M］．西安：西安电子科技大学出版社，2005.

［45］　Albus J S. Outline for a theory of intelligence［J］. IEEE Transactions on Systems, Man, and Cybernetics, 1991, 21（3）：473-509.

［46］　Fu K S. Learning Control System and Intelligent Control System［J］. An Intersection of Artigficial Intelligence and Automatic Control IEEE Trans, on Automatic Control, 1971, 16（1）：70-72.

［47］　Saridis G N. Self-organizing Controls of Stochastic System［M］. New York：Marcel Dekker, 1977.

［48］　Cilian H Dagli. Aritificial Neural Networks for Intelligent Manufacturing［M］. Chapman & Hall, 1994.

［49］　Wright P K, Bourne D A. Manufacturing Intelligence［M］. Addison-Wesley Publishing Company, 1988.

［50］　郭彩芬．制造业信息化的机遇与挑战［J］．苏州市职业大学学报，2008（2）：48-51.